中国海岸侵蚀脆弱性评估及示范应用

Coastal Erosion Vulnerability Assessment and Demonstration in China

蔡 锋 等著

海洋出版社

2019年 · 北京

图书在版编目（CIP）数据

中国海岸侵蚀脆弱性评估及示范应用 / 蔡锋等著.
— 北京 : 海洋出版社, 2019.8
ISBN 978-7-5210-0425-0

Ⅰ. ①中… Ⅱ. ①蔡… Ⅲ. ①侵蚀海岸－研究－中国
Ⅳ. ①P737.12

中国版本图书馆CIP数据核字(2019)第189132号

责任编辑：杨传霞　王　溪
责任印制：赵麟苏

海洋出版社 出版发行
http://www.oceanpress.com.cn
北京市海淀区大慧寺路 8 号　邮编：100081
北京朝阳印刷厂有限责任公司印刷　新华书店北京发行所经销
2019年8月第1版　2019年8月第1次印刷
开本：787 mm × 1092 mm　1 / 16　印张：19.5
字数：360千字　定价：260.00元
发行部：010-62132549　邮购部：010-68038093
海洋版图书印、装错误可随时退换

《中国海岸侵蚀脆弱性评估及示范应用》

作者名单

蔡　锋　苏贤泽　曹　超

雷　刚　刘建辉　戚洪帅　于　帆　吴顺祥

序 言

近几十年来，全球气候变化引起海平面上升和风暴浪潮增强，我国人口在沿海地区高密度分布和在沿岸地区高强度的人类开发活动，给自然海岸造成严重破坏，导致人工岸线快速增长，到2014年已超过70%，形成了一道违背自然规律的钢筋混凝土的“万里长城”；另一方面，粗放式用海占用过多的岸线资源，挖沙填海等亦使海岸生态功能与景观遭到破坏。这样的环境条件改变了原有近岸的海洋动力及泥沙运移的动态平衡，造成海岸侵蚀表现形式从后退向护岸底脚和近岸区下蚀转变，由显性向隐形转变，促使海岸发生侵蚀灾害的脆弱性面临增大趋势。海岸侵蚀直接影响到沿岸地区的土地利用、生活环境、人民财产安全及港口航运功能等，已成为近岸地区人类社会经济发展的一种重要自然灾害。如何更好地评价我国现阶段海岸侵蚀的危害，已成为海岸工作者的一个急需解决的科学任务。

党的十八大以来，党中央提出建设生态文明的战略部署，并纳入中国特色社会主义事业“五位一体”的总体布局，这是对人与自然关系再认识的重要成果。目前，海洋经济总量约占国内生产总值的1/10，2018年达到8.34万亿元，海洋经济发展和海洋科技创新已经构成我国经济建设的一个重要方向。本书是在党的十九大报告提出“坚持陆海统筹，加快建设海洋强国”的指引下著作而成，旨在加强海岸侵蚀风险评估研究，提升我国海岸的综合减灾能力，完善生态系统服务功能和提高海岸资源开发利用的能力与水平。书中遵循对待自然灾害研究思路采取以“影响、脆弱性和适应性”的原则，注重我国大陆沿岸近期海岸侵蚀影响状况和发生灾害的脆弱性日益增加的现状，提出了较为有效的新的海岸侵蚀脆弱性综合评价模型，以期达到客观评估及示范的目的。同时，针对我国海岸侵蚀灾害可能发生的趋势提出“减缓与适应”的响应策略。

由于海岸侵蚀评价工作迄今为止还没有统一的规程，以往的海岸侵蚀评价体系尚缺乏有效的科学理论支撑，作者自2009年主持完成我国近海海洋综合调查与评价专项（“908专项”）设立的“海岸侵蚀现状评价与防护技术研究项目（908-02-03-04）”以来，一直致力于思考如何提高海岸侵蚀评价模式的有效性。本书第10章“我国大陆沿岸海岸侵蚀脆弱性云模型综合评价”提出了一个有关海岸侵蚀课题方面的新评价模型的尝试。通过对综合评价结果的分析与研究，结果充分显示出运用云模型理论综合评价方法具有较好的应用优势，这是由于云模型理论处理不确定性的认知手段是建立在随机性和模糊性内在关联的基础上，作为定性定量转换的认知模型，所获得的评价结果比较切合自然条件及人为活动的实际影响。

本书是一部较系统的中国海岸侵蚀论著，写作过程中除吸收大量国内外研究成果和新理念外，更注重作者团队多年调查和观测成果的应用和总结。全书内容共分三部分。第一篇：总论，归纳了海岸侵蚀现象的基本表现形式与分类，提出的海岸侵蚀定义，明确指出是海岸组成物质趋于易亏损状态的脆弱性改变，并提出我国海岸侵蚀具有明显的区域分布特点；阐述了以“影响、脆弱性和适应性”为主题的海岸侵蚀评价模型及其研究意义；介绍了我国海岸侵蚀的调查研究历史和沿岸区域海洋与海岸的自然环境。第二篇：中国海岸侵蚀影响状况，在介绍中国海岸侵蚀现状特征的基础上，着重论述我国自然岸线保有率急剧锐减的状况及其造成的侵蚀隐患与策略建议；根据中国大陆东部新构造运动以来地壳升降变形控制海岸地质地貌及侵蚀特点的地球动力学原理，论述了我国沿海地区固有侵蚀特征的36个不同的自然分区状况。第三篇：中国大陆沿岸海岸侵蚀脆弱性评价，介绍了2010年前“908专项”海岸侵蚀评价研究成果中提出的几项主要评价内容与方法，以及2010年以来有关海岸侵蚀脆弱性综合评价的发展状况，特别是较详细地论述了运用云模型理论对我国大陆沿岸侵蚀脆弱性进行综合评价的一系列新方法，并对其评价结果做出分析与研究，据此提出现阶段我国应对海岸侵蚀灾害的预测与预防措施。本书所取得的我国大陆沿岸近期海岸侵蚀脆弱性等级划分图和研究成果，突破了传统的对海岸侵蚀认识的局限性，为今后我国深入开展海岸侵蚀评估提供示范应用。同时，本书可为海岸带开发规划和我国正在开展的“实施海岸带生态保护修复工程”提供科学依据，亦可作为广大海岸科学研究工作者及相关专业师生学习研究的参考资料。

本书的研究成果，得到了国家自然科学基金重点项目（41930538）和“908专项”设立的908-02-03-04任务项目的资助。其中，云模型程序编设得到厦门大学明道东和陈雁南硕士的大力支持；曹惠美、郑吉祥、朱君、罗时龙、朱正涛和邵超等人为本书提供了大量资料和前期调查研究，付出了辛勤劳动；赵绍华、刘根、何岩雨、尹航和李金胜等人在书稿的写作过程中给予了许多帮助，在此表示衷心感谢！

随着我国海洋开发能力的提升和生态文明建设的发展，海岸侵蚀风险表现形式和防范的重点必将发生新的变化，本书的成果也只是反映目前我国对海岸侵蚀脆弱性评价的阶段性研究成果。由于编者水平所限，难免存在不足乃至错误，敬请广大读者不吝赐教。

蔡　锋

2019年7月5日

目录

第一篇　总论

第二篇 中国海岸侵蚀影响状况

第三篇 中国大陆沿岸海岸侵蚀脆弱性评价

第一篇　总论

第1章 基本概念

海岸是连接陆地和海洋的纽带，它最集中地反映了岩石圈、水圈、大气圈和生物圈之间的交汇与相互作用，各种过程耦合多变，演变机制复杂，而且又是人口集居、经济发达、高度开发的地带，人为活动造成的负面环境影响再加上全球气候变暖进展导致海平面上升及风暴浪潮增强的影响，使各种环境灾害频发，其中海岸侵蚀是最普遍且危害性为最大的一种地质灾害。就自然规律而言，海岸过程在内、外营力的共同作用下通过侵蚀与堆积不断地演化，即海岸侵蚀与堆积是塑造海岸进退和岸滩剖面形态演变的两种基本过程。从地貌动力学的观点来看，海岸过程是当前的海岸相对于一定的外动力条件，从一种平衡状态向另一种平衡状态发展的一种自然现象；当某一段海岸的物质损失量大于物质补给量时，海岸发生侵蚀；反之，发生堆积。

我国海岸大约在20世纪50年代末和60年代初，总体从以堆积为主逐步转变为处于侵蚀状态，到70—80年代我国海岸侵蚀已成普遍现象。这种情况与我国大规模开展经济建设密切相关。半个多世纪以来，随着当前全球气候变暖、海平面上升和沿岸河流入海泥沙量急剧减少以及人为不合理活动破坏了近岸海区的平衡输沙关系，目前正面临着海岸侵蚀日益加强的严峻局面。对此，我们有责任在调查与认识我国海岸侵蚀现状与原因的基础上，对我国的海岸侵蚀状况深入进行理论评价，为国家和沿海省、市、自治区等海洋管理部门提供科学合理的对策建议，宗旨在于因地制宜、统筹规划，有的放矢地寻求人与自然的和谐，以使最大限度地保障海岸资源环境的可持续利用。

1.1 海岸侵蚀

1.1.1 海岸侵蚀定义

海岸侵蚀（Coast erosion）是海岸带地质灾害中的一种常见类型。该地质作用过程涉及因素多种多样，不同学者强调方面不一，所下定义也有所差别，例如陈吉余等（2010）、李培英等（2007）、朱大奎等（2000）、季子修（1996）、Mangor Karsten（2004）、Marchand Marcel（2010），以及《我国近海海洋综合调查与评价专项——海洋灾害调查技术规程》（2006）等都对海岸侵蚀下过各有特点的定义。在综合前人定义的基础上，我们根据自然灾害的发生是孕灾环境、致灾因子和承灾体之间相互作用的结果，特别是注意到针对承灾体自身应对侵蚀影响之响应的稳定性脆弱程度问题上，提出以下定义。

海岸侵蚀是塑造海岸的一种地表过程，主要表现在海岸线向陆侧蚀退和（或）潮间带滩地底床下蚀的海岸变化，引起侵蚀的根本原因是随着海岸自然环境的不断演进或者由于人类活动的影响，使海岸在海洋动力作用下或在泥沙补给量降低的条件下，增强了物质亏损的脆弱性。

众所周知，外因是变化的条件，内因是变化的根据，外因通过内因而起作用。海岸在内外营力的相互作用下，通过堆积、侵蚀的物质运动过程不断地演变，以上定义体现出了海岸侵蚀作用的发生和发展是由于海岸的内在因素（岸滩固有的稳定性，包括地质构造、地貌基础，海岸岩性、沉积物，海岸形态等）与其外在因素（主要是沿岸海洋动力强度和泥沙供给条件）之间存在的物质运动失去平衡状态，导致了海岸发生亏失的现象。对此应知道，不论内在因素， 还是外在因素都可以因自然作用过程或人为活动的影响而发生变化，从而说明侵蚀影响因素错综复杂。然而，尽管中国大陆沿海海岸侵蚀的形成与发展受制于众多因素的影响，使侵蚀现象与过程的表现变幻莫测，但也具有一定的区域性差异特点的分布规律。

1.1.2 海岸侵蚀具明显的区域性分布特点

现有研究资料充分说明，控制中国海岸侵蚀特点的区域性差异分布格局最主要的原因，是由于海岸的地形与地貌轮廓，以及第四纪堆积物发育与分布规律深受地质构造的影响，特别是中生代以来受新华夏构造体系的影响以及自新近纪末期以来受新构造运动的影响。也就是说，我国大陆东部中生代以来的地质构造在沿海自西北部向东南部所形成的燕山隆起带、华北—渤海—下辽河沉降带、胶辽隆起带、江苏—南黄海沉降带和华南隆起带等呈NE向相间排列的海岸带构造格架（参见后述图5.1），它们不仅决定着我国沿海的海岸地形地貌轮廓及第四纪堆积物的展布特征，同时也在很大程度上左右着我国沿海海岸发生进积与侵蚀剥蚀变迁特征形成区域性差别的重要原因。下面我们以气候变暖引发海平面上升和风暴浪潮增强的全球性因素而导致当前我国海岸侵蚀面临着日益加强的情况为例，简要叙述构造沉降带区域沿海与构造隆起带区域沿海的海岸侵蚀具有迥然不同的特点。

（1）在构造沉降带的海岸侵蚀现象通常体现在以淤泥质海岸形成大规模、大范围的侵蚀作用为特征，其成因主要有二：一是由于沉降带是第四纪淤泥质沉积的巨大平原区，海岸地势低平，加上地壳处于下降状态，最容易遭受全球海平面上升的影响，一般表现为直接导致大面积的岸与滩的“隐形”淹没侵蚀；二是由于自然因素或人为活动引起的河流入海路径变化，致使原为进积型河口三角洲在入海泥沙量锐减后，通常在潮流或波浪的作用下，均可转变为形成侵蚀性的海岸。

（2）在构造隆起带的海岸侵蚀特征则主要表现为以下几个方面：①地壳处于上升状态，侵蚀作用一般发生在被抬升的第四纪“软岩” 海岸及其自全新世中期末次冰后期海侵以来衍生形成的砂砾质岸滩上；②海岸地势反差大，引起侵蚀的最主要因素不是海平面上升，而是代之为遭受台风风暴潮袭击的“显形”侵蚀上，其次在海岸系统由于人工采沙和不合理的海岸工程建设与围填海造地亦是常见的侵蚀影响因素；③海岸形成曲折的溺谷型岬湾，严重侵蚀岸段分布较普遍，但多具局部性；④水下岸坡较陡，入射到海岸的浅水波浪作用相对较强，其斜向波浪破碎后派生的水流是最常见的侵蚀动力因素。

总之，由于受中生代以来在中国大陆东部造成了独具一格的新华夏构造体系之地质构造形式的控制，我国沿海的海岸侵蚀特点以杭州湾为界，大体可以分开南北不同的两大部分：南部是华南隆起带山丘或台地溺谷型岬湾以砂砾质海岸侵蚀为特征的区域；北部则主要是在华北—渤海—下辽河和苏北—南黄海两个巨大第四纪沉积平原沿海形成了以淤泥质海岸侵蚀为特征的区域（其中，燕山、胶辽隆起带山丘或台地溺谷型岬湾的砂砾质海岸侵蚀区占据着部分区段）。

1.1.3 海岸侵蚀的表现形式

海岸侵蚀作用可以发生在各种地质地貌背景下的不同海岸类型中，包括上升海岸和下沉海岸；山丘海岸和平原海岸；砂质海岸、淤泥质海岸、基岩海岸和珊瑚礁海岸；平直海岸线、海湾海岸线和岬角海岸线等都可能出现。海岸侵蚀既有在空间尺度上岸线后退和潮间带滩面下蚀的不同表现形式，也有在时间尺度上长周期趋势（隐形）侵蚀和短周期突发性（显形）侵蚀的不同表现形式（蔡锋等，2008）。现就海岸侵蚀在空间上的表现形式的划分叙述如下。

1.1.3.1 岸线后退及其形态

海岸线的侵蚀过程包括冲刷作用、磨蚀作用和溶蚀作用，其中以拍岸浪的形式对海岸进行有力的冲击和破坏尤其突出，它施加于海岸岩石的压力可达每平方米上万公斤，暴风浪更具有惊人的冲击力。当海水挤进海岸岩石的裂缝以后，能够压缩其中的空气，促使岩石迅速崩裂瓦解。强大的拍岸浪还可以抛掷岩屑，甚至巨大石块撞击海岸，加速了海岸基岩的破坏过程。此外，海水的溶解作用能使组成海岸的岩石或矿物中的可溶解矿物遭受溶蚀。在机械破坏与化学溶蚀的双重作用下，海岸和海滩将遭受更为严重的崩溃与破坏作用。

海蚀崖（sea cliff）是岸线后退最常见的一种地貌表现形态。上述海岸岩石在海浪作用下的破坏过程，往往首先沿着岸坡底脚水边线的岩层构造软弱处形成龛状凹穴，称为海蚀洞穴（sea cave）。洞穴随着侵蚀的扩大，经常导致上部岩层失去支持而崩塌倒落，形成海蚀崖或海岸滑坡。海蚀崖的坡度很陡，甚至可形成倒悬坡，其崖面与崖顶地面之间有着明显的坡折，崖的高度变化很大，一般随岸线不断向陆后退而加高。组成海岸的岩石及其结构、构造不同，其抗侵蚀的能力也不同，因而可形成不同的海岸侵蚀地貌。由坚硬与结构紧密、断裂不发育的基岩所组成的海岸抵抗侵蚀的能力较强，一般凸出海岸线构成岬角，其岸线蚀退速率很小，并常形成如图1.1和图1.2所示的陡峭海蚀地貌形态。而由第四纪沉积物或基岩风化壳残坡积物组成的洪冲积、海积阶地，老红砂阶地、沙丘地和（或）红土台地等构成的软岩类侵蚀岸崖，由于岸坡剖面不稳定，易受降雨渗透产生滑坡，滑动下来的沙土层又容易被波浪携带离岸，因此，这类海崖崩退很迅速，通常可达每年数十厘米至数米，甚至一次大浪可蚀退数米。软岩类侵蚀岸崖的表现形式与硬岩类侵蚀岸崖有所不同：①既可形成长达数百米至上千米的平直线状侵蚀岸崖（图1.3和图1.4）也可形成弯曲形状的岸崖（图1.5和图1.6）；②通常因岸崖沙土层胶结疏松而表现出具有明显滑坡的现象（图1.7和图1.8），当岸崖下海洋动力较强时，滑动下来的沙、土块有可能很快地被海水冲散形成海滩沉积物或被海水携带离岸。

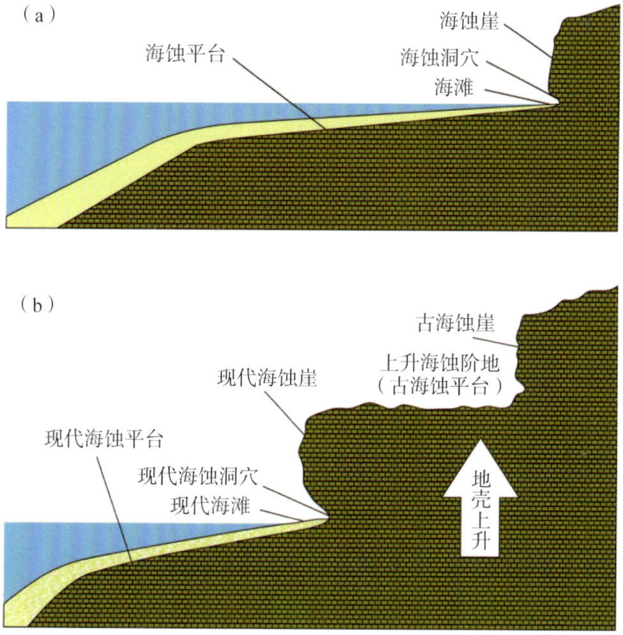

图1.1　坚硬基岩组成的海岸，由于抵抗能力强，常表现出的海蚀岸崖形态

（US Army Corps of Engineers，2008）

（a）现代海蚀崖；（b）古海蚀崖

图1.2　广东大鹏湾东岸基岩侵蚀崖及崖底侵蚀凹穴和侵蚀平台

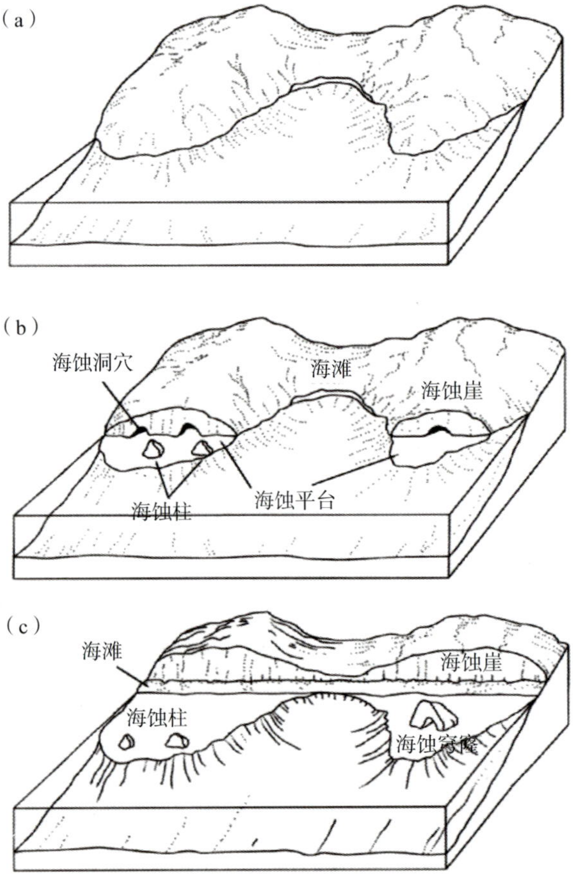

图1.3　直线状软岩类侵蚀岸崖的形成与发育过程示意图
（US Army Corps of Engineers，2008）

图1.4　福建平潭老红砂阶地直线状侵蚀崖及岸前侵蚀平台和侵蚀柱

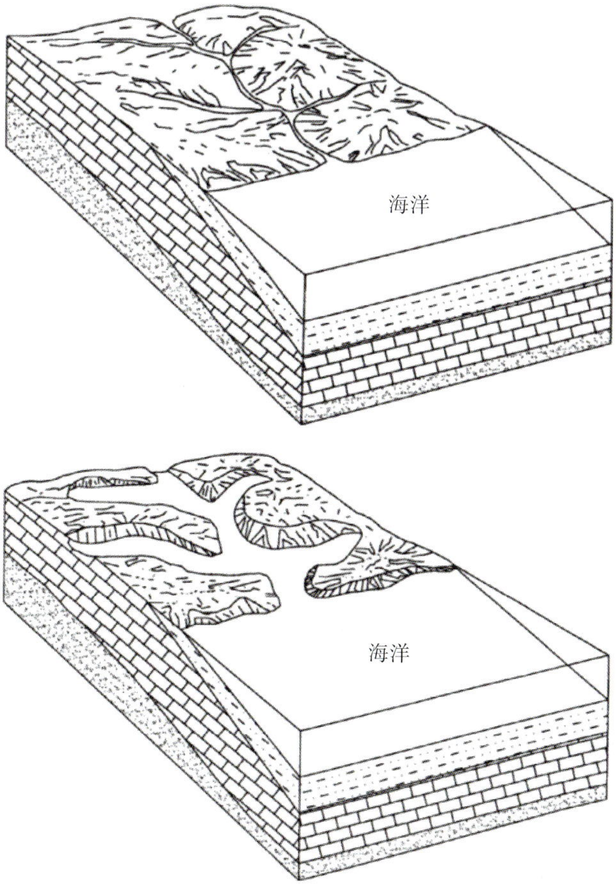

图1.5　软岩类台地溺谷或海岸向陆湾入发育的弯曲形状侵蚀岸崖
（US Army Corps of Engineers，2008）

图1.6　福建平潭红土台地发育的弯曲形状侵蚀岸崖

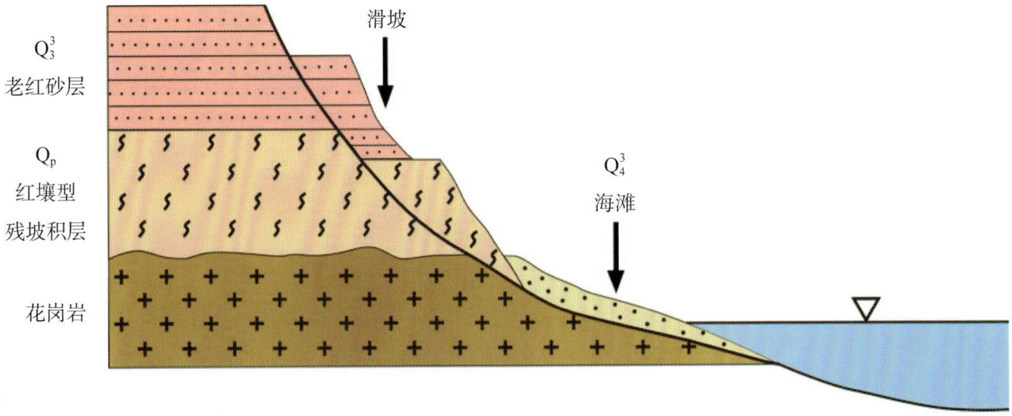

图1.7　软岩类海岸崖常见的海岸滑坡形态

图1.8　福建平潭老红砂阶地侵蚀岸崖呈现的滑坡现象

1.1.3.2　潮间带滩地下蚀的基本表现形式

潮间带滩面的下蚀强度及分布状况与海岸的动力条件，海岸护岸情况和近岸海底地形及其变化等因素有密切关系。当海岸有稳固的海堤保护时，或者是近滨海底清淤疏浚改变海域潮流场与波浪场时，都将促使滩面下蚀，同时还会改变不同滩地部位下蚀的分布状况。这就是说，可能出现整体滩面均下蚀；或是高滩下蚀，而低滩稳定，甚至堆积；或是高滩相对稳定，而低滩下蚀等情况。但上蚀下淤是滩面在正常天气下普遍出现的侵蚀现象。当然，在风暴浪条件下，可能出现全部滩面沉积物都明显下蚀，其中较细颗粒泥沙被波浪挟带至滨外带沉积下来，使得整个潮间带海岸坡度显著变缓，沉积物颗粒显著粗化，或出现黑色重矿物砂的薄层覆盖（图1.9），或出现沉积基底裸露（图1.10）等。

图1.9　福建崇武半月湾圣帕台风后侵蚀状况

海岸建筑物塌落，滩面黑色重矿物覆盖

图1.10　福建净峰湾圣帕台风后海滩下蚀裸露沉积基底

在潮间带，当砂质–粉砂质沉积物滩面一致遭受侵蚀时，其剖面的基本变化形状和侵蚀量的计算方法如图1.11所示。而淤泥质沉积物滩面遭受侵蚀时，其剖面一般呈内坡陡，外坡缓而下凹形态；且侵蚀愈强，下凹愈甚，下凹的拐点愈靠近岸；在长时期的连续侵蚀作用下，滩面宽度不断变窄变陡，水下岸坡则不断拓宽变缓；滩面沉积物中的贝壳碎片则在击岸浪推移作用下发育成贝壳堤堆积，并在高潮线上连续分布；被冲刷带出的泥沙主要以悬移方式随沿岸潮流运移扩散，很少原地沉降，故常造成粗粒泥沙残留而成粗化沉积层不整合覆盖在下部黏土质淤泥层之上（图1.12）。

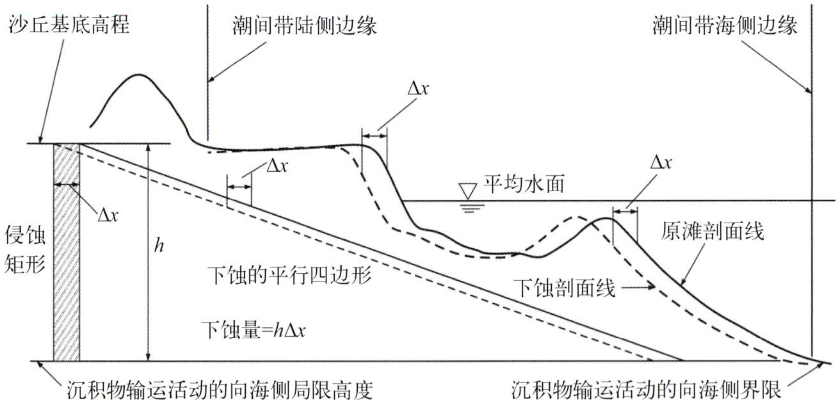

图1.11　潮间带砂质沉积物一致下蚀的基本剖面形状

（Army Coastal Engineering Research Center，1975）

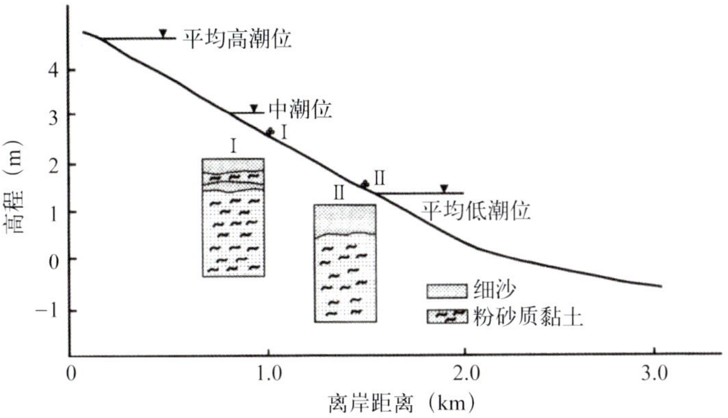

图1.12　侵蚀性淤泥质沉积物滩面下蚀的特征剖面（虞志英等，2003）

1.1.4　海岸侵蚀类型划分

分类是研究事物的一种手段，把某些具有共性的事物放在一起，研究其共性，并区分不同类事物的差别，这是对事物研究和认识的顶点。海岸侵蚀研究虽然已有多年历史，但至今尚无统一的科学分类方案。这里就近年来陆续提出的几种分类方法和依据简述如下：

1.1.4.1　隐形与显形的侵蚀分类

蔡锋等（2008）和European Commission（2004）将海岸侵蚀简明分为以下两类。

1）隐形侵蚀

隐形侵蚀是海岸系统为适应新的沉积物平衡条件而引起的逐步进展的侵蚀过程，导致这一过程的主要原因是海平面上升以及人类活动间接诱发或加速其侵蚀进程。后者如，沿岸人工采沙，沿海油气、水资源开采使地面沉降，河流流域控制水土流失、河流建闸筑坝或改道、灌溉引起的入海输沙量减少以及丁坝、港口码头建设阻断沿岸沉积物运移等。

2）显形侵蚀

显形侵蚀主要是指由风暴潮引起的突发性海岸侵蚀事件。这种侵蚀现象虽时间短，但侵蚀速率通常是隐形侵蚀速率的数十倍至上百倍（蔡锋等，2002）。不过，在风暴潮过后的正常天气条件下，海滩剖面一般会被重新塑造。因此，只有在岸滩上的财产遭受损失时，显形侵蚀才算是一种灾害，但对于海岸线后退造成的土地损失和建筑物破坏是不能恢复的。

1.1.4.2 依据海岸地貌形态的分类

罗宪林等（2010）在对海南省（岛）海岸侵蚀现状的论述（参见由陈吉余主编《中国海岸侵蚀概要》第11章）中将该岛沿岸的海岸侵蚀类型划分为：平直沙坝海岸侵蚀、岬湾弧形沙坝海岸侵蚀、三角洲海岸侵蚀、沙岬海岸侵蚀、海滩岩砂砾质海岸侵蚀、珊瑚礁海岸侵蚀、基岩海岸侵蚀和海峡海岸侵蚀等8种类型。

1.1.4.3 基于海岸侵蚀的主要表现形式分类

国家海洋局第三海洋研究所在《我国海岸侵蚀现状评价与防治技术研究报告（908项目，2010）》中提出了将海岸侵蚀划分为以下3种类型的方案。

1）岸线后退类型

这是一种最明显的主要海岸侵蚀形式。以岸线后退为特征的海岸侵蚀主要出现在无护岸的河口或杭州湾以北的晚第三纪以来的地壳沉降带中之大河三角洲海岸，如滦河口、黄河口和废黄河口等，这些地区一般无海堤，或堤外尚有高滩分布，近期海岸后退速率最高达40 m/a ~ 300 m/a（如废黄河河口、滦河河口）。江苏新滩、灌东等盐场海堤外的潮上带宽度已由解放初期的1 km左右减少到现在的几十米至百余米。对于由新华夏构造体系形成隆起带的区域，当海岸由红土台地、第四纪沉积阶地等软质岩层构成，且无护岸时，其岸线遭侵蚀的后退速率常达数m/a；但基岩海岸通常由于岩性坚硬，后退速率缓慢，且多限于岬角部位，如杭州湾以南的基岩海岸侵蚀岸段的后退速率通常小于0.1 m/a。

2）岸线稳定，滩面下蚀类型

这种海岸侵蚀类型通常发生在有稳固海堤保护的岸段。最明显事例为江苏吕四附近海岸，该海岸1922年的老海堤已消失在目前海堤1 km以外，1956年进行块石护坡后改为滩面下蚀，在1966—1980年间堤外滩面由3 m左右下降到1 m以下（废黄河零点）。再如，厦门岛东海岸在未建护岸之前岸线后退非常严重，根据1938年和1975年1:50 000的厦门岛地形图的对比，香山以南岸线蚀退速率平均达2 m/a，香山以北海岸平均蚀退速率也达1.4 m/a（高智勇等，2001）；但自20世纪80年代以来陆续修建护岸后，岸线不再后退，取而代之为高滩滩面下蚀为最甚，如图1.13所示，对厦门岛东南部护岸段之太阳湾剖面、白城剖面在1999年2月到2002年11月的四季监测资料对比中所得出的典型剖面——滩肩型剖面（淤积剖面）和风暴型剖面（侵蚀剖面），其下蚀作用主要发生在潮间带滩面靠近护岸的区域。

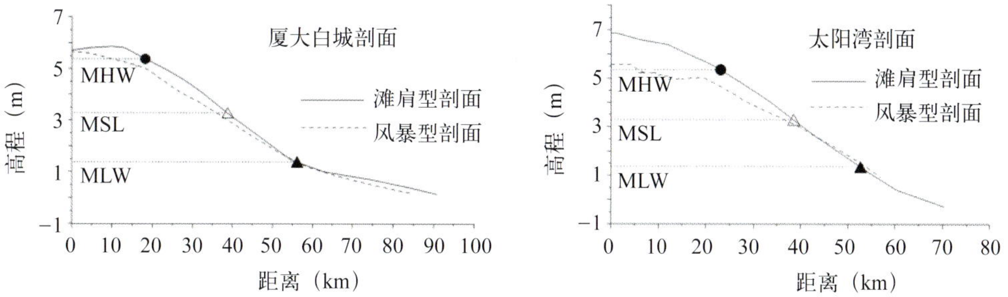

图1.13　厦门岛东南海岸护岸岸段典型沙滩剖面的变化（据郑承忠等，2005）

3）岸线后退与滩面下蚀并举类型

这是海岸无护岸情况最为普遍的一种侵蚀类型，事例不胜枚举。

1.1.4.4　基于海岸侵蚀评价之地质环境危险因素的分类

罗时龙等（2013）根据我国海岸侵蚀地质环境的危险特点把海岸侵蚀分成砂砾质海岸侵蚀、软岩海岸侵蚀、淤泥质海岸侵蚀、生物海岸侵蚀和海岸工程侵蚀5种类型，并提出了中国海岸侵蚀类型分布图（图1.14）。

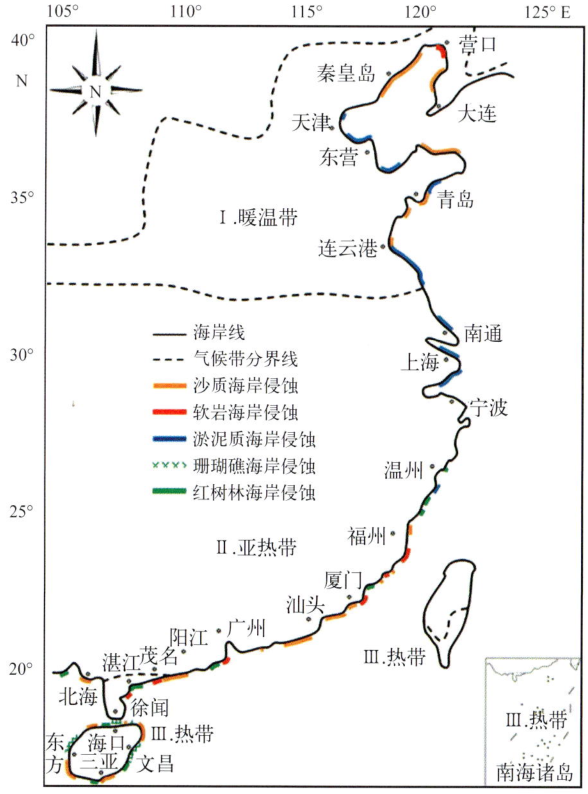

图1.14　中国海岸侵蚀类型分布图（罗时龙等，2013）

1.1.5 海岸侵蚀的危害性

海岸侵蚀已经从单纯的自然变异过程上升为一种灾害，它作为一种重要的地质灾害，对海岸地区土地资源利用及沿岸居民生产、生活环境造成了严重影响。主要表现为以下几个方面：

（1）沿岸陆上土地损失。

海岸侵蚀使我国损失了大量土地。据李培英等（2007）资料，仅黄河三角洲海岸，在1947—1989年间，因海岸侵蚀失去土地达533 km^2。山东小清河口以东海岸仅在9216号台风暴潮期间就失去土地达4.7 km^2。江苏省废黄河三角洲海岸，自1855年至今，海岸后退30 km，损失土地多达1 400 km^2。江苏省的开山岛1855年前与陆地相连，自黄河北迁到1923年，该岛已与陆地相距4.7 km，到1983年距陆地达7.6 km，成为孤悬外海的小岛。其他省份和地区也都有不同程度的土地损失，这里不一一列举。

（2）使沿岸沙滩、潮滩湿地等滨海资源环境遭受严重破坏与降低开发质量。

例如，北戴河国家级疗养区海水浴场，原海滩沙舒适滩平，是游泳疗养的优良场所，也是秦皇岛滨海旅游产业的最主要支柱。但由于海岸侵蚀灾害，不仅岸线显著后退（刘修锦等，2014，在自1990—2008年的剖面监测资料显示海滩蚀退达18.4 m，年均蚀退率约为1 m/a，海岸碉堡落入海中，并威胁滨岸建筑设施）；而且沙滩侵蚀退化，颗粒变粗，坡度变陡，宽度缩窄，明显降低了滨海休闲旅游价值（据河北省地矿局秦皇岛矿产水文工程地质大队，2009，北戴河海滩恢复治理工程可行性研究报告的统计，北戴河仅沙滩侵蚀造成的直接经济损失为3 230.6 万元/年，间接经济损失达64 611.2万元/年）。

（3）冲毁海堤、防护林等海岸防护设施，促使海岸侵蚀进一步加剧和沿岸土地沙漠化的进程。

（4）破坏沿岸盐田、水产养殖业等生产场所，使产量大幅下降。

（5）冲垮码头、国防工事和工厂等海岸工程建筑。

（6）破坏沿海公路，迫使改道内迁。

（7）将海岸侵蚀后的泥沙携带到邻近港湾内堆积，造成港口和航道淤塞。

1.1.6 海岸侵蚀的定量分级标准

海岸侵蚀的强度或速率主要指每年受蚀海岸线后退的距离以及潮间带和潮下带底床沉积物被冲刷下切的深度。对于海岸侵蚀多年总量的累年统计则称为海岸侵蚀幅

度。我国近海海洋综合调查与评价专项制定的《海洋灾害调查技术规程》中之有关海岸带地质灾害调查所列的海岸稳定性分级标准（表1.1），已公认为较成熟的海岸侵蚀定量分级标准，本书即根据此分级标准划分等级及进行评价研究。

表1.1　我国海岸侵蚀稳定性分级标准*

堆积–侵蚀	海岸线位置变化速率r		海滩蚀淤速率s
状态分级	砂质海岸(m/a)	淤泥质海岸(m/a)	淤蚀速率(cm/a)
淤涨	$r \geq +0.5$	$r \geq +1$	$s \geq +1$
稳定	$+0.5 > r > -0.5$	$+1 > r > -1$	$+1 > s > -1$
微侵蚀	$-0.5 \geq r > -1$	$-1 \geq r > -5$	$-1 \geq s > -5$
侵蚀	$-1 \geq r > -2$	$-5 \geq r > -10$	$-5 \geq s > -10$
强侵蚀	$-2 \geq r > -3$	$-10 \geq r > -15$	$-10 \geq s > -15$
严重侵蚀	$r \leq -3$	$r \leq -15$	$s \leq -15$

* “+”代表淤涨，“–”代表侵蚀；当某段岸线同时具备海岸线位置变化和岸滩蚀淤速率时，采用就高不就低的原则。

1.2　海岸侵蚀评价及若干相关概念的含义

海岸侵蚀评价是指在查明研究区域海岸侵蚀灾害的历史与现状的基础上，通过对沿岸各个受灾岸段的灾害强度和灾损情况的分析，就其灾害发生的特征、成因机制和可能发生的潜在风险——包括区域海岸发生侵蚀灾害的危险性程度和承灾体遭受侵蚀灾害破坏的脆弱性（Vulnerability）程度以及对灾情进行定性或定量的评估，为海岸侵蚀管理提供科学依据。

以上所述评价研究的相关术语的内容概述如下。

（1）海岸侵蚀灾害系一种自然灾害。我们知道，所有自然灾害都是自然和人文二系统相互作用的复杂现象，它直接威胁着人类的生存。自然灾害系统包括孕灾环境、致灾因子和承灾体，灾情是它们之间相互作用的结果，海岸侵蚀灾害也不例外。

（2）海岸侵蚀灾害强度分析乃是对其灾害发生强度的评价；相应的灾情分析为对灾害的经济损失和对人类生存与发展的影响进行综合评价。

（3）海岸侵蚀灾害特征评价的内容包括：对灾害的分布特征、发生的时间和动态变化过程，对侵蚀岸线长度和侵蚀强度，对海岸侵蚀灾害发生的地质地貌背景、海岸海洋动力条件、泥沙供给条件和人为活动影响等，以及对受侵蚀海岸的抗冲蚀能力及其邻近陆地地面侵蚀–剥蚀状态等的分析与评价。评价的目的是摸清海岸侵蚀灾害历史与现状特征，为接着的几种分析评价提供基础资料。

（4）海岸侵蚀灾害的成因机制评价的内容包括：基于对造成海岸侵蚀灾害的各种因素及其特征，就影响海岸侵蚀作用的岸滩过程进行分析研究；建立模型进行定量或半定量模拟或预测海岸侵蚀灾害的发展趋势。评价目的是摸清或确立海岸侵蚀的原因和主要影响因素，即进行海岸侵蚀后报和建立预报模型。

（5）区域海岸发生侵蚀灾害危险性程度评价的内容：第一，是针对孕灾环境和致灾因子对海岸侵蚀风险区未来可能发生海岸侵蚀的发展趋势及其可能造成的后果进行分析与评估（例如，预测海岸地质地貌背景、海洋水文动力条件、植被条件和人为活动状况等对海岸侵蚀灾害发生的潜在影响程度等）；第二，是针对承灾体的内在因素所体现出的相对于遭受海岸侵蚀灾害破坏响应之脆弱性程度的分析与评估，它涉及承灾体自身应对海岸侵蚀的敏感性（Sensitivity）和自身适应性（Autonomous Adaptability）等问题（例如，稳定的弧形砂质海岸常表现的自调整、自适应的抵御侵蚀的能力等）；第三，是就预测海岸应对风暴潮侵蚀作用的脆弱性情况（即应对极端侵蚀事件的后果及其影响的程度）进行评估。总而言之，风险性虽意味灾害发生的不确定性，但仍有必要对其做出相应的分析和评价，乃至提出海岸侵蚀灾害的适应性管理，才能在灾害发生时将造成的损失减小到最低程度。

（6）承灾体遭受海岸侵蚀作用破坏的脆弱性程度的评价内容：是指对研究海岸本身的物质组成与结构、构造、海岸分布形态等耐受海岸侵蚀灾害能力的评估，以及对研究海岸所构成的抵御海岸侵蚀灾害的承受能力或承载易感度的评价。后者包括对人口分布、城镇与大型企业分布、房屋等工程建筑分布、植物分布、土地类型及分布、各类资源分布等的影响评估以及对评价地区的经济发展水平、减灾工程等减灾能力的评估。这一项评价目的在于针对承灾体，以弄清其遭受海岸侵蚀灾害破坏的可能性及造成灾损的难易程度。

（7）灾情（又称灾度）是承灾体与致灾因素相互作用的结果，它表示自然灾害造成的社会损失的量度。对其评价乃指根据灾害造成的经济损失和资源环境破坏程度的评估，其中包括海岸侵蚀灾害的历史破坏损失程度与预期可能发生的损失程度的评估。

（8）海岸侵蚀评价研究方法是立足现状，预测未来变化。历史是未来的钥匙，过去与现今时段内所发生的海岸侵蚀灾害虽然对预测未来灾害的发生在一定程度上具有不确定性，但研究其今后可能出现的灾害风险性程度却可提供现实的、连续的、可靠的宝贵信息，它不仅仅是在于确定过去区域灾害发生的趋势与轨迹，而更重要的是提供了预测区域不同区段海岸对侵蚀灾害的适应性能力及其管理策略的区域差异、时空变迁和未来脆弱性的发展方向等，因而，具有重要的现实指导意义。

第 2 章　海岸侵蚀影响、脆弱性和适应性评价模型

2.1　概述

自20世纪中后期以来，随着人类开发自然活动的不断加剧与升温，以气候变化和土地利用变化为代表的全球变化过程日益凸显，即生态与环境问题及各种自然灾害不断涌现。全球环境变化与资源开发利用的可持续发展已成为当前人类社会经济面临的两大重要挑战（李家洋等，2005）。1986年国际科联（ICSU）建立国际地圈–生物圈计划（IGBP），标志着全球变化科学研究新领域的诞生（叶笃正等，2004）。1988年政府间气候变化专业委员会（IPCC）成立以后，将研究集中于关注人类社会经济活动所造成的气候变化过程的影响（吴绍洪，2007）。由于全球变化研究的不断深入以及未来气候变化的趋势日益明确化，探讨人类应对全球变化的能力和适应程度的脆弱性研究逐步引起科学界的重视。为此，IPCC分别在2001年和2007年先后两次发表了《气候变化：影响（Impacts）、适应（Adaptation）和脆弱性（Vulnerability）》报告（IPCC，2001；IPCC，2007）。自此，以IPCC为代表的国际科学界以“影响，适应和脆弱性”为主题，从科学、技术、资源环境变迁和社会经济等各个层面，就识别与评估气候变化等自然因素导致的脆弱性及其对人–地系统和自然生态系统的影响展开了持久的研究，认为应用“影响、脆弱性和适应性”原则对于评价自然灾害具有十分重要的现实意义，并总结出“减缓”与“适应”是人类社会应对自然灾害造成影响的两个主要响应方式。这就是说，作为脆弱性研究的归宿，适应性研究不仅需要探讨能力建设和策略优化，还应深入研究适应性能力阈值与社会经济发展的关系以及国家、区域和群体之间适应能力的总体协调与管理（徐广才等，2009）。

由上述可见，从影响、脆弱性和适应性途径就海岸侵蚀的影响问题与后果以及对它提出适应响应的过程、能力和相应的人类社会对策进行科学评价及管理是现今对待海岸侵蚀问题最为合适的综合性的解决方法。图2.1示出海岸侵蚀评价的目标，图2.2说明了影响、脆弱性和适应性评估之间的关系。

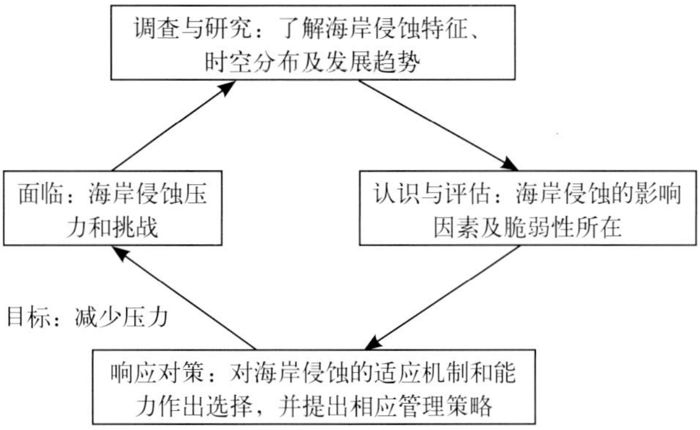

图2.1　海岸侵蚀评价目标：减少侵蚀压力

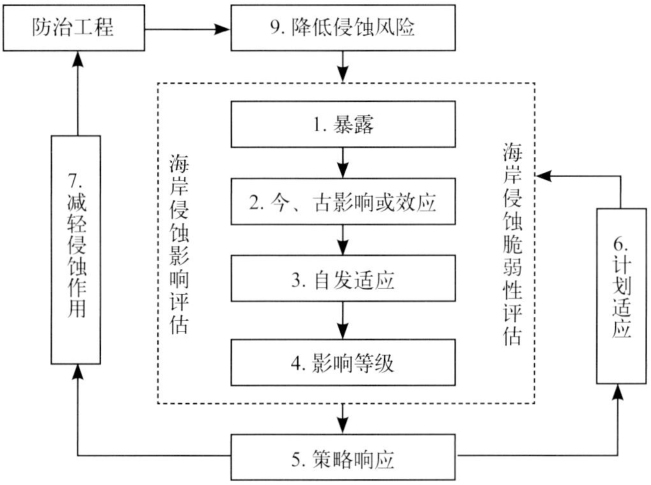

图2.2　海岸侵蚀评价与管理：作为一项系统工程的循环环节流程

1.暴露：经过调查揭示海岸侵蚀灾害特征、现象与分布规律以及发展趋势；

2.今、古影响或效应：系分析既往和现今海岸侵蚀的原因及其造成的危害状况；

3.自发适应：乃认识海岸系统在侵蚀原因影响下的自我调整和自适应机制；

4.影响等级：这是海岸侵蚀脆弱性评估的基本内容，即选取引起侵蚀作用的各项特征指标，对其划分影响程度，并赋予权重后，应用脆弱性指数法（CVI）综合判别各个区域遭受侵蚀影响的脆弱性等级；

5.策略响应：主要指提出防范与减缓海岸侵蚀灾害的管理对策；

6.计划适应：是根据对海岸侵蚀影响和脆弱性的认识和政策准则与海岸资源环境可持续利用的发展目标，以及采取防范举措可能产生后果的认识，从提高对海岸侵蚀未来变化的预测能力方面出发，制定出有计划的适应对策，并予以实施；

7.减轻侵蚀作用：主要是通过改变海岸系统自然环境条件而得到降低海岸侵蚀强度和范围；

8.防治工程干预：指在确实构建科学合理的海岸线保护与利用格局的基础上，着力于实施适应性的海岸线整治修复项目建设，其中，主要是沙滩修复养护、近岸构筑物清理与清淤疏浚整治、滨海湿地植被与恢复、海岸生态廊道建设等工程；

9.降低侵蚀风险：主要指改变海岸海洋环境条件，以达到减轻海岸侵蚀程度与风险的目标。

2.2 侵蚀影响评估

我国已经积累了许多有关海岸侵蚀影响评价的研究成果（王文海，1987；夏东兴等，1993；易晓蕾，1995；季子修，1996；张裕华，1996；庄振业等，2000；陈吉余等，2002；何起祥，2002；李培英等，2007；蔡锋等，2008；陈吉余等，2010），主要是针对海岸侵蚀的原因与机制的分析与评估。蔡锋等（2008）从中国沿海的区域构造地质背景、海岸侵蚀的表现形式、海岸侵蚀主要原因和面临挑战等方面对我国海岸侵蚀的影响特点做出概括性论述。并着重从海平面变化与海岸侵蚀，以及风暴浪潮与海岸侵蚀之间的关系讨论了全球气候变化对沿海海岸侵蚀的影响势态。认为中国海岸侵蚀风险对气候变化的响应具有明显的区域性差异，全球气候变化对海岸侵蚀的影响研究与预测是一项系统工程。它涉及"全球系统"的自然环境、社会经济、沿岸工程与规划等各方面的因素；并基于应对全球气候变暖，海岸侵蚀持续加强的严峻形势，从加强基础理论研究，防治技术研究，健全管理系统和强化法制机制等方面提出了今后我国海岸侵蚀防范建议。该论文着重讨论了我国海岸侵蚀的主要影响原因（图2.3），较为全面地、概括性地反映了我国面临海岸侵蚀灾害所受影响因素的客观现实，同时提出了全球气候变化对海岸侵蚀的影响及其评估与防范流程（图2.4）。

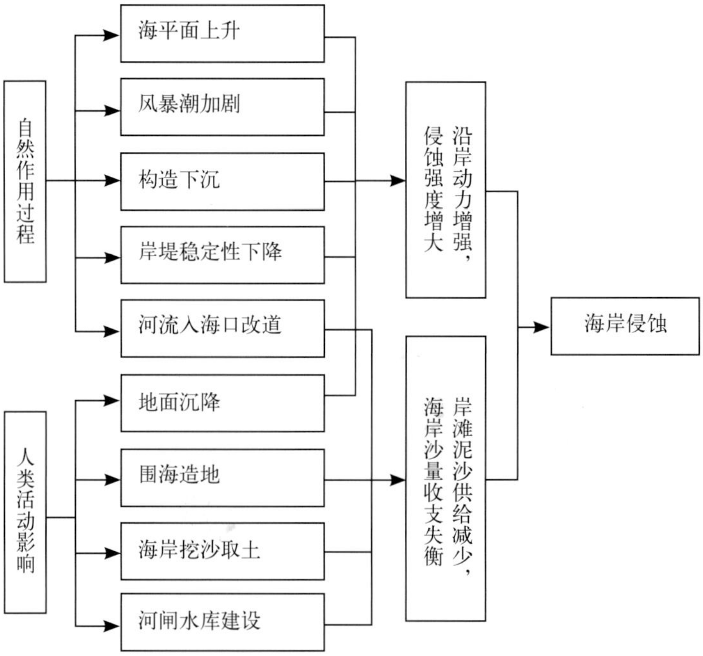

图2.3　海岸侵蚀主要影响原因示意图

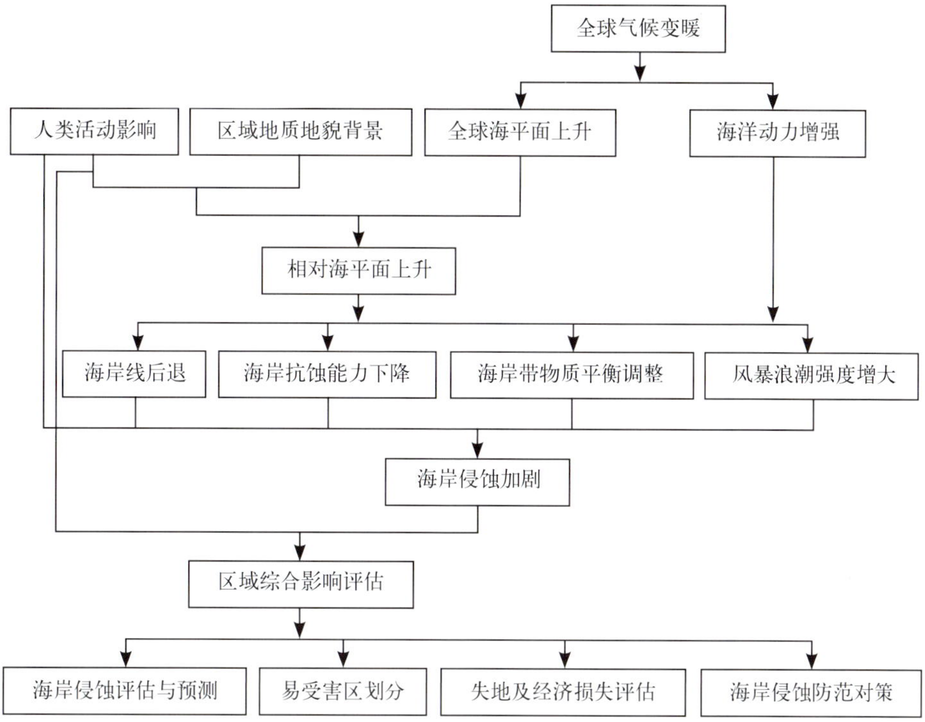

图2.4　全球气候变化对海岸侵蚀的影响及其评估与防范流程

2.3　侵蚀脆弱性评估

2.3.1　脆弱性研究的提出及相关评估内容

最早的海岸脆弱性的含义是在20世纪80年代末期由Gornitz提出的海岸脆弱性指数（CVI，Coastal Vulnerability Index）和风险等级（Risk Class）的概念（Gornitz，1991）。根据Gornitz等（1994）的定义，海岸脆弱性（易损性）是指海岸带对全球变化、海平面上升及其所带来的种种可能的不利影响的承受能力，它的涵盖范围非常广泛，可指生态的脆弱性、环境的脆弱性和海岸侵蚀的脆弱性。时至今日，对海岸系统脆弱性的研究多以气候变暖引发海平面上升、风暴浪潮增强为主导影响因素（表2.1），结合近代强烈的人类活动正改变着海岸系统的物理环境及其演变趋势而造成的环境开发利用功能衰退、脆弱性增大和风险性加剧的影响因素进行分析。气候变化作为海岸系统的外部压力，人类活动影响是指人类社会经济建设造成的负面环境影响，二者相互关联、相互影响的耦合作用使海岸系统脆弱性、恢复力（或抗力）、自组织能力发生动态变化，这对海岸系统风险的发生与发展产生极为重要的影响。

表2.1　海平面上升对海岸系统的影响（储金龙等，2005，略有补充）

海岸系统		影响类型	影响结果
自然环境系统	物理环境	海洋气象水文条件变化	风暴潮加剧、洪涝频率提高
		海岸侵蚀	岸线后退、土地丧失、潮间滩面下蚀使开发利用功能衰退
		低地淹没	海岸低地、湿地丧失（无防护地带）
		地下水位抬升	影响建、构筑物基础
		盐水入侵	地下水水质恶化、潮水内溯距离加大
		土壤盐碱化	土壤发生生物地球化学变异
	生物环境	湿地减少	生态系统产品与服务减少
		生态及生境变迁	生态演替发生、生物多样性减少
社会经济系统	人口	受影响人口增多	风险人口、转移人口增多
	市场化产品与服务	可利用资源减少	水资源、景观资源、土地资源等
		经济部门影响	农业、工业、旅游业、渔业等产量与收入降低
		基础设施影响	影响地上、地下建构筑物，防护标准降低
	非市场化产品与服务	海岸整体价值降低	文化价值、生态价值、生存价值、景观价值、环境舒适度、生活稳定性降低
		环境可居性降低	

就包括海岸侵蚀灾害在内的海岸系统灾害而言，应当明确风险（Risk）、脆弱性（Vulnerability）、危险（Hazard）和灾害（Disaster）的不同概念以及它们与人类活动响应之间的循环作用关系（参见图2.5）。其中，海岸脆弱性是造成侵蚀灾害最为根本的原因。因此，“事不当时固争，防祸于未然”，对海岸侵蚀发生的脆弱性进行评估，便可认知在遭受侵蚀灾害时可能造成的损失程度，这对海岸资源环境保护、规划管理决策等方面起着非常重要的作用。

综上所述，海岸侵蚀脆弱性评价乃指在自然环境因素和人类活动因素的耦合作用下对海岸遭受侵蚀灾害的风险程度与可能发生的灾情等级的分析与评估。评价的目标是通过探讨海岸海洋环境和人类社会经济的共演过程，对有关遭受侵蚀作用具脆弱性的海岸岸段以及它们的风险响应特征做出基本认识。分析与评估的主要内容包括：海岸侵蚀风险发生的机制和海岸侵蚀脆弱性相对于海岸环境变化的可变性与动态变化趋势；在环境和人类活动的影响下，海岸侵蚀恢复力的性能和不同适应对策对海岸侵蚀风险发生的时空影响；海岸极端气候事件和相关危险事件变化的频率与强度；岸滩系统对侵蚀作用的承载力及其对海岸环境变化的关键阈值等。

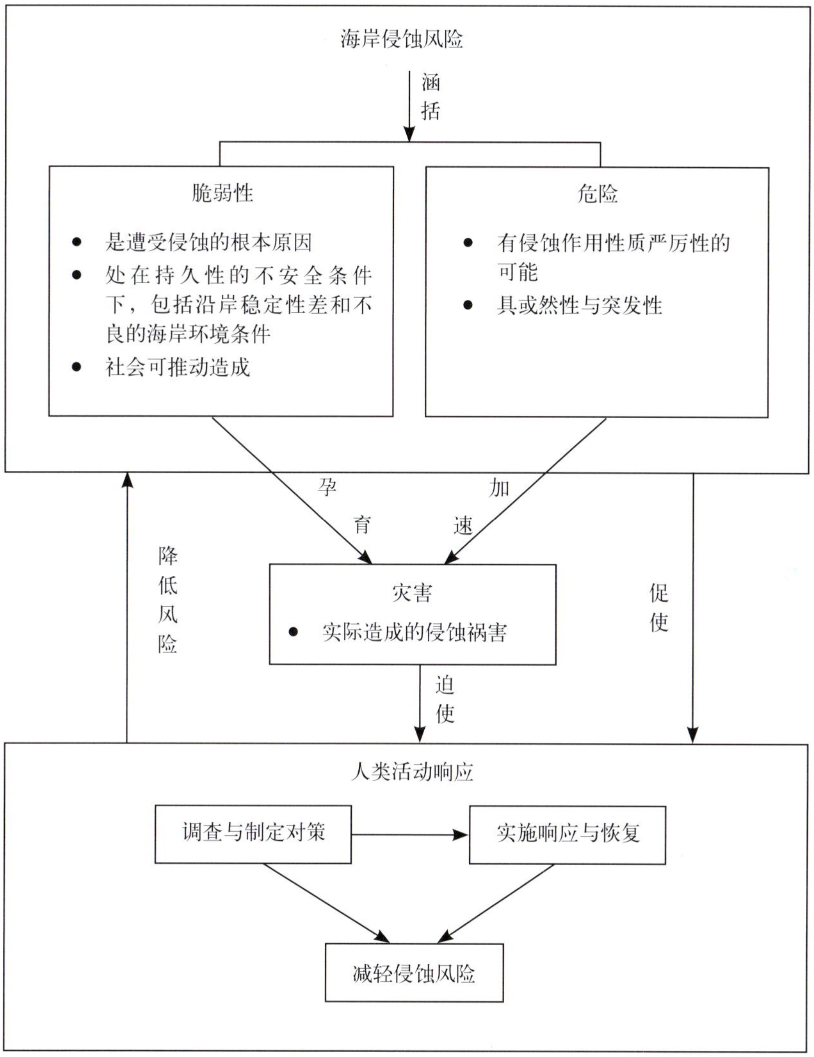

图2.5　海岸侵蚀灾害的内涵及与人类活动响应的循环作用关系

2.3.2　评估框架及方法

纵观现有海岸脆弱性评估的研究成果，可大体分为评估框架和评估方法两个部分。

1）评估框架

根据20世纪80年代末以来IPCC的历次报告，国际上开展了有关气候变化和海平面上升对海岸脆弱性的评估研究，先后出现了多个评估框架，其内容乃涉及一系列相关问题和战略步骤。针对海岸侵蚀课题，现列举图2.6所示的评估框架作为一例。对图2.6框架说明如下。

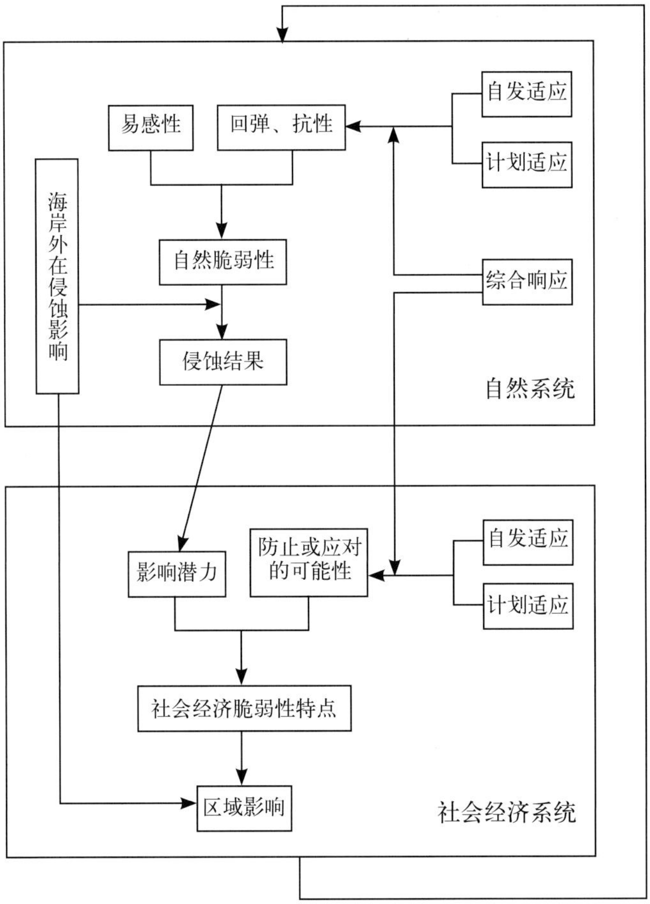

图2.6　海岸侵蚀脆弱性评估框架

（1）易感性（Susceptibility）反映海岸遭受侵蚀时，岸滩容易受到变化的一些特征过程。

（2）回弹（Resilience）和抗性（Resistance）为岸滩面临侵蚀影响时所表现出的具有稳定的性质，即具有复原力和抵御能力；这是海岸系统的自发适应能力，在受到人类活动的影响下，向自然适应响应转变的体现；也就是说，人类的计划适应能够通过增强海岸系统的侵蚀回弹能力和抗性而降低自然的侵蚀脆弱性，从而增加了自然适应的效果。

（3）易感性和回弹、抗性结合一起构成了海岸侵蚀内在脆弱性的效果。

（4）海岸外在侵蚀影响因素，包括海洋动力作用、泥沙供给条件、海平面上升等引发的侵蚀影响在一定程度上也对区域社会经济的影响产生作用。

（5）社会经济脆弱性特点取决于侵蚀结果的影响潜力和社会的技术、公共机构、经济和文化对于防止或应对这些影响的能力。它同海岸的自然脆弱性做综合考虑是科学管理侵蚀问题所必需的。

（6）自发适应和计划适应的潜力与自然系统的回弹、抗性一样都是有助于增大防止或应对侵蚀的能力。

（7）自然系统和社会经济系统的相互作用及它们在共同演变过程中具有相辅相成的发展关系。这点从图中所示的社会经济系统到自然系统的反馈回路可以看出。

（8）本评估框架较全面考虑了海岸侵蚀方面的风险评估特征，即提出了自然系统和社会经济系统对侵蚀影响的感知力、恢复力、系统的自适应和计划适应能力以及它们之间的相互关系。它包括了3个逐级复杂的评估层次：筛选评估，脆弱性评估（目的是将评估区域的各个岸段的侵蚀风险划分成低度、中度、高度或极端脆弱的不同等级）以及计划评估。

2）评估方法

海岸侵蚀脆弱性评估方法可分为单一影响评估法和综合评估法。单一影响评估指对某一个侵蚀影响方面进行评估与预测，例如，只从波浪动力学，或沉积物收支状况方面的评估。综合影响评估方法是指对影响海岸侵蚀脆弱性的各个方面进行全面评估，并得出定量或非定量化的结果。综合影响评估法主要有指数法、多判断决策分析法、决策矩阵法、分布式过程模型法、三角洲综合行为概念模型法、数值模型法、模糊决策分析法等（储金龙等，2005）。其中，以由Gornitz（1991）提出的综合考虑多种因子风险等级的海岸脆弱性指数法获得最广泛的应用。下面概述海岸脆弱性指数（CVI，Coastal Vulnerability Index）评估技术方法。

2.3.3 海岸侵蚀脆弱性指数评估技术方法

就定义来看，海岸侵蚀脆弱性是一个定性的概念，而典型的海岸脆弱性研究方法给出的是一个定量数值，即处于设定的评语集中CVI数据变化范围内的某一个定量值，其评估过程的主要环节与步骤如下。

2.3.3.1 设定评语集V

海岸侵蚀脆弱性综合评价研究一般采用自IPCC海岸带管理小组（CZMS，Coastal Zone Management Subgroup）于1992年提出的全球第一个海岸侵蚀脆弱性评价框架以来，大多数相关研究工作所用的脆弱性评语集$V=\{v_1, v_2, v_3, v_4, v_5\}$。这里的$v_1, v_2, v_3, v_4, v_5$分别表示低脆弱性（Ⅰ级），较低脆弱性（Ⅱ级），中度脆弱性（Ⅲ级），较高脆弱性（Ⅳ级）和高脆弱性（Ⅴ级）。它们包括的CVI定量数值，不同的评价方法有所区别，即或是分别简单概括性地设定为1，2，3，4，5之5个整数值（参见刘小喜等，2014）；或者是分别设定为处在［0，1］，［1，2］，［2，3］，［3，4］，［4，5］的5个区间数（参见本书第三篇海岸侵蚀脆弱性综合评价）。

2.3.3.2 构建评价指标体系

对评价指标的选取需要遵循系统性、客观性、可操作性和主导性原则。如图2.6所示，海岸侵蚀脆弱性影响指标的选择通常包括自然脆弱性（如海岸动态变化、海岸形态和近岸水动力等）和社会经济脆弱性（如海岸利用类型和海岸城镇化水平与开发适宜性等）两个方面。据IPCC 2007年的报告，海岸侵蚀脆弱性评估指标选择与构建有以下几个准则：

（1）对侵蚀作用具有重要影响的因素；

（2）侵蚀的影响因素具有一定时间性；

（3）侵蚀影响可呈持续性或可呈回行性；

（4）可能发生的不确定性侵蚀影响和脆弱性；

（5）蕴涵海岸侵蚀适应性的潜力；

（6）有侵蚀影响和脆弱性的分布；

（7）受侵蚀海岸系统资源环境或财产的重要性。

目前，不同学者在研究不同区域时采用的指标和方法往往不同，如Gornitz等（1994）选用平均高程、沉积构造、地貌类型、地面沉降速率、岸线变化、平均潮差、最大波高、热带风暴频率与强度指数、风浪增水高度等评估美国东南部海岸脆弱性；Thieler等（2000）和Boruff等（2005）采用岸滩坡度、地貌类型、相对海平面上升速率、岸线变化速率、平均潮差、平均波高等评估美国东海岸不同区域的脆弱性；Dominguez等（2005）则利用海岸地貌类型、海岸演变速率以及海岸土地利用类型与结构来研究西班牙西南海岸侵蚀脆弱性；蔡锋（主编）在《908专项海岸侵蚀现状评价与防治技术研究》（2010）中选取海岸地貌类型（包括平直软质海岸、袋状软质海岸、不稳定人工护岸、硬质基岩海岸和稳定人工护岸）、风暴潮增水、平均波高、城市化水平（即城镇人口/总人口比值）和现状海岸侵蚀速率作为指标，提出海岸风险等级量值来评估海岸的侵蚀风险与脆弱性；Abuodha等（2010）基于澳大利亚东南海岸的特点选取基岩类型、岸滩坡度、地貌类型、屏障类型、岸线暴露度、岸线变化速率、相对海平面上升速率、平均波高、平均潮差等指标，提出海岸敏感指数（Coastal sensitivity index）来评估海岸脆弱性；Kumar等（2010）利用岸线变化速率、海平面变化速率、岸滩坡度、平均有效波高、平均潮差、海岸带高程、海岸地貌类型、海啸增水高度等对印度奥里萨邦海岸脆弱性评估；刘曦等（2010）选取了海平面上升速率、地面下沉速率、平均高潮位、近岸海水含沙量、潮滩坡度、潮滩宽度和海岸线变化等7个评价指标对我国长三角8个具有代表性的海岸线岸段进行评估，并绘制评价结果图；Kumar等（2012）利用岸线变化速率、海平面变化速率、有效波高、潮差、海岸带高程、近海水深、地貌类型、极端风暴潮及频率等结合地理空间技术来评估海岸脆弱性；Jana等（2013）利用遥感（RS）和GIS技术，选取岸线变化速率、土地利用类型和人类活动、人口密度等评估印度巴拉索尔附近的海岸侵蚀脆弱性；刘小喜等（2014）基于我国苏北废黄河三角洲海岸的特点和脆弱性指数法，选取岸线变化速率、等深线变化速率、岸滩坡度、水下坡度、沉积动力环境、年平均含沙量、年平均高潮位、海岸利用类型和海岸开发适宜性等9个评估指标，采用层次分析法（AHP，Analytical Hierarchy Process）确定各评估指标权重，结合RS和GIS技术对该区域开展海岸侵蚀脆弱性评估。

从上述各学者在评估海岸侵蚀脆弱性时对影响指标的选取结果可以看出，指标的选用并不统一。有关评价指标的选择方法，一般有以下3个环节。

（1）对自然侵蚀影响因素的选取，着重选用发生海岸侵蚀作用的主要自然海岸类型的内在因素及其成因的外在主要自然影响因素。

（2）对人类活动的侵蚀影响因素的选取，通常分为暴露性、敏感性和适应性3种情况分别选用重要指标。对我国而言，尤其是要根据当前国家出台的有关《海岸线保护与利用管理办法》等政策法规性文件的要求：力求达到在开发发展中保护，在保护中开发发展 ，全力推进海洋生态文明建设，实现自然岸线保有率管控目标，构建科学合理的自然岸线格局等。依照这一要求，并基于我国目前在管理方式上已经确立了以自然岸线保有率目标为核心的倒逼机制，显然，在进行海岸侵蚀脆弱性的综合评价时，应该针对当前我国广泛进行项目用海对海岸侵蚀影响的问题，将“自然岸线保有率（所称自然岸线是指海陆相互作用形成的海岸线，包括砂质岸线、淤泥质岸线、基岩岸线、生物岸线等原生岸线；当人工岸线经整治修复后，具有自然海岸形态特征和生态功能的海岸线可纳入自然岸线管控目标管理）”列为必选指标之一。

（3）选用指标的可应用性，必须注意到对各个评价单元的侵蚀影响程度（数据）都具有可获得性，并且取得数据的具体分析技术方法也要有适用性。

2.3.3.3 统计所选各项指标的调查、观测数据或资料

统计指标数据是指对所选各项影响因子在既往和现今时段已经出现的侵蚀影响数据进行搜集、整理、计算和分析等。也就是对欲进行海岸侵蚀脆弱性评估区域的各项选择指标的调查观测数据或资料做出来源及其统计方面与动态变化趋势的说明。例如，刘曦等（2010）在进行长江三角洲海岸侵蚀脆弱性评估时：①对海平面上升速率指标和地面沉降速率指标的数据来源指出主要参考前人的研究成果，并列出相关文献。②对于海岸线变化、潮滩宽度和坡度数据为收集了近20年来6个不同时期（1990年，1993年，1997年，2000年，2004年，2008年）的长江三角洲海图数据和TM遥感影像数据，对海图数据进行数字化处理，解译遥感影像（主要进行海岸线提取和植被提取），将二者进行数据融合，得到多幅不同时期的长三角海岸潮滩和湿地分布图，根据不同时期的海岸线位置计算海岸线变化速率；同时对最近年份的地形图进行量测，获得多个海岸段的潮滩宽度和坡度数据。③对平均高潮位指标数据的获得指出，系根据历年潮汐表资料，并收集了近20年来的长江口和杭州湾共计13个潮位站的多年平均高潮位数据，将整个长三角海域地区进行空间插值。④有关近海水域含沙量指标数据的来源与统计，为参考前人的研究成果，并应用卫星遥感影像的反演数据，统计了多个站点的平均含沙量以及对整个长三角海域地区进行空间插值。

2.3.3.4 设定影响指标的分级量化

对海岸侵蚀脆弱性的评估通常进行3 ~ 5个级别评定，如分别为低脆弱性、较低脆弱性、中度脆弱性、较高脆弱性、高脆弱性的5级评定法。相应地根据各项影响指标的统计数据及其发展趋势也需要进行等级数据的量化，即对各项指标的统计数据域进行等差分组，以其为标准由低到高设定指标的脆弱性等级指数（比值）。例如，5级评定法为将低脆弱性、较低脆弱性、中度脆弱性、较高脆弱性和高脆弱性的指数值分别设定为1、2、3、4和5的分级法。这是因为不同的评估指标数据具有不同的量纲，在运用CVI评估海岸侵蚀脆弱性之前必须进行的一个重要环节。对于指标为数值型变量（如岸线变化速率等），直接根据其统计数据域的等差分组分别设定为1 ~ 5的等级；而对于非数值型变量（如地质环境条件、海岸开发适宜性等）需预先通过其所含因子对侵蚀影响的风险程度进行打分，然后以打分的平均值由低到高综合设定1 ~ 5个等级。表2.2是设定海岸侵蚀脆弱性评估指标分级标准（进行量化）的例举。

表2.2 海岸侵蚀脆弱性评估设定指标分级标准和权重例举*

评估指标	脆弱性大小					权值	排序
	低（1）	较低（2）	中度（3）	较高（4）	高（5）		
岸线变化速率（m/a）	>4	−4 ~ 4	−10 ~ −4	−20 ~ −10	<−20	0.321	1
等深线变化速率(m/a)	>0	−30 ~ 0	−30 ~ −60	−80 ~ −60	<−80	0.202	2
岸滩坡度［水边线距离（m）］	<200	200 ~ 600	600 ~ 1000	1000 ~ 2000	>2000	0.031	9
水下坡度［等深线距离（km）］	<3	3 ~ 5	5 ~ 7	7 ~ 10	>10	0.071	4
沉积动力环境	淤积	相对稳定	微侵蚀	侵蚀	强侵蚀	0.147	3
年平均含沙量（g/L）	—	0.230	0.215	0.200	—	0.069	5
年平均高潮位（cm）	—	321	339	357	—	0.069	5
海岸利用类型	—	渔业	工业	港口	—	0.042	8
海岸开发适宜性	1 ~ 1.8	1.8 ~ 2.6	2.6 ~ 3.4	3.4 ~ 4.2	4.2 ~ 5.0	0.048	7

* 据刘小喜等（2014），苏北废黄河三角洲海岸侵蚀脆弱性评估。

当采用云模型不确定性分析理论（李德毅等，2014）进行海岸侵蚀脆弱性综合评价时，评价指标的侵蚀影响程度不是简单地设定3 ~ 5个级别进行量化，而是要根据在每一个指标状态下，对所有评价单元的侵蚀脆弱性影响程度都经测定（或评分）后，将得到的原始样本数据构成矩阵，并以评语集的x（CVI数值）变量范围为标准转换为相等的规范化的矩阵；然后再利用规范化矩阵通过应用逆向云算法，求算出各个指标状态下的侵蚀影响程度的评价云模型集C_i（Ex，En，He）。云模型中的Ex（期望值）、En（熵值）、He（超熵）3个数字特征为表示侵蚀影响等级的隶属关系，它们可以实现定性和定量之间的一对多映射；显示出与运用传统模糊数学方法的评价不同，采用云模型理论综合评价不是将指标的侵蚀影响程度笼统地指定为在3 ~ 5个级别中的某一个级别内，而是能够具体地反映出各评价指标的侵蚀影响程度之在整体评语集中的定量特性（详见第三篇中国大陆沿岸海岸侵蚀脆弱性评价第10章）。

2.3.3.5 确定评估指标的权值

海岸侵蚀脆弱性评估涉及多因素、多因子的综合评估，在构建评价指标体系后，并对各项因子指标进行分级量化的基础上，应该注意到各评价指标对侵蚀脆弱性的贡献大小不同，也就是说，由于它们在侵蚀影响程度上具有权衡轻重作用的区别，因此，还需要对各项指标赋予权值（又称权重）。权值反映了不同评价指标间的相对重要性，即求指标的权值就是对不同指标在综合评价过程中所占地位或所起作用的差别进行分析计算的过程。这直接影响到综合评价的结果。

现有模糊综合评价（FCE，Fuzzy Comprehensive Evalution）方法中，有关评价指标因素或因子体系权重矢量的求算法，按赋值形式的不同可大体分为主观权重法和客观权重法。主观赋权法指计算权重矢量的原始依据为主要由评估者或业内专家组根据经验主观判断得到，据程启月（2010）的报道，主要方法有主观加权法、专家调查法、比较加权法、多元分析法、模糊统计法和层次分析法（AHP，Analytic Hierarchy Process）等，其中层次分析法（具体计算方法与步骤参见谢季坚等，2016）由于对各指标之间相对重要程度的分析更具逻辑性，刻画得更细，再加上数据处理得当，其可信度较高，而得到广泛应用。客观赋权法指求算权重矢量的获得，是以各个指标因子对所有各评价单元的侵蚀影响程度，在测评过程中实际取得的样本测度值（或评分）数据为原始资料进行计算的，如均方差法，主成分分析法、代表计算法和熵值法等，其中熵值法（具体计算方法与步骤参见Zou Z H等，2006）应用较普遍。这两类方法各有优缺点：主观赋权法客观性较差，但解释性强，主要适用于缺乏实际测量的样本数据，特别是含有大量定性指标个数时，最好采用AHP法；客观赋权法主要根据指标因子所含信息有序度的差异性来确定的，在多数情况下求算的结果较切合客观现实，数值精度也较高，但有时也可能出现与实际情况不符的现象。因此，根据现实情况采用属于主观赋权法与客观赋权法相结合的综合赋权方法，不失为一种具有有效性与科学性的新方法（此新求算法的应用详见第三篇中国大陆沿岸海岸侵蚀脆弱性评价第10章）。

2.3.3.6 应用海岸脆弱性指数（CVI）评估的数学式

由Gornitz（1991）提出的CVI数学表达式有“积”与“和”两种形式。据刘小喜等（2014），假设P_i为单项指标的评分值，但回避其随机性，仅将所选评估指标按各自所属评语集V设定的脆弱性等级指数值进行量化（参见表2.2），即对于低脆弱性、较低脆弱性、中度脆弱性、较高脆弱性、高脆弱性的指数值都简单地以整数为1、2、3、4、5分别评分表示；C_i为该行评估指标的权值；则“积”的数学式为

$$\mathrm{CVI}_{积} = \sqrt{(\prod_{i=1}^{n} P_i)/n} \tag{2.1}$$

而“和”的数学式为

$$\mathrm{CVI}_{和} = \sum_{i=1}^{n} P_i C_i \tag{2.2}$$

当各项评估指标的权值不能确定时，可根据公式（2.1）进行计算与分析；但当能确定各评估指标的权值时，以公式（2.2）进行计算与评估较好。

对于采用云模型理论进行综合评价，其海岸侵蚀脆弱性指数（CVI）评估的求算方法与数学式有所不同。这是由于云模型是在概率理论研究随机性以及模糊集合研究模糊性的基础上，来模拟人类对事物认知的双向认知计算过程；当计算云模型的3个数字特征时，需要依据其利用概率方法解释模糊集合中的隶属度（确定度）。因此，应用云模型的综合评价，有关以CVI数值计算其3个数字特征，无论是对于云模型评语集V的设定方面，还是对于求取各指标因子u_i影响程度评价云模型集合之加权聚集云W（Ex，En，He）和求取任一评价单元E_j在所有指标因子u_i影响下确定的脆弱性评价云模型数据汇集D_j（Ex_j，En_j，He_j）的计算方面，或是对于建立每一个评价单元海岸侵蚀脆弱性综合评价结果的云模型数据汇集E_j（Ex_j，En_j，He_j）的计算，都具有较特殊的相对复杂的求算方法（具体求算过程及数学式参见本书第三篇中国大陆沿岸海岸侵蚀脆弱性评价第10章）。

2.3.3.7 绘制评价区域的海岸侵蚀脆弱性指数分区图

就评价区域的各个评价单元（海岸岸段）应用上述海岸侵蚀脆弱性指数评估方法计算得出的CVI值进行汇总，将它们的脆弱性指数值域等差分组（如设定5级分级法，相应分为5个组），即可依此得到各个评价单元的海岸侵蚀脆弱性等级划分，从而可绘制评价区域的海岸侵蚀脆弱性分区图（对于采用云模型理论进行综合评价，还可以进一步得出更为详细的分析与图示对比——参见本书第三篇中国大陆沿岸海岸侵蚀脆弱性评价第10章）。

2.4 侵蚀适应性评估与管理

2.4.1 适应性研究的提出与评估目标

缓解（Mitigation）与适应（Adaptation）是人类社会应对自然灾害的必然响应方式。适应这一术语最早应用于进化生态学的研究，指个体或者系统通过改善遗传或行为特征，从而更好地适应变化，并通过遗传保留下相应的适应特征。鉴于自然生态系统的这种能力与人类社会系统很相似，由此，不断有不同学者按照“如何依据自然环境调整自身行为”的模式，使“适应”的研究从单纯的生物物理学需要适应的压力方面引申到人类系统面临自然灾害也需要作出适应的压力方面，从而适应的概念逐步脱离了最初人类学对于适应性的范畴与定义。人类社会经济系统对自然灾害“适应”概念的提出，乃是自20世纪70年代提出气候变化及其对人类社会可能产生的影响起，国际科学界就开始探讨人类社会如何响应全球气候变化并采取相应的对策；这一研究方向最初是由20世纪70年代提出的预防和阻止（prevention）逐渐转变到80年代提出的减缓，直至目前普遍采用的对新环境适应的措辞。例如，对于海岸侵蚀而言，尽管当前的发生是不可能完全避免的，但是人类还是可以认识并适应其发生和发展，以减小侵蚀过程带来的不利影响以及规避带来的风险。人类也有能力选择危害最小，利益最大的适应方法，以有限的投入换起最大的利益或最小的损失；而且，人类还可在时间上对侵蚀过程的各个阶段采取有所差别相应对策。所以，适应性研究已成为全球变化科学研究的重点领域。它体现在，全球变化的4大科学计划——世界气候研究计划（WCRP）、国际人文计划（IHDP）、国际地圈生物圈计划（IGBP）和国际生物多样性科学研究计划（DIVERSITAS），以及政府间气候变化专门委员会（IPCC）的历次报告都将科学地适应未来环境变化作为人类社会保持可持续发展的重要准则。开展全球气候变化和应对自然灾害的适应性研究，科学认识适应机制与管理途径是当今国际科学发展之一前沿方向和热点问题。从而对于海岸侵蚀评价与适应性管理也具有重要的理论意义和应用价值。

2.4.2 海岸侵蚀适应性评估的核心概念联系

IPCC在2012年提出的《针对适应于气候变化进展的极端事件和灾害的风险管理》的报告中，对于与适应性评估相关的一些术语定义如下。

适应：对于人类系统而言，是指为减轻危害或为开拓有利的机遇而对现实的或预期的气候变化及影响所进行的调整过程；就自然系统而言，是指对现实气候变化及其影响的调整过程，其中，人类针对预期气候变化所进行的干预可推进调整过程。

适应性评估：指依据可用性、有益性、有价值性、有效性、功能性和可实行性的准则，就适应于气候变化指明实施方案，并且对方案做出评估。

适应能力：是指某个个体、群体、社会或机构，由其实力、特征和资源环境可用性所构成的复合体系对于减少有害的影响，减轻危害，或开拓有利的机遇，能够起着自身调整和担当避害的能力。

其他相关术语的含义，如自发适应、计划适应、策略响应等参见图2.2的注解。海岸侵蚀虽属一种地质灾害，但与当前全球气候变化密切相关，上述定义完全适用于海岸侵蚀适应性评估的范畴。有关海岸侵蚀适应性研究核心概念间的联系如图2.7所示。图2.7体现出海岸侵蚀适应性评估与管理的反馈情况：海岸环境影响和人类活动的负面影响使海岸遭受侵蚀灾害的压力；在这种压力下，海岸系统由于计划适应的实施（例如，对受损海滩进行修复等），对侵蚀作用的回弹与抗性及其自发适应进行结构重组，从而增强了海岸对侵蚀的适应能力；这将有助于降低原来的海岸侵蚀的脆弱性；根据适应性的反馈情况，重新制定相关管理策略，并进一步探讨更有效的方式进行有序实施，使海岸系统开发利用得到可持续发展。

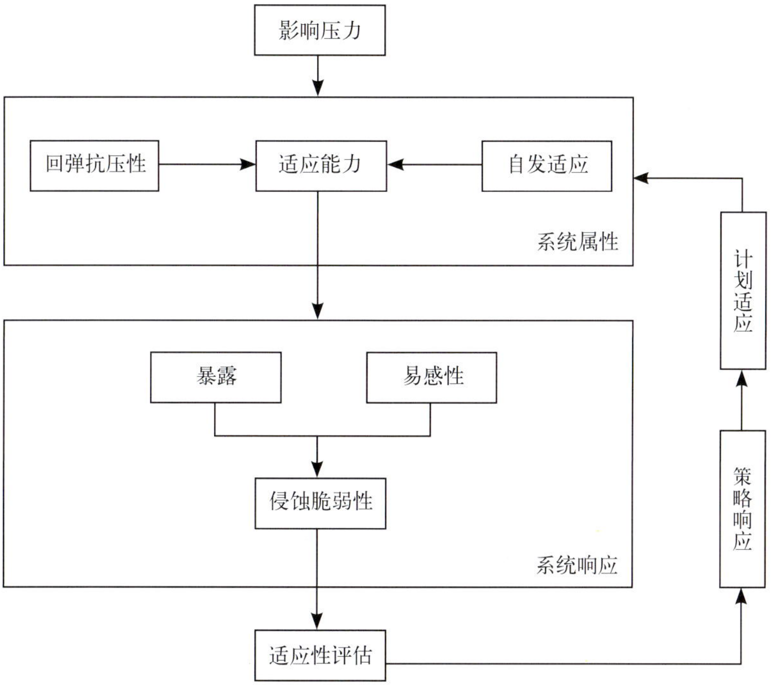

图2.7　海岸侵蚀适应性研究主要概念间的联系与反馈

2.4.3　适应性评估的内容及方法

适应性研究与评估都是围绕着适应对象、适应主体和适应方法这3个方面展开的（崔胜辉等，2011）。对海岸侵蚀灾害的适应性评估而言，就这3个方面解读如下（参见图2.8）：①适应对象乃指海岸自然系统及人类社会经济系统由于海岸侵蚀而造成的各种危害（如海岸资源环境可持续利用变化等）的态势问题以及人类活动在这一过程中尽防范责任问题。对象回答了“什么需要适应”。②适应主体（即适应者），包括针对海岸系统的自发适应和人为计划适应两种适应类型，按照它们的行为方式，对于海岸系统侧重于保护和维持其自发适应功能，对于人为适应乃强调人类社会根据已发生、正在发生和可能发生的状况的认知，以及对所采取措施可能产生的后果的认知制定有计划的适应对策。这就是回答“怎样去适应”。③适应方法乃指对海岸侵蚀适应性的对策进行评估的方法、步骤与框架（包括论证与执行适应性工程措施），也就是回答“如何适应”。

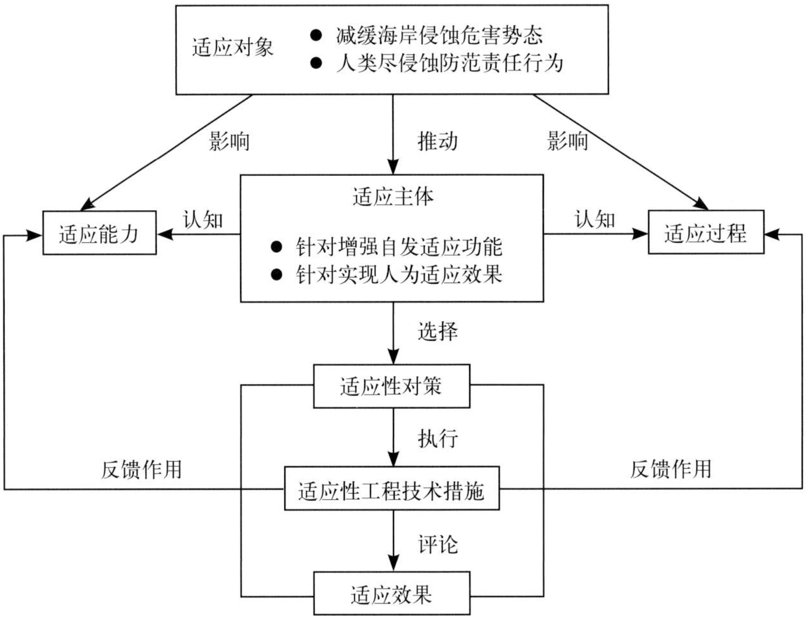

图2.8　海岸侵蚀适应性评估内容的方法与步骤流程

在进行海岸侵蚀适应性评估时应该明确以下几个问题：①由于海岸侵蚀环境的脆弱性、社会经济脆弱性、适应能力及其发展水平之间通常具有关联性（见图2.6），而且，侵蚀脆弱性的各个组成部分之间的关系是动态的，因此，以上的关系乃随着时间、人类干预方式的变化，以及具体地点和侵蚀海岸系统的不同特征而不断地在发生变化。②但可以通过适宜的适应方法及措施来降低海岸系统的侵蚀脆弱性，换言之，可以采用侵蚀脆弱性与适应性的交互式评价框架方式进行综合研究。③若从时间推移尺度的角度进行分析，有关脆弱性与适应能力的关系就可得到较为清晰的解释：显然，侵蚀海岸系统上期的适应能力可以影响该系统在面对当期发生的灾害或侵蚀的脆弱性；相应地当期的脆弱性可以反映上一期的对侵蚀的适应能力（Adger et al., 2004）。④目前适应能力评估尚存在诸多困难，一方面是在于对侵蚀的适应能力作为海岸系统的属性还难以进行直接定量化测定，且评价指标和评价方法往往与脆弱性评估难以区分，也难以结合海岸系统受到的侵蚀影响或压力展开深入探讨；另一方面是目前尚无明晰的定量的侵蚀适应能力指标准则，以致难以确定某一个方面适应能力高、低的基准。因此，对于侵蚀适应能力的评估通常都将一般性的指标评价方法转变为与适应者的侵蚀脆弱性进行综合评估。

毋庸置疑，海岸系统对侵蚀的自发适应和人类社会经济的人为适应是适应性评估的两个重要研究方面。而对这两个方面的研究与认识都需要根据政策准则和海岸资源环境可持续利用的发展目标，以及拟采取防范措施可能产生后果的认知，以便从提高对海岸侵蚀未来变化的预测能力方面出发，并通过以此制定出的适应性对策、规划与策略可能产生的影响情况进行评估，才能取得切实的适应效果。简而言之，适应性对策——政策决策的研究与评价也是适应性评估中的一个重要环节，它实际上就是有的放矢地对海岸侵蚀灾害进行科学管理的核心所在。

综上所述，海岸侵蚀适应性评估内容的方法与步骤流程如图2.8所示。

2.4.4　岸滩自然适应工程措施的选择

知道造成海岸侵蚀的主要因素，明白海岸与海滩唇齿相依，并了解评估海岸系统过去已经发生过的侵蚀情况，当今正在进行的侵蚀情况以及将来可能发生的或为什么会发生的侵蚀情况是针对海岸自然系统做出适应性工程措施选择的前提条件。而模仿能抵御侵蚀作用的一些自然海岸地貌现象是“借镜”选择适应性工程措施的基本方法，诸如：

（1）护岸、海堤类似于天然岩石岸崖；系用于阻止软性地层（包括红土台地、老红砂阶地和其他第四纪沉积物阶地等）组成的海岸的侵蚀后退。这是海岸保护普遍采用的有效应的硬结构工程措施，既方便施工又造价较低。但常因工程设计不当，而可能出现如图2.9所示的毁坏现象；为此，对于侵蚀性海岸的防护目的，护岸不宜单独采用，而是多与人工海滩补沙措施等相结合。

（2）潜堤相当于海底天然岩石暗礁；其减轻侵蚀原理在于削弱抵达海岸的海洋动力和拦截近岸泥沙向海流失。

（3）近岸岛式或岛链式防波堤（离岸堤）类似于天然岩石组成的海岛；主要功能是使波浪受堤阻拦发生绕射，消耗波能，在堤后形成波影区，促使泥沙淤积。

（4）丁坝模仿凸出海岸的岩石露头；当波浪斜向海岸入射时，具有拦截过往泥沙的功能，使上游侵蚀岸段的泥沙亏失得到补偿而免受侵蚀。

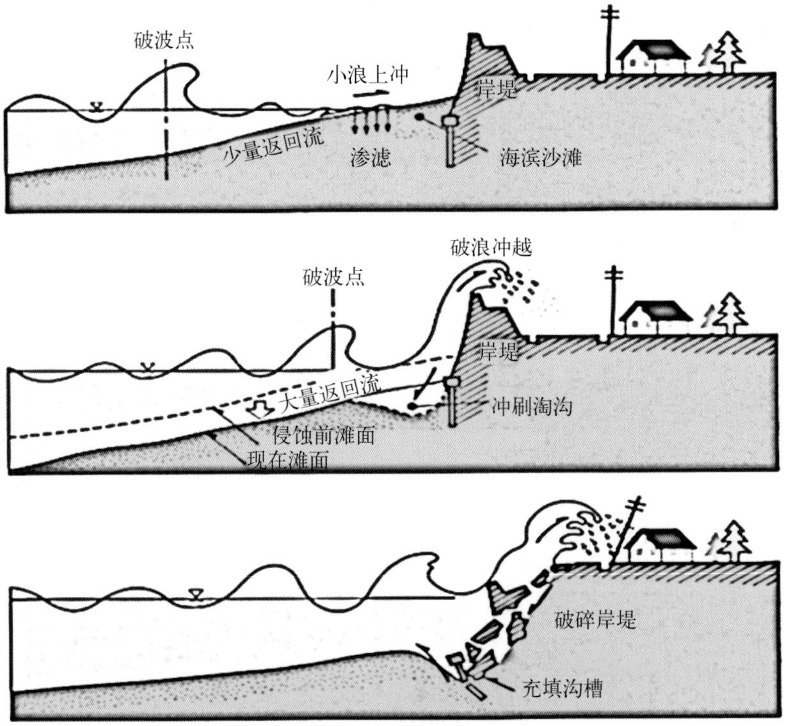

图2.9　海岸护堤因海滨沙滩淘蚀而毁坏的过程示意

（5）大规模的防波堤可与天然岬角相比拟；例如大型丁坝，其形态可呈直线状，“L”形、“T”形、“Y”形，曲线状和鱼尾状；能将侵蚀的海岸岸段构成显著凹入的海湾，导致形成独立的输沙单元，以致海岸系统在泥沙供给不足的情况下，使由优势波浪能通量之沿岸分量所造成的海滩沿岸年净输沙率为处在一定平衡状态的弧形海岸内，从而免于遭受侵蚀。

（6）利用外地沙源进行人工填补沙养护相当于改变海滩沉积物输沙收支状态的作用过程；这是一种软结构方式的适应性工程措施。此措施可结合上述某种硬结构的构筑物，予以增强适应效果。海滩人工填补沙方法由于能够使海岸系统对海岸海洋动力的响应产生较有利于输沙平衡状态的调整，即有利于产生自发适应，因而，是目前抵御与适应海岸侵蚀影响最为自然而又造价较低的一种工程举措。这种工程措施还可美化环境和增强海滩的开发利用价值，而且，可以根据是否有上游或河流的来沙，还能将人工海滩填补沙工程设计成静态海湾平衡海滩，或是动态海湾平衡海滩。

（7）属于软结构型的其他适应性工程举措为以种植海岸防护林、红树林或海草等生物防护为主，这不仅可造滩美化海岸环境，而且具有与减轻或适应侵蚀影响相结合的特点，并有一定的经济收益。

2.4.5　人类社会系统的适应性管理策略

根据前面所述IPCC 2012年对有关“适应”“适应性评估”和“适应能力”所下的定义，应对海岸侵蚀灾害的适应性管理策略是人类社会系统面对海岸侵蚀影响，为减轻侵蚀灾害或为开拓有利机遇，对需要执行适应性调整过程的责任提出具体的实施方案。适应管理首先必须依据政策准则和海岸资源环境可持续利用的发展目标；其次，作为一种新型管理模式，由于自然和人文因素的复杂变化交织在一块，侵蚀影响具复杂性和不确定性，故还必须充分认识海岸侵蚀作用的时空变化特征，以便区分不同侵蚀类型的海岸段（如，通过进行海岸侵蚀脆弱性评估取得），从而能有的放矢地分别遵循各个海岸段的自然适应规律，方能获得科学合理的管理效果。

由上述可见，人类经济社会的适应性管理是一项极其复杂的综合性系统工程。其管理措施或策略参照蔡锋等（2008）提出的对我国在全球气候变化背景下，有关海岸侵蚀问题的防范对策，概括如图2.10所示。

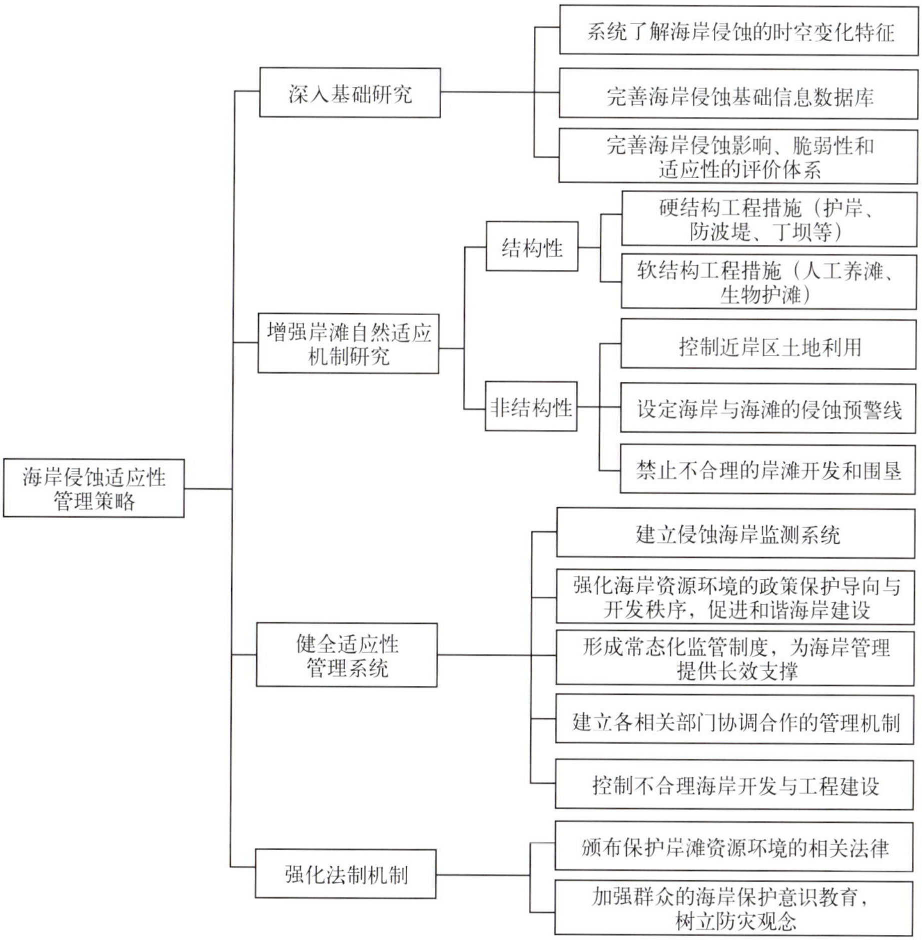

图2.10　海岸侵蚀适应性管理策略纲要

第3章　海岸侵蚀评价的研究意义

综合前面所述可看出，海岸侵蚀评价的主要内容涵括了对历史以来和当前发生的侵蚀灾害及其成因特点、机制的分析与评估，以及对将来可能发生的侵蚀灾害的潜在风险性的分析与评估，前者属于灾后跟踪评价的范畴，后者属于对未来可能存在的灾害预测，“前事不忘，后事之师”，二者的分析与评估均有重要的研究意义。而为做到防患于未然，研究及正确地评估灾害的风险性，并制定出中长期的海岸侵蚀灾害防治措施一向被认为是减少灾害损失最为现实而有效的一种经济手段。鉴于此，近年来国际上有关海岸侵蚀评价的研究已经转变为偏重在对未来海岸侵蚀风险及其引发的各种次生灾害风险的适应性特征方面及管理对策的研究（IPCC 2001、IPCC 2007和IPCC 2012报告）。

显然，应用“影响、脆弱性和适应性”的评价模型（参见图2.2、图2.4、图2.6、图2.8和图2.10）由于在通过影响–脆弱性分析与评估的基础上，已经认识到评价区域海岸侵蚀脆弱性的相对级别及其分区区划后，进而基于海岸人–地系统对海岸侵蚀作用具有自我调整和自适应机制的特点（参见图2.5和图2.7），它将为正确引导海岸人–地系统行为和人类计划发挥主观能动性，并创造性地有的放矢减缓与适应海岸侵蚀影响提供客观的科学管理依据。因此，海岸侵蚀评价具有重要的研究意义，其主要体现在以下几个方面。

3.1　生态环境研究意义

目前，对生态脆弱性的研究已经从基于自然生态要素的研究逐步转入到基于人–地系统的综合研究；其主要研究内容涉及生态系统变化、敏感程度、潜在影响及适应性多个方面，涵盖了环境变迁、生态系统响应、人类社会经济发展等多个互为关联的领域。而海岸侵蚀灾害评价首要是对海岸与海滩的损失情况做出分析与评估，它能全面、准确地反映海岸地带的这种灾情状况，从而可为阐明海岸系统脆弱生态地区的成因及分异规律，以及为结合自然和人类活动因素探讨划分生态脆弱区的时空分布情况提供一种重要的客观资料；进而指明其与社会经济的关系和预测未来脆弱性的发展方向，以及提出各生态脆弱地区的整治战略、措施和模式。这些将有助于统筹海岸地带生态环境适应性能力的差异，实现适应能力的协调管理。

海岸侵蚀影响，脆弱性和适应性研究与海岸生态影响，脆弱性和适应性研究类同，都是隶属海岸系统风险与安全评估领域研究的重要组成部分。譬如海平面上升或大规模人工围填海开发造成的负面环境效应，对海岸侵蚀脆弱性的影响，也通常对生态脆弱性的影响有异曲同工的效果。这充分说明了对海岸系统生物多样性变化、生态系统产品与服务价值的评估是与海岸侵蚀评价紧密相关的，二者的影响因素虽有某些差异，但大体一脉相通，特别是都受到全球变化、海平面加速上升及人类活动负面效应的重大影响。可见，海岸侵蚀评价对于海岸生态环境评估具有重要参考价值。

3.2 社会经济意义

海岸系统资源环境的变化直接关系到人类的生存空间、生存质量和社会的可持续发展。由于海岸侵蚀灾害造成了土地大面积流失，沿岸房屋、道路和建设工程被冲毁，滨海旅游场地与设施受损等，这都会给人们的生产、生活以及海岸的生态环境系统带来严重威胁。因此，从海岸侵蚀灾害发生的“影响、脆弱性和适应性”理论的角度对其进行客观合理的分析与评估，它必将为人类社会应对全球变化影响和人为活动负面环境影响而引发的海岸侵蚀的挑战提出减缓和适应性响应的科学管理对策，从而对国家的社会经济的可持续发展有着重大的现实意义。

3.3 科学研究意义

科学作为一个整体，是研究整个客观世界事物（即自然界、人类社会和精神世界三大领域）的本质与规律，它是人类在生存和发展中产生的，也是人类旨在认识自然、改造自然、改造社会的重要武器。海岸侵蚀虽然只是属自然科学中地球科学范畴的一种地质现象，但其产生的灾害及其评估却不仅牵涉到地球科学，而且还涉及环境科学、生态科学以及人类社会经济科学等。近20年来，在IPCC第二工作组（WGⅡ）有关“气候变化：影响、脆弱性和适应性”历次评价报告的倡导下，国际科学界依照以上科学研究的宗旨以及遵循这一评价研究模型对海岸侵蚀灾害进行了许多分析与评价，充分地显示出其对于促进人类社会经济发展具有以下三大功能的科学研究意义。

1）认识功能

海岸侵蚀评价的结果首先是为社会公众对侵蚀的成因机制、时空变化规律与特征，侵蚀的脆弱性分级分布及其分区区划以及海岸自然系统和人类社会经济系统对海岸侵蚀作用的适应特征及其相关管理策略的认识提供了确实的科学理论基础。这种对自然科学、社会科学和哲学相互交叉、汇合、渗透的综合研究是符合现代科学研究之认识功能正在迅速扩大和深化的表现。同时，开展海岸侵蚀评价研究也是人类认识全球变化影响的一项有着重要理论价值的具体表现。

2）生产力功能

科学研究不仅是为了认识世界，它的最终目的是改造世界。运用所获得的关于自然现象和人类社会经济发展的规律指导生产实践及科学实验与管理是改变自然界面貌及推动生产力发展的必然过程。换言之，科学研究要转化为技术，以生产力的物质形态反映人类对自然界改造的能力。在这一转化过程中，促进科学技术进步与人类社会经济发展相互结合的桥梁就是科学而合理的组织管理。显然，运用“影响、脆弱性和适应性”模型进行海岸侵蚀研究与评价需要坚持海岸资源开发利用与生态环境保护同时并举的原则，而且还需要阐明具体的海岸管理战略，方能实现资源环境可持续发展的目标。所以，合理地进行海岸侵蚀评价是科学技术进步的一种表现：一方面提出了科学的海岸管理制度；另一方面有利于提高社会生产力（如提高海岸与海滩的开发利用质量，增进生产能力等），并为之创造了必要的条件。

3）推动人类社会经济及管理活动变革的功能

自然科学及技术同哲学相互结合形成了辩证唯物主义的思想武器。科学技术和生产活动作为一种社会现象，其产生与发展必然受到多种社会因素的影响和制约，即我们不仅要注意到它们的发展对社会进步所带来的巨大推动作用，同时还应看到社会因素（如生产活动行为、社会体制和经济结构等）对它们的发展所产生的负面影响。这是保证科学技术正常地发挥其改造自然、造福人类的功能，并推动科学技术本身迅速发展的正确观念。因此，要促进科学技术与直接生产力的和谐发展必须不断深化社会改革，调整各种社会经济关系、社会结构和政策。

对于海岸侵蚀灾害风险的发生而言，它虽属一种自然现象，但却是自然和社会人文系统相互作用的结果。这就是说，造成海岸侵蚀灾害的原因在很大程度上与近代人类高度开发活动密切相关，而且近几十年来愈演愈烈。海岸侵蚀如同地面沉降、海水入侵、湿地退化、港湾质量恶化、海岸生态环境恶化和三角洲大面积蚀退等一样，被统称为海岸“环境通病”，它们是20世纪世界经济发展中带来的畸形悲剧——引发全球气候变暖所导致的海平面上升和风暴浪潮增强以及由于人类社会对海岸规划利用失当、沿海城市化进展加速及管理失控等人为活动加剧而造成的海岸自然环境恶化的体现。那么，如何从科学新发展和新概念来了解及控制这些环境恶化事件与作用过程，以保障人类生存空间和生态环境的良性循环？答案是人类社会经济与管理系统必须进行改革，依此通过强化自然系统的自发适应性功能以及通过健全人为计划适应性管理对策的手段来减缓和防止环境灾害的发生是现实而有效的。可见，运用“影响、脆弱性和适应性”的模型进行海岸侵蚀评价，最终从适应性管理角度就调整各种社会经济关系、社会结构或政策实施等方面提出深化改革的建议，这对于保障科学技术与生产力的和谐发展具有重要的科学研究意义。

第4章　我国海岸侵蚀调查研究简史

4.1　研究背景——全球变化研究为社会服务的兴起

地球各圈层是有机联系的“地球系统”。1974年，美国资深第四纪地质学家Flint R.F. 发表了《适时问世的三项理论》（Three theories in time）的论文，这是一篇预言地球科学理论进展之见解深邃的科学预见。该文将19世纪问世的达尔文进化论与20世纪60年代涌现的海底扩张–板块构造学说及预测将会出现的气候变迁理论（Theory of climate variation）统称为现代地球动力学3个方面的科学。他将前二者已经问世的理论分别称为“生物圈动力学理论”和“岩石圈动力学理论”，而对于预测即将出现的第三个理论称为“大气圈动力学理论”。这些理论把地球视为一个活动的，发展和变化的，具有长期演化历史的，地球内部各种因子和地球与其外部各种因子相互作用的过程。20世纪人类为了战争，以及对能源、矿产资源所进行的高强度而无序的开发活动已经给全球造成了难以恢复的环境与生态的破坏。面对这种困扰人类的“人口、资源、环境”等全球性恶化情况将演变为地球的可居性问题，以及基于地球动力学3个方面科学的有机联系，在20世纪70年代，首先被一批活跃在地球科学前沿的科学家深刻而敏锐地预见，并取得共识，于是80年代全球变化研究计划应运而生。全球变化研究是国际科学界和众多国际组织所组织的规模空前宏大的涉及地球科学、生命科学、天体科学及技术科学等众多自然科学和社会科学领域的国际研究计划。其中多项内容是针对海洋开发利用强度最大的地区——近岸带、大陆架及毗邻的半深海地区。这些地区都是海与陆的结合部，又是地球上最明显的“环境脆弱带”，其灾害种类繁多，发生频繁，对全球环境变化影响极大，因而成为人类关注的焦点。例如，全球变化研究的3个组成部分之一——“国际地圈生物圈计划”（International Geosphere-Biosphere Programme，IGBP）的7项核心计划中就有一项是“海岸带陆地–海洋相互作用”（Land-Ocean Interaction in the Coastal Zone，LOICZ）；再如，1987年12月，第42届联合国大会通过了169号决议，确定1990—2000年为“国际减轻自然灾害十年”（The International Decade for Natural Hazards Reduction，IDNHR，中文简称“国际减灾十年”），它所列举的7项针对性的自然灾害中就有地震、风暴、海啸和滑坡4项与海洋地质灾害相关。

我国对海岸侵蚀灾害的调查研究历史充分体现出了全球变化研究为社会服务兴起的过程与特点，也是我国科学调查研究与国际社会接轨的具体表现之一。

4.2　作为一种地质灾害的调查研究历史

我国有关海岸侵蚀问题的研究作为海岸地质作用过程之一种自然现象的认识与分析探讨已有悠久历史（孙鼐，1953）。但作为一种自然灾害的认识，只有当人类的经济活动及其发展涉及它时，意识到它的存在已经危及人类生命财产的安全。实际上，海岸侵蚀灾害的发生与发展趋势，虽然直接原因是自然规律，然而它又与人类生产、生活方式及防御自然力的能力息息相关。对于我国而言，真正意识到海岸侵蚀是一种严重的自然灾害，并提出进行较全面的调查研究和立法工作的突破是，1992年，中国国际减灾十年委员会根据国际减灾十年活动的宗旨和目的要求，结合我国国情在烟台召开的“全国沿海地区减灾与发展研讨会”，并且开展了大量相关活动，所提出的许多重大举措，其中包括提高社会减灾意识，制定政府减灾预案，全面实施工程性与非工程性减灾措施，灾害管理法律建设等。国家海洋局统计并编制的《中国海洋灾害公报》（1989年起，每年1期），在第4期（1992）上首次提到海岸侵蚀，并将其列在风暴潮和巨浪灾害之后的1992年我国发生的第三种海洋灾害。1991年国家海洋局首次批准进行“我国沿海典型岸段海岸侵蚀及对策研究”，即于1992年开展了莱州湾、黄河三角洲、渤海湾等典型岸段的海岸侵蚀调查与局部治理，获得了大量的第一手资料，并在治理上取得了一定的成绩，为全国性的海岸侵蚀调查和全面综合治理奠定了基础。1996—2000年，一些国家计划如“国家科技攻关计划”“高技术发展计划”和“国家重大海洋专项”中也都设立有关海岸侵蚀调查研究课题。自此，我国对海岸侵蚀灾害问题逐步形成研究热点，但与美国、英国、法国、日本、俄罗斯及荷兰等发达国家相比，已经晚将近半个世纪（易晓蕾，1995）。

我国海洋地质基础调查始于20世纪50年代末，先后开展了3次全国性的海洋普查和海岸带调查。值得提出的是1980—1987年第二次完成的“全国海岸带和海涂资源综合调查”（1979年8月国务院批准立项，由国家科学技术委员会、国家农业委员会、中央军委总参谋部、国家海洋局、国家水产局组织实施），虽然当时的调查很少直接涉及海岸侵蚀灾害的内容，但其调查成果包括：①《中国海岸带和海涂资源综合调查报告》《中国海岸带和海涂资源综合调查报告（资料汇编）》《中国海岸带和海涂资源综合调查报告（附图集）》；②中国海岸带和海涂资源综合调查专业报告集；③沿海十省、直辖市、自治区的海岸带和海涂资源综合调查报告和图集等。这些成果不仅为我国积累了大量的翔实而宝贵的有关海岸带自然条件与资源，以及社会经济方面的资料，而且也为后来的海岸侵蚀灾害评价提供了非常丰富的基础资料。特别是根据这次调查结果随后陆续出版发行的《中国海岸带地质》《中国海岸带地貌》《中国海岸带水文》《中国海岸带土地利用》《中国海岸带气候》和《中国海岸带社会经济》等专业著作为我国后来开展大范围的海岸侵蚀的系统性科学研究打下了坚实的理论与实践的基础。

2006—2010年第三次完成的“我国近海海洋综合调查与评价专项”（简称“908专项”，于2003年9月获国务院批准立项，由国家海洋局组织实施）是新中国成立以来国家投入最大、参与人数最多、调查范围最大、调查研究学科最广、采用技术手段最先进的一项重大海洋基础性工程，在我国海洋调查和研究史上具有里程碑的意义（时任国家海洋局局长刘赐贵，2012年1月9日）。在“908专项”中专门设立了关于海岸侵蚀的专项调查和评价课题，即在“海洋地质灾害调查与研究（908-01-ZH2）”项目中包括对海岸侵蚀作用在内的各个子课题开展了调查研究工作，该项目由各省、市（区）海洋与渔业局组织实施；并且在此基础上，为了进一步认识我国海岸侵蚀特点、危害程度及分布规律，综合应用908-01-ZH2项目的调查成果和数据服务于海岸带管理和开发，还专门设立了“海岸侵蚀现状评价与防治技术研究（908-02-03-04）”项目，该项目由国家海洋局第三海洋研究所为项目牵头单位，国家海洋局第一、第二研究所和华东师范大学为参加单位。

908-02-03-04项目中海岸侵蚀评价范围遍及全国大陆岸线，并对以下10个海岸岸段做出重点研究与评估：辽东湾东部熊岳附近砂质海岸，秦皇岛旅游海岸，黄河三角洲海岸，山东日照南部砂质海岸，苏北灌河口—吕四淤泥质海岸，长江口南岸，厦门东南部砂质海岸，广东省水东港砂质海岸，海南岛南渡江口附近砂质海岸和广西北仑河口海岸。该项目评价研究共计完成了186景遥感图像和619幅地形图对比工作；完成全国各省区海岸侵蚀现状统计表一册；编制海岸侵蚀评价软件一套；撰写了《我国海岸侵蚀现状评价与防治技术研究报告（总报告）》1册以及各《重点区海岸侵蚀评价专题研究报告及相关专题研究报告》13册；编绘了全国8个分区24幅1:50万的全国海岸侵蚀强度分级图、侵蚀危险性分级图以及侵蚀灾情强度分级图等三类评价图；10个重点区54幅海岸侵蚀强度分级图、侵蚀危险性分级图以及侵蚀灾情强度分级图。908-01-ZH2项目和908-02-03-04项目任务是我国在海岸侵蚀调查研究方面首次进行的全国性工作，其成果全面地反映了我国大陆沿岸海岸侵蚀的特征、分布规律与成因机制及其对沿岸区域社会经济的影响状况，也为我国海岸和海滩的保护开发及减灾防灾提供了基础数据支撑，同时为进一步深入开展或完善海岸侵蚀研究与评价工作做出了贡献。

自20世纪80年代国际科学界提出全球变化研究计划为社会服务以来，我国许多学者面对我国海岸带大环境的迅速变化可能造成的长期的、不可逆转的海岸侵蚀形势作出了前瞻性的分析，为全国性的海岸侵蚀灾害的调查与研究评价工作提出了诸多有益的思路。其中，最早而较全面地对海岸侵蚀进行研究的是王文海（1987）发表的《我国海岸侵蚀原因及其对策》一文；接着有庄振业等（1989）；王文介（1989）；夏东兴等（1993）；李从先等（1993）；易晓蕾（1995）；季子修（1996）；张裕华（1996）；王文海等（1996，1999）；阮成江等（2000）；庄振业等（2000）；蔡锋等（2002）；陈吉余等（2002）；何起祥（2002）；张春山等（2002）；李培英等（2007）；蔡锋等（2008）和陈吉余等（2010）等等。值得提出的还有，近年来在以往调查和研究工作基础上，结合“908专项”获得的最新调查资料和研究成果陆续出版发行的包括《海洋地貌学》《海洋地质学》《物理海洋学》《化学海洋学》《生物海洋学》《渔业海洋学》《海洋生态学》和《海洋经济学》共8个分册在内的《中国区域海洋学》以及《中国近海海洋——海底地形地貌》等，这些作为“908专项”成果“十二五”国家重点图书出版规划项目的专著是对中国区域海洋的特征进行科学认识的第一套系列巨著，它们不仅为我国海岸侵蚀灾害进行研究与评价提供了较完整的区域自然环境条件和社会经济状况的背景资料，而且所论述的各个区域中对其已出现的海岸侵蚀现象的作用过程也做出客观描述，有的还同时结合数值模式或理论模型给出了机制分析，因此，对于今后深入研究与评价具有重要的应用价值。

4.3　海岸侵蚀灾害评价研究历史与现状

海岸侵蚀灾害作为自然灾害，或是地质灾害，或是海洋灾害的一种灾种已经被普遍承认。然而，它又经常同其他海洋灾害，如风暴潮灾害、海水入侵、海岸生态环境灾害等伴生，如何将它们分离开，迄今仍是值得研究的问题；再者，对海岸侵蚀灾害的评价研究除了要了解海岸自然系统的相关问题（如系统的成因机理分析和统计分析发展等）外，还必须涉及人类社会经济系统，如海岸利用类型、海岸开发适宜性及人口与财产等问题，从而是具有多种评估方法的复杂的综合性研究特点。因此，我国对海岸侵蚀灾害的评价研究是在有关侵蚀特点、形成机制及其趋势预测等研究已经取得一定成果的基础上，直到20世纪末期才开始进行的一项工作。

我国最早开展海岸侵蚀灾害评价研究工作是王文海等（1999）发表的“海岸侵蚀灾害评估方法探讨”一文。他们采用经济总损失量、单位岸线损失量、人均损失量、国民生产总值损失率、国民收入损失率、预算内收入损失率、受灾率和土地损失率等指标作为评估参数，将海岸侵蚀灾害分为特大灾、大灾、中灾、小灾和轻灾5种，依次给出评估指数，进行综合评估，并根据综合指数$P=\frac{1}{N}\sum_{i=1}^{N}P_i$（式中，$N$为参评项数；$P_i$为单项灾级指数）对各市区海岸侵蚀灾害等级进行了划分。该文是我国对海岸侵蚀灾害的评价从定性评估转变为半定量、定量评价的新突破。当时，国土资源部也在1999年2月颁布了《地质灾害防治管理办法》部长令，并随后又发布了《关于实行建设用地地质灾害危险性评价的通知》，部署了地质灾害多发县（市、区）的地质灾害调查和评估工作。这标志着我国地质灾害减灾已从偏重治理转入治理与预防相结合的阶段，并以国家法规的角度确定必须通过地质灾害评价研究工作来保障土地规划的使用安全。自此，地质灾害风险评价为社会经济建设和减灾管理服务，其研究理论与方法趋向于内容更丰富，并形成了一种多学科的融合与交叉的理论研究得到蓬勃发展。其中，集中地反映在将地质灾害评价（从而也是海岸侵蚀灾害评价）方法逐步形成比较完整的规范性的评价理论体系，使其在国民经济发展中发挥着更重要的作用，例如为国土资源规划、重大工程选址以及地质灾害治理、监测、预报、预警和制定救灾、减灾措施与保护资源环境可持续发展提供科学依据。张春山等（2003）发表的“地质灾害风险评价方法及展望”一文中提出的地质灾害的主要评价方法、内容及目的（表4.1）及地质灾害风险评价系统示意图（图4.1）是以上所述我国在地质灾害评价理论方面于新世纪初期进展的体现。紧接着，2003年11月24日时任国务院总理温家宝签署第394号国务院令，公布了《地质灾害防治条例》，自2004年3月10起施行。李培英等（2007）的著作《中国海岸带灾害地质特征及评价》一书，正是当时我国海岸带环境变异和海岸经济持续发展的迫切需求下，在前人有关海洋灾害地质调查研究的基础上，对有关海洋灾害地质研究与评估工作成果的系统总结。

表4.1　地质灾害的主要评价方法、内容及目的（张春山等，2003）

评价方法	评价内容	评价目的
成因机理分析评价	历史地质灾害的形成条件、活动状况和活动规律，地质灾害发生的充分必要条件，以及地质灾害潜在形成条件，建立地质灾害活动的模型或模式	定性地评价地质灾害发生的可能性和可能活动规模
统计分析评价	历史地质灾害的形成条件、活动状况和活动规律，统计地质灾害的活动规模、频次、密度以及地质灾害的主要影响因素，建立地质灾害活动的数学模型或周期性规律	用模型法或规律外延法评价地质灾害危险区的范围、规模、或发生时间

续表

评价方法	评价内容	评价目的
危险性评价	①地质灾害历史活动程度:包括历史灾害活动的规模、频次、密度；②地质灾害未来发展条件：包括地质条件、地形地貌条件、气候条件、水文条件、植被条件、人为活动	评价地质灾害历史活动和未来地质灾害发生概率，评价地质灾害危险性程度
易损性评价	地质灾害受灾体的承灾能力。①受灾体构成及其承灾敏度：包括人口分布、城镇与大型企业分布、房屋等工程建筑分布、农作物及其他植物分布、土地类型及分布、各类资源分布；②评价区的减灾能力：包括经济发展水平、减灾工程等	评价受灾体遭受地质灾害破坏的可能性及造成损失的难易程度
破坏损失评价	在地质灾害危险性评价和易损性评价的基础上，综合地质灾害活动概率、破坏范围、危害强度和受灾体损失等内容，评价地质灾害所造成的人口生命、经济以及资源环境的破坏损失程度	评价地质灾害的历史破坏损失程度和期望损失程度
防治工程效益评价	对已经选定的防治措施进行效果评价，同时还要进行经济评价和技术可行性评价。对有多种防治预案的项目进行优化分析，使防治方案经济合理，技术可行，效益最佳	评价地质灾害防治措施的效果与经济合理性和科学性
风险评价	包括危险性评价和易损性评价的全部内容，分析地质灾害发生的概率和在不同条件下地质灾害可能造成的危害	评价不同条件下地质灾害可能造成的危害程度

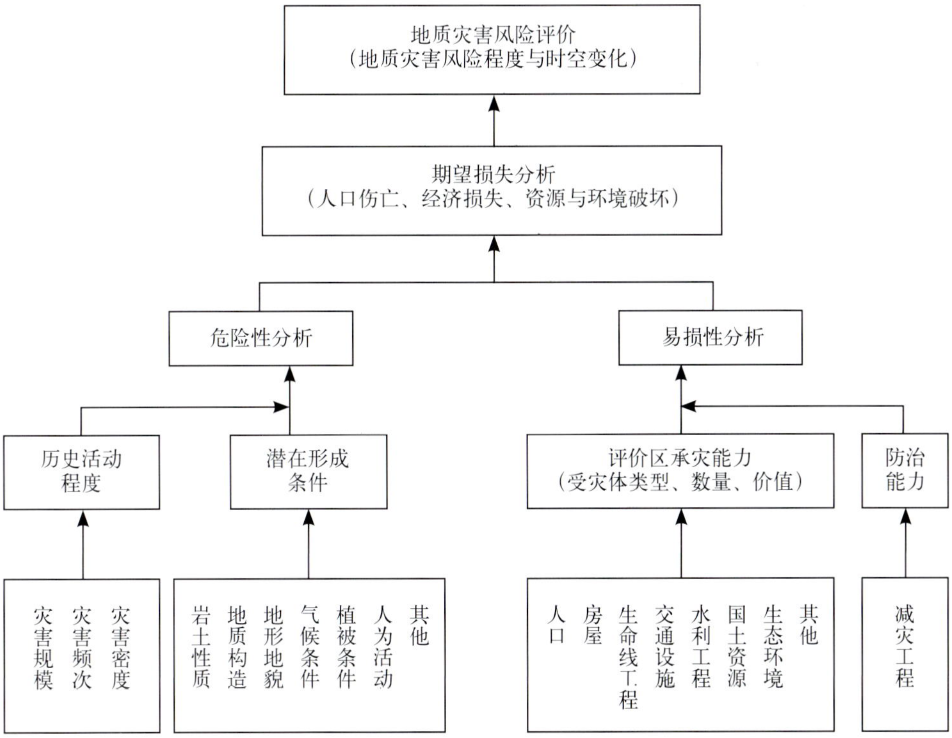

图4.1　地质灾害风险评价系统示意（张春山等，2003）

随后，专门针对我国海岸侵蚀评价的调查与研究，并涉及全国性问题的工作任务是前面所述“908专项”设立的“海岸侵蚀现状评价与防治技术研究”项目（任务代码908-02-03-04；任务工作时间2007—2009年）。该项目的研究成果达到了预期目标：综合论述我国海岸侵蚀特点、危害程度及分布规律，阐明我国海岸侵蚀的地理分布、侵蚀强度、发生的历史进程，以及评价侵蚀灾害的社会经济效应和揭示海岸侵蚀的主要原因 与预测海岸侵蚀趋势，为最大程度减小海岸侵蚀对我国沿岸社会经济的不利影响提出可行的防治对策和管理监测网络试点方案，为实现社会经济与海岸资源环境的协调发展做出贡献。

自从IPCC分别于2001年和2007年连续发表了两次《气候变化：影响，适应和脆弱性》的报告（即第二工作组的第三次和第四次的评价报告）的倡议以来，显著地促进我国海岸学者对于海岸侵蚀评价的研究工作与国际科学界的研究工作的相接轨，充分地明确了评价研究的工作方向，认为运用“影响、脆弱性和适应性”的原则进行海岸侵蚀评价，最终对不可逆转的海岸侵蚀趋势提出“减缓”和“适应”的策略是人类社会应对侵蚀灾害造成影响的两个主要响应方式。这从2010年以后我国发表的有关海岸侵蚀评价的主要论文可以看出，如“长江三角洲海岸侵蚀脆弱性模糊综合评价”（刘曦等，2010）；“基于脆弱性指数法的曹妃甸海岸带脆弱性评价”（刘宏伟等，2013）；“苏北废黄河三角洲海岸侵蚀脆弱性评估”（刘小喜等，2014）；“我国海岸侵蚀灾害的适应性管理研究”（黎树式等，2014）等。

第5章　中国海岸侵蚀的区域自然环境

中国海岸带海洋环境的形成与发展演化是联系地壳深部过程和地表过程的综合体现（雷刚等，2014），尤其是新构造运动变形和第四纪历史冰期、间冰期气候变化与海平面大范围升降效应直接支配着沿岸第四纪地质分布的基本轮廓与海岸地形地貌形式。由于我国大陆东部的新构造运动与变形具有明显的区域特征，现代中国海岸带的侵蚀、剥蚀作用和堆积作用也具有不同的区域特定的自然环境条件。

5.1　构造地质背景

中国大陆东部海岸带位于欧亚大陆东南部，海岸线地跨8个不同的气候带，蜿蜒3万多千米（含大陆岸线和海岛岸线），穿越了隆起带、沉降带等不同的大地构造单元以及山丘、平原等不同的海岸地貌类型。这一区域在古全球构造阶段已经形成“三块二带”，即中朝地块、扬子地块和华南地块等3个区块以及大别—临津江和江绍—沃川2条古生代结合带（图5.1）的早期南北条带分割的构造基础上，自晚三叠世（T_3）进入新全球构造发展阶段以来，随着古太平洋的裂解与形成，以近S—N和NNE方向向中国大陆扩张、俯冲，以及西部特提斯域演化成青藏高原，本区域的构造运动从此夹持在太平洋、欧亚大陆和印度洋三大板块相互作用的构造环境中，且又经历了晚印支期—早燕山期（T_3—K_1）、晚燕山期—早喜马拉雅期（K_2—E_3^2）和晚渐新世以来（E_3^3—Q）3个时期的变格运动改造，致使地壳遭受强烈的东、西分带挤压、增生以及拉张、沉降成盆，从而叠置了晚期（中新生代）明显的NNE—NE向构造地质形迹（《中国海岸带地质》编写组，1993；张训华，2008）。因此，现代中国海岸带的地形地貌分布，深受中新生代以来造成的别具一格的构造形式——新华夏构造体系（以NNE—NE走向为特征）的控制（《中国海岸带地貌》编写组，1995；《中华人民共和国地貌图集》编辑委员会，2009），特别是晚第三纪（新近纪）以来的新构造运动与变形更是直接支配着本区域地势起伏和第四纪堆积物的分布规律，同时也是导致沿海不同区段海岸形态与岸线变迁差别的重要因素之一。

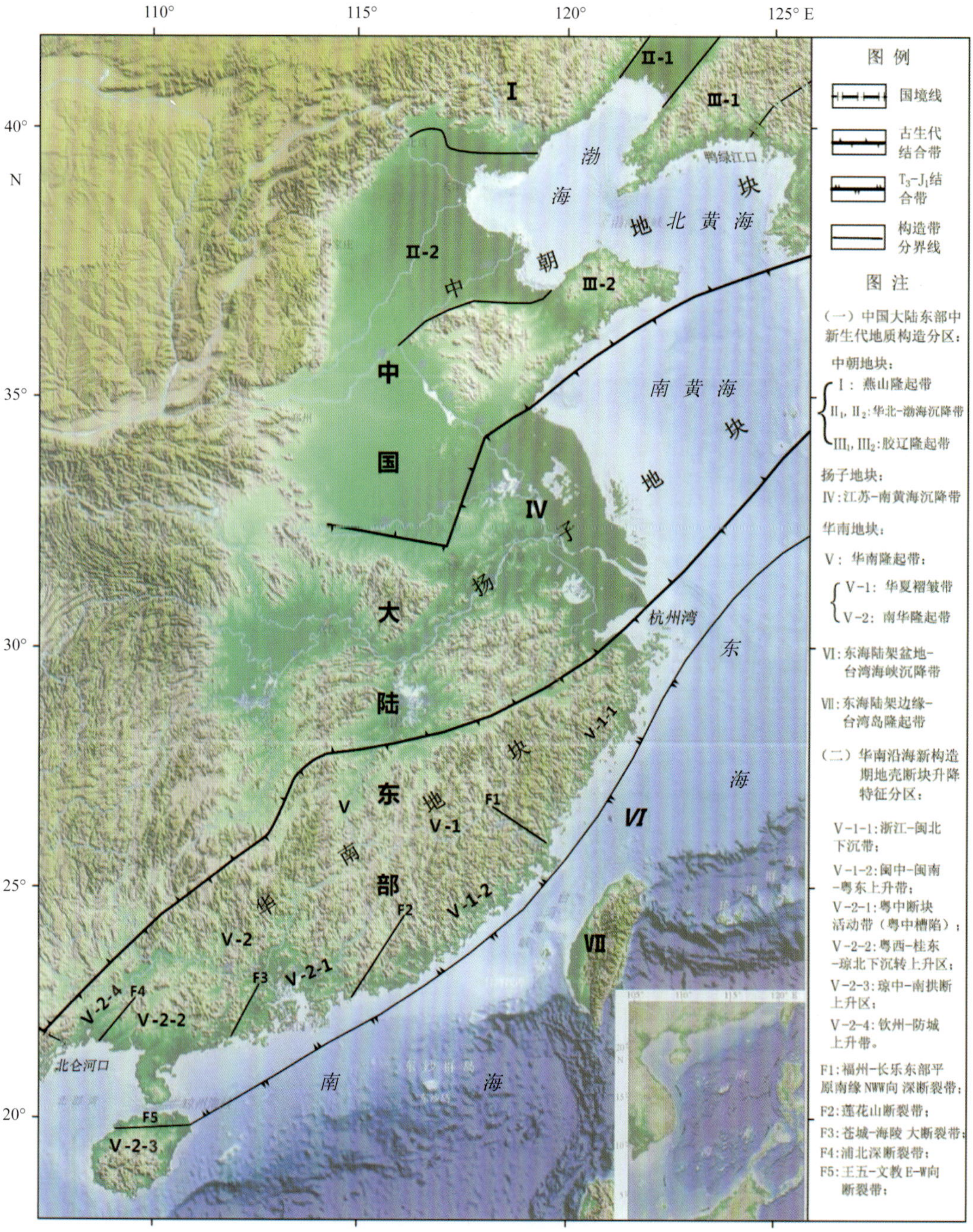

图5.1 中国沿海中新生代地质构造分区

参考地质科学院（1972）、《中国海岸带地质》编写组（1993）、张训华（2008）、《渤海黄海东海海洋图集》编辑委员会（1990）、《中华人民共和国地貌图集》编辑委员会（2009）、卢演俦等（1994）、中国科学院地球化学研究所（1979）、丁祥焕（1999）、杨子赓（2004）的相关报道资料综合整理编绘；底图采用蔡锋等（2013）的《中国近海海洋——海底地形地貌》图2.1

新华夏构造体系在中国沿海形成了如图5.1所示的大体呈NE向相间平行分布的4条隆起带和3条沉降带的巨型构造地貌格局。它们的现代海岸地质–地貌状态迥然不同：在隆起带，地壳抬升形成山地丘陵，前新生代结晶基岩出露，并处在侵蚀–剥蚀状态；海岸形态主要受新华夏构造体系中NNE—NE向和NNW—NW向两组断裂构造的控制，构成了“锯齿状”的基岩岬角–港湾形态。而在沉降带，地壳下陷成盆，并接受大河入海泥沙充填补偿，则为中国东部大平原和平原海岸的塑造创造了条件。同时，从沉积作用“由源到汇”的现代地球动力学研究角度看，隆起带和沉降带海岸还具有截然不同的沉积环境，从而表现了不同的海岸侵蚀与堆积的态势（参见表5.1的对比），这也充分体现出地壳深部过程控制地表过程之内在的联系。

表5.1　中国沿海构造沉降带与隆起带滨海沉积环境对比（雷刚等，2014）

对比因子	沉降带	隆起带
陆地地形地貌	大型第四纪沉积盆地；以河口三角洲为主的多成因复合平原	由基岩构成侵蚀剥蚀山丘或台地；地面发育各种剥蚀夷平面和山间河谷阶地等
海岸地形地貌	海岸低平，岸线平直；沿岸形成宽阔平缓的淤泥质潮间浅滩	海岸地势反差大，形成岸线曲折的溺谷岬湾；近岸海底地形复杂，潮间沉积地貌变化多端
入海泥沙特征	主要接纳大河输沙，平均量值达561×10^3 t/(a·km)，但以淤泥质悬沙为特征，缺少砂质来源	多为山溪性短小河流入海输沙，平均仅13.6×10^3 t/(a·km)，其中砂质颗粒占较高比例
滨海动力因素	以径流或潮流作用为主；滨海浅水波浪作用由于外海波浪向岸入射过程中能量强烈耗散，而显著减弱	由于水下岸坡较陡，在开敞岬湾沿岸的浅水波浪作用相对较强；而隐蔽岬湾和河口区则以潮流和径流作用为主
岸滩冲淤动态	除局部废黄河三角洲岸段，海岸一般快速向外推展；滨海均以淤泥质沉积为特征	溺谷岬湾兼具侵蚀和堆积的海岸过程；开敞海湾一般形成砂（砾）质海滩，隐蔽海湾则为淤泥质沉积

我国沿海的新构造运动直接支配着现代中国海岸侵蚀自然环境的区域性差异。兹侧重概述如下。

1）中国沿海新构造运动特征

中国沿海从新近纪以来的构造活动总体仍是夹持在太平洋、欧亚大陆和印度洋3大板块相互作用的构造环境之中进行。但是，此时的构造应力主要是受菲律宾海板块自上新世以来沿NWW方向移动及其在台湾地区造成的剧烈弧–陆碰撞造山过程的影响，从而使我国沿海地区在中生代和古近纪的构造运动所形成的原地壳块断形迹发生活化和变形。我国各段海岸带的新构造运动和现代地壳变形与各自地区的地壳结构、构造演化史、区域构造环境及此时的地壳应力场状态等密切相关，其大体可分为以下三大新构造域（雷刚等，2014）：一是台湾新构造块体，在中新世（N_1）琉球岛弧、吕宋岛弧与中国大陆边缘发生弧、陆斜交碰撞（台湾西移并作逆时针扭动），随后在第四纪（Q）发生最剧烈的造山运动形成了台湾褶皱系，该块体东海岸在晚更新世（Q_3）和全新世（Q_4）仍以平均5 ~ 7 mm/a或更大的速率抬升，但西侧台湾海峡则继续拗褶（卢演俦等，1994），它们作为中国大陆边缘的突出部位成为中国海岸带新构造期地壳升降活动最为剧烈的区域；二是华南隆起带沿海构造块体，由于靠近西太平洋构造活动带，并且新构期华南块体壳幔的整体蠕散方向又与菲律宾海板块的NWW运动方向恰好相对，导致这一地块原与NNE—NE走向断裂伴生的NW向断裂活动表现出张性或张扭性变形；特别是自晚更新世早期（Q_3^1）以来，NW向的断裂活动加强，并切割了控制海岸带分布的NE—NNE向断裂，使该区域地壳断块的差异升降活动表现十分明显，其中最特征的是形成了一系列受NW向断裂控制的河口三角洲断陷盆地；三是杭州湾以北新构造域，地壳块断系在燕山运动形成的大地构造格架的基础上，新近纪以来沿古近纪裂陷带叠加了在NNE或NE向断层的右旋走滑而产生的拉分作用以及重力均衡和深部过程，从而发生了大范围的沉陷，呈现出以山东半岛隆起带山丘为界的华北和苏北两大第四纪沉积平原，而燕山和胶辽隆起带则继续表现为拱曲式缓慢抬升或构造相对稳定状态（《中国海岸带地貌》编写组，1995；卢演俦等，1994）。

2）中国沿海新构造运动变形分区

沿岸新构造期地壳变形分区决定着现代海岸第四纪地质特征和海岸侵蚀作用强弱内在因素的区域性差异。图5.1大体将我国大陆沿海的新构造运动变形划分为以下10个地壳块体的海岸段。

（1）Ⅰ：燕山隆起带海岸段；

（2）Ⅱ-1，Ⅱ-2：华北—渤海沉降带海岸段；

（3）Ⅲ-1，Ⅲ-2：胶辽隆起带海岸段；

（4）Ⅳ：江苏—南黄海沉降带海岸段；

（5）Ⅴ-1-1：华夏褶皱带浙江—闽北下沉带海岸段；

（6）Ⅴ-1-2：华夏褶皱带闽中—闽南—粤东上升带海岸段；

（7）Ⅴ-2-1：南华隆起带粤中断块活动带海岸段；

（8）Ⅴ-2-2：南华隆起带粤西—桂东—琼北下沉转上升区海岸段；

（9）Ⅴ-2-3：南华隆起带琼中—琼南拱断上升区海岸段；

（10）Ⅴ-2-4：南华隆起带钦州—防城上升带海岸段。

以上各区段地壳块断在新构造期的升降活动有着明显的差异性，一般在构造隆起带表现为以间歇性上升为主，而在构造沉降带则表现为以间歇性下沉为主，升降幅度可达数百米，甚至千米以上（卢演俦等，1994）。对于华南隆起带地壳块体而言，在新构造期由于其壳幔的蠕散方向与菲律宾海板块的运动方向正好相对，新构造运动变形的差异升降活动表现出最为显著。例如，Ⅴ-1-2上升带沿海陆地第四纪以来历次海侵造成的各级侵蚀–堆积古夷平地貌面的高程，除局部小型断陷盆地外，均处在现在海平面之上，尤其是在晚更新世晚期（Q_3^3，约40～35 ka B.P.）和中全新世中期（Q_4^2，约6～5.5 ka B.P.）高海面时段形成的古侵蚀–堆积夷平地貌面（包括红土台地残坡积地层、老红砂沉积地层等组成的大片第四纪堆积物阶地海岸）的高程均为处在略高于现代海平面之上；因此，这些地貌体是构成现代海岸线的主体，由于其地层质地疏松，易蚀性强，往往表现为强侵蚀现象。再如，Ⅴ-1-2上升带北侧的Ⅴ-1-1下沉带之地壳断块主体系于中更新世中期由上升转变为下降（《中国海岸带地质》编写组，1993），故相应的Q_3^3和Q_4^2在高海面时段形成的古侵蚀–堆积夷平地貌面高程则基本被淹入在现代海平面之下，以致第四纪堆积物组成的海岸除少数为现代沉积平原外，一般不能见到，即陆地基岩山丘海岸相对占较大比例，从而导致强烈的侵蚀海岸较少见。

5.2　现代海岸的基本特征

中国现代海岸的基本特征与前面所述的中国海陆的构造地质背景以及印度洋板块、太平洋板块、菲律宾海板块与欧亚板块之间相对运动（含中国大陆板内区域块体之间的相互作用）所引起的中国大陆及其周缘岩石圈应力场分布息息相关。兹从以下面4个方面概述之。

5.2.1　陆架、海岸带轮廓及海岸线曲折率分布特点

1）中国陆海交接带构造形迹的宏观轮廓

现代中国陆海交接带呈现出3种不同层次的宏观边界，即自太平洋向西往大陆方向分别有海沟–岛弧–弧后盆地、大陆架前缘和海岸带的交接带。这些构造形迹界线几乎都构成了以青藏高原为核心的圆环形，反映了它们具有一定的成生联系。其中，特别是黄海、东海和南海北部的大陆架前缘均明显地表现为一条连续而光滑的向SE凸出的弧形带，仅台湾岛由于是从现在位置SE侧地区向W漂移形成了被动大陆弧–陆碰撞带的

突出段，而与大陆架前缘弧形分布不甚协调。

2）中国大陆海岸带形态的分布特征

由图5.1可看出，中国大陆东部海岸带的形态分布以杭州湾为界，北部基本呈折线状，而南部基本呈圆弧状。

（1）在杭州湾以北的海岸带，由于构造沉降带与隆起带相间分布，致岸线整体呈折线状，其走向大体分别呈现为NW—SE向与NE—SW向相间分布，即渤海西南沿岸和苏北—南黄海沿岸因大量的平原淤泥质沉积物快速向海推进，海岸带折线走向大体呈NW—SE向；而渤海西北沿岸、山东半岛沿岸和辽东半岛沿岸的山地丘陵侵蚀剥蚀地带的海岸带折线走向则总体呈NE—SW向。

（2）在杭州湾以南，华南隆起带（包括浙、闽、粤、桂）沿岸的海岸带总体表现为以青藏高原为圆心的相当规则的圆弧形分布，仅雷州半岛和海南岛北部可能是由于在早更新世（Q_1）和中更新世（Q_2）时期下沉成盆，相继沉积了“湛江组”和“北海组”滨海相碎屑地层，且伴随基性火山活动，并于中更新世晚期以来又转变成抬升状态，致有些偏离圆弧状形态。

3）全新世中期海侵海面相对稳定以来，海岸岸线曲折率的分布特点

（1）在构造沉降带，海岸结构通常自陆向海为由平缓的堤后潟湖湿地–贝壳堤–淤泥质海滩–潮下带构成，海岸线若以贝壳堤为标志划定，相对平直，其曲折率均在1:2以下（表5.2）。

（2）在构造隆起带，由于中新代地壳总体处于上升状态，沿海地区在新华夏构造体系NE—SW向和NW—SE向两组断裂的控制下，大多形成了山地丘陵侵蚀剥蚀海岸与河谷和（或）海湾海岸错落分布的地貌组合，使海岸线呈现出陆海镶嵌的曲折多湾的形态，曲折率显著提高，其中华南隆起带可达1:5.6，较高于胶辽隆起带（表5.2）。

表5.2　中国大陆东部海岸岸线曲折率分布*

构造带**	不同区段海岸线	曲折率
燕山隆起带	河北省东部沿岸（Ⅰ）	1 : 1.94
华北—渤海沉降带	渤海东北沿岸（Ⅱ–1）	1 : 1.73
	渤海西南沿岸（Ⅱ–2）	1 : 1.98
胶辽隆起带	辽东半岛沿岸（Ⅲ–1）	1 : 2.38
	山东半岛沿岸（Ⅲ–2）	1 : 3.23

续表

构造带**	不同区段海岸线	曲折率
苏北—南黄海沉降带	江苏省沿岸（Ⅳ）	1 : 1.63
华南隆起带	浙江省沿岸（Ⅴ-1-1主体）	1 : 4.3
	福建省沿岸（Ⅴ-1-2主体）	1 : 6.9
	广东省沿岸（Ⅴ-2-1和Ⅴ-2-2）	1 : 4.5
	广西壮族自治区沿岸（Ⅴ-2-4）	1 : 4.8
	华南沿岸平均（Ⅴ）	1 : 5.6

* 根据国家海洋局“908专项”办公室提供的1 : 50万全国海岸线底图统计；

** 构造带分布参见图5.1。

5.2.2 沿海陆地地貌的区域性差异

地貌类型及其演变受控于内营力过程和外营力过程的共同作用与影响。如图5.1所示的中国大陆东部中新生代构造地质分区，是造成沿海陆地地貌形态与特征区域性差异的最重要原因（参见表5.1）。

（1）我国华北下辽河、海河和黄河三角洲平原，以及苏北废黄河、长江三角洲平原两大第四纪沉积平原分别位在华北—渤海沉降带海岸段和江苏—南黄海沉降带海岸段内，其陆地地貌均形成了宽广平直的典型滨海平原和三角洲河口低地。海岸的地貌结构较为单一，即通常为从陆到海由潟湖–贝壳堤–平坦淤泥质海滩–潮下带组成。

（2）在所有隆起带沿海地区，自中新生代以来地壳大部分处于抬升与剥蚀状态，地面基岩及其风化壳残积层广泛出露，陆地地貌基本表现为侵蚀剥蚀山地、丘陵或台地为特征。同时，沿海陆地在新华夏系NE—SE向和NW—SE向断裂构造带（部分为E—W向断裂构造带）的控制下，全新世冰后期的海侵使其形成了众多曲折多湾的溺谷型基岩港湾。港湾周边的海岸地貌结构较为复杂：

①作为侵蚀的一种表现，褶皱山脉之山梁、山脊或是成为基岩岬角，或是被海水包围形成岛屿或半岛；

②沿海山溪性河流及近岸区片流挟沙入海后，在开敞海湾近岸堆积形成沿岸沙堤、沙嘴、连岛坝、潮间海滩（或浅滩）及水下岸坡等地貌形态；同时，常伴随形成沿岸风成沙地，有时滨海输沙封堵海湾形成潟湖等；但也经常因海岸侵蚀蚀退，导致古第四纪沉积地层或基岩风化壳残坡积层组成的阶地（或台地）形成侵蚀崖岸；而在湾内较隐蔽海岸，形成淤泥质或其他碎屑沉积堆积；在近岸区多见形成宽度不大的

冲、洪积或海积平原；

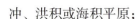

③尽管在新构造期由于NW—SE向的断裂活动加强，由此而引起构造隆起带内的部分区段地壳断块产生沉降，从而形成一些小型河口三角洲（或三角湾）的断陷盆地及其冲、海积平原，如华南隆起带中的灵江、瓯江、闽江、九龙江、韩江和珠江等三角洲（或三角湾）平原，但它们的规模大小和一些地貌特征与华北、苏北之巨大而统一的第四纪平原有着明显的差别。

5.2.3 现代滨岸沉积与海岸类型的分布特点

1）我国现代滨岸沉积物类型的总体分布态势

古中国大陆经过中新生代三次构造活动的变革改造后，西部规模宏大的青藏高原的不断隆升至少产生了3种后果：其一是特提斯海关闭，环赤道流解体，分成各大洋的环流；其二是季风增强，并改变路线，从而形成了我国西北部的巨大沙漠（盆地）和北方厚层黄土（高原）；第三是喜马拉雅山和青藏高原的高大山体成为大洋水汽输送的屏障，其迎风坡水汽受阻抬升，凝云致雨，形成降水高值区，使高原地区成为我国源远流长的大型河流——黄河、长江的发源地。而且，这些特大型河流均携带大量泥沙由东部构造沉降带入海，尤其是流经黄土高原的黄河，系以高含沙量著称于世。按1956—1985年资料统计，在构造沉降带入海的河流，其年输沙量达18.54×10^8 t，占全国河流总输沙量的89.9%，平均每千米岸线接纳约为56.1×10^4 t，比构造隆起带高数十倍（李从先等，1994）。而且，构造沉降带大型河流的中、下流域基本上为平原地区，其入海泥沙以细粒的黏土和粉砂为主。而构造隆起带的河流流域则多为剥蚀山区，且通常属山溪性的中小河流；特别是华南隆起带沿岸侵蚀剥蚀区还广泛分布有由花岗岩类岩石和火山岩经中、晚更新世（$Q_2 \sim Q_3$）湿热化时期形成的红壤型风化壳及晚更新世晚期（Q_3^3）形成的“老红砂”等第四纪沉积层，河流入海后一般携带含有较高量的较粗颗粒泥沙，是波场砂质沉积物的主要来源。显然，构造沉降带和隆起带沿岸单位长度海岸线接纳河流年输沙量之悬殊以及它们入海泥沙的不同粒度特征和近岸水下岸坡坡度的差别，这在很大程度上支配着我国现代滨岸沉积动力学环境与沉积物特征的区域性差异。

（1）在构造沉降带，滨岸沉积动力以单向水流性质的潮流作用和径流作用为特征；而波浪作用则由于平原海岸线平直，滨海水下岸坡极为宽阔平坦（通常宽达数千米），当向岸入射波浪进入浅水区后，波能已经受到过强烈耗散，即其往复性的不对称波动水流往往难于对粗、细颗粒泥沙产生向岸–向海的分异输运，因而难于在近岸边地带形成砂质沉积物。再加上来沙丰富，且以悬浮细颗粒泥沙为特征，故滨海沉积基本形成淤泥质海滩。例如，渤海湾、苏北和上海等广大滨岸地带均形成了淤泥质潮坪体系。

（2）在构造隆起带，除局部岸段为断陷盆地平原海岸外，沿海地带大部为溺谷型基岩港湾。与山丘、台地地貌海岸相连的滨海水下岸坡相对较陡，其向岸入射波能耗散较弱。在较开敞岸段滨海带，波生近岸流对入海泥沙颗粒大小的横向差异输运较为明显，加上入海泥沙不甚丰沛，又其中砂质颗粒含量相对较高，因此，多形成砂（砾）质海滩（雷刚等，2014）。仅在浙江北部沿岸，由于受到长江入海的细粒泥沙沿岸向南运动的影响，而形成了范围较广的略具构造沉降带大平原海岸的由淤泥质沉积物构成的滨岸沉积带以及在溺谷基岩港湾内侧较隐蔽海岸带，也是大多形成以潮流或径流作用为主的淤泥质海滩。

2）*海岸类型及其主要分布格局*

我国海岸类型复杂多样，且无统一的分类方案。若单从海岸与海洋所接触的陆地地形考虑，可大体分为平原海岸和山丘–台地海岸两大类型。平原海岸主要指华北和苏北大平原东部前缘海岸以及构造隆起带中小片断陷盆地平原区前缘的海岸；而山丘或台地海岸主要指全新世冰后期海侵形成的山丘–台地溺谷岬湾海岸，其中分布有背依山丘或台地的各种各样的海岸地貌形态，例如，窄小滨海平原带、风成沙地或沿岸沙堤岸、基岩岬角岸、软岩型海蚀陡崖岸以及沙嘴、沙岬、连岛沙坝岸和沙坝–潟湖或港湾淤泥质等海岸。上述两大类型海岸，由于在北回归线以南地区，常发育珊瑚岸礁或丛生了红树林，使海岸外形形成特殊景观，故有些海岸类型分类法还另添加了所谓的“生物海岸”作为附加的海岸类型进行分类。例如，图5.2所示为根据海岸组成物质的分类法。但为便于进行海岸类型的分布统计，我们不拟涉及重叠的“生物海岸”或者是“人工海岸”的分类，仅在考虑平原海岸和山丘–台地海岸两大基本类型的基础上，进一步依据全新世冰后期海侵以来滨岸沉积物类型的分布情况，将我国沿岸的海岸类型划分为下列5种类型：

①平原型淤泥质海岸；

②平原型砂（砾）质海岸；

③山丘或台地溺谷型基岩港湾淤泥质海岸；

④山丘或台地溺谷型基岩港湾砂（砾）质海岸；

⑤山地断层型基岩海岸。

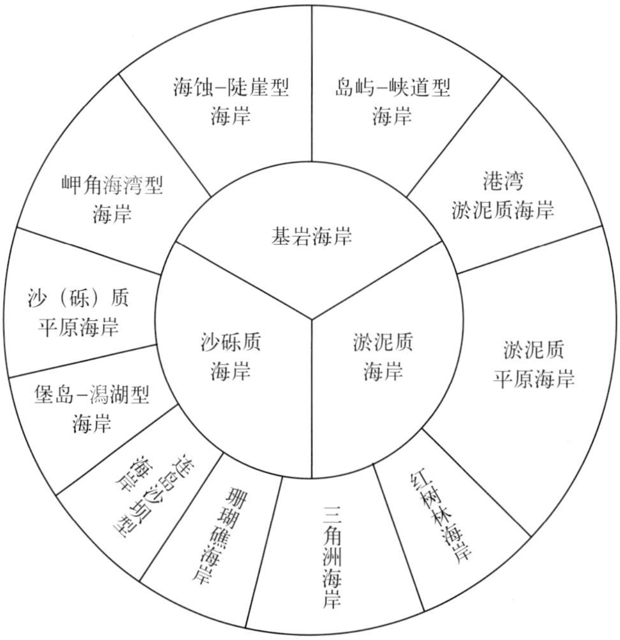

图5.2　包括“生物海岸”的一种海岸类型分类法（贺松林，2003）

以上海岸类型形成过程中的海陆动力及泥沙供给条件，乃至在岸坡地形上均各有其特点。各类型海岸总体分布格局如下。

（1）平原淤泥质海岸主要分布在杭州湾以北构造沉降带中辽东湾、渤海湾、莱州湾和苏北—长江口等大平原沿岸以及小片分布在胶辽和华南隆起带沿岸之中，如灵江、瓯江、闽江、九龙江、韩江和珠江等断陷盆地平原区，它们都是由于接受大型或中大型河流携带丰富细粒泥沙入海，形成大量淤泥质沉积而使海岸快速前展所造成的。

（2）平原型砂（砾）质海岸的分布也较为常见，主要是由于平原海岸发育过程中，河口改道或偏转，或是入海泥沙供给减少等原因，在较高波能海浪（或涌潮）的作用下，于滨岸带形成砂（砾）质沉积物而成。如闽江口南岸长乐滨海平原和韩江口、南渡江等浪控三角洲前缘海岸；以及苏北弶港附近岸外，由于黄河改道北归后，外来泥沙供给减少，而发育独特的辐射状沙脊群等。

（3）山丘或台地溺谷型基岩港湾淤泥质海岸普遍分布在构造隆起带溺谷内湾（包括雷州半岛至桂东及海南岛北部由第四纪断陷沉积层构成的溺谷阶地港湾内部）的隐蔽海区，其海岸沉积动力以潮流为特征；但有些港湾外侧局部开敞岸段在有丰沛细颗粒泥沙供给的条件下，如长江口南侧的浙东沿海等，也常形成淤泥质沉积海岸类型。

（4）山丘或台地溺谷型基岩港湾砂（砾）质海岸均分布在隆起带沿岸溺谷湾型外侧的开敞岬湾式海岸，尤其集中分布于闽江口以南华南沿海（包括雷州半岛至桂东及海南岛北部由第四纪断陷盆地沉积层构成的溺谷阶地海岸），其沉积动力以波浪作用为特征，滨岸沙体堆积形式有潮间带沙滩、沙堤、沙坝、沙嘴和沙岬等类型，乃至在强风作用下形成沙丘或沙丘链。

（5）山地断层型基岩海岸主要分布在台湾岛东岸，海岸形成长距离的高大而挺直的基岩断层崖，水上山势峻峭，崖下波涛汹涌，水下岸坡极陡，基本形成海蚀崖及岩滩，岩滩中时见崩石和巨砾。此类型基岩海岸在大陆沿岸偶见于基岩岛屿–峡道的海岸。

我国大陆各省、市（区）海岸类型分布的概略比率统计如表5.3。

表5.3　我国大陆各省（市、区）海岸类型分布概略统计*

省（市、区）	大陆各省岸线总长度（km）	平原型淤泥质海岸		平原型砂（砾）质海岸		山丘或台地溺谷型基岩港湾淤泥质海岸		山丘或台地溺谷型基岩港湾砂（砾）质海岸	
		长度（km）	占该省岸线比例（%）	长度（km）	占该省岸线比例（%）	长度（km）	占该省岸线比例（%）	长度（km）	占该省岸线比例（%）
辽宁	2 110	265	12.56	266	12.61	945	44.79	634	30.05
河北	487	225	46.20	206	42.30	0	0	56	11.50
天津	156	156	100	0	0	0	0	0	0
山东	3 345	419	12.53	0	0	2 567	76.74	359	10.73
江苏	953	849	89.09	61	6.40	0	0	43	4.51
上海	211	211	100	0	0	0	0	0	0
浙江	2 104	0	0	0	0	2 088	99.23	16	0.77
福建	3 752	85	2.27	18	0.48	2 414	64.34	1 235	32.92
广东	3 386	196	5.79	32	0.95	1 731	51.12	1 427	42.14
广西	1 628	0	0	0	0	1 293	79.42	335	20.58
海南	1 823	0	0	0	0	1 621	88.92	202	11.08
合计	19 955	2 406		583		12 659		4 307	

* 根据《渤海黄海东海海洋图集》（1990）等1 : 500万沿岸底质类型分类图统计；各省（市、区）岸线长度据“908专项”岸线修测数据。

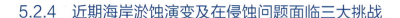

5.2.4 近期海岸淤蚀演变及在侵蚀问题面临三大挑战

海岸与海滩的稳定性，即处于淤积状态，还是侵蚀状态或相对稳定状态，这主要取决于接纳泥沙的数量和沿岸动力因素的强度以及它们之间的均衡情况。稳定是相对的，自全新世冰后期海侵海面基本稳定以来，我国海岸在内外营力的共同作用下，各个区域海岸伴随其沿岸泥沙供给与动力条件的变化，总是处于从一种平衡状态向着另一种平衡状态发展的过程。半个多世纪以前，中国沿岸河流入海泥沙量达到20×10^8 t/a，尚属世界入海河流的丰沙区之一，那时，总体除了废弃河口三角洲海岸为侵蚀后退外，绝大多数海岸呈缓慢淤进或相对稳定状态，海岸学者把研究方向主要放在淤积灾害的防治方面。但大约在20世纪50年代末至60年代初情况发生了变化，首先是砂质海滩岸线发生侵蚀现象，继而黄河、长江等中大型河流的三角洲出现了从快速淤进–缓慢淤进，到局部侵蚀的转化过程。到20世纪70—80年代以后，全国海岸侵蚀已成普遍现象。这种海岸淤蚀的演变过程与当时我国的社会、经济的高度发展，人为活动造成的负面环境影响日益扩大，其中尤其是沿岸入海河流泥沙量锐减，全球气候变暖引发的海平面上升和风暴浪潮频发以及人们对海岸的无序开发（含开发程度高于生态环境可能承受能力）等所导致的沿岸大部分海岸改变了以往相对平衡的输沙局面密切相关。在这种人为影响因素日臻凸显的情况下，时至今日侵蚀范围及强度仍正在扩大与增强之中。

今后我国在海岸侵蚀问题上，由于面临着以下三大挑战，还将使海岸与海滩的侵蚀趋势愈加发展。

1）河流入海泥沙量日渐减少，使海岸侵蚀不断加重

在半个世纪以前，我国大陆植被遭受严重破坏，水土流失日盛一日，这在很大程度上抑制了海岸侵蚀，多数河口区处于淤进或稳定状态，但最近几十年来的流域开发，特别是一系列大型工程，如西部退耕还林、退耕还牧、三峡工程、小浪底工程和南水北调工程等，在带来巨大经济、社会效益的同时，亦使我国构造沉降带大型河流的入海泥沙量大量减少——中国沿岸河流入海泥沙量从20世纪80年代以前的每年近20×10^8 t到20世纪末为不足10×10^8 t，甚至可能只有（5 ~ 7）$\times 10^8$ t 左右（陈吉余等，2002）。我国河流入海泥沙量锐减，造成沿岸泥沙收支亏失及海洋动力相对加强，使河口三角洲及其邻近海岸在新的动力–泥沙条件下发生冲淤演变调整，形成新的沉积物淤蚀态势。也就是说，以往的淤涨型河口海岸，或是变成淤涨速度减缓，或是转化为平衡型和侵蚀型；同时，原海岸的沉积物也逐渐粗化，岸滩由淤泥质变成粉砂质。这些现象自20世纪80年代中期现代黄河三角洲海岸已经由淤进转变为蚀退、长江口水

下三角洲也于20多年前开始出现大范围侵蚀可以得到充分说明。在构造隆起带入海的中、小型河流由于20世纪60年代以来普遍陆续建坝筑库，拦截了大量入海泥沙，同样也是造成许多岸段（主要为砂质海岸）侵蚀的重要原因。总之，如何保护沿岸河口地区在入海泥沙减少的条件下不受海岸侵蚀威胁，是我国今后无法回避的严峻挑战之一。

2）全球气候变暖和人工海岸快速增长将对我国平原海岸侵蚀构成严重威胁

全球气候变暖是近40年来科学界关注的重要环境问题。全球气候变暖引发海平面上升直接造成海岸后退，并且导致台风、风暴潮和洪水灾害频度增加与强度加大。海平面上升和海洋动力增强，二者相辅相成，对海岸与海滩侵蚀的严重影响是不言而喻的。我国沿海以构造沉降带为背景的广大平原地区和在隆起带内的以断陷盆地为背景的河口平原地区的海岸侵蚀对海平面上升灾害的响应是最为敏感的地段。同时，由于近岸经济开发活动强度的不断增长，我国自然岸线迅速减少，取而代之是人工护岸剧增，导致不论是因海平面上升造成的隐形侵蚀，还是因在风暴潮作用下造成的显形侵蚀，都会加剧堤前海滩下蚀（见图2.9），形成更大侵蚀灾害。这是我国今后海岸侵蚀问题及防范方面面临的第二个重要挑战。

3）海岸资源开发力度不断加大，其负面环境效应直接或者间接影响海岸的稳定性

沿海地区作为我国经济发达的区域，随着海岸城镇建设的加速发展与海岸带资源开发力度的不断加大，海岸与近岸海洋承受的压力正在日益加剧。有关海岸资源开发对海岸侵蚀的影响，目前首推人为在近岸挖沙取沙。近岸采沙是构造隆起带许多砂质海岸侵蚀的直接原因。不管是在海岸或海滩上采沙，还是在近岸之于闭合深度以浅海域采沙，由于在一定范围内这些沙体是可以互相迁移的统一体系，若将海岸沙的自然再生（来源）量与采沙量对比，通常微不足道，故在滨海任一区段采沙都将使海滩的屏障消浪能力显著下降，使海岸侵蚀强度进一步发展。沿岸采沙导致海岸严重侵蚀的事例在国内不胜枚举，尤其在辽宁、山东、浙江、福建、广东和海南诸省沿岸都分布有大量采沙的场（点）所出现的侵蚀现象。我国于20世纪80—90年代，各地采沙量均呈逐年增加的趋势，如海南省南渡江河口河床的采沙量（$\times 10^4\ m^3$）随着海口市建筑业的发展而增长：1983年前为（10~30）$\times 10^4\ m^3$，1984年为34$\times 10^4\ m^3$，1985—1989年为（60~80）$\times 10^4\ m^3$，1990年为100$\times 10^4\ m^3$，1991—1993年为200$\times 10^4\ m^3$，即10年间采沙量达到1 140$\times 10^4\ m^3$（罗章仁等，1995）。显然，在滨海大量采沙本身就是一种“直接侵蚀”效应，而且还由于加大波浪向岸入射的动力，必将会引起海岸过程向

塑造新海滩转变，这常使海岸加强由堆积向侵蚀逆转。因此，沿岸人为采沙现今已经成为公认的造成海岸侵蚀的一种重要因素。现在随着沿海经济的发展，滨海采沙还是难以遏制的。与滨海采沙类同，在海南岛的一些海岸还由于人工挖取近岸珊瑚礁，也是一种引起海岸强烈侵蚀的人为开发活动（邵超等，2016）。

在海岸资源开发过程中，一些不尽合理的海岸工程建设直接或间接引发海岸侵蚀的事例也屡见不鲜。例如，许多港口、码头、围海造地和水产养殖等项建设，通常需要修建诸如突堤等硬构筑物，从而改变了原来岸线形态与走向，导致引发沿岸动力场的变化，乃至直接拦截沿岸泥沙流，造成海岸的冲淤变化。海岸工程建设的侵蚀影响虽是局部的，但所发生的侵蚀现象往往非常强烈，甚至是灾难性的。例如，福建崇武半岛南岸的半月湾旅游砂质海岸，自2003年在海湾东侧建成了一级渔港一期工程（包括突堤、避风港、渔业码头和长达539 m的南防波堤），该工程一方面阻断了半岛东段对半月湾的泥沙补给；另一方面，湾东侧的渔港所建的南防波堤由于挡住了向半月湾沿岸入射的偏SE向的来波，使原本处于动态平衡输沙状态的半月湾西部的滨海旅游沙滩沿岸发生了显著冲淤变化——西段严重冲蚀，东段淤积。近几年对该湾岸滩的监测资料显示，西段海岸平均蚀退率达到7.5 m/a，海滩平均单宽下蚀量为53.1 $m^3/(m \cdot a)$，其最大下蚀部位达到201 cm/a；海岸道路被冲毁，旅游设施全部濒临严重威胁，沙滩沙量退化殆尽，滩面满目疮痍。这些侵蚀现象使该地区曾获“中国最美八大海岸”等美誉造成无以估量的伤害。

总之，人类对海岸资源的开发利用所造成的负面环境效应是难以避免的。随着开发力度的不断加大，这种人为活动因素可能造成的侵蚀灾害是我国今后海岸资源环境保护与管理将面临的第三大挑战。

5.3 海平面变化

5.3.1 海平面变化概述

第四纪历次冰期、间冰期的气候变化引发了海平面大范围升降效应。最后一次冰期——玉木冰期的最盛期发生在距今1.5万～1.8万年前，当时海面为处在现今海面之下110～130 m左右的位置。此后随着气候转暖海面迅速上升，大约0.5万～0.6万年前左右上升到略高于现代海面2 m左右的高度，尔后复有微弱波动下降，时至今日又趋于上升趋势。

在全球变化的研究中，气候变暖和海平面上升对人类社会经济的影响甚为严重，因为海平面升降实际上是“海侵”“海退”的地质事件，反映了海岸地理环境的极大变化。海平面变化从成因上来讲，有全球海平面变化，即由冰期海面升降（Glacial eustasy）、构造海面升降（Tectonic eustasy）和沉积海面升高（Sedimento eustasy）等引起的全球性海面变化；以及相对海平面变化（Relative sea level change）两种概念。后者是指世界上某一地区的实际海面变化，即其海面变化值为全球海平面变化数值与当地陆地地壳升降活动数值的代数和。相对海平面变化的研究在评估海平面上升对人类社会经济的影响方面比全球（理论）海平面变化更有实际意义。

当今全球海平面上升主要是由于气候变暖导致的海水增温膨胀、陆源冰川和极地冰盖融化等因素造成的。IPCC第五次评估报告指出，1951—2013年，全球表面气温的上升率为0.12 ℃/10a；1971—2010年，海洋上层75 m以上的海水温度上升率为0.11 ℃/10a；全球海平面的上升率为2.0 mm/a（转引国家海洋局网站，中国海平面公报，2014）。另据1993—2013年卫星观测给出全球海平面上升率为（3.2 ± 0.4）mm/a，南海为（5.6 ± 0.7）mm/a（陈特固等，2013）。表明目前全球海平面存在加速上升之趋势。关于海平面变化问题，就与一些区域的相对海平面变化对比而言，例如，世界一些大三角洲，包括长江和老黄河三角洲的地面沉降率均在6 ~ 10 mm/a以上，约为目前理论海平面上升率的5倍、10倍，乃至100倍（任美锷，1994）。所以，研究海平面必须包括海面和陆面的变化。

5.3.2 中国沿海近百年来海平面变化及预测

我国沿海地区近百年来海平面变化总体是处在上升趋势，且近年来上升趋势更为明显。然而，不同地区由于各自地壳块体的升降活动及其速率等的差异，沿海南、北相对海平面变化速率不等。大体上可以以杭州湾为界，以南各省除基隆和香港属下降外，其余各地区均为上升；而以北地区有升有降，其中渤海沿岸呈上升趋势，山东半岛则处于下降状态（中国海岸带地貌编写组，1995）。

根据国家海洋局网站中国海平面公报（2014），现今中国沿海海平面上升主要是在全球气候变化背景下，由于气温和海温升高，气压降低所致。从图5.3所示的中国沿海自1980—2014年的气温、海温、气压与海平面的变化关系图中可以看出：在这一期间，中国沿海气温与海温均呈上升趋势，速率分别为0.35 ℃/10a和0.19 ℃/10a；气压则呈下降趋势，速率为0.26 hPa/10a；同期海平面呈上升趋势，速率为3.0 mm/a，高于全球海平面上升的平均水平。2014年，中国沿海气温和海温较常年（即1975—1993年）分别高1.2℃与0.7℃；气压较常年低0.3 hPa；同期海平面较常年高111 mm

（见图5.3），较2013年高16 mm，为1980年以来第二高位。

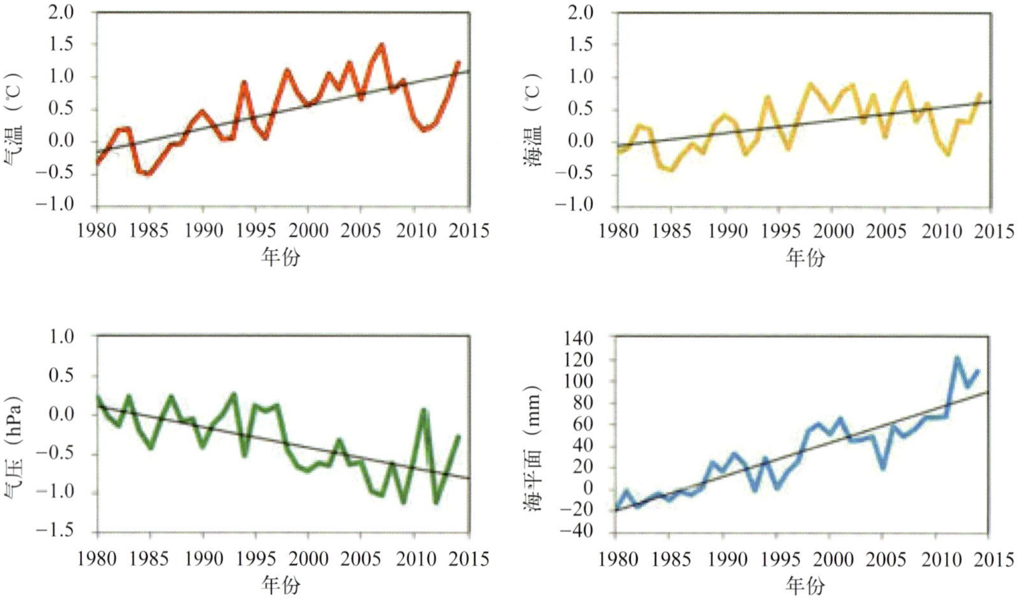

图5.3　中国沿海气温、海温、气压与海平面变化（国家海洋局网站中国海平面公报，2014）

海平面监测和分析结果表明，近几十年以来，中国沿海各地区的海平面变化均为呈波动式上升趋势。但从表5.4中可以看出，沿岸各省（市、区）的海平面上升速率具有明显的区域特征：就2014年与常年（1975—1993年）各省（市、区）平均海平面位置的对比而言，浙江省和海南省的上升幅度为最大（均超过130 mm）；杭州湾以北沿海上升幅度次之（均超过110 mm）；福建省和广西壮族自治区最小（上升幅度小于100 mm）。这除全球海平面上升的因素外，也与沿海区域地壳断块近代新构造运动差异升降活动、人为活动引起地面沉降的差异性和工程措施等引发的趋势性水位抬升有关。

表5.4　中国大陆各省（市、区）沿海2014前后近几十年的相对海平面变化*

省（市、区）	2014年与常年对比（mm）		2014年与2013年对比（mm）		2014年后30年预测（mm）	
辽宁	+	116	+	14	+	70 ~ 150
河北	+	110	+	17	+	65 ~ 140
天津	+	118	=		+	105 ~ 195

续表

省（市、区）	2014年与常年对比（mm）		2014年与2013年对比（mm）		2014年后30年预测（mm）	
山东	+	125	+	15	+	85 ~ 155
江苏	+	124	+	35	+	85 ~ 155
上海	+	120	+	48	+	85 ~ 145
浙江	+	134	+	50	+	70 ~ 145
福建	+	86	+	18	+	65 ~ 130
广东	+	105	−	10	+	75 ~ 155
广西	+	59	−	19	+	60 ~ 120
海南	+	133	−	10	+	85 ~ 165

* 据国家海洋局中国海平面公报（2014）；常年指该省（市、区）在1975—1993年的平均海平面位置。

5.3.3 海平面上升对我国海岸侵蚀的影响

海平面上升不仅直接导致土地被淹没，还可通过侵蚀作用造成陆地蚀退和海滩下蚀。海平面上升虽是一种缓发性灾害，但其长期累积效应可使海岸侵蚀、咸潮、海水入侵和土壤盐渍化等灾害加剧，沿岸防潮排涝基础设施功能降低，高海平面期间发生的风暴潮致灾程度显著加大。尤其海平面上升对沿岸低洼区域和小岛屿的潜在影响是灾难性的。

从中长期考虑，海平面上升是引起大范围岸线内移的首要因素（夏东兴等，1993）。有关海岸侵蚀对海平面变化的响应关系，可初步从两个方面表述：①就海平面上升诱发的海岸侵蚀的表现形式而言，可分为直接影响和间接影响两类。前者体现为海水向陆地入侵造成海岸线后退、沿海平原低地淹没与沼泽化，并伴随河口与地下盐水入侵和海堤防护、城市排污工程等失效；后者指由于海平面上升，在新的海岸动力条件下与泥沙环境下，海岸发生新的物质平衡调整，而加剧海岸侵蚀。②我国海岸线漫长，不同区域自然背景与社会经济发展水平相差很大，海平面上升的影响方式和程度也各具特征，必须分别对待。根据海拔高度、相对海平面变化（含人为活动引起的地面沉降）、海岸侵蚀、风暴浪潮增强和现有海岸防护工程等方面因素的综合分析得出，中国沿海最易直接遭受海平面上升危害有8个区域，它们分别是老黄河三角洲（天津地区）、现代黄河三角洲（山东省东营市地区）、莱州湾滨海平原、废黄河三角洲、苏北沿海平原、长江三角洲（上海地区）、台湾西部沿海平原和珠江三角洲，并估计易受灾的面积为35 000 km^2（中国科学院地学部，1993）。

5.4 海岸带气候

中国海岸带北起鸭绿江口，南至北仑河口，由于太阳辐射强弱、地形分布、大气环流，以及寒潮和台风的影响，其气候条件具有明显的区域差异。据龙宝森（2006），可将中国海岸带的气候自北而南分成4个带：南温带（亦称暖温带，范围北自鸭绿江，南至江苏的灌溉总渠），北—中亚热带（可称北亚热带，北起苏州总灌渠，南迄闽江口），南亚热带（亦称暖亚热带，范围北起闽江口，向南经广东一直向西至广西的北仑河口，其中不含雷州半岛）和热带（包括雷州半岛、海南岛及南海诸岛）。各气候带的主要气候特征值如表5.5所示。

表5.5 中国海岸带气候要素（龙宝森，2006）

要素	南温带	北亚热带	南亚热带	热带
平均气温（℃）	8.9 ~ 14.3	14.0 ~ 19.6	19.8 ~ 22.6	22.2 ~ 25.5
最高气温（℃）	35.3 ~ 43.7	33.1 ~ 39.9	36.2 ~ 38.7	35.4 ~ 38.8
最低气温（℃）	−28.0 ~ −11.9	−12.7 ~ −1.2	−1.4 ~ 3.8	−1.4 ~ 6.2
年均降水量（mm）	577.8 ~ 1 019.1	947.8 ~ 1 694.6	1 010.9 ~ 2 884.3	993.3 ~ 2 324.1
年降水日数（d）	63.0 ~ 103.0	114.0 ~ 172.0	105.2 ~ 180.0	87.4 ~ 161.8
年均风速（m/s）	3.0 ~ 6.7	1.6 ~ 4.1	1.8 ~ 6.9	2.6 ~ 5.0
年均大风日数（d）	7.1 ~ 124.5	3.2 ~ 33.3	4.3 ~ 102.9	4.3 ~ 40.6

5.5 海岸带海洋水文环境

海岸带内的海洋水文要素既是海岸带过程最为活跃的环境因素，也是海岸带的重要致灾条件。因此，掌握海岸带海洋水文要素的基本特征，对于海岸侵蚀灾害的发生与发育的研究具有非常重要的意义。

5.5.1 沿岸潮汐和潮流特征

潮汐（水位)的周期性变化对于海岸淤蚀演变和海滩过程是一项最为重要的海洋水

文环 境条件，它决定着波浪对海底最强烈作用带的宽度，使泥沙动态平衡区发生周期性的移动，从而影响了岸坡上的泥沙分布；尤其是在风暴潮期间的异常水位，能够导致海岸与海滩发生 极大的侵蚀灾害。潮汐现象的作用主要体现在海区的潮汐类型、潮差和潮流的变化上。

1）中国近海潮波系统

我国海区潮汐的形成主要是由太平洋潮波传入引起的，本地海区直接受月球和太阳的引 潮力所产生的潮汐（独立潮）极小。从图5.4中可以看出：太平洋的潮汐大体上分北、南两支进 入中国沿海。北支经日本与台湾省之间的琉球群岛水道从东南向西北传播，进入东海，其中大部分引起黄海和渤海的海面发生振动，另一部分直逼浙江和福建沿海，并有小部分从北向南进入台湾海峡。南支经巴士海峡和巴林塘海峡进入南海，其小部分进入台湾海峡后与自北向南的潮波相会于海峡中部，而形成了具较大潮差的会潮点；但主轴沿着广东沿海伸入北部湾。太平洋潮波先在开阔海区以前进波形式进入中国沿海；而后受到水下地形的影响. 或海岸反射的影响变成驻波；或者是在地球自转的影响下产生旋转潮波系统，造成一些无潮点及潮流流速为零的点（侍茂崇，2004）。

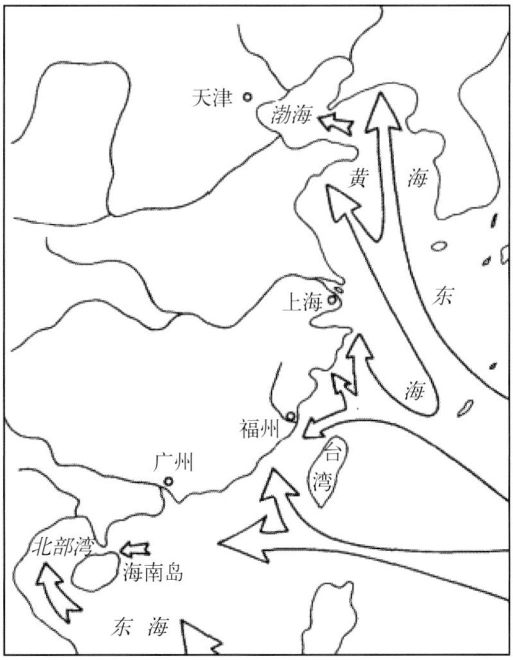

图5.4　中国沿海潮波系统图（《中国海岸带水文》编写组，1995）

2）沿岸潮汐类型分布

潮汐类型体现潮汐对海岸作用的频率（周期）。图5.5示出以K_1、O_1两个主要太阴全日潮振幅之和与M_2主要太阴半日潮振幅的比值大小为判据，经计算得到的我国沿岸潮汐类型分布状况，显示出4种潮汐类型均有分布，但以规则半日潮和不规则半日潮类型占多数。

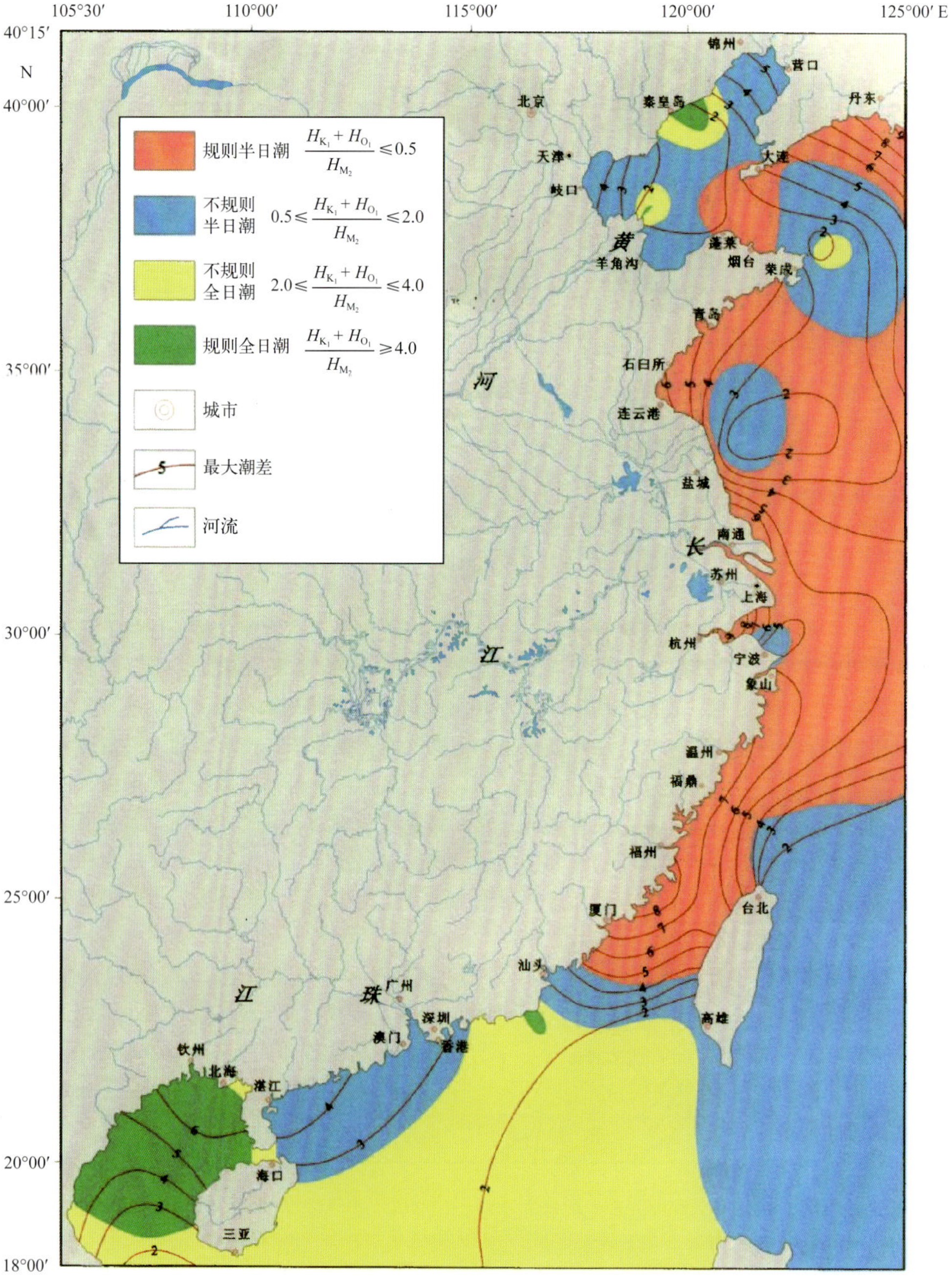

图5.5　中国近海潮汐类型及平均最大潮差分布（蔡锋等，2013）

3）沿岸潮差分布

潮差作为潮汐现象在垂直方向上体现出的周期性潮位升降，它是潮汐强弱的标志。从图5.5中可以看出，我国沿岸潮差分布的总体趋势是：东海最大，黄、渤海次之，南海最小；通常近岸潮差大，远岸潮差较小；海湾内的潮差一般从湾口向湾顶递增，海湾两岸潮差呈对称分布；半日潮无潮点附近海区的潮差小于其他海区。潮差除地理上分布有差异外，还有季节性变化，这主要与天体运动密切相关，也反映出地形、径流等因素的影响；一般夏季潮差较大，冬季潮差较小。Davies（1964）根据大潮潮差把潮汐区域粗略地分为以下几类：弱潮区——潮差<2 m；中潮区——潮差2～4 m；强潮区——潮差>4 m，一直沿用至今。

4）近海潮流特征

潮流是海水在引潮力作用下的周期性水平流动，系有潮海区沿岸的一种重要的流，它对海洋中物质的输送与扩散起重要作用，许多海湾的自净能力主要靠潮流。我国近岸海区中的潮流状况复杂多变，并表现有明显的地域差异，这与太平洋潮波进入我国浅海水域后的转折、变形和反射有关，也与我国海岸线较长而又曲折，并具多港湾、河口区以及多岛屿的海区地形特点密切相关。据《我国近海海洋综合调查与评价专项综合报告》（以下简称《专项综合报告》）编写组（2012）调查结果，我国近海潮流的基本特征为：①潮流类型，除海南岛西南部和琼州海峡西侧近海为规则日潮流外，其余近海潮流基本上为规则半日潮流或不规则半日潮流类型。②流速分布，渤海海域以唐山附近流速最小（30～60 cm/s），最大值出现在渤海海峡的登州水道和老铁山水道（最大可能潮流均超过120 cm/s）；黄海海域近海最大可能流速均在60～120 cm/s之间，但在半日潮无潮点附近的最大可能流速只有15～30 cm/s；东海海域近海以30.5°N为界，其北部海区流速较大（90～120 cm/s），南部海区较小（60～90 cm/s）；台湾海峡西侧近海平均最大流速为55 cm/s；南海海域近海流速为6～40 cm/s之间，其中以汕尾近海为最小值；北部湾海域近海流速最大值出现在海南岛西南侧崖城—莺歌海附近（60～65 cm/s），而到北部的防城港近海则减少为21 cm/s，但在琼州海峡西侧为达32～35 cm/s。

5.5.2 近海环流及其季节变化

中国近海海流主要由具较高温、高盐的黑潮暖流系统和具较低温、低盐的中国沿岸流所组成（苏纪兰等，2005），它们在水流态势上形成了气旋式环流性质。不言而喻，近海海流不仅控制着水体和物质的输运与扩散，而且也与沿岸岸滩的淤蚀过程密切相关。根据

《专项综合报告》编写组（2012），我国近海环流可以以台湾周边海区为枢纽，划分成北部的渤海、黄海和东海，以及南部南海北部陆架区两个区域。兹分别叙述如下。

1）渤海、黄海和东海环流及其季节变化

渤海和黄、东海近海从整体上来看，是一个顶端封闭，口门向东南开敞，以陆架浅海为主体的半封闭海域，西南侧经台湾海峡与南海相通，东北侧经对马海峡与日本海相连。该海域形成的气旋式环流系统主要受制于季风转换（夏季盛行偏南风，冬季盛行偏北风）之大环流背景的影响，其在夏季和冬季的基本形态有所不同——参见图5.6和图5.7。在这两个图中，同时也都分别示出了形成夏季和冬季环流的主要海流分量名称及其流态，对此不拟再详述。

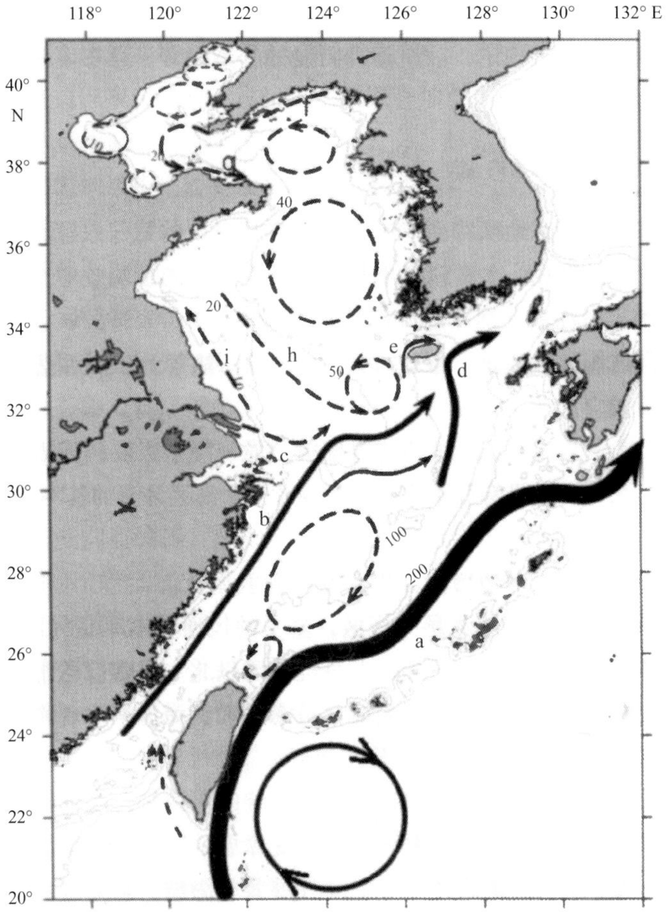

图5.6　渤海、黄海和东海夏季环流基本形态（《专项综合报告》编写组，2012）
a.黑潮；b.台湾暖流；c.长江冲淡水；d.对马暖流；e.济州暖流；f.辽南沿岸流；
g.鲁北沿岸流；h.苏北沿岸流（外侧中下层）；i.苏北沿岸流（内侧上层）

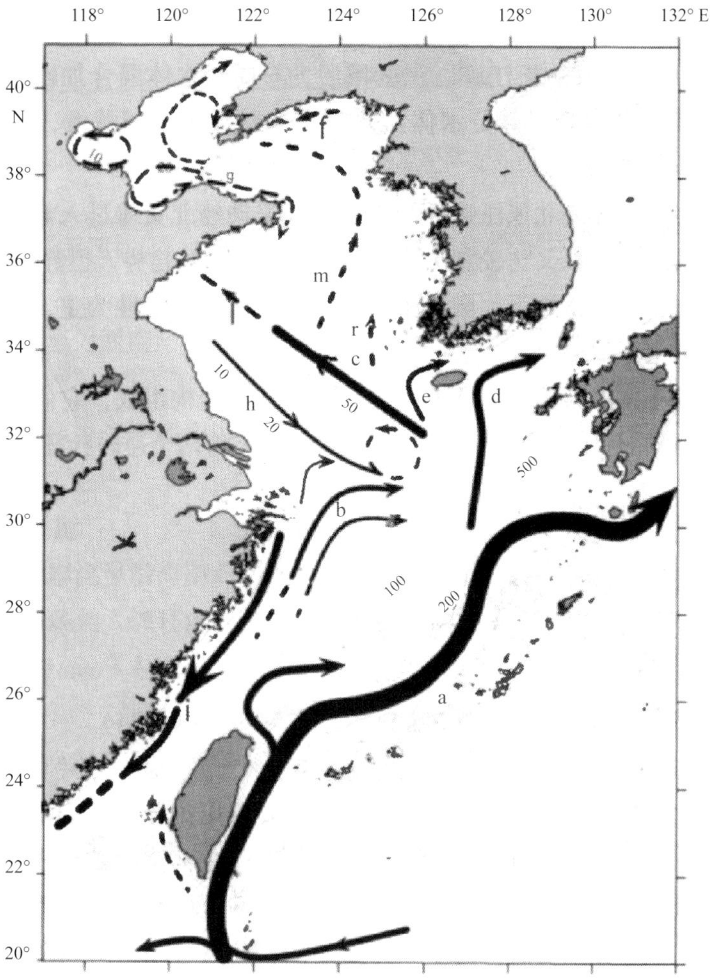

图5.7　渤海、黄海和东海冬季环流基本形态（《专项综合报告》编写组，2012）
a.黑潮；b.台湾暖流；c.黄海暖流；d.对马暖流；e.济州暖流；f.辽南沿岸流；g.鲁北沿岸流；
h.苏北沿岸流；i.浙闽沿岸流；l.黄海暖流左分支；m.黄海暖流中分支；r.黄海暖流右分支

2）南海北部陆架区环流的基本形态

南海具有明显的准封闭特征。我国南海北部陆架区包括了台湾海峡、粤东、粤西沿海海区以及琼东南及北部湾沿海海区，其东侧经巴士海峡与太平洋相连。该海域的主要海流流系同样受季风影响，尤其东部海流分量的流态在夏季和冬季节发生较显著地转换。图5.8和图5.9分别示出了南海北部陆架区在夏季和冬季形成的环流及其主要海流分量的分布态势。从整个海流系的流态可以看出：①北部湾在夏季和冬季都存在有逆时针结构的环流形态；②由于粤西沿岸流在夏季和冬季均为向西流动，故雷州半岛东侧海区亦显示出整年具有逆时针环流的性质。

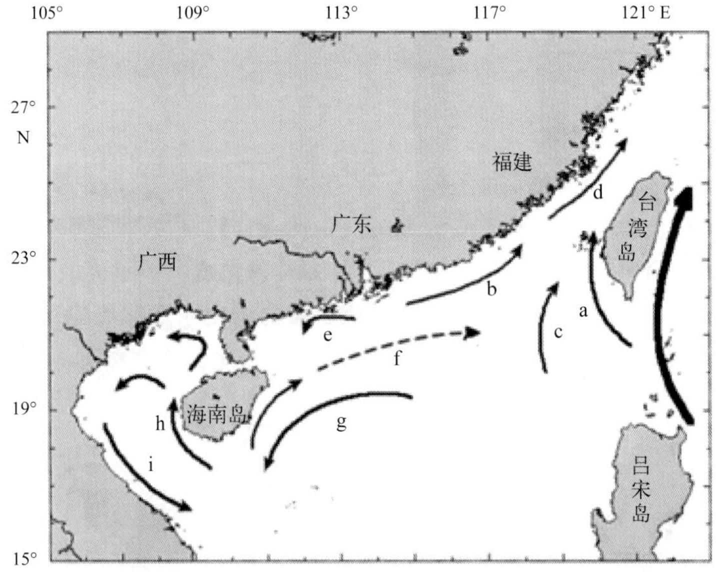

图5.8　夏季南海北部陆架区主要流系分布（《专项综合报告》编写组，2010）
a.黑潮分支；b.粤东沿岸流；c.南海季风漂流；d.福建沿岸流；e.粤西沿岸流；f.南海暖流；g.陆坡流；h.南海高盐水；i.北部湾沿岸流

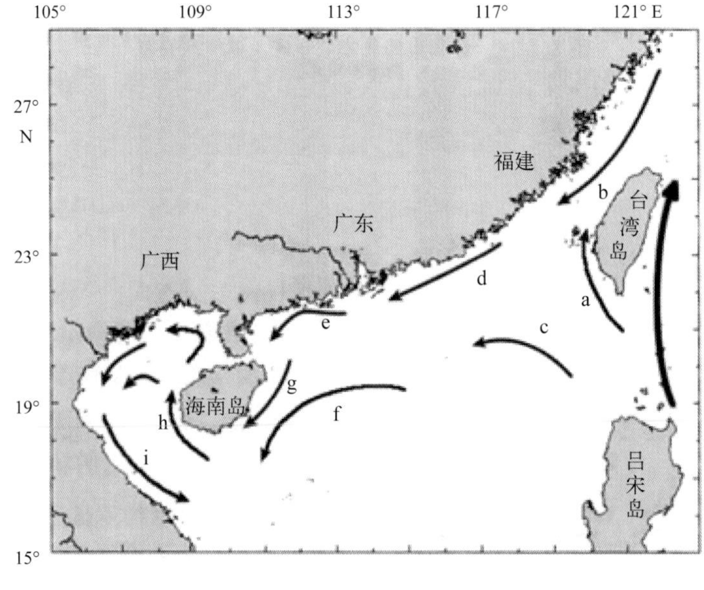

图5.9　冬季南海北部陆架区主要流系分布（《专项综合报告》编写组，2010）
a.黑潮分支；b.闽浙沿岸流；c.南海季风漂流；d.粤东沿岸流；e.粤西沿岸流；f. 陆坡流；g.西边界流；h.南海高盐水；i.北部湾沿岸流

5.5.3 近岸波浪及风暴潮

波浪（又称海浪，ocean wave）和风暴潮的形成、发展与消衰主要取决于风的盛衰。在全球海洋中，波浪的总能量相当于到达地球外侧太阳能量的一半（吕庆华等，2012）。波浪是发生在海洋表面周期为0 ~ 30 s的随时间、位置起伏的波动，它包括风浪、涌浪和近岸波。波浪在由深水区向滨海浅水区传播的过程中，受海底地形的影响发生变浅、折射、绕射，直至波面破碎之所称的近岸波，其破碎后形成激浪的冲击力巨大，用动力计测得的压力可达30 t/m^2，如英国威克港的激浪可掀起重达2 600 t的水泥块。因此，波浪是海岸系统极其活跃的重要水文动力因素之一，它能毁坏海岸及海上建筑物，又能掀动和携带海滩上的泥沙，从而使海岸和海滩发生侵蚀和堆积。同时，浅海中波浪运动产生的水流与单相水流（如潮流、径流等）亦不同，它又是塑造海岸类型变化的一种最基本的动力因素，即了解其运动的性质是研究海岸环境变化的重要基础。

1）中国海岸带波浪分布特征

我国沿岸波浪一般随风的季节变化而变化；此外，地形、岛屿对局部地区的波浪也产生不同程度的影响，致沿岸的分布和变化较为复杂。

（1）波型分布变化：波浪波型可分为风浪（wind wave），即由当地风产生，并一直处在风力作用下的海面波动，其波形杂乱，波高、周期及波向不定，呈现出不规则的随机现象，故又称随机波；涌浪（swell）也受盛行季风的影响，但乃是由其他海区传来，或者当风力迅速减小、平息，或者风向改变后而遗留下来的波动，其波形较为规则，具有明显的波峰和波谷，波周期和波高，并基本上不随时间和空间的变化而改变波形，故又称为规则波；以及混合浪指由风浪和涌浪混合组成的海面波动。我国渤海海峡和山东半岛成山半岛以南至石臼港沿岸涌浪出现较频繁，辽东半岛北黄海沿岸和渤海沿岸则以风浪出现为主。东海，在杭州湾以北沿岸风浪出现较频繁，以南则风浪与涌浪出现频率相当。而在南海沿岸风浪的出现频率远大于涌浪。

（2）盛行波向变化：盛行波向指来波的常浪向和强浪向。我国沿岸通常在冬季盛行偏N向浪，夏季盛行偏S向浪，春、秋为其过渡季节。各海区不同时间的盛行波浪方向也有差别。渤海于9月率先出现偏N向浪，接着是黄海；至10月偏N向浪可偏及东海、南海北部。在冬季最盛的1月，渤海和北黄海以NW向和N向浪为主；南黄海及东海北部以N向浪居多；再向南则以NE向浪为主，尤其是台湾海峡，其NE向浪频率高达70%；南海北部也是以NE向浪占优势。与冬季相反，在夏季由于盛行偏南风，因而以偏S向为主；偏S向浪率先在南海出现，后逐次向北发展；到7月，最北的渤海也盛行偏S向浪。

（3）平均波高的区域差异及季节变化：①从区域性差异来看，北部海区年平均波高大多在1.0 m以上，极值出现在渤海海峡的北隍城站，其NNE向达1.7 m。苏北沿岸连云港，吕四一般在0.6 m以下。长江口外的引水船和杭州湾的嵊山为1.0 m左右。福建平潭、崇武、流会一带在1.5 m以内。南部海区从南澳至硇洲岛，平均波高在1.0 m左右；广西沿岸在0.8 m左右；遮浪、荷包岛两站较高，其值为1.4 m。②从季节性变化来看，冬季因各海区平均风力最大，平均波高亦最大。自10月开始，各海区平均波高渐增至1.5 m以上，台湾海峡至南海中部可达2.0 m以上，且大多能保持到翌年2月。夏季整个海区平均波高一般都明显降低，进入6月，渤海、黄海北部不到1 m，其他海区也在1.2 m以下。至7—8月，南部海区在强台风过境时，浪高可达8 ~ 10 m。

（4）风浪年平均周期变化：冬季最大，12月至翌年2月，大部海区的风浪周期在4 ~ 5 s，在夏季降至3 s左右。在大浪中心海域，周期增大，如南黄海年平均为6 s，东海、台湾周围至南海中部可达6 ~ 7 s。

（5）涌浪分布及其与盛行季风的关系：10月至翌年3月以偏N向涌为主，在26°N以南海域以NE向涌为主。到春季风向转换之时，即开始变为偏S向涌，但在4—5月，台湾海峡及其东北海域仍保持E向涌。至6月普遍盛行偏S向涌，到9月开始向冬季型过渡。大涌以冬季最多、范围也最大。从3月开始，大涌明显缩小。从6月开始，由于台风影响，涌浪逐渐增多增强。涌浪周期与涌高有对应关系，一般北部海区小而南部海区较大。

（6）我国沿海大浪分布特点：大浪的生成受台风和寒潮大风影响十分明显。最大波高分布（见表5.6），冬季在寒潮大风作用下，北方沿海波高较大；夏季东海、南海则受台风影响，其沿海波高较大（可超过10 m），周期也较长（可在10 s以上）。

表5.6 中国沿海最大波高分布（《中国海岸带水文》编写组，1995）

海区	站名	波高（m）	波向	最大周期（s）	备注
渤海、黄海沿岸	小长山	5.5	SSW	9.7	
	老虎滩	8.0	SW	9.0	7416台风
	葫芦岛	4.6	SSE	8.2	
	芝罘岛	4.7	NE	7.3	
	屺姆岛	7.2	NE	13.1	

续表

海区	站名	波高（m）	波向	最大周期（s）	备注
东海沿岸	成山角	8.0	NE	13.3	
	小麦岛	6.1	ESE	14.7	
	连云港	5.0	NE	8.3	
	引水船	6.2	E	16.1	9711、8114台风
	嵊山	15.2（17.0）	SE(E)	17.1(19.8)	9711台风
	马迹山	7.71	SE	13.9	9711台风
	南麂	10.0	E	14.8	6007台风
	北礵	15.0	ESE、SE、SSE	11.3	6014、7123台风
	平潭	16.0	ESE	10.1	
南海沿岸	崇武	6.9	SE	10.1	
	云澳	6.5	SW、WSW	11.5	
	遮浪	9.0	ESE	10.1	7908台风
	硇洲岛	8.1	NNE	10.3	6508台风
	玉苞	7.7	NE	10.9	
	东方	6.0	NNW	9.5	
	涠洲岛	5.0	SE	8.8	
	莺歌海	9.0	ESE	9.1	7914台风
	西沙	11.0	SSW	18.8	

2）风暴潮

风暴潮（storm surge）是由于热带风暴、温带气旋、海上飑线等风暴过境所伴随的强风和气压骤变而引起的海面非周期性异常升高（降低）现象。通常可分为台风风暴潮和寒潮风暴潮，它们的出现及其所伴随的增减水是影响海岸冲淤演变的重要因素。

我国沿岸遭受风暴潮袭击所造成的严重侵蚀灾害，一年四季均可发生，在南部海区主要是由台风诱发的风暴潮；北部海区主要是由寒潮大风形成；东部海区两种诱因都有，但以台风作用为主。台风引发的沿岸增水大小与台风的强度、移动路径和登陆位置等有关。我国沿海主要港口最大增水值见表5.7。

表5.7 我国沿海主要港口最大增水（李培英等，2007）

站名	最大增水值（m）	站名	最大增水值（m）	站名	最大增水值（m）
大连	1.33	吴淞	2.76	汕尾	1.55
营口	1.77	乍浦	4.34	赤湾	1.96
葫芦岛	2.03	宁波	2.51	北津港	2.55
秦皇岛	1.83	温州	3.88	湛江	4.56
塘沽	2.27	沙埕	2.11	南渡	5.92
羊角沟	3.77	平潭	2.47	海口	2.49
烟台	1.2	厦门	1.79	石头埠	2.33
青岛	1.47	东山	1.52	北海	1.61
吕四	2.50	妈屿	3.14	白龙尾	1.86

5.6 河流入海径流量和输沙量的变化

河流入海径流量以及输沙量及其粒度特征是塑造海岸地貌类型的重要因素，也是海岸侵蚀或堆积灾害的重要孕育条件。我国河流之入海径流量和输沙量具有明显的区域性差异及年际与季节性的变化特征。

5.6.1 构造沉降带和隆起带的区域性差异

根据我国沿海靠海水文站多年资料的统计分析，沉降带和隆起带沿海年径流量、年输沙量的分布如表5.8。由表5.8中可以看出，构造沉降带沿岸每千米海岸线的输沙量比隆起带沿岸的相应数值高数十倍。而且，还由于沉降带与隆起带的入海泥沙的不同粒度特征等因素，造就了二者具有迥然不同的海岸地貌及海岸侵蚀与堆积作用的特征。

表5.8 中国沿海沉降带和隆起带年径流量、年输沙量的分布（李从先等，1994）

项目	沉降带		隆起带		合计
	数值	%	数值	%	
流域面积（10^6km^2）	3.24	77.5	0.94	22.5	4.18
年径流量（10^9m^3）	1 115.57	58.5	784.7	41.5	1 892.94
年输沙量（10^6t）	1 853.51	89.8	210.5	10.2	2 064.01
海岸线长度（km）	3 305	17.6	15 444	82.4	18 749
每千米海岸线径流量（$10^6m^3/km$）	337.5		50.8		
每千米海岸输沙量（$10^4t/km$）	56.1		1.36		

5.6.2　年内与年际变化的一般特征

我国各河流入海的径流量和输沙量的年内分配极不均匀，即主要集中分布在年内的几个月之中。据中国海岸带和海涂资源综合调查成果编纂委员会（1991）资料，如径流注入渤海的河流主要集中在7—10月，径流量占全年的61%～82%；长江集中在6—9月，径流量占全年的51%；注入东海的河流由于受梅雨的影响，则集中在3—6月（钱塘江）或4—7月，径流量约占60%左右。另据李培英等（2007）的资料，我国河流入海输沙量年内分布也很不均匀，如鸭绿江有58.9%的泥沙是8月的产物；海河的75.2%是8月产物；滦河7月和8月输沙量占全年的88.3%；黄河集中在7—10月，其中以8月为最多，占全年的31%；其他各河流均有类似情况，只是输沙量最大月份不同而已。

我国入海河流径流量和输沙量的年际变化也十分明显。根据陈吉余和陈沈良（2002）的资料，在20世纪50—80年代，我国河流每年挟带20×10^{8} t的泥沙入海，占全世界入海泥沙的10%，其中黄河和长江两大河流占全国入海泥沙量的80%左右。黄河过去的年输沙量平均为12×10^{8} t，素以多沙著称于世。但黄河在1960年由于三门峡水库截流出现第一次断流之后，自1972年起在人类活动的影响下，黄河下游断流日趋严重，1997年利津水文站断流13次，累计226天，河口330天无泥沙入海。黄河的断流导致入海泥沙锐减，到2000年黄河入海泥沙不到$2\,000\times10^{4}$ t。长江的入海径流量从20世纪50年代以来呈波动变化，虽没有明显减少趋势，但入海的年输沙量却从20世纪70年代以前的近5×10^{8} t，到90年代比60年代减少了1/3，比80年代减少了21%，至2000年入海泥沙为3.4×10^{8} t。分析得出，我国年入海泥沙量为从20世纪80年代以前的近20×10^{8} t，到20世纪末降至不足10×10^{8} t，甚至可能只有5×10^{8}～7×10^{8} t。这种入海泥沙量的锐减情况，导致了我国河口三角洲海岸岸滩在新的动力泥沙环境条件下发生新的冲淤演变调整，使之出现从淤积向侵蚀的转化趋势。

参考文献

《渤海黄海东海海洋图集》编辑委员会. 1990. 渤海黄海东海海洋图集（地质地球物理）[A]. 北京: 海洋出版社.

蔡锋, 苏贤泽, 杨顺良, 等. 2002. 厦门岛海滩剖面对9914号台风大浪波动力的快速响应[J]. 海洋工程, 20(2): 85−90.

蔡锋, 苏贤泽, 刘建辉, 等. 2008. 全球气候变化背景下我国海岸侵蚀问题及防范对策[J]. 自然科学进展, 18(10): 1093−1103.

蔡锋, 曹超, 周兴华, 等. 2013. 中国近海海洋——海底地形地貌[M]. 北京: 海洋出版社.

陈吉余, 陈沈良. 2002. 中国河口海岸面临的挑战[J]. 海洋地质动态, 18(1): 1−5.

陈吉余, 夏东兴, 虞志英, 等. 2010. 中国海岸侵蚀概要[M]. 北京: 海洋出版社.

陈特固, 黄博津, 汤超莲, 等. 2013. 广东省海平面变化的过去和未来[J]. 广东气象, 35(2): 8−13.

程启月. 2010. 评测指标权重确定的结构熵权法[J]. 系统工程理论与实践, 30(7): 1225−1228.

崔胜辉, 李旋旗, 李扬, 等. 2011. 全球变化背景下的适应性研究综述[J]. 地理科学进展, 30(9): 1088−1098.

储金龙, 高抒, 徐建刚. 2005. 海岸带脆弱性评估方法研究进展[J]. 海洋通报, 24(3): 80−87.

丁祥焕. 1999. 福建东南沿海活动断裂与地震[M]. 福州: 福建科学技术出版社.

地质科学研究院. 1972. 中华人民共和国地质图（1:400万）[A]. 北京: 地质出版社.

丰爱平, 夏东兴. 2003. 海岸侵蚀灾情分级[J]. 海岸工程, 22(2): 60−66.

国家海洋局. 1993. 1992年中国海洋灾害公报[Z]. 北京: 海洋出版社.

国家海洋局“908专项”办公室. 2006. 海洋灾害调查技术规程[S]. 北京: 海洋出版社.

国家海洋局. 2015. 2014年中国海平面公报[EB/OL]. 中国海洋信息网, 海洋公报.

高智勇, 蔡锋, 和转, 等. 2001. 厦门岛东海岸的蚀退与防护[J]. 台湾海峡, 20 (4): 478−483.

何起祥. 2002. 我国海岸带面临的挑战与综合治理[J]. 海洋地质动态, 18(4): 1−5.

贺松林. 2003. 海岸工程与环境概论[M]. 北京: 海洋出版社.

季子修. 1996. 中国海岸侵蚀特点及侵蚀加剧原因分析[J]. 自然灾害学报, 5(2): 65−75.

龙宝森. 2006. 海湾气候[M]. 北京: 海洋出版社.

李从先, 冯焱. 1994. 中国海岸特征与海平面上升[C] //中国科学院地学部. 海平面上升对中国三角洲地区的影响及对策. 北京: 科学出版社, 29−39.

李德毅, 杜鹢. 2014. 不确定性人工智能（第2版）[M]. 北京: 国防工业出版社.

李家彪. 2012. 中国区域海洋学——海洋地质学[M]. 北京: 海洋出版社.

李家洋, 陈泮勤, 葛全胜, 等. 2005. 全球变化与人类活动的相互作用——我国下阶段全球变化研究工作的重点[J]. 地球科学进展, 20(4): 371−377.

李培英, 杜军, 刘乐军, 等. 2007. 中国海岸带灾害地质特征及评价[M]. 北京: 海洋出版社.

雷刚, 蔡锋, 苏贤泽, 等. 2014. 中国砂质海滩区域差异分布的构造成因及其堆积地貌研究[J]. 应用海洋学学报, 33(1): 1−10.

吕华庆. 2012. 物理海洋学基础[M]. 北京: 海洋出版社.

黎树式, 戴志军. 2014. 我国海岸侵蚀灾害的适应性管理研究[J]. 海洋开发与管理, 12: 17−21.

卢演俦, 丁国瑜. 1994. 中国沿海地带新构造运动[C]. 中国科学院地学部.海平面上升对中国三角洲地区的影响及对策. 北京: 科学出版社, 63−74.

刘宏伟, 孙晓明, 文冬光, 等. 2013. 基于脆弱指数法的曹妃甸海岸带脆弱性评价[J]. 水文地质工程地质, 40(3): 105−109.

刘曦, 沈芳. 2010. 长江三角洲海岸侵蚀脆弱性模糊综合评价[J]. 长江流域资源与环境, 19(1): 196−200.

刘小喜, 陈沈良, 蒋超, 等. 2014. 苏北废黄河三角洲海岸侵蚀脆弱性评估[J]. 地理学报, 69(5): 607−618.

刘修锦, 庄振业, 谢亚琼, 等. 2014. 秦皇岛金梦湾海滩侵蚀和海滩养护[J]. 海洋地质前沿, 30(3): 71−79.

罗时龙, 蔡锋, 王厚杰. 2013. 海岸侵蚀及其管理研究的若干进展[J]. 地球科学进展, 28(11): 1239−1247.

罗章仁, 罗宪林. 1995. 海南岛人类活动与沙质海岸侵蚀[C]. 南京大学海岸与海岛开发国家试点实验室, 海平面变化与海岸侵蚀专辑. 南京: 南京大学出版社, 205−212.

阮成江, 谢庆良, 徐进. 2000. 中国海岸侵蚀及防治对策[J]. 水土保持学报, 14(1): 44−47.

任美锷. 1994. 黄河、长江和珠江三角洲海平面上升趋势及2050年海平面上升的预测[C]. 中国科学院地学部. 海平面上升对中国三角洲地区的影响及对策. 北京: 科学出版社, 18−27.

邵超, 戚洪帅, 蔡锋, 等. 2016. 海滩−珊瑚礁系统风暴响应特征研究——以1409号台风“威马逊”对清澜港海岸影响为例[J]. 海洋学报, 38(2): 121−130.

苏纪兰, 袁业立. 2005. 中国近海水文[M]. 北京: 海洋出版社.

孙鼐. 1953. 普通地质学[M]. 上海: 商务印书馆.

侍茂崇. 2004. 物理海洋学[M]. 济南：山东教育出版社.

王文海. 1987. 我国海岸侵蚀原因及其对策[J]. 海洋开发与管理, 3(1): 8−12.

王文海, 吴桑云. 1996. 中国海岸侵蚀灾害[C]. 地貌与第四纪环境研究文集. 北京: 海洋出版社, 1996: 123−219.

王文海, 吴桑云, 陈雪英. 1999. 海岸侵蚀灾害评估方法探讨[J]. 自然灾害学报, 8(1): 71−77.

王文介. 1989. 中国海岸近期侵蚀问题[J]. 热带海洋, 8(4): 100−107.

王颖. 2012. 中国区域海洋学——海洋地貌学[M]. 北京: 海洋出版社.

吴绍洪, 戴尔阜, 黄玫, 等. 2007. 21世纪未来气候变化情景(B2)下我国生态系统的脆弱性研究[J]. 科学通报, 52(7): 811−817.

夏东兴, 王文海, 武桂秋, 等. 1993. 中国海岸侵蚀述要[J]. 地理学报, 48(5): 468−476.

谢季坚, 刘承平. 2016. 模糊数学方法及其应用（第四版）[M]. 武汉: 华中科技大学出版社.

徐广才, 康慕谊, 贺丽娜, 等. 2009. 生态脆弱性及其研究进展[J]. 生态学报, 29(5): 2578−2588.

叶笃正, 符淙斌. 2004. 全球变化科学领域的若干研究进展[J]. 中国科学院院刊, 19(5): 336−341.

易晓蕾. 1995. 中国的海岸侵蚀[J]. 中国减灾, 5(1): 46−49.

杨燕雄, 张甲波, 刘松涛. 2014. 秦皇岛海滩养护工程的实践与方法[J]. 海洋地质前沿, 30(3): 1−15.

杨子赓. 2004. 海洋地质学[M]. 济南: 山东教育出版社.

虞志英, 劳治声, 金庆祥, 等. 2003. 淤泥质海岸工程建设对近岸地形和环境影响[M]. 北京: 海洋出版社.

朱大奎, 王颖, 陈方. 2000. 环境地质学[M]. 北京: 高等教育出版社.

张春山, 吴满路, 张业成. 2003. 地质灾害风险评价方法及展望[J]. 自然灾害学报, 12(1): 96−102.

张训华. 2008. 中国海域构造地质学[M]. 北京: 海洋出版社.

张裕华. 1996. 中国海岸侵蚀危害及其防治[J]. 灾害学, 11(3): 15−21.

中国海岸带和海涂资源综合调查成果编纂委员会. 1991. 中国海岸带和海涂资源综合调查报告[R]. 北京: 海洋出版社.

《中国海岸带地质》编写组. 1993. 中国海岸带地质[M]. 北京: 海洋出版社.

《中国海岸带地貌》编写组. 1995. 中国海岸带地貌[M]. 北京:海洋出版社.

《中国海岸带水文》编写组. 1995. 中国海岸带水文[M]. 北京:海洋出版社.

中国科学院地球化学研究所. 1979. 华南花岗岩类的地球化学[M]. 北京: 科学出版社.

中国科学院地学部. 1993. 海平面上升对我国沿海地区经济发展影响与对策[C]. 北京: 科学出版社.

《中华人民共和国地貌图集》编辑委员会. 2009. 渤海、黄海、东海海洋图集（地质地球物理）[A]. 北京: 海洋出版社.

郑承忠, 翁宇斌, 杨顺良. 2005. 厦门岛东南岸沙滩近期剖面变化研究[J]. 热带海洋学报, 24(4): 73−80.

《我国近海海洋综合调查与评价专项综合报告》编写组. 2012. 我国近海海洋综合调查与评价专项综合报告（上册，内部）[R]. 北京: 海洋出版社.

《我国近海海洋综合调查与评价专项综合报告》编写组.2012. 我国近海海洋综合调查与评价专项

综合报告（下册，内部）[R]. 北京: 海洋出版社.

庄振业, 陈卫民, 许卫东, 等. 1989. 山东半岛若干平直砂岸近期强烈蚀退及其后果[J]. 青岛海洋大学学报,14(1): 90-98.

庄振业, 印萍, 吴建政, 等. 2000. 鲁南沙质海岸的侵蚀量及其影响因素[J]. 海洋地质与第四纪地质, 20(3): 15-21.

Abuodha P A O, Woodroffe C D.2010. Assessing vulnerability to sea-level rise using a coastal sensitivity index: A case study from southeast Australia[J]. Journal of Coastal Conservation, 14(3): 189-205.

Adger W N, Brooks N, Bontham G, et al. 2004. New indicators of vulnerability and adaptive capacity[R]. Tyndall Centre for Climate Change Research Technical Report, 7, 2004.

Boruff B J, Emrich C, Cutter S L. 2005. Erosion hazard vulnerability of US coastal counties[J]. Journal of Coastal Research, 21(5): 932-942.

Davis R A. 1964. Sedimentation in the nearshore environment, Southeastern Lake Michigan[D]. Thesis, University Illinois, Urbana, Illinois.

Dominguez L, Anfuso G, Gracia F J. 2005. Vulnerability assessment of a retreating coast in S W Spain[J]. Environmental Geology, 47(8): 1037-1044.

European Commission. 2004. Living with Coastal Erosion in European: Sediment and Space for Sustainability, A guide to coastal erosion management practice in Europe [EB/OL]. [2012-09-07].

Flint R F. 1974. Three theories in time[J]. Quaternary Research, 4:1-8.

Gornitz V. 1991. Global coastal hazards from future sea level rise[J]. Palaeogeography, Palaeoclimatology, Palaeoecolog (Global and Planetary Change Section), 89(4): 379-397.

Gornitz V, Daniels RC, White T W, et al. 1994. The development of a coastal risk assessment database: Vulnerability to sea-level rise in the US Southeast[J]. Journal of Coastal Research, SI 12: 327-338.

IPCC. 2001. Climate change 2001: Impacts, adaptation and vulnerability[R]. Cambridge: Cambridge University Press, 2001.

IPCC. 2007. Climate change 2007: Impacts, adaptation and vulnerability[R]. Cambridge: Cambridge University Press, 2007.

IPCC. 2012. Managing the risks of extreme events and disasters to advance climate change adaptation: Special report of the intergovernmental panel on climate change[R]. Cambridge University Press, 2012.

Jana A, Bhattacharya A K. 2013. Assessment of coastal erosion vulnerability around Midnapur-Balasore coast, eastern India using integrated remote sensing and GIS techniques[J]. Journal of the Indian

Society of Remote Sensing, 41(3): 675–686.

Kumar A A, Kunte P D. 2010. Coastal vulnerability assessment for Chennai, east coast of India using geospatial techniques[J]. Natural Hazards, 64(1): 853–872.

Kumar T S, Mahendra R S, Nayak S et al. 2010. Coastal vulnerability assessment for Orissa State, east coast of India[J]. Journal of Coastal Research, 26(3): 523–534.

Mangor Karsten. 2004. Shoreline management guidelines[M]. DHI Water and Environment, 294.

Marchand Marcel. 2010. Concepts and Science for Coastal Erosion Management: Concise report for policy maker[EB/OL]. Deltares Delft, 6 [2012–09–24].

Thieler E R, Hammar-Klose E S. 2000. National assessment of coastal vulnerability to sea-level rise, preliminary results for the US Atlantic Coast[M]. The Survey.

US Army Coastal Engineering Research Center. 1975. Shore Protection Manual[M], second edition, Vol. 1, US Government Printing Office, Washington, D C 20402.

US Army Corps of Engineers (USACE). 2008. Coastal Engineering Manual (CEM)[M]. Washington D C: US Army Corps of Engineers.

Zou Zhihong，Yon Yi，Sun Jingnan. 2006. Entropy method for determination of weight of evaluating indicators in fuzzy synthetic evaluation for water quality assessment[J]. Journalof Environmental Scinces, 18(5): 1020–1023.

第二篇
中国海岸侵蚀影响状况

第 6 章　海岸侵蚀现状基本特征

根据“908专项”海岸线修测数据，中国大陆沿岸各省、市、自治区由北往南的岸线总长度（不包括港澳台）为19 955 km（见表5.3所示），是世界海岸线较长的国家。近期在全球气候变暖引发海平面上升，风暴浪潮增强的大背景下，我国与世界各岸线国家或地区一样，均面临着海岸侵蚀现象呈现加剧的趋势，已经给沿岸人民的生产和生活带来严重影响。据“908专项”调查结果，按侵蚀速率大于0.5 m/a标准统计，我国大陆海岸总侵蚀岸线长度为3 255.3 km（见表6.1），其中，砂质侵蚀岸线长2 463.4 km，占全国砂质海岸的49.5%；粉砂淤泥质侵蚀岸线长791.9 km，占全国粉砂淤泥质海岸的7.3%。尽管我国岸线侵蚀的系统研究和治理工作的起步较晚于欧美等发达国家，但综观近20多年来对全国范围海岸侵蚀现状所取得的大量研究成果可以看出，沿岸发生的海岸侵蚀灾害具有下述5个方面的基本特点。

6.1　海岸侵蚀分布具普遍性和区域差异性

我国沿岸海岸侵蚀分布十分广泛，无论是大陆海岸，还是岛屿海岸；不论北方或南方；不论何种海岸类型；不论自然海岸或人工海岸；不论平直海岸或岬湾海岸，均有海岸侵蚀的发生。然而，不同区域的海岸侵蚀特征、分布范围和强度有所差别，而且在侵蚀时间上也有不一致性。

6.1.1　全国沿海 3 类型海岸的侵蚀情况

按海岸学者普遍应用的基岩海岸、砂（砾）质海岸和粉砂淤泥质海岸之三大类海岸的分类法，“908专项”在海岸侵蚀灾害的调查过程中，鉴于（坚硬）基岩海岸及其岩滩本身就是海岸侵蚀的证据，但侵蚀速率很小；因此，仅对砂（砾）质海岸和粉砂淤泥质海岸进行了调查与做出统计。此外，由于众知原因，本次调查范围不包括港澳台地区海岸。兹将我国大陆沿岸各省（直辖市、自治区）目前海岸侵蚀现状的调查与统计结果列于表6.1和图6.1。表中的砂（砾）质海岸和粉砂淤泥质海岸实际也可将它们的岸滩视为软质海岸，即它们的后滨多为由基岩风化壳残坡积物地层（如红土台地等），或者由第四纪沉积物、风积物地层（如冲–海积层、老红砂层、沙丘地等）组成的海岸。

表6.1　我国大陆沿岸各省（市、区）的海岸侵蚀统计

单位：km

省份	砂质海岸长度	侵蚀砂质海岸长度	粉砂淤泥质海岸长度	侵蚀粉砂淤泥质海岸长度	侵蚀岸线总长度	侵蚀岸线总长度占软质海岸比例	侵蚀砂质岸线占砂质岸线总长度比例	侵蚀淤泥质岸线占淤泥质岸线总长度比例
辽宁	705	88.5	985	19.6	108.1	6.4%	12.6%	2.0%
河北	180	120.5	272.5	25	145.5	32.2%	66.9%	9.2%
天津	0	0	153.7	14	14	9.1%	–	9.1%
山东	758	450	1 668	271.7	721.7	29.7%	59.4%	16.3%
江苏	30	30	883.6	226	256	28.0%	100.0%	25.6%
上海	0	0	211	73.1	73.1	34.6%	–	34.6%
浙江	7.1	0	1 500	102.6	102.6	6.8%	0.0%	6.8%
福建	988.2	566.2	1 972.2	56.1	622.3	21.0%	57.3%	2.8%
广东	1 279	782	956	0	782	35.0%	61.1%	0.0%
海南	786.5	258.1	846.7	0	258.1	15.8%	32.8%	0.0%
广西	244.6	168.1	1 353.2	3.8	171.9	10.8%	68.7%	0.3%
合计	4 978.4	2 463.4	10 801.9	791.9	3 255.3	20.6%	49.5%	7.3%

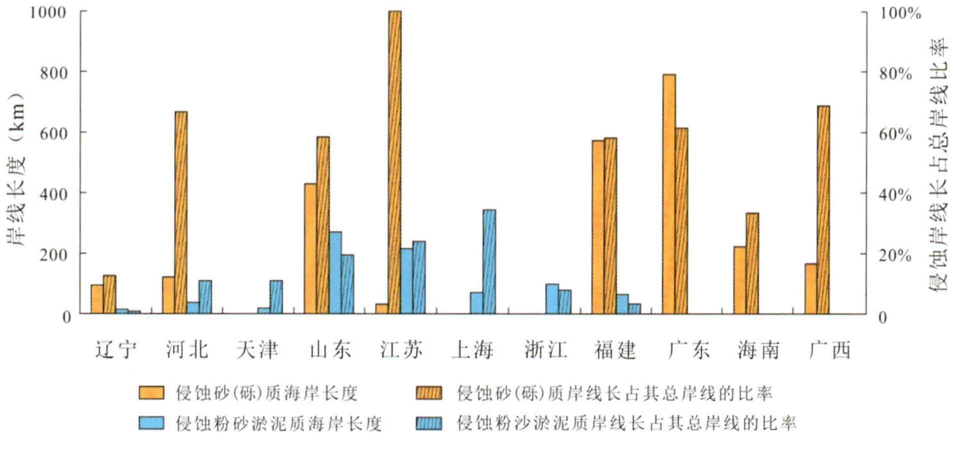

图6.1　我国大陆沿岸各省（市、区）两类型软质海岸的侵蚀长度及占其总岸线长的比率（参见表6.1数据）

1）3类型海岸的分布比例

砂（砾）质海岸和粉砂淤泥质海岸的总长度分别为4 978.4 km和10 801.9 km，二者合计长度（即全国软质海岸总长度）为15 780.3 km。依表5.3所示岸线的修测结果，全国总岸线长为19 955 km，故全国（坚硬）基岩海岸总长为4 174.7 km。由以上数据得出，全国3类型海岸各自占总岸线的比例分别为砂（砾）质海岸25.0%、粉砂淤泥质海岸54.1%、基岩海岸20.9%。

2）砂（砾）质海岸与粉砂淤泥质海岸的侵蚀状况

侵蚀性砂（砾）质海岸总长度为2 463.4 km，占全国砂（砾）海岸总长度的49.5%；而侵蚀性粉砂淤泥质海岸总长度为791.9 km，占其总长度的7.3%；二者合计长度（即侵蚀性软质海岸的总长度）为3 255.3 km，占其总长度的20.6%。

以上数据可见，尽管我国沿海砂（砾）质岸线总长度比粉砂淤泥质岸线短得多，但就二者的侵蚀性岸线而言，无论是从绝对长度，或是从其与各自总长度的相对比率来看，都是砂（砾）质岸线超过于粉砂淤泥质岸线。

3）各省（市、区）两类型软质海岸的侵蚀长度及占各自总岸线长比率状况

表6.1中将砂（砾）质海岸和粉砂淤泥质海岸统称为软质海岸，为清晰对比这两类型侵蚀海岸的长度及其分别占各自总岸线长的比率在各省（市、区）的分布状况，兹将表6.1所列相应数据示出在图6.1中。由图6.1显然可见：①对于侵蚀砂（砾）质海岸的长度而言，以广东最长，其次为福建，再次为山东；但以占其总岸线长的比率计，侵蚀最严重的是江苏，其次为广西，再次为河北。②关于侵蚀粉砂淤泥质海岸的长度，则以山东最长，其次为江苏（二者均与黄河改道和近年来该河流水沙锐减密切相关），再次为浙江，最短者是广东和海南（统计数据均为零）；而以占其总岸线长比率计，上海为最严重，其次为江苏，再次为山东。

4）三类型海岸之侵蚀岸线占全国总岸线长的比率

若以表5.3所示全国总岸线长为19 955 km统计，根据表6.1所列全国砂（砾）质海岸和粉砂淤泥质海岸的侵蚀性岸线的总长度数据可以得出，3类型海岸之侵蚀岸线各占全国总岸线长的比率分别为砂（砾）质海岸占12.3%；粉砂淤泥质海岸占3.97%；（坚硬）基岩海岸，即岩滩海岸占20.9%；合计侵蚀性岸线长约占37.2%，这些数据与以往我国许多海岸学者对我国海岸侵蚀数据的估测在1/3以上（季子修，1996）基本相当。

6.1.2　我国四大陆缘海海岸侵蚀岸线占其总岸线的比例

根据季子修（1996）按1：400万图外沿岸线对侵蚀岸线在总岸线中所占比例的量算得出，渤海沿岸的侵蚀岸线比例为46%；黄海沿岸为49%；东海沿岸（包括台湾岛）为44%，南海沿岸（包括海南岛）为21%。

6.1.3　以杭州湾为界，我国北方、南方软质海岸的侵蚀比例

倘若只考虑软质海岸的侵蚀问题（不计抗侵蚀的基岩海岸），根据表6.1所列砂（砾）质海岸和粉砂淤泥质海岸的侵蚀岸线总长度及其整体岸线总长度的数据统计，我国沿海以杭州湾为界，北方软质海岸的侵蚀比例为22.5%；南方为19.5%；全国平均为20.6%。相对而言，北方近期海岸侵蚀较为严重，这与前人对我国南、北方近期海岸侵蚀趋势的研究结果是一致的（夏东兴等，1993）。

6.1.4　平直海岸侵蚀远较海湾海岸严重

从遭受侵蚀的海岸形态来看，平直海岸的侵蚀远较其他类型海岸严重。这与海洋动力对岸线相互作用的强度是相对应的。岸线平直，波浪、潮流动力相对于其他岸段更容易直接作用，海洋动力更为强劲；而海湾式海岸由于较封闭，外海动力的传入受阻，海岸动力强度相对较弱。

6.1.5　河口附近海岸侵蚀不断加剧

河口附近的海岸侵蚀主要由于入海泥沙量锐减，当今处在不断加剧状态。一是侵蚀范围不断扩大，如滦河三角洲，其侵蚀动向以两侧沙坝–潟湖海岸的侵蚀不断扩大为特征；苏北海岸由于黄河改道北归，其侵蚀范围也在不断扩大；受长江来水来沙量减少的影响，长江口南岸直至杭州湾北岸的侵蚀状况一直在延续。二是侵蚀速率居高不下，如滦河三角洲、黄河三角洲、废黄河三角洲、长江口南岸的侵蚀速率经过多年调整，没有减缓的迹象，此现象应引起高度重视。

以上所述说明，我国海岸侵蚀现状的空间分布非常广泛，但不同区域海岸的分布情况亦很不均一，且具砂质海岸较淤泥质海岸严重的特点。

6.2 构造活动及气候分带明显控制海岸侵蚀的分布格局

中国大陆中新生代的壳幔构造演化所表现出的西高东低的地形格局和在沿海自西北向东南形成的燕山隆起带、华北—渤海沉降带、胶辽隆起带、江苏—南黄海沉降带、华南隆起带等海岸带构造格架以及东部沿岸面向世界上最大的边缘海（图5.1）和沿海气候具有明显的南北分带，这些情况既是影响我国海岸性质及其发育演化的宏观背景，又是影响我国海岸带物质平衡，进而影响海岸稳定性的一级控制因素。它们对于了解我国海岸侵蚀大尺度地域变化特征具有重要参考价值。现分别概述如下（详见第8章）。

6.2.1 地质构造运动对海岸侵蚀特征的控制作用

1）在构造沉降带的主要侵蚀特点

构造沉降带的海岸侵蚀是以粉砂淤泥质海岸形成大规模、大范围的侵蚀为特征，从表5.1所列沉降带海岸与海滩的环境条件可以得出其发生侵蚀作用的最主要影响因素是由以下两个方面所造成：一是由于海岸地形低平，且地壳下降，最容易遭受全球海平面上升的影响，而直接导致大面积淹没侵蚀。二是由于自然和人为活动引起的河流入海路径变化（包括如1855年黄河下游河道从苏北改道北归以及河口三角洲发展过程中的主流汊道发生变迁等）所造成的原进积型河口三角洲海岸因入海泥沙量减少而转变为在波浪作用凸显条件下形成侵蚀性的海岸。在这些过程中，由于如5.6.2所述近年我国构造沉降带大河入海径流量和输沙量急剧减少的情况，在极大程度上推动了构造沉降带沿岸从淤积向侵蚀的转化趋势，导致现代黄河口的废弃亚三角洲海岸、苏北废黄河三角洲海岸、弶港海岸和吕四海岸以及长江口部分淤泥质海岸成为我国海岸侵蚀的重灾区域。

2）在构造隆起带的主要侵蚀特点

构造隆起带最主要的海岸侵蚀因素则是台风、风暴潮的作用以及在海岸系统的人工采沙和不合理的海岸工程建设等造成的以局部岸段侵蚀及以砂质海岸侵蚀为特征。例如，辽东湾东部熊岳附近海岸、秦皇岛附近海岸、山东蓬莱海岸、山东日照南部海岸、福建崇武半岛南部半月湾海岸、厦门岛东岸、广东水东港海岸、海南岛南渡江口海岸和文昌清澜港海岸等。

6.2.2　南、北气候分带在侵蚀类型表现上的差别

我国在北回归线以南地区由于气候温暖，其海岸类型按组成物质分类，除基岩海岸、砂（砾）质海岸和淤泥质海岸三类型海岸外，通常另添加了一类所谓“生物海岸”，其中包括红树林淤泥质海岸和珊瑚礁海岸，它们的海岸侵蚀作用具有特殊的表现形式。特别是处于热带气候带的海南岛沿岸，珊瑚礁海岸分布约长250 km，占该岛海岸线总长达16.4%，而且珊瑚礁的种类以岸礁为主。岸礁发育在沿岸浅水带，由礁坪（潮间带）和礁坡（潮下带）两部分组成，由于岸礁礁体坚硬，故对外海向岸入射波浪具有消能作用，如同离岸潜堤一样，是相邻海岸与海滩抵御侵蚀的天然保护体。因此，作为对海滩–珊瑚礁系统的海岸侵蚀作用特征的认识需要将海滩特征和珊瑚礁消耗波能作用相结合进行探讨。邵超等（2016）对海南岛东北岸铜鼓岭—高隆湾的海滩–珊瑚礁系统海岸（该段岸线长约20 km，属沙堤–沙丘岸，后侧为海积平原——滩脊平原，海滩沉积物由中细砂构成；海侧生长宽约250 ~ 1 000 m的珊瑚岸礁，礁体发育大多良好，但局部岸段遭人为破坏严重）进行了风暴侵蚀响应特征研究，结果表明，海岸侵蚀特征与通常砂（砾）质海岸有所区别，即与海侧的珊瑚礁发育程度有着密切的关系：揭示出海滩在风暴作用下响应最为剧烈的区带为位于平均海平面以上，海岸侵蚀作用除表现为岸线后退、滩肩变窄、滩面下蚀的特征现象外，还由于珊瑚岸礁阻拦了被侵蚀的泥沙向外海流失而显现出滩面沉积物向后滨沙堤–沙丘岸上冲堆积的特点。考虑这一特点，以及海滩砂质沉积物主要来自琼东北隆起带燕山期花岗岩体和珊瑚礁碎屑，其沿岸净输沙方向为自NE往SW，使清澜潮汐通道东侧邦塘滩脊平原在冰后期海侵以来的海岸过程中相继发育了一系列相互平行的众多滩脊，它们覆盖在珊瑚礁或珊瑚礁块之上，这反映了海岸历史上曾经历过海积过程，促使滩脊平原及珊瑚礁均为向海增长。同时，从1409号台风“威马逊”前后对该海岸7个岸段剖面的监测结果还明显地说明了，海滩–珊瑚礁系统对风暴的响应特征受控于珊瑚礁对海岸波浪的消耗能力和海滩固有的缓冲能力，显示出在无珊瑚礁岸段或珊瑚礁被人为挖取破坏受损岸段的海滩响应较剧烈，其海滩剖面平均变化率（MPC）为其他岸段的3 ~ 6倍，反映珊瑚礁岸通过消耗波能对相邻海滩提供良好的保护。近20年来，邦塘滩脊平原（文昌市东郊椰林旅游区）岸滩正遭受严重海岸侵蚀的威胁，如邦塘村西南岸从1954年到1990年岸线向陆后退140 m，年均侵蚀率约10 m/a（陈吉余等，2010），主要是由于20世纪70—80年代大量挖取珊瑚礁的结果（罗章仁，1987），文昌市从1976年至1986年每年挖珊瑚礁约5×10^4 t；尽管后来禁采珊瑚礁，但收效并不大。

6.3 侵蚀类型及侵蚀原因复杂多样

6.3.1 海岸侵蚀类型多样化，且多与其他海岸带灾害相互叠加

我国海岸侵蚀不管是自然海岸还是人工海岸；不论是何种海岸类型；无论是在常年波况条件下的隐性侵蚀，还是在风暴潮条件下的显性侵蚀都有发生。这给侵蚀灾害的减灾防灾的分类管理策略制定带来了极大的困难。

据施雅风（1994），我国海岸系统出现的灾害有台风、风暴潮、洪涝、海岸侵蚀、地震海啸、盐水入侵、海冰、地基下沉、污染和赤潮10类，常相互叠加，其中，前4类的共生现象特别普遍，给生命财产的危害尤其严重（造成年直接经济损失在100亿元以上）；随着全球海平面上升的进展和人类开发活动力度的加强，这些海岸自然灾害还将明显呈现出加剧发展趋势，粗略估计到21世纪初中期，导致的损失可能达到1 000亿元以上，这将成为海岸带经济发展的重要制约因素。

6.3.2 侵蚀影响因素复杂多变

我国沿岸海岸侵蚀灾害发生的原因多种多样，既有自然原因，也有人为活动影响的原因（参见图2.3所示）；既有普遍性原因，也有局部地区特殊性原因。一般而言，某一海岸岸段发生侵蚀灾害通常是多种影响因素（含海岸内在因素和外在因素）综合作用的结果。例如，一次台风风暴潮所造成的突发性严重侵蚀灾害，从表面现象看是一种单一影响因素，但其潜在的海岸内在因素是不可忽视的。

6.3.3 海岸侵蚀作用季节性变化明显

我国入海河流的径流量、输沙量在年内分配极不均匀和沿岸海流流系冬、夏季流向的季节变化；冬季盛行偏北季风风浪和夏季盛行偏南向季风风浪；以及北部地区沿岸春、秋季盛行偏NE—E向寒潮大风风暴潮，南部地区夏季盛行台风风暴潮等因素对于沿岸年内海岸蚀淤的演变具有重要的影响。

6.3.4 岸滩蚀淤变化错综复杂，且共存现象普遍

我国海岸侵蚀分布情况不仅有前面6.1所述大尺度区域性的分布格局，也有中尺

度地区或小尺度某一海岸区段或海湾内不同岸段之侵蚀与堆积（或相对稳定段）的区别。这是由于海岸的地貌、动力和泥沙供给多寡往往复杂多变，造成海岸侵蚀与堆积共存之复杂现象很常见。例如，珠江三角洲前缘海岸的淤积作用是其发育的主导因素，但侵蚀作用亦普遍发生，使局部造成重大影响，其中主要原因有：台风风暴潮对人工海岸海堤的侵蚀破坏和对前缘岬湾砂质海岸的冲刷侵蚀作用（蔡锋等，2004）；洪水径流和强潮流对水道深槽和围堤的侵蚀作用；此外，在河床和口门外拦门沙人为无序、无度采沙，增大了进潮能力，使台风过境时的风暴潮潮波传入畅顺，暴浪作用增加，这将极大增强对三角洲河床沿岸的侵蚀风险。

对于构造隆起带山丘或台地溺谷型基岩海湾砂（砾）质海岸，湾内形成侵蚀与堆积作用共存现象也屡见不鲜。众所周知，任一基岩岬湾型砂（砾）质海岸在一定方向的盛行波浪之斜向岸入射的长期作用下，其海岸的基本形态都可大体划分为遮蔽带（波影带）和切线带两个部分，它们的海岸地貌动力学过程、海滩沉积特征及其剖面的发育类型等都有区别。而且，还往往由于冬季和夏季优势波浪浪向的变化（包括发生频率和波高等的变化），而导致湾内岸滩不同部位出现或是侵蚀作用，或是堆积作用同时共存的现象。例如，粤东惠来县东部海岸的靖海湾，该岬湾型砂质海岸湾口朝东南，面向南海，其优势浪向为ESE，频率约占54%（主要出现在冬季）；次要浪向为SSE，频率占26%（主要出现在夏季）。二者入射浪向分别经过北侧北炮台岬角和南侧资深岬角的绕射与海滩床面的折射，其可能造成了不同形态的静态平衡岸线（见图6.2）。由图6.2推测，该岬湾砂质海岸在冬半年时，现今海岸北段将出现侵蚀，南段出现淤积，泥沙从NE向SW沿岸运移；而在夏半年时，则相反。据王文介等（2007），靖海湾沿岸的砂质海岸与海滩以及潮下带床面，自1966年到1994年近30年之间的地形冲淤演变情况如图6.3所示。从图6.3整个岬湾不同等深线的冲淤变化情况可以看出：水深15 m左右的床面以堆积作用为主，侵蚀为次；水深2 ~ 10 m床面斜坡大范围处于侵蚀状态，特别是靠近海湾的东北侧；水深0 ~ 2 m区域在湾的东北岸段水下斜坡也出现侵蚀，但在西南岸段则主要表现为向海扩淤现象。而从图6.3中的Ⅰ－I_1剖面的变化情况来看，则基本呈自湾岸向海为上冲下淤的现象。可见，该岬湾海岸在30年间的冲淤变化显示出不同区段海岸的发育趋势各有特点。这是岬湾海岸长期演变过程的基本表现，即具有侵蚀与堆积共存的特征。

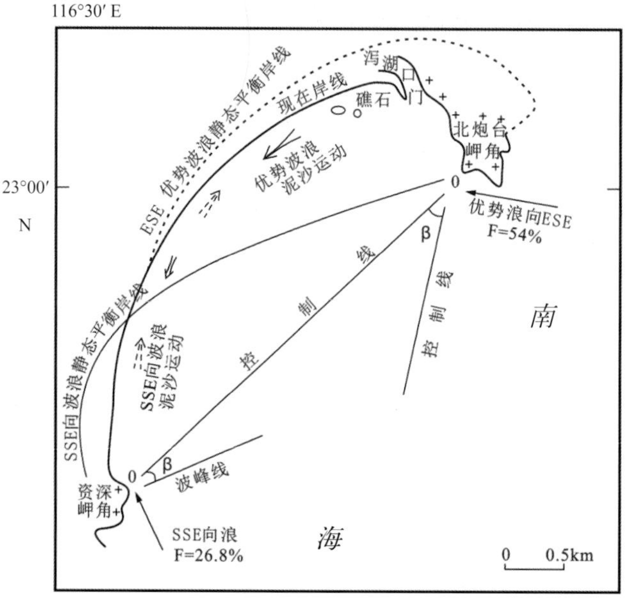

图6.2 粤东靖海湾不同方向波浪塑造的潜在岸线形态图（王文介等，2007）

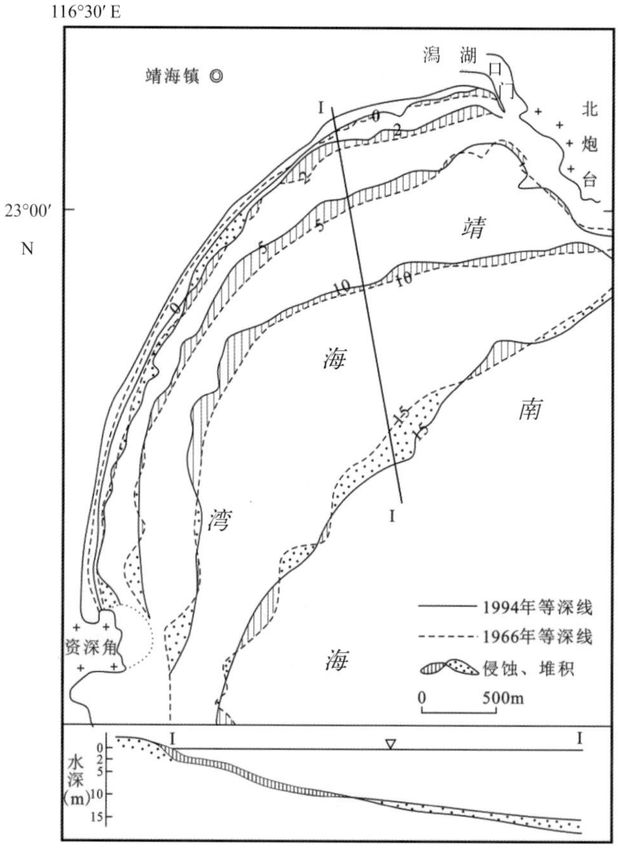

图6.3 靖海湾1966—1994年不同水深的蚀淤演变图（王文介等，2007）

6.4　人类活动对海岸侵蚀有突出的影响

海岸侵蚀灾害的发生与发展趋势，固然大多直接原因是由自然环境因素所造成，但是它又与人类生产活动、社会生活及防御自然力的能力息息相关，其中尤其是一些改变沿岸物质平衡状态的负面环境影响行为对现阶段全球气候变暖、海平面上升、风暴浪潮进展引发海岸侵蚀灾害增强的趋势起着推波助澜的发展势头。我国自20世纪70—80年代以来海岸侵蚀已成为普遍现象，这与我国大规模开展经济建设不无相关，正如夏东兴等（1993）所述，“三分天灾，七分人祸”。以我国情况来看，人为活动对海岸侵蚀造成的影响主要有以下几个方面。

6.4.1　河流流域开发与日俱增加剧侵蚀影响

在河口及其邻近海岸的陆海相互作用中，河流入海的物质流——水、沙等物质是海岸过程的一个重要方面。据估算，每年由陆地进入海洋的物质约有85%是经过河口搬运入海的（陈吉余等，2002）。我国自新中国成立以来，特别是1958年以来，在各条河流流域均陆续修建许多水利工程，如库、塘、闸、坝等以及实施大规模的水土流失治理工程措施（如西部退耕还林、退耕还牧等）和跨流域的调水工程，对河流入海的水、沙数量产生非常明显的变化（参见5.6.2）。这些工程建设在带来巨大经济、社会效益的同时，也使沿海河流入海泥沙量锐减，造成沿岸泥沙收支亏失及河口潮流作用增强，其结果导致河口三角洲及其邻近海岸在新的动力–泥沙条件下发生蚀–淤演变调整——以往的淤涨型河口海岸，或是变成淤涨速度减缓，或是转化为平衡型和侵蚀型；同时，原海岸的沉积物也逐渐粗化，岸滩由淤泥质变成粉砂质。这一侵蚀影响因素在杭州湾以北沿海的表现尤其突出，如对现代黄河三角洲海岸和长江口水下三角洲海岸等的侵蚀影响。

6.4.2　滨岸普遍盲目采沙直接加剧海岸侵蚀

随着沿海社会经济与城镇化的快速发展，越来越多的高速公路、民房、工厂、渔港码头以及空港建设都需要海砂作为建筑材料，其次工业用沙（如玻璃沙和型砂等）的需求也日益增加，导致无序、无度的盲目开采近岸海沙现象十分普遍。众所周知，在一个海岸系统内，不管是在海岸或海滩上采沙，还是在近岸闭合深度以浅海底采沙，由于这些部位的沙体是可以相互迁移的统一体系，若将海岸沙的自然再生（来源）量与采沙量对比，通常微不足道，故在滨海任一区段挖沙取沙都将是整个海岸岸段及相邻相关海岸的泥沙严重亏损——实际上就是“海岸侵蚀”的直接表现。同时，海滨沙体沙量的亏失也将导致其屏障消浪能力的显著下降，使原本侵蚀性海岸的侵蚀作用加剧，或是使原淤积海岸向侵蚀方向逆转。

我国沿岸挖沙取沙的现象十分普遍，特别是处于构造隆起带地区之各个省（市、区）沿岸都普遍分布有采沙规模不等的各种类型沙的采沙点，迄今仍是难以遏制。据李培英（2007）对山东省的不完全统计，该省在20世纪80年代就有采沙点（场）67个，1983年采沙总量约为720×10^4 t左右（表6.2）；而且各地采沙量均呈逐年增加趋势，如牟平1991年的采沙量为500×10^4 t，是1983年的3.8倍。福建省仅东山岛梧龙玻璃沙矿（于1983年底成立），建成时就已同上海耀华玻璃厂联合投资兴建年产32×10^4 t的石英砂供应基地，之后产量仍不能满足市场需求（苏贤泽等，1988）。海南省南渡江河口采沙量也呈逐年增加：1983年以前采沙量为（10~30）$\times10^4$ m^3/a，1984年为34×10^4 m^3/a，1985—1989年为（60~80）$\times10^4$ m^3/a，1990年为100×10^4 m^3/a，1991—1993年为200×10^4 m^3/a；此时段海岸采沙量为$1\,500\times10^4$ m^3（罗章仁等，1995）。

表6.2　山东沿岸各地采沙量的统计表（李培英等，2007）

地区	海滩采沙场数	年采沙量（$\times10^4$ t/a）		资料来源
		1982年	1983年	
日照	5	60	60	日照市矿产公司
胶南	6	20	20	胶南县矿产公司
乳山	1	5	10	乳山化建公司
文登	5	10	15	文登物质服务公司
荣成	4	30	55	荣成沙石办公室
威海	7	30	50	威海沙石管理站
牟平	7	70	130	牟平沙石管理站
福山	9	80	100	福山化建公司
蓬莱	10	20	50	蓬莱沙石办公室
龙口	5	80	130	龙口沙石办公室
招远	1	20	50	招远沙石办公室
掖县	7	30	50	莱州矿产公司
总计	67	455	720	

不由分说，无论是在海岸，还是在潮间带海滩采沙，就是一种人为活动直接造成海岸侵蚀的表现。此外，即便是在近岸水下海底挖沙取沙也同样能引发海岸侵蚀趋势，其事例不胜枚举。例如，山东蓬莱西庄岸外有一落潮三角洲浅滩，即登州浅

滩。据李培英等（2007），该浅滩近东西向延伸，1985年以前5 m水深以浅面积为3.96 km^2，平均水深3.2 m，最小水深1.1 m。浅滩以北是水深大于20 m的登州水道，再往北便是长山列岛。1985年以前，由于浅滩的存在，大于1.3 m波高的海浪均在浅滩以外破碎，达到岸边的仅是波高小于1.3 m的海浪，长期以来海浪作用结果，海岸已处于平衡状态，变化甚微。1985年之后，由于在浅滩上采沙，使浅滩逐渐变小，水深逐步加深。1990年测量表明，5 m水深以浅面积仅存0.5 km^2，该范围内平均水深为4.3 m，最浅处3.8 m；原5 m水深以浅范围内平均水深变为6.65 m。这样，浅滩的消浪作用就基本消失，除浪高大于3.9 m的波浪不能原形越过浅滩外，小于这一波高的波浪均能无阻碍越过浅滩，对海岸进行作用，表明海岸动力大大加强，故原适应从前动力条件的海岸地貌形态已不相适应，致使海岸在新的动力条件下发生调整，即由于波浪作用力加大，输沙能力加大，加上岸区没有其他沙源，于是波浪侵蚀海岸造成岸线后退——1985至1991年岸线后退30.0 m，平均5.0 m/a。后靠护岸阻止蚀退后，然而护岸工程却促成海浪加大了岸外海滩的下蚀（如图2.9所示的侵蚀过程）。

我国沿岸人工采沙不仅自20世纪80年代就非常普遍，而且由于管理不严格，致采沙量逐年增大，对构造隆起带砂质海岸侵蚀构成严重威胁。目前虽无法准确统计采沙总量，但据我国许多海岸学者的估测，有关海岸资源开发对海岸侵蚀的影响，首推人为在沿岸挖沙取沙（夏东兴等，1993）；若以人为活动对海岸侵蚀的影响而言，海岸人工采沙与河流流域开发所致的入海输沙量减少，两者因素的影响力度大体相当（庄振业等，2000）。

6.4.3　海岸生态自然保护被破坏，造成严重侵蚀灾害

分布于岸堤外的芦苇、大米草、红树林和珊瑚礁有消浪、滞流和促淤保滩功用，是保护海岸免于海岸侵蚀的有效屏障。特别是自然分布在北界为福建福鼎市（27°20′N）的红树林海岸和分布在闽南东山湾（24°45′N）以南的珊瑚礁海岸，它们的生物地貌过程被看成是海岸生态系统响应和反馈全球变化的三项机制之一，从而被列为全球变化核心项目——海岸带陆海相互作用（LOICZ）研究的重点内容（Pemetta et al，1995）。同海草床、沼泽地一样，红树林和珊瑚礁对保障生物多样性、生物生产率、生态平衡和维持渔业经济，特别是对于保护脆弱的海岸线免遭海浪侵蚀扮演了重要的角色。这些海岸生态自然保护系统如同自然的防浪堤，约有70%～90%的海浪冲击力量会被吸收或减弱，其本身还会有自我修补的能力；而且，死掉的珊瑚还能被海浪分解成砂质颗粒，供给充填海滩沉积物，对于防止或减缓海岸

侵蚀起着巨大的作用（周祖光，2004；邵超等，2016）。

然而，随着近30多年来我国海岸地带社会经济迅猛发展和人口、资源、环境压力的不断增大，位于海岸开发前沿地带的红树林和珊瑚礁受到特别普遍而严重的破坏，这种情况却对海岸健康、资源可持续利用和海岸稳定性带来极大的威胁（邹仁林，1996）。据研究资料，我国热带生物海岸生物群落的破坏原因主要有3种情况：①人工毁林毁礁式生态破坏性开发，或称土地功能转换式开发；②人类活动引发的生态系统衰退，如海水污染，核电厂温排水造成珊瑚礁白化和衰退，珊瑚礁区的海藻养殖和旅游观光采礁等；③自然灾害导致的破坏，如热带气旋、地层缺氧海水入侵、所谓珊瑚礁天敌长棘海星暴发和厄尔尼诺期间海温增高等。近期我国沿岸红树林、珊瑚礁生态系统之所以濒危势态至今尚未达到根本扭转，其关键因素乃是人们对它们的价值极端低估，只关注眼前直接经济价值，看不到（或不愿意考虑）它们的长期社会效益、生态效益及环境效益，一旦海岸带开发水平提高和开发压力增大，极易发生清除红树林或填埋珊瑚礁改作其他短期经济效益更显著的用途（张乔民，2001）。这一现象造成了如下所述的严重破坏现状，目前已成为我国海岸保护、管理、恢复、重建和可持续发展的紧迫任务之一重要方面。

1）我国沿岸红树林海岸的破坏现状

在20世纪60年代至70年代，由于片面强调农业土地开发，实行大规模、有计划的围海造田，导致历史上的红树林海岸遭受最严重的破坏，如海南岛1953—1983年间红树林面积减少52%（陈焕雄等，1985）。80年代以后，片面追求经济效益，进行毁林围塘养殖或毁林供各种海岸工程建设，造成第二次红树林大规模的毁灭性破坏。据国家海洋局1996年编的《中国海洋21世纪议程行动计划》，我国红树林总面积在历史上曾达25×10^4 hm^2，在20世纪50年代为5×10^4 hm^2，到90年代中期仅存1.5×10^4 hm^2，只约占世界红树林总面积的0.1%。我国红树植物类型也仅有26种能在潮滩环境生长的真红树植物（全球约60种）和11种可在潮滩和沿岸陆地生长的两栖性的半红树植物（林鹏等，1995）。而且，沿岸目前具万亩（667 hm^2）以上连片分布区已寥寥无几，即仅见于海南清澜港、东寨港，广西珍珠港，广东雷州湾通明海。

2）珊瑚礁海岸的破坏现状

我国珊瑚礁生态系统的破坏主要发生在海南岛沿岸，其中包括生态性开发和各种环境压力造成的生态系统衰退。例如，在海南三亚鹿回头岸原有81种造礁石的珊瑚中，有30种已经区域性灭绝（于登攀等，1999）；原来相当茂盛的湾外礁坪活珊瑚带现已是一片荒凉，礁坡活珊瑚茂盛带范围变窄，覆盖度降低，到处可见炸坑、断枝珊瑚和死礁块、活珊瑚被垃圾和泥沙覆盖，海藻和海胆盛行；沿岸水产资源明显下降；

珊瑚礁生物地貌海岸保护功能严重受损，海岸侵蚀威胁加重。其他地区如香港东北部海域造礁石珊瑚已处于死亡状态（Hodgson et al，1997）；台湾南部和大亚湾核电站温排水造成了当地珊瑚礁白化和衰退（邹仁林，1996）的景象。

仅就海南岛沿岸珊瑚礁的破坏而言，根据20世纪60年代的调查资料，该岛沿岸的珊瑚礁分布面积大约有5×10^4 hm^2，岸礁长度约1 209.5 km；1998年的调查表明，海南岛近岸浅海的珊瑚礁面积仅为22 217 hm^2，岸礁长度约717.5 km，面积和长度分别减少55.57%、59.1%（周祖光，2004）。2009年的调查显示，海南岛近岸浅海的珊瑚礁面积仅约为1.4×10^4 hm^2，相比20世纪60年代，减少了72%（王道儒等，2013）。

上述以红树林和珊瑚礁为代表的我国热带生物自然保护海岸所受到的生态破坏性开发活动，对我国华南沿岸和台湾岛沿岸的海岸稳定发展造成了严重威胁是不言而喻的。

6.4.4 不合理海岸工程建设加大海岸侵蚀压力

如5.2.4所述，我国近期在海岸侵蚀问题上面临的三大挑战中，我国沿海部分不合理的海岸工程建设项目（多数归结为建筑物凸入海中）由于改变了原有海岸形态与走向、海底地形地貌，使近岸海区的潮流场、波浪场等水动力条件的分布格局也随之发生变化，导致原来岸滩输沙动态平衡（从而也是岸滩的冲淤动态平衡）被打破，而发生朝着新的动力–泥沙平衡状态发展的动力地貌调整过程。这必将造成一些岸段泥沙收支亏失，另一些岸段收支增大，前者引起海岸侵蚀，后者发生淤积。随着我国对海岸资源的开发力度不断加大，不合理的海岸工程建设引发海岸侵蚀灾害现象是难于避免的。

我国沿海海岸工程的用海类型中，多在建设港口、码头项目工程中修建了突堤或丁坝、防波堤、离岸堤、导流堤等港工硬筑物后，而引发海岸侵蚀灾害问题，例如，像福建省崇武半岛南岸的半月湾和浙江省苍南县炎亭湾在建成渔港的系列港口工程后，导致了各自湾内沿岸的优质旅游滨海沙滩资源遭受毁灭性侵蚀破坏的事例屡见不鲜。

此外，长期以来我国围填海活动建成的大量硬式围割堤坝工程的岸防问题也存在着诸多侵蚀隐患：首先是，目前我国人工岸线海堤的防护标准多数为10～20年一遇，少数低者不足5年一遇，甚至有的还采用植被护坡土堤或简易块石护坡土堤进行护岸，即我国现状海堤标准普遍偏低将难于抵御风暴潮期间的海岸侵蚀作用（季子修等，1996；陈吉余等，2010）；其次是，在围填海造地的土地利用类型中，不管是上述港口、码头围割堤坝的建造，还是工业园区或城镇建设用海、交通用海、养殖用海和盐田用海等其他用海方式之围割堤坝的建造，一般都会有类似改变沿岸原来的水–沙冲淤平衡状态，导致引发海岸侵蚀灾害；第三是，我国沿岸长期以来围填海形成的大量硬质堤坝——人工岸线“长城”，虽然在一定程度上遏制了海岸线的侵蚀后退，但堤坝前沿的海底底质下蚀却是不可避免的，乃至比在建堤坝前的下蚀速率更加明显（见图2.9）。可以预测，随着人工岸线比例的不断增加，海岸下蚀将是今后我国海岸侵蚀最为突出的特征之一。

6.5 海岸侵蚀灾害发展趋势愈演愈烈

现代海岸侵蚀加剧趋势是一个世界性问题。我国目前海岸侵蚀面临河流入海泥沙日渐减少，全球气候变暖引发海平面上升及台风、风暴潮频度增加与强度加大以及人类开发活动力度日益增大可能造成的负面环境影响十分严峻（如5.2.4所述），使海岸侵蚀灾害加速发展已是不争的事实。面临的这种侵蚀灾害的威胁将是难于遏制的，且将长期延续（陈吉余等，2010）。

我们知道，海岸侵蚀的发生及其强度的发展趋势取决于岸滩本身的稳定性（内在因素，如海岸地形地貌、物质构成特征等）以及沿岸海洋动力条件与泥沙供给条件（外在因素）之间的均衡状况。外因是变化的条件，内因是变化的根据，外因通过内因而起作用。事实说明，发生海岸侵蚀作用的内、外因素都可能源自自然变化过程和人类活动的影响；而且，造成海岸侵蚀作用的人为活动又往往具有多方面的效应——有些是正面的，有些则是负面的（当然，也有人类不明智的或错误的决策等所致）；再者，上述我国现时海岸侵蚀面临日益加强的挑战，除了气候变暖的全球性因素外，还由于在人为活动的影响下，海岸带自然资源环境改变亦具有一定承受容量的因素。因此，随着近期我国对海岸资源开发力度的迅速发展，从某种意义上讲，主要的海岸侵蚀原因已经是由自然因素的影响演变成人类活动因素的影响。也就是说，应对我国当前海岸侵蚀灾害愈演愈烈的发展趋势，我们除了必须采取顺应自然的对策（如修复改造海滩等之促进海岸系统的自发适应能力），以争取大幅度减轻未来海平面上升、风暴潮加剧的侵蚀影响外，更重要的对策是在于控制与调整人类的活动影响（计划适应措施）。后者，尤其是要针对我国近30多年来大规模围填海造地活动所造成的负面环境效应及由于自然岸线保有率急速下降而存在着侵蚀隐患进行控制，并且提出以提升海洋生态环境质量及实现和谐开发利用海洋资源为目标的具体计划适应的对策方案（参见图2.7所示海岸侵蚀适应性研究核心概念间的联系与反馈及第7章）。

第7章　自然岸线保有率锐减的侵蚀影响及对策

近几十年来，我国沿海进入了全面开发利用海洋的时代，由于围填海造地是获得土地最方便和快捷的一种方式，对这种开发方式我国与荷兰、日本、韩国等国家一样得到广泛推广和应用。然而，随着对围填海造地这一用海方式研究的深入，现今发现我国的围填海造地的方式方法尚不够科学，在法律约束方面还有一定空白，导致相当程度是一种粗放式的、掠夺式的、非可持续性的海洋开发活动，从而引发出在生态、环境、经济等方面（包括海岸侵蚀灾害加重在内）的问题越来越突出。因此，针对我国围填海造地、自然岸线保有率及海岸防护等的现状问题，已有许多学者提出了需要遵循“建造结合自然”的原则，以提高海岸应对全球气候变暖进展背景下的适应性能力的策略建议（季子修等，1996；赵建东，2010；中国科学院学部，2011；崔鲸涛，2013；杨波等，2015）。本章侧重就我国人工海岸防护的存在问题对海岸侵蚀的影响综述如下。

7.1　我国自然岸线保有率的历史变迁

7.1.1　中国大陆海岸线类型、长度的量测及“公认”长度

7.1.1.1　海岸线的内涵与划分

海岸线处于海陆界面的交汇处，它不仅标识了沿海地区海洋与陆地的分界线，而且蕴涵着丰富的环境信息，其变化直接影响潮间带滩涂资源量及海岸带环境，将引起海岸带多种资源与生态过程的改变，从而影响人民的生存发展。可见，海岸线不但是一条自然地理界线，也是国土资源中重要的组成部分。鉴于，海岸的自然环境复杂多变，如每天的潮汐涨落引起的海水进退过程中，海陆界线处在不断的水平迁移之中等众多因素，使人们对海岸的具体位置的认定尚不完全一致，或者说比较混乱（夏东兴等，2009）。也就是说，海岸线并非现实存在的一条曲线，而是人们对海陆交界的一种虚拟表示，且其类型又是根据海岸物质组成或用途进行定义（吴春生等，2015）。

因此，目前对海岸线具体位置的划定，在行政管理、调查研究等相关部门都存在一定的随意性，甚至个别地方还把当地土地管理部门和海洋管理部门过去沿用的管理界线作为海岸线，这给海岸线的科学划定及全国和地方的岸线长度统计都带来极大的困扰。

正由于海岸系统中陆地地域与海洋地域之相互交汇的界线，即通常称之的海岸线（coastline）难于界定，因此，各个国家或部门对其所下定义都略有不同。例如，美国《海岸工程手册（CEM）》将海岸线指定为海岸的海侧边界，并定义为风暴潮最大可能到达的界线。依此定义，对于陡峭海崖的海滨线（shoreline），定义为海面与后滨或前滨滩面的交线，其中包括在大潮高潮位的交线、在平均潮位的交线或在低潮位的交线等，其与海岸线视为同一条线；至于人工海堤是否作为海岸线处理视具体情况而定。而美国海岸与大地测量局所测海图则将接近平均高潮位时的海面与海滨的交线定为海岸线。在我国，早期的《中国大百科全书》中的海洋科学、水文科学卷中“海岸带综合利用”条目，将海岸线定义为沿海岸滩与平均海面的交线。国家质量技术监督局（2000）给出的中华人民共和国国家标准《海洋学术语：海洋地质学》则将海岸线定义为多年大潮高潮位时的海陆界线。在测绘部门称海岸线为“大潮高潮时海陆分界的痕迹线”；因此，根据这一定义和海陆地形特征，综合利用GIS和RS技术，基于数字高程模型（Digital elevation model，DEM）和卫星影像资料，对于在中小比例尺的制图时，可以认定海岸线（海陆交界线）是与0m等高线重合（参见图7.1）。

由上述可见，目前对海陆分界线（海岸线）的划分还没有统一的标准。这主要是在于海岸发育过程中除了潮汐和波浪的作用外，还受海流、海平面变化、地壳运动、岸滩性质、海岸地形地貌、入海河流形态、生物生长以及人类活动与自然灾害等诸多因素的影响，使得分清海洋环境与陆域环境的分界线变得错综复杂。那么，如何从自然地理学角度界定海岸线的内涵及进行划分，这是海岸学者长期关注的重要问题。夏东兴等（2009）提出，海岸线实质上是划分喜盐生物与淡水环境生物的界线，并认为这是划分海岸线最基本的内涵。同时提出，不同海岸地貌类型的海岸线可按以下原则划定：①具陡崖的海岸线位于陡崖与海滩的交接线，即后滨的后缘，是高潮时大风浪可以到达的地方。②具滩脊的海岸线在滩脊顶部向海一侧的大潮平均水位上方，激浪流或上冲流可以达到的最远位置；如果有潟湖发育，则潟湖岸线应量计在内。③潮滩海岸线附近的盐蒿、柽柳、芦苇等骤然减少，且植株变小，潮滩海岸线一般划在耐盐植物群落生长状况发生明显变化的地方；同样，发育潮滩滩脊（贝壳堤）的潮滩海岸，堤后潟湖岸线应列入海岸线计量。④在河口湾型河口（包括水域），岸线应划在

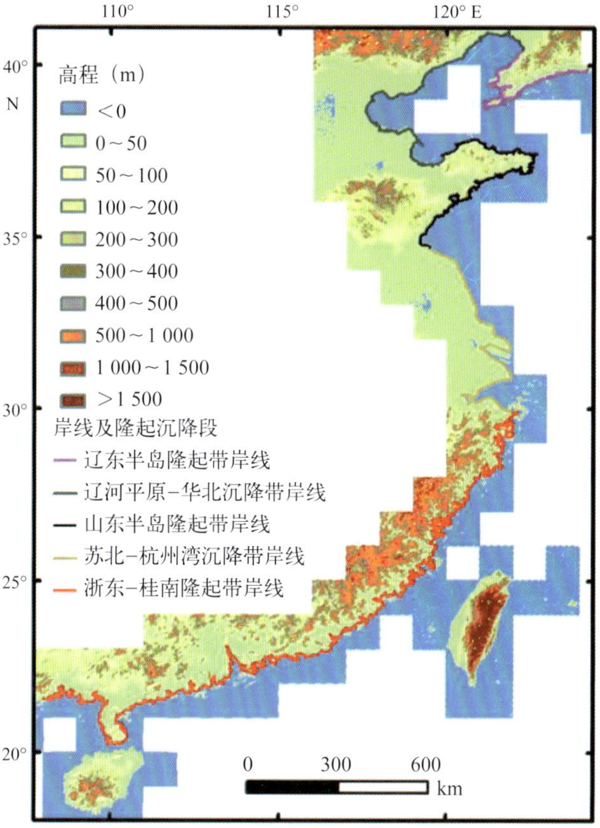

图7.1　中国大陆海岸线及海岸带DEM分布（高义等，2011）

河口区中段的中部；河口中段是过渡区，有一定长度，把水域岸线划在枯水季节咸水入侵界；如果采用水的含盐度界定，即枯水季河口区出现水样氯度小于等于3 150 mg/L的位置，这是一个已使陆生植物完全不能成活的盐度值。⑤凡永久性的人工海岸构筑物、且构筑物所形成的岸线包络足够多的陆域面积，多为城市和种植用地，此构筑物形成的岸线即视为人工岸线；而一般窄而长的防浪、防沙堤或观光堤坝形成的岸线则不计入岸线统计范畴。⑥根据上述海岸线划法的内涵，在海滩、潮滩上的养殖地和天然纳潮的盐田均宜划入海的一方。

7.1.1.2　包括围填海堤坝的海岸线类型划分

1）围填海内涵及其发展概况

围填海工程可分为顺岸围割、海湾围割以及河口围割三类（刘伟等，2008）。顺岸围割是指在潮间带范围内的围割；海湾围割是在江门或海湾内筑堤围割；而河口围割主要在河口或岔道上进行围割。其中，顺岸围割的成本通常较低，如护岸岸堤或防波堤

（见图2.9）作为一种主要的围割形式被广泛采用。根据国家海洋局编制的《海域使用分类体系》对填海造地和围海的定义：填海造地是指筑堤围割海域填成土地，并形成有效岸线的用海方式；围海乃指通过筑堤或其他手段，以全部或部分闭合形式围割海域进行海洋开发的用海方式。总之，所谓“围填海”，其内涵是指通过人类在海岸线外进行围海或填海的围割活动，使指定海域失去海洋属性，从而对其进行有效利用的开发方式。同时，除了在海岸线上用于护岸的围堤外，还可按围填海的土地利用类型分成：养殖围堤、盐田围堤、农田围堤、码头围堤、建设围堤、交通围堤以及其他用地或待利用水面围堤等多种类型的围填海的分类体系。近几年来，为了满足我国社会经济快速发展的需求，沿海地区陆续实施了一些大规模的围填海工程（如河北唐山的曹妃甸工业园区等），以缓解工业及城镇建设用地供需紧张的矛盾，从而还出现了“区域建设用海”之不同于一般建设项目用海的概念（国家海洋局，区域建设用海规划编制技术要求，2011）。区域建设用海是指在同一区域内，集中布置多个建设项目，进行连片开发，而且需要整体围填海用于工业、城镇和港口等建设的用海方式，其面积大于50 hm^2。区域性建设用海地区一般是我国经济发展热点区域，是改革开放的前沿和重点推进区域，国家和地方政府都给予很多政策扶持（孙钦帮等，2015）。

海岸带具有丰富的资源优势，自古以来人类就开始利用其“鱼盐之利、舟楫之便”取得了许多辉煌的成就。其中，围填海造地作为获取土地资源最方便而又快捷的方式，因而是利用海洋空间资源最为直观的一种开发活动。世界沿海国家，尤其是沿海土地资源贫乏的国家，历史上都非常重视利用近岸海洋空间实施围填海造地，如荷兰、日本、韩国和新加坡等。我国围填海的历史也由来已久，早在汉代就开始了围填海活动（张文中，2011）；在唐、宋时期，江苏、浙江沿海的围填规模就逐渐扩大，曾有围海百里长堤之美誉（马军，2009）。据《我国近海海洋综合调查与评价专项综合报告》（以下简称《专项综合报告》）编写组（2012）资料，自新中国成立至今，先后兴起了4次大规模的围填海热潮：第一次是20世纪50年代的围海晒盐；第二次是20世纪60年代中期到70年代的围垦海涂扩展农业用地；第三次是20世纪80年代中后期到90年代初的大规模滩涂围垦养殖热潮；第四次是21世纪初掀起的新一轮以满足城建、港口、工业建设需要为主的围填海造地高潮，涌现出了许多大型围填海工程，如河北曹妃甸工业园规划面积310 km^2、黄骅港工程规划围填海面积121.62 km^2，天津临港工业园规划面积80 km^2、天津港东疆港区规划总面积33 km^2，上海南汇临港新城规划面积311.6 km^2（其中需要填海133 km^2），江苏大丰市王竹垦区框围面积48 km^2，福建罗源港围垦工程面积总计71.96 km^2、湄洲湾垦区总面积约为47 km^2（占其海湾总面积的10.75%）。另按《专项综合报告》编写组（2012）

的统计，2004—2009年间国家累计批准重大建设项目用海面积449.6 km^2（2005年批准用海面积超过100 km^2，2009年为98.3 km^2，其余年份批准用海面积多在70 km^2以下），其中围填海占用海面积的比例为21%～91%，平均为52%。依据王衍等（2015）和刘伟等（2008）的报道，从1993年开始实施海域使用权确权登记到2012年年底，我国累计确权围填海造地面积达到1.20×10^4 km^2，超过20世纪80年代全国海岸带和海涂资源调查时得出的我国海涂面积为$2.166\,6\times10^4$ km^2的一半。依此资料我们可以大体分析如下：若按我国沿岸每年约可新形成海涂面积为267～330 km^2（20世纪80年代全国海岸带和海涂资源综合调查的结果）计算，并同时考虑扣除去从1980—2012年30多年间沿海地区之上述围填海开发活动规模的不断扩大所造成的海涂面积减少数据，实际上近几十年来我国的海涂面积却是在逐步减少。例如，长江口海区，虽然其入海泥沙来源丰富，海涂面积的自然增长非常快，但由于围填海活动因素其海涂面积也是处在不断减少（参见表7.1）。

表7.1 1980—2005年上海市0 m和5 m等深线海涂面积的变化

（《专项综合报告》编写组，2012）

年份	0m等深线以上面积（km^2）	5m等深线以上面积（km^2）
1980	688.58	2 341.54
1995	660.86	2 410.27
2000	666.67	2 333.54
2001	675.67	2 413.54
2005	538.80	2 361.20

2）围填海堤坝作为人工岸线的界定

当采用3S技术（RS、GIS和GPS）或其与DEM连用于制图时，对人工岸线的提取一般以人工堤坝之围割的向海一侧为原则。应该说明，这种对人工海岸线的提取标准与前面所述由夏东兴等（2009）提出的界定海岸线内涵有所差别，后者乃是将在海涂、潮滩上的养殖池和天然纳潮的盐田均列入海域。国家海洋局在2007年制定的《我国近海海洋综合调查与评价专项海岸线修测技术规程》中提出了包括对人工岸线（Artificial coastline）、自然岸线（包括砂质海岸线、粉砂淤泥质海岸线、基岩海岸线和潟湖海岸线等）、河口岸线、陆连岛岸线和侵蚀岸段岸线等各种类型海岸线的确定方法。下面以该技术规程为准则，仅就人工岸线的界定概述如下，其余类型海岸线的界定与前述海岸线内涵类同，不拟赘述。

“908专项”综合调查指定的人工岸线为2005年1月1日以前建成的由永久性构筑物组成的岸线，包括盐田与养殖围地堤坝、防潮堤、护坡、挡浪墙、码头、防潮闸以及道路等的挡水（潮）构筑物（另含义见下述“海岸线类型的划分”）。

（1）岸防堤坝人工岸线的界定。

如果人工构筑物向陆一侧不存在平均大潮高潮时海水能达到的水域者，以永久性人工构筑物向海侧的平均大潮高潮时水陆分界的痕迹线作为人工岸线；而人工构筑物之向陆一侧存在平均大潮高潮时海水能达到的水域者，则以人工构筑物向陆侧的平均大潮高潮时水陆分界的痕迹线达到位置作为海岸线（图7.2）。

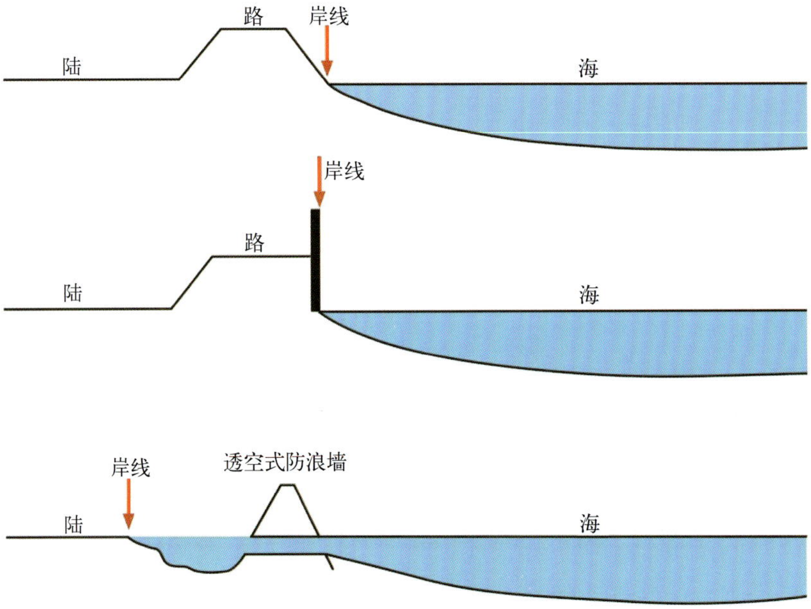

图7.2　岸防人工构筑物岸线界定示意
据《我国近海海洋综合调查与评价专项海岸线修测技术规程》

（2）盐田与围海养殖区人工岸线界定。

对于围海养殖区、盐田等，一般以自然纳潮的围池上限界定海岸线，即按夏东兴等（2009）提出的海岸线划法内涵，将在海滩、潮滩上的养殖地和天然纳潮的盐田划归为海的一方，尤其是对于已按照《海域使用管理法》实施管理的盐田（如图7.3所示）。但对于已取得土地证的盐田，则以盐田区域向海一侧的海挡外边线为海岸线（如图7.4所示）。

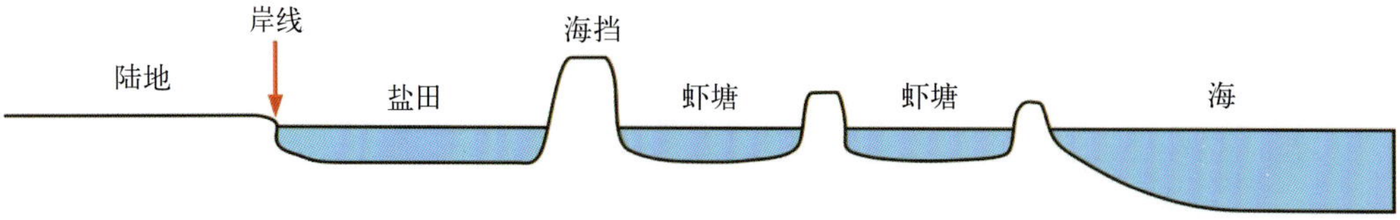

图7.3　盐田已获得海域使用证的岸线界定方法示意
据《我国近海海洋综合调查与评价专项海岸线修测技术规程》

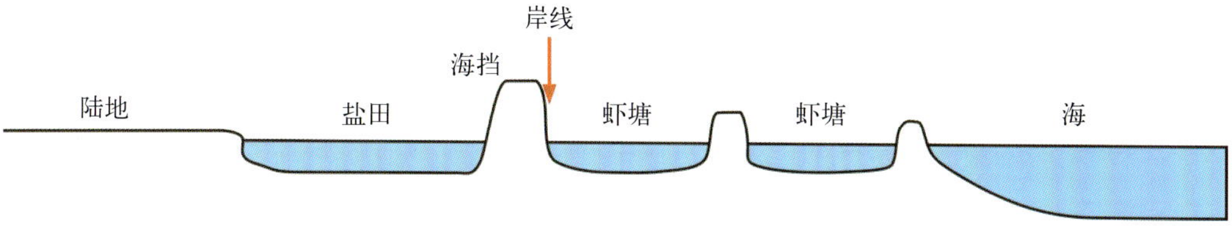

图7.4 盐田已获取土地证的岸线界定方法示意
据《我国近海海洋综合调查与评价专项海岸线修测技术规程》

（3）港口与狭长海岸工程人工岸线的一般界定方法。

港口岸线一般以码头向海一侧防波堤前缘确定海陆分界线。但对于与海岸线垂直或斜交的狭长海岸工程（包括引堤、突堤式码头、栈桥式码头），海岸线则以其与陆域连接的根部连线作为该区域的海岸线（图7.5）。

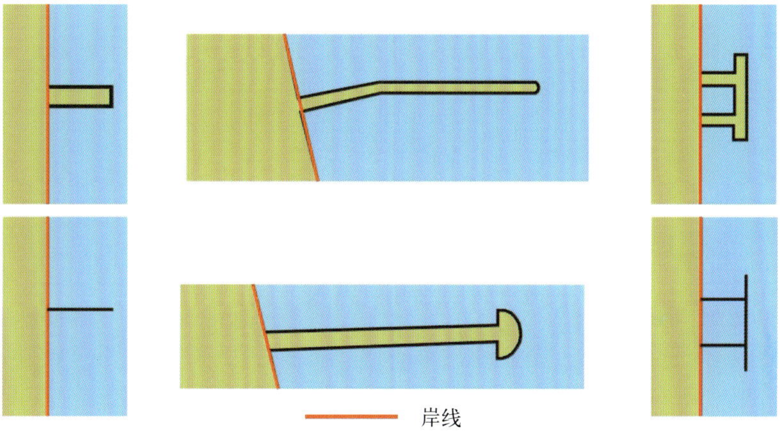

图7.5 突堤、突堤式码头岸线界定示意
据《我国近海海洋综合调查与评价专项海岸修测技术规程》

（4）港口、沿海经济带临海工业区围填海人工岸线的界定。

对于用海面积大于50 hm^2的港口、沿海经济带临海工业区的区域性建设用海，其人工岸线为以围填海工程的人工堤坝基床外缘线界定，或以临海工业区向海一侧防潮堤坝（滨海公路）界定。

3）海岸线类型的划分

由于海岸在发育过程中受到众多因素的作用与影响，我国目前对于海岸线类型的划分尚无统一标准。根据海岸线所在的地理环境及海岸开发情况，海岸学者大多将海岸线类型分为自然海岸线和人工岸线两个一级类，进而又分别再划分为若干二级类。若采用DEM和卫星影像，综合利用GIS和RS一般能快速地提取不同比例尺相对应尺度的海岸线信息，从而可及时掌握如下对海岸线类型的划分情况：

（1）自然岸线，指自然海陆相互作用状态下的海陆分界线，一般按海岸地貌类型可再分成次一级的海岸线，如：

①砂砾质岸线，即位于砂砾海滩的海岸线；

②粉砂淤泥质岸线，为位于粉砂淤泥质或淤泥质潮滩的海岸线；

③基岩岸线，位于基岩海岸与岩滩的海岸线；

④生物岸线，乃由红树林、珊瑚礁、芦苇和海草床等生物组成的海岸线；

⑤河口岸线，按“908专项”调查标准确定的入海河口与海洋的界线；

⑥潟湖岸线，指潟湖内部的基岩岸、砂砾质岸和粉砂淤泥岸的海岸线。

（2）人工岸线，指由人工改造后形成的事实海陆分界线，其提取方法多以人工堤坝围割的向海一侧为原则。一般根据围填海的土地利用类型划分次一级岸线类型，如：

①岸防围堤，乃用于保护陆域软性地层免遭受侵蚀蚀退等作用的防波、防潮堤坝或护坡；

②盐田围堤，用于盐碱晒制的用海围割堤坝；

③养殖围堤，用于养殖的用海围割堤坝（这里对盐田、养殖围堤作为海岸线的认定与图7.3、图7.4海岸线的界定方法有所差别）；

④农田围堤，用于农作物种植的用海围割堤坝；

⑤码头岸线，修筑港口、渔业码头所形成的岸线；

⑥建设围堤，用于城乡建设、滨海旅游等建设用地的用海围割堤坝；

⑦交通围堤，用于交通设施的人工修筑的堤坝；

⑧其他用地围堤，包括防洪或待利用水面等的围割堤坝。

7.1.1.3　海岸线长度量算空间分形的尺度效应与分形维数

时下我国存在多种不同的有关大陆海岸线长度数据，这造成了难于进行相关的对比。那么，我国大陆海岸线究竟有多长？迄今还没有一个完全的解决方案。这一情况，固然除了有海岸线位置、海岸线类型的界定不一致和人为具体操作差异因素以外，更为重要的是由于海岸线长度量算空间分形的尺度效应（包括随测量标尺单位变小，所测长度将增大；以及长度量算的比例尺依赖性）和分形维数（分形指图形统计上自相似性特征的描述；维数值是图形复杂程度的一个定量指标）的不同所致。兹对后者问题简述如下。

分形几何学为定量描述海岸线等自然地理对象的特征属性与空间尺度之间的关系提供了理论依据。该理论由B. B. Mandelbrot（1967）提出，并由此阐明了“地理曲线的长度是无穷的，更精确地说是不确定性的”。海岸线是分形理论领域最传统的研究课题。根据高义等（2011）对中国大陆海岸线尺度效应的分析，在定量刻画海岸线长度时，需要了解以下几点。

1）求解复杂曲线分形维数的基本模型

分形维数是指分形几何学提出的在标尺长度变化下的不变量，其表达式为

$$L_G = M \times G^{1-D} \tag{7.1}$$

式中，L_G为在标尺长度为G时所测的海岸线长度（不管是采用量规法，还是采用网格法度量，都是使用不同长度的标尺G去度量同一段海岸线的长度）；M为待定常量；G为测量标尺长度；D为被测海岸线的分形维数，它是表征该海岸线性质的客观量度。对公式（7.1）两边取自然对数可得到：

$$\ln L_G = (1-D)\ln G + C \tag{7.2}$$

式中，C为待定常数；该式斜率$k=1-D$，可根据（L_G，G）数组求得；再由k即可求出分形维数值$D=1-k$。

2）地形图数字化长度量算过程中对比例尺及其标尺长度依赖性的计算

根据国家质量技术监督局（1993，1997，1997）对基本比例尺地形图数字化、航空摄影测量内业规范的规定，通常要使用分辨率为0.3 ~ 0.5 mm的地图单位。倘若以分辨率为0.3 mm的地图单位作依据，则可推算出1：5万，1：10万，1：20万和1：50万地形图测量的标尺长度G分别为15 m，30 m，60 m和150 m；依此，便可按下式计算在对地形图进行数字化长度量算时的标尺长度G（从而可由比例尺求出地形曲线的长度L_G）

$$G_Q = 0.3 \times Q/1\ 000 \tag{7.3}$$

式中，G_Q为与比例尺分母Q相对应的标尺长度（单位：m）。

综上所述，如果以地图单位为0.3 mm考虑，我们可联合公式（7.2）和公式（7.3）构建地图尺度转换模型如下：

$$\begin{cases} \ln L_G = (1-D)\ln G + C \\ G_Q = 0.3 \times Q/1\ 000 \end{cases} \tag{7.4}$$

高义等（2011）根据公式（7.4）对中国大陆海岸线及其各隆起带、沉降带海岸线长度进行了分析、计算，结果如表7.2所示，并将中国大陆海岸线长度L与标尺长度G的函数关系示如图7.6所示。

表7.2 各地图比例尺所对应标尺长度G测得海岸线长度L的对照表（高义等，2011）

标尺长度 G(m)	对应比例尺分母 Q	$L_{辽东隆起}$ (km)	$L_{辽河平原-华北平原沉降}$ (km)	$L_{山东半岛隆起}$ (km)	$L_{苏北-杭州湾沉降}$ (km)	$L_{浙东-桂南隆起}$ (km)	$L_{中国大陆岸线长度}$ (km)
30	100 000	1 296.7	1 625.9	1 831.9	1 965.9	8 934.2	15 654.7
60	200 000	1 214.7	1 523.3	1 745.4	1 863.3	8 205.5	14 552.3
75	250 000	1 168.4	1 470.0	1 686.5	1 799.0	7 947.2	14 071.2
150	500 000	1 009.2	1 318.4	1 486.4	1 648.1	6 776.8	12 238.9
300	1 000 000	953.9	1 192.1	1 329.3	1 480.1	5 763.2	10 718.5
600	2 000 000	846.7	1 121.1	1 202.8	1 198.9	5 005.4	9 375.0
900	3 000 000	807.1	1 048.0	1 160.9	1 156.2	4 347.1	8 519.3
1 000	–	786.3	1 033.6	1 133.3	1 144.3	4 128.0	8 225.4
1 050	3 500 000	774.7	1 031.4	1 122.0	1 136.4	4 093.2	8 157.7
1 100	–	770.9	1 029.5	1 118.6	1 123.1	4 063.7	8 105.8
1 150	–	765.5	1 028.8	1 110.3	1 097.7	3 898.8	7 901.1
1 200	4 000 000	751.6	1 023.3	1 106.4	1 091.6	3 853.6	7 826.5
1 500	5 000 000	722.0	1 003.0	1 075.8	1 083.0	3 622.1	7 505.8
1 800	6 000 000	711.0	977.2	1 024.1	1 035.7	3 516.4	7 264.4
2 500	–	687.6	959.6	952.2	1 023.2	3 245.1	6 867.6
3 000	10 000 000	674.7	947.1	931.9	1 001.6	3 209.6	6 764.9
3 500	–	643.3	926.3	917.4	919.9	3 075.4	6 482.3
4 500	15 000 000	622.0	900.1	890.6	842.5	2 986.3	6 241.6
6 000	20 000 000	591.8	888.0	841.9	802.1	2 531.9	5 655.6
7 500	25 000 000	565.3	863.0	825.4	781.1	2 508.7	5 543.5
9 000	30 000 000	544.7	834.8	816.7	751.5	2 488.1	5 435.0
15 000	50 000 000	503.0	784.7	784.2	674.4	2 300.0	5 046.3

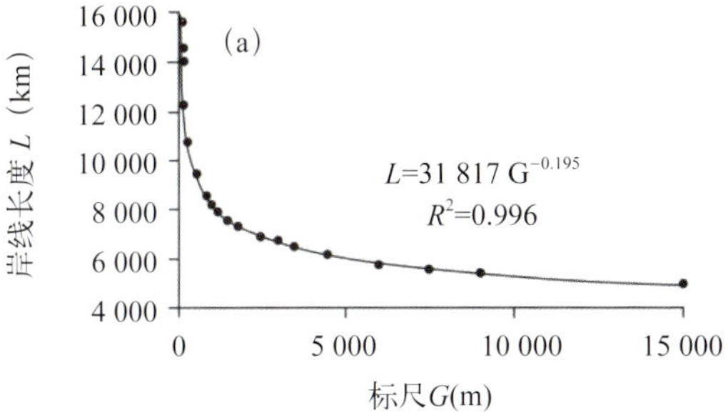

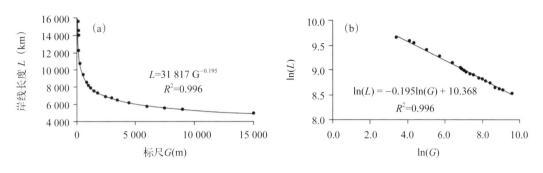

图7.6　中国大陆海岸线长度L与标尺G函数关系（高义等，2011）

3）对我国大陆海岸线长度分形维数的研究说明

①海岸线分形受沿岸地质构造特征、海岸地貌形态和水动力环境控制非常明显，这主要表现在隆起带区段的分形维数值D（如华南隆起带山地丘陵区为1.293）比沉降带区段（如苏北平原地区为1.056）要大得多，而中国大陆海岸线整体为1.195（据高义等，2011）。②海岸线分形维数是一个不受标尺长度牵制的特征性质的客观量度，它反映了岸线曲折率大小的程度，维数值越大代表岸线曲折率越大又复杂。③我国大陆海岸线长度迄今无确定解决方案，对其在不同比例尺下的量算可近似参考公式（7.4）和图7.6所示的$L-G$函数关系模型。

7.1.1.4　我国大陆海岸线“公认”的长度数值

由于海岸线长度量算空间分形的尺度效应及各个地区海岸分形维数值的差别等多种原因的限制，现今尚不能确定我国大陆海岸线有多长。那么，根据将海岸线定义为大潮平均高潮时水陆分界痕迹线的准则，我国大陆海岸线长度是否有较为“公认”的数值，以便于进行统计分析与对比。对此，目前有以下几种数据可供参照。

（1）长期以来，在我国地理各类教科书上均清楚地写着：“我国海岸线，北起鸭绿江口，南到北仑河口，长1.8万余千米，加上5 000余个岛屿，海岸线总长3.2万余千米”。这是人们常识性的概略长度。

（2）根据《专项综合报告》编写组（2012）所述，国家规定的公开使用的我国大陆海岸线长度数据为18 000余千米，内部使用的大陆海岸线长度数据为18 400.5 km（不包括香港和澳门）。此数据系1984—1991年国土普查的结果，其普查资料主要来源于返回式卫星拍摄的照片，相当于1 : 5万地形图精度（韩雪培等，2006）。

（3）20世纪80年代，全国海岸带和海涂资源综合调查成果得出的我国大陆海岸线长度约为16 134.9 km（不包括香港和澳门）。

（4）根据“908专项”调查（2006—2012年）对我国大陆沿海各省（区、市，不含海南省）海岸线的修测调查结果得出，其海岸线总长约19 057 km（《专项综合报告》编写组，2012）。“908专项”海岸线修测乃以实地勘测和遥感调查为主，结合调访和地形图及历史资料进行分析综合，成图比例尺为1∶5万；实地勘测时，使用亚米级DGPS进行位置测量，观测点距离原则上平均2 km；修测的基准年限为2005年1月1日。

在上述“908专项”对我国大陆海岸线修测调查得出总长为19 057 km中，各个省（区、市）所占长度的分布情况见图7.7。

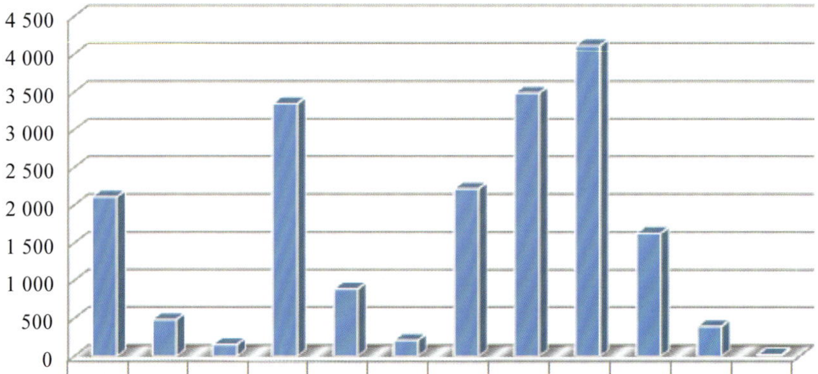

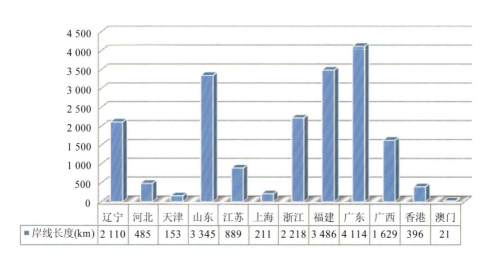

	辽宁	河北	天津	山东	江苏	上海	浙江	福建	广东	广西	香港	澳门
岸线长度(km)	2 110	485	153	3 345	889	211	2 218	3 486	4 114	1 629	396	21

图7.7　我国大陆沿海各个省（区、市）海岸线长度分布

《专项综合报告》编写组，2012

7.1.1.5　我国大陆海岸线类型2005年分布状况

根据《专项综合报告》编写组（2012）的资料，在“908专项”海岸线修测调查中得出我国大陆海岸线类型的分布状况如下。

1）全国

在2005年我国大陆海岸线长约19 057 km中，其海岸线类型的构成如图7.8所示，其中，自然岸线长度累计约7 274 km，占总岸线长度的38.17%；人工岸线累积长度约11 619 km，占总长度的60.97%；河口岸线累计长度约164 km，占总长度的0.86%。

就自然岸线而言，基岩岸线累计长度约3 617 km，占自然岸线长度的49.72%，占全国大陆海岸线总长度的18.98%；砂砾质岸线累计长度约2 163 km，占自然岸线长度的29.73%，占全国大陆海岸线总长度的11.35%；泥质岸线累计长度约1 494 km，占自然岸线的20.54%，占全国大陆海岸线总长度的7.84%。

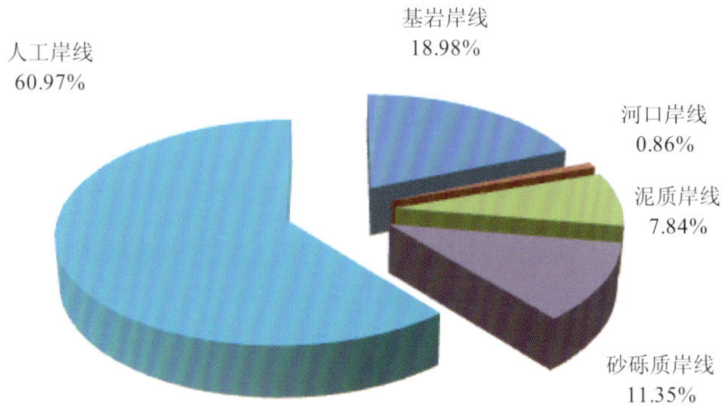

图7.8　我国大陆海岸线类型构成饼图
《专项综合报告》编写组，2012

2）各省级行政区

我国大陆沿海各省（区、市）海岸线类型组成见图7.9。从图7.9中可以看出，各省（区、市）和特别行政区人工岸线的长度为在21～2 573 km之间，以澳门特别行政区最短，广东省最长；人工岸线长度超过1 000 km的省份有广东、福建、辽宁、浙江、广西和山东等6个。人工岸线占辖区岸线的比例为31.73%～100%，超过50%的省份有辽宁、河北、天津、江苏、上海、浙江、福建、广东和广西9个省（市、区），其中天津、上海和澳门为100%。

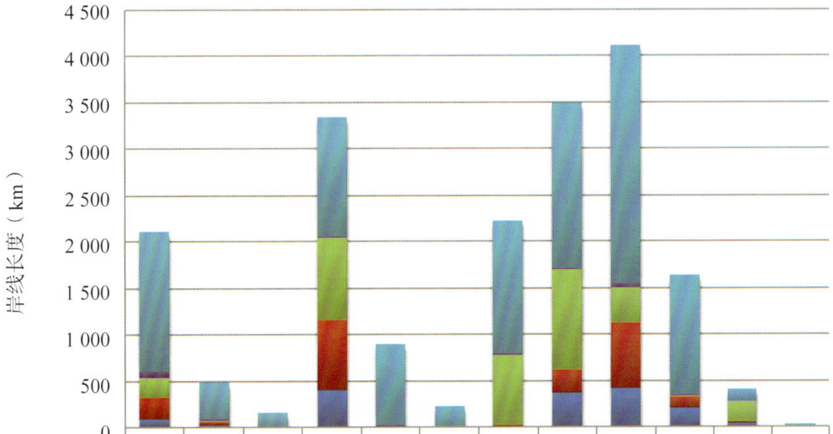

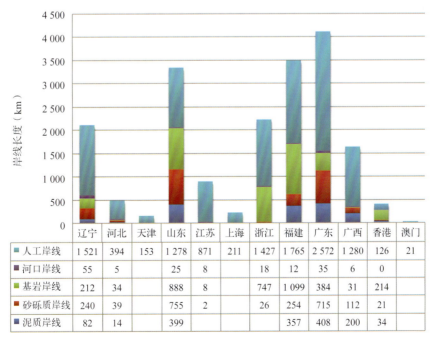

	辽宁	河北	天津	山东	江苏	上海	浙江	福建	广东	广西	香港	澳门
人工岸线	1 521	394	153	1 278	871	211	1 427	1 765	2 572	1 280	126	21
河口岸线	55	5		25	8		18	12	35	6	0	
基岩岸线	212	34		888	8		747	1 099	384	31	214	
砂砾质岸线	240	39		755	2		26	254	715	112	21	
泥质岸线	82	14		399				357	408	200	34	

图7.9　我国大陆沿海各省（区、市）海岸线类型组成
《专项综合报告》编写组，2012

各省（区、市）和特别行政区的自然岸线长度为从0～2 041 km，以山东省最长；自然岸线超过1 000 km的省份还有福建和广东；江苏省的自然岸线长度仅10 km左右，河北省的自然岸线长度约87 km。自然岸线所占比例为0%～68.15%，以香港特别行政区最高，其次为山东省（61.02%），福建省也较高（49.05%），自然岸线所占比例在20%～40%的省份有辽宁、浙江、广东和广西4个。

7.1.2　中国大陆海岸线类型的时空变迁

改革开放以来，沿海地区凭借临海的区位优势，一直是国家经济增长的重心。如20世纪80年代深圳等经济特区和一些对外开放城市的发展，90年代上海浦东的发展以及21世纪以来掀起的沿海滨海新区（如曹妃甸等工业园区）的开发都极大地促进了国家社会经济的发展。正因为沿海地区经济的迅速发展、政策扶持和人口增多等社会因素，必然会驱使多用途的海洋空间资源获得充分地开发利用。如前所述，近几十年来沿海地区围填海工程快速发展的结果，不仅使得我国海岸线向海方向推进，而且还使得海岸线长度与海岸线类型的结构特征发生日新月异地显著变化。

7.1.2.1　1980—2010年中国大陆海岸线类型构成的变化

高义等（2013）基于遥感和地理信息系统的方法和技术，以1980年、1990年、2000年和2010年4个时期为特征年，对我国大陆海岸各类型海岸线长度的变化及其变化新增土地利用类型面积的情况进行了研究，所得结果示于表7.3和图7.10，现以这些资料概述下面两个问题。

表7.3　我国大陆海岸1980—2010年各类型海岸线长度统计表*（高义等，2013）

类型		岸线长度（km）				所占比例（%）			
		1980年	1990年	2000年	2010年	1980年	1990年	2000年	2010年
人工岸线	建设围堤	176.3	359.8	645.1	1 259.1	1.1	2.3	4.0	7.7
	交通围堤	38.3	49.4	72.3	130.6	0.2	0.3	0.5	0.8
	码头岸线	167.1	262.3	503.3	1 266.7	1.1	1.7	3.1	7.7
	农田围堤	1 534.3	1 491.0	889.4	648.2	9.8	9.5	5.6	4.0
	盐田围堤	473.9	474.5	456.1	393.0	3.0	3.0	2.9	2.4
	养殖围堤	1 363.2	3 546.4	5 325.8	5 477.5	8.7	22.5	33.3	33.5
	小计	3 753.2	6 183.3	7 892.1	9 175.0	24.0	39.3	49.4	56.1

续表

类型		岸线长度（km）				所占比例（%）			
		1980年	1990年	2000年	2010年	1980年	1990年	2000年	2010年
自然岸线	河口	140.6	132.7	137.8	131.8	0.9	0.8	0.9	0.8
	基岩岸线	6 023.8	5 221.4	4 868.5	4 404.4	38.5	33.2	30.5	0.3
	砂砾质岸线	3 612.6	3 187.2	2 453.4	2 118.4	23.1	20.2	15.3	0.1
	生物岸线	584.1	293.5	176.5	167.8	3.7	1.9	1.1	0.0
	淤泥质岸线	1 518.0	721.6	455.5	349.2	9.7	4.6	2.8	2.1
	小计	11 879.1	9 556.4	8 091.7	7 171.5	76.0	60.7	50.6	43.9
合计		15 632.3	15 739.7	15 983.8	16 346.6	100.0	100.0	100.0	100.0

*由于海岸线尺度效应与范围界定和动态变化等诸多因素的影响，表中我国大陆海岸线长度与有关部门公布的数据不一致，但并不影响对变化的分析统计。

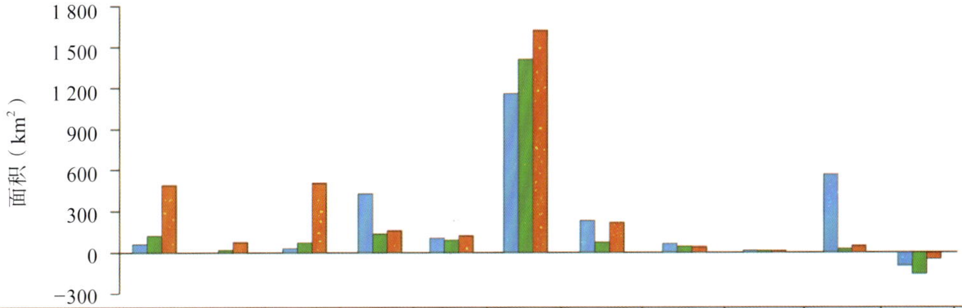

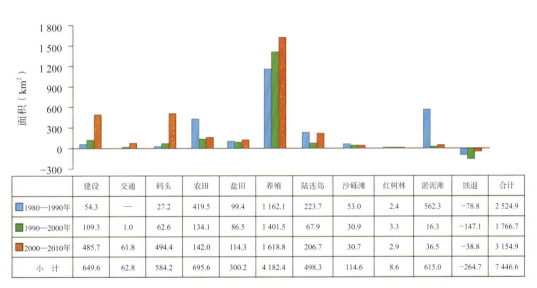

	建设	交通	码头	农田	盐田	养殖	陆连岛	沙砾滩	红树林	淤泥滩	蚀退	合计
1980—1990年	54.3	—	27.2	419.5	99.4	1 162.1	223.7	53.0	2.4	562.3	−78.8	2 524.9
1990—2000年	109.3	1.0	62.6	134.1	86.5	1 401.5	67.9	30.9	3.3	16.3	−147.1	1 766.7
2000—2010年	485.7	61.8	494.4	142.0	114.3	1 618.8	206.7	30.7	2.9	36.5	−38.8	3 154.9
小　计	649.6	62.8	584.2	695.6	300.2	4 182.4	498.3	114.6	8.6	615.0	−264.7	7 446.6

图7.10　1980—2010年各时期我国大陆岸线变化新增土地利用类型面积比对（高义等，2013）

1）全国海岸线类型长度构成的变化

从表7.3中可以看出，我国大陆海岸线总长度在1980—2010年间呈现加速增长的趋势，即增加了714.3 km，其中1980—1990年、1990—2000年和2000—2010年分别增加了107.4 km、244.1 km和362.8 km。由于人为开发活动，一些曲折的淤泥质海岸、砂砾质海岸或海湾被围填海，使海岸线变短；但在港口区域建设码头及一些“凸”字形围垦养殖则导致海岸线增长；还有一些近岸岛屿受陆连岛开发作用影响（如辽宁西中岛、广东珠海三灶岛、高栏岛等）为变成陆地的一部分，从而导致海岸线增长；另一方面，河口泥沙沉积、沙坝增积等自然因素也使海岸线总体长度增加（如黄河口泥沙冲淤造陆）。

总体而言，1980—2010年间我国大陆海岸线的长度受人为开发活动的影响显著。表7.3显示，人工岸线长度在1980年为3 753.2 km，占大陆总岸线长的24.0%，到2010年则达到9 175.0 km，占总长度的56.1%，反映人工岸线以平均180.7 km/a的速率增加，其中1980—1990年、1990—2000年和2000—2010年的人工岸线增长速度分别为243.0 km/a、170.9 km/a和128.3 km/a；而自然岸线则呈现相反趋势，分别以-232.3 km/a、-146.5 km/a和-92.0 km/a的速度递减。

在1980—2010年的人工岸线类型中，尽管城镇建设围堤所占比例不高，但呈现出每10年翻1倍的速度增长，这是由于海岸环境的宜居优势之故；交通围堤在后期的2000—2010年增长最大；码头岸线在前期、中期均呈增长趋势，但后期增长更为剧烈，这与后期我国进出口贸易急剧增长相吻合；农田围堤在1980—2010年间持续减少，尤其中期减少幅度最大（主要是转向于经济价值较高的养殖围堤）；盐田围堤所占比例的变化不大；养殖围堤在1980—1990年和1990—2000年均有较大幅度增长，到后期的2000—2010年增长变缓。

对于自然岸线而言，1980—2010年间的基岩岸线所占的比例逐年略有减少；砂砾质岸线所占比例减少幅度较大，其中以中期（1990—2000年）减少幅度最显著；淤泥质岸线由1980年的9.7%减少到2010年的2.1%，其中，前期减少幅度最显著，大5.1%；生物岸线长度及所占比例持续减少，前期减少幅度最大；河口岸线长度基本不变。

2）全国沿海围填海新增土地利用类型面积的变化对比

如图7.10所示，从1980—2010年的30年间，我国大陆沿海围填海活动（包括建设、交通、码头、农田、盐田、养殖和陆连岛围堤等）共计新增加土地利用面积为6 973.1 km^2，加上由于河口淤积面积和沿岸种植红树林等的因素所增加的面积为738.2 km^2，沿海陆地面积总共新增加7 711.3 km^2，扣去30年间因海岸侵蚀所致的减少土地面积264.7 km^2，合计我国大陆面积净增加7 446.6 km^2。就后者数据而言，1980—1990年、1990—2000年和2000—2010年3个10年中分别净增加面积为2 524.9 km^2、1 766.7 km^{2}和3 154.9 km^2。

从图7.10中还可以看出，各类型围填海面积的变迁状况：①在1980—2010年30年间总体而言，围海养殖是主要的开发方式，其次为围垦农田方式，再次为建设用地方式。②在这30年间的前期、中期和后期的围填海各有其主导的开发利用方式，即1980—1990年以围垦养殖、围垦农田为主，同时自然淤积的造陆现象也较为突出；1990—2000年间的特点是建设用地和码头用地方式比例有所增加；2000—2010年间则出现多元化的用地方式，但其中码头和建设用地方式所占比例显著升高。

7.1.2.2　1980—2010年各省（区、市）围填海增加面积的变化对比

根据高志强等（2014）利用4期遥感影像提取了中国大陆沿海地区1980年、1990年、2000年和2010年围填海的面积与类型信息（见图7.11），并应用相关资料对各省（区、市）围填海增加面积的差异变化进行对比，得出结果如下。

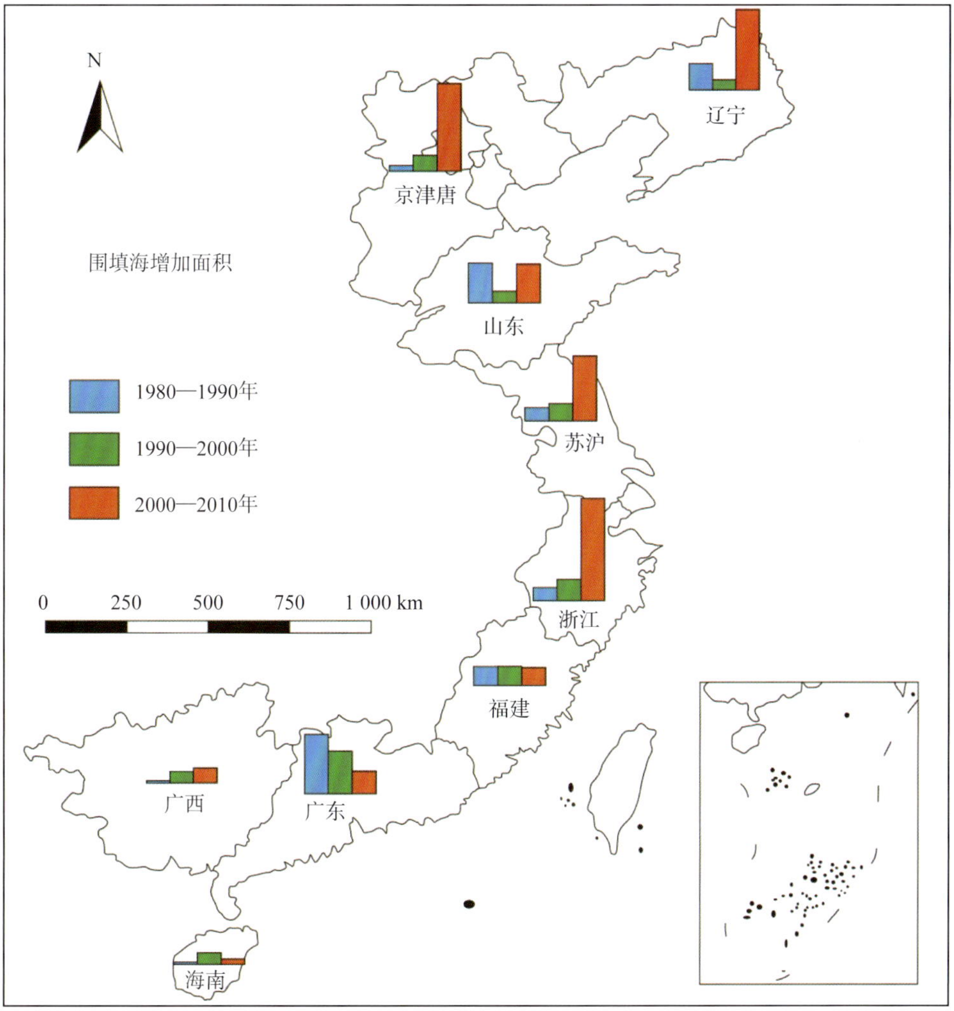

图7.11　1980—2010年间各省（区、市）围填海面积变迁对比（高志强等，2014）

（1）1980—1990年间，中国沿海地区围填海增加面积是874.35 km^2，其中广东省围填海增加面积最大，为305.82 km^2，占全国增加面积的34.98%；广西壮族自治区围填海增加面积最小，为1.54 km^2，只占全国总增加面积的0.18%。

（2）1990—2000年间，中国围填海增加面积为759.99 km^2，其中广东省仍然是增加面积最大的省份，增加面积为216.65 km^2，占全国总增加面积的28.51%；辽宁省增加面积最小，为41.43 km^2，占全国总增加面积的5.54%。

（3）2000—2010年间，中国围填海增加面积为2123.59 km^2，其中浙江省围填海增加面积最大，为506.30 km^2，占全国总增加面积的23.84%；其次是京津唐地区；而海南省围填海增加的面积最小，为18.88 km^2，只占全国总增加面积的0.89%。

（4）在1980—2010年的30年间，浙江省和广东省围填海总增长面积比较大；而福建省、广西壮族自治区和海南省围填海总增加面积较小。在这30年中，中国沿海地区总围填海增加的面积于1990—2000年间最少；而2000—2010年间最多。

7.1.3 近期自然岸线锐减及出台的相关管理政策法规

7.1.3.1 我国近期人工海岸面临剧增的严峻态势

前面所述，近半个世纪以来我国进入了全面开发利用海岸海洋的时代，其中尤其是围填海造地的开发方式被广泛推广和应用，致使自然岸线的长度逐年急速减少。如表7.3所示，在20世纪80年代、90年代和21世纪初10年间我国大陆的自然岸线长度分别减少了2 322.7 km、1 464.7 km和920.2 km，即自然岸线占总岸线长度的比例从1980年的76.0%，分别到1990年减少至60.7%、在2000年变成50.60%，至2010年乃至减为43.9%。另者，如果单从对海湾海岸线的角度进行量算来看，则近半个世纪以来我国海湾沿岸的自然岸线长度占海湾总岸线长度的整体比例之下降速度，还更加剧烈。侯西勇等（2016）根据中国大陆沿海85个主要海湾（Gulf）自20世纪40年代初以来形态变化的研究，得出如图7.12所示的沿海主要海湾自然岸线比例的变化状况。从图7.12中可以看出：近70年以来虽然海湾岸线总长度存在先降后增长的态势（大体90年代为转折点），但其中自然岸线的总长度则是一直减少；海湾自然岸线占其总岸线的比例由20世纪40年代的78.21%降至2014年的28.87%（其中，近30年来的下降速度尤为显著）。这种情况既有自然因素作用的结果，也有人类活动的影响，但在海湾地区人为围填海活动无疑起着主导作用，特别是在近几十年来已经远远超过自然因素的作用。

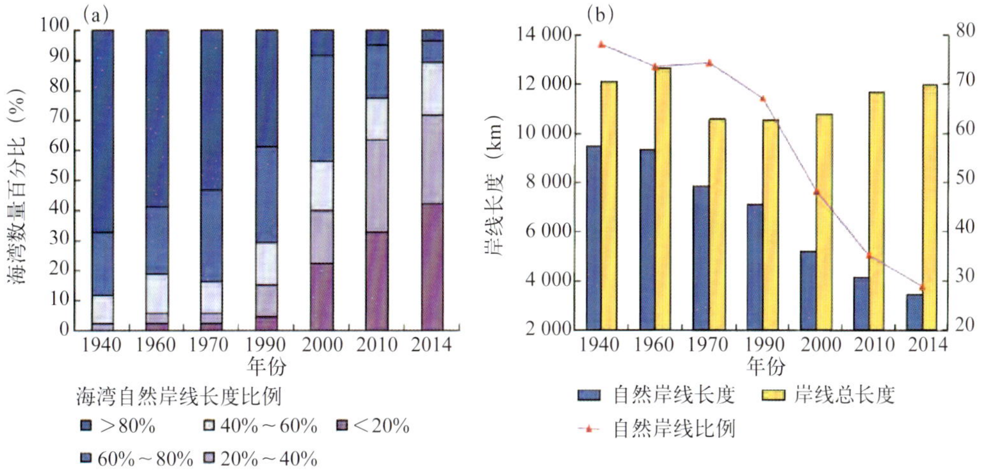

图7.12 中国大陆沿海主要海湾自然岸线比例变化（侯西勇等，2016）

7.1.3.2 自然岸线保有率锐减对社会经济的影响

不管如何量算，我国海岸线之自然岸线保有率目前都正处于逐年显著下降的趋势，而且，迄今都已经达到了拉响警报的严峻状态，这是应该引起海岸管理者和开发者高度重视的问题——因为普遍的硬式护岸必将引发广泛的海岸带灾害（参见后述）。众所周知，海岸线是海岸海洋经济发展的前沿阵地，是稀缺的海洋空间资源。显然，加强海岸线保护与利用管理，着力构建科学合理的自然岸线格局必将会对建设海洋生态文明和促进海洋经济可持续发展产生积极而深远的影响。然而，近几十年来由于沿海地区工业化、城镇化进程，各类海岸工程建设规模不断扩大，从而出现了对海岸线开发利用方式粗放、盲目占用的局面，导致消耗了大量的自然岸线，造成可开发利用岸线急剧减少，进而造成行业之间岸线利用矛盾以及保护与开发的矛盾日益突出，致使我国在当前实现海岸海洋产业转型升级的空间保障形势很严峻。因此，制订围填海总量、自然岸线保有率控制制度，以遏制人工岸线的无序增长趋势、开展蓝色海湾整治行动，现今已经是成为全面深化海洋领域改革、坚持新发展理念和推动沿海地区社会经济可持续发展的必然要求。

7.1.3.3 我国有关自然岸线保有率控制的管理政策法规

目前，国家海洋局出台了《海岸线保护与利用管理办法》（以下简称《办法》，见《中国海洋报》2017年4月5日第2版），这是我国首个专门针对海岸线而制定的政策法规性文件，也是海洋领域全面深化改革的一项重要制度，对拓展蓝色空间，保护海洋生态，建设海洋强国必有深刻影响。该《办法》明确了当前海岸线保护与利用管理的主要任务，提出了海洋管理工作的新举措、新要求——在管理制度上强化了保护与利用的统筹协调、在管理方式上确立了自然岸线保有率制度、在管理手段上引入了海洋督察与区域限批措施；并从海岸线保护、海岸线节约利用、海岸线整治修复3个方面强化了硬举措，加大了硬约束，提出了硬要求。随后，又印发了贯彻落实该《办法》的指导意见和实施方案，进一步提出沿海各地要认真落实保护优先、节约优先、合理利用、绿色发展的总体方针，并要求严格实施海岸线分类保护与利用，坚守自然岸线保护目标，优化海岸线保护与利用格局，维护海岸功能、改善海岸景观、提升海岸价值，以便达到构建绿色生态、洁净美丽、人海和谐海岸带的目的。其中，特别是要确保实现自然岸线保有率控制目标，这对于构建科学适度有序的海岸线空间布局体系，构建自然化、绿植化、生态化的海岸线利用方式，以及构建约束和激励并举的海岸线保护与利用管理体系是一项重大举措。为此，针对上面所述我国沿海地区自20世纪90年代以来，由于围填海大量占用自然岸线，使海岸生态空间大幅压缩的严峻态势，在《海岸线保护与利用管理办法》中的管理方式上确立了以自然岸线保有率目标为核心的倒逼机制，即到2020年，全国自然岸线保有率不低于35%（不包括海岛岸线）；并在该《办法》中列出如表7.4所示的沿海各省（区、市）的自然岸线保有率管控目标，指出了人工岸线经过整治修复后具有自然岸线形态特征和生态功能的海岸线可纳入自然岸线管控目标管理。

表7.4　我国沿海省、自治区、直辖市自然岸线保有率管控目标（2020）

省份	辽宁	河北	天津	山东	江苏	上海	浙江	福建	广东	广西	海南
保有率	≥35%	≥35%	≥5%	≥40%	≥35%	≥12%	≥35%	≥37%	≥35%	≥35%	≥55%

7.2　我国人工岸线增长的环境效应与侵蚀隐患

围填海造地固然是世界沿海国家普遍存在的一种海洋开发利用活动，但是由于各个国家对围填海的开发方式、方法、规划和监管不同，因而每一个国家的围填海活动所产生的经济、社会和生态效益也不尽相同，这主要是关系到围割堤坝（人工岸线）对邻近海区自然环境的影响问题。所以，我们应该运用辩证唯物主义的自然观来看待围填海的发展，既要看到它的积极方面，也要看到它的消极方面。也就是说，围填海活动一方面是人类向海洋拓展生存和发展空间的一种重要手段，适度而科学合理的围填海开发有其必要性，它保障了国家重大项目用海，为我国东部沿海地区率先发展发挥了重要作用，成为沿海地区产业结构调整的重要促进力量，因而具有巨大的社会经济效益；另一方面，围填海活动又是一种完全改变海域空间自然属性的人类海洋开发活动，控制不好极易引发海洋生态环境损害、海域自然资源破坏，海洋开发利用秩序错乱以及海岸侵蚀等多种问题，从而将制约沿海地区社会经济的持续发展。据初步统计，我国围填海所造成的海洋与海岸带生态服务功能损失达到每年1 888亿元，约相当于目前国家海洋生产总值的6%。

我国与世界沿海的许多国家一样，围填海的目的都是由最初的防灾减灾、扩大耕地面积逐步向工业、农业、城镇建设、港口发展等多目标发展。但是，由于近几十年来我国的围填海规划管理制度不够健全，对海洋空间资源利用的方式、方法不够科学合理，特别是缺乏海洋生态系统科学（包括海滩修复与养护技术科学）的支撑等原因（详见下述），使我国围填海造地活动存在着“失序、失度、失衡”，乃至出现违法围填海的现象，由此，带来海岸侵蚀隐患等一系列问题，从而也失去了围填海围割海域的原本防灾初衷。下面概述我国围填海造地出现的一些问题。

7.2.1 围填海管理历史存在的问题

我国围填海历史以来，直至2017年国家海洋局出台《海岸线保护与利用管理办法》之前，主要存在以下几个问题。

1）围填海的法律、法规还不够健全，长期重开发轻保护、重陆轻海

导致在地方利益的驱使下，盲目围填海现象很普遍（杨波等，2015）；而且，也造成了对围填海规划、审批及其对项目论证基本上是以地方政府意愿为主，缺少客观性和科学性。

2）围填海工程设计缺乏海洋生态环境保护的科学规范

围填海使沿海地区带来了许多环境变化问题，其主要表现在大多数岸防工程只单纯以硬式堤坝进行攫夺式围割海域，极易引发海岸侵蚀灾害。显然，只有结合建造适应陆海相互作用之自然过程的“软式堤坝工程——运用海滩整治修复、滨海湿地植被与恢复、海岸生态廊道建设等方法进行科学护岸”才是必然的选择；另者，有关海洋生态环境保护的主体责任也一直未有效落实；再者，当近岸原海洋生态环境遭受破坏时，其造成的影响是深远的，即它的影响不仅事关一个区域社会经济的可持续发展问题，而且海洋生态系统的恢复和治理需要投入巨大财力与人力，并且费时甚久。总

之，经济、资源和环境三者协调发展是必由之路，缺一不可。

3）规划用海环境影响评价内容不全面

根据孙钦帮等（2015）和张继民等（2009）的分析，我国涉及海洋工程建设项目相关的海洋环境法律、法规和文件的要求基本上仅限于对单体建设项目的环境影响评价的范畴，不能有效地解决区域建设项目用海中多个建设项目集成产生的影响，因而造成了目前在区域建设用海规划、设计工作中对于区域建设用海进行整体综合分析与区域环境承载力的评价，未能达到真正意义上的用海优化布局和环境保护的目的。

4）监测、监管体制及手段还不够完善

我国在对围填海造地开发的生态、环境等问题上的监测、监管力度不够。例如，①没有实行海洋行政一体化体系，多头管理常造成对围填海各监管部门与审批部门相互之间缺乏统一的执法标准和审批尺度；②对现有不成熟的围填海技术手段一般未进行过深入的监测与调查研究，而多是谁使用、谁举证过程中作流程化处理，未能真正找出切实的存在隐患及提出修复措施来保障海洋资源的合理开发利用。

上述问题的存在导致我国沿海地区长期形成的“向海索地”的发展思路和思维催生了大规模的围填海活动，造成自然岸线急速减少，其中尤其是滨海湿地（含沿海滩涂、河口、浅海、红树林、珊瑚礁等，其具有重要的生态功能）面积大幅减少，从而使得围填海管控与滨海湿地保护的形势也变得非常严峻。如何妥善处理好过去围填海历史遗留下的问题，已成为迫切需要解决的现实问题。

7.2.2 围填海历史的乱象当止及新时代用海的政策法规

7.2.2.1 落实新发展理念，推进海洋生态文明建设是必由之路

绿色发展，人海和谐，体现了人们对美好生活的期盼。党的十八大以来，党中央、国务院对海洋生态文明建设提出了新要求，确立了保护优先、生态用海、集约节约用海的新时代发展理念。党的十九大又进一步明确了建设生态文明、建设美丽中国的总要求，为加强海洋生态保护修复指明了方向。显然，对于海岸线保护与利用，碧海银滩也是很重要的生态资源，我们必须像保护绿水青山那样保护碧海银滩。

2016年以来，国务院出台了《湿地保护修复制度方案》，有关部门也相继出台了诸如《围填海管控办法》等多项政策措施。但是，经2017年国家海洋督察组分两批对我国沿海11个省（区、市）开展了围填海专项督察，其结果（督察结果的具体情况与数据下面另有细述）显示：①围填海项目审批不规范、监管不到位，政府主导的未批

先填行为时有发生，相关规划、区划填海规模严重超出资源环境承载力；②海洋生态环境保护问题很突出，近岸海域污染严重、陆源入海污染源监管不到位……破坏海岸线、损害生态环境的行为可谓触目惊心。这表明，我国各地的历史围填海活动普遍存在着不合理，乃至违法围填海，它已经给海洋生态环境、海洋开发秩序带来一系列问题（详见下述）。也就是说，我国沿海历史以来不具科学管海用海的围填海途径是与党中央提出的建设海洋生态文明新发展理念指明的方向背道而驰的。

7.2.2.2　2017年我国沿海围填海专项督察揭示的乱象情况事例

2017年，国家海洋督察组对我国大陆沿海各省区市完成了围填海专项督察，其结果（刘诗平，2018）显示存在以下3个方面带有共性的突出问题：

1）严管严控围填海政策法规落实不到位，围填海空置现象普遍存在

经督察组核查后发现，围填海空置情况如下：天津市自2002—2017年累计填海面积27 850 hm^2，空置面积19 202 hm^2，空置率达69%；浙江省2013—2017年填海造地8 820.25 hm^2，实际落户项目用海面积5 082.41 hm^2，空置面积3 737.84 hm^2，空置率达42.38%；山东省2012—2017年填海造地11 357 hm^2，空置率近40%；广州市龙穴岛2014年已填海成陆416 hm^2，至今仍有290 hm^2空置，空置率69.7%。

2）围填海审批不规范、监管不到位，化整为零、分散审批问题突出

突出表现为应报国务院审批的围填海建设项目化整为零，被拆分由地方政府予以审批，规避国家审批。例如，天津市共有13个总面积达1 548 hm^2依法应报国务院审批的围填海建设项目，被拆分为38个单宗面积不超过50 hm^2的用海项目，由市政府予以审批；浙江省舟山、台州3个用海项目填海259.7 hm^2，被拆分为8个单宗面积不超过50 hm^2的项目由省政府审批，规避国务院审批；广东省茂名市2个项目填海面积合计63.79 hm^2，均被拆分为单宗面积不超过50 hm^2的项目由省政府审批；上海市临港物流园区的4个圈围工程（填海面积为105.58 hm^2）作为整体项目统一招投标、施工，本应由国家审批的项目变为地方直接审批。

3）海洋生态环境保护问题与近岸海域污染防治不力很突出

督察组排查出的陆源入海污染源与沿海各省区市报送入海排污口数量差距巨大。例如，天津市8条入海河流中，有7条断面常年处于劣Ⅴ类水质；广东省提供548个入海排污口、299个养殖排水口的情况，督察组排查发现各类陆源入海污染源2 839个，大量入海排污口未纳入监管；浙江省环保部门提供462个入海排污口的情况，督察组排查发现各类陆源入海污染源为1 376个；山东环保部门提供558个入海排污口的情况，督察组

排查发现各类陆源入海污染源899个，仅153个纳入监管；上海市提供98个陆源入海污染源，与督察组排查发现的148个陆源入海污染源存在差距。

7.2.2.3 2018年国务院《关于加强滨海湿地保护严格管控围填海的通知》的政策措施

上述围填海专项督察的结果表明，我国沿海各地贯彻节约集约利用海域资源的要求不够彻底，未批先填、填而未用、违规改变用途等违法违规围填海现象比较普遍，违法审批、监管失位等问题甚为突出，亟待采取更加严格的管控措施，进一步加强滨海湿地保护和围填海管控。

为切实担负起生态文明建设的重任，国务院随即于2018年7月25日发布了《关于加强滨海湿地保护严格管控围填海的通知》（以下简称《通知》，见《中国海洋报》2018年7月27日第3版）。《通知》阐述了加强滨海湿地保护、严格管控围填海的重大意义，提出了开展工作的指导思想，重点从严控新增围填海造地、加快处理历史遗留问题、加强海洋生态保护修复、建立保护和管控长效机制4个方面提出了具体可操作的措施。同时，从明确部门职责、落实地方责任、推进公众参与3个方面提出了加强组织保障的要求。《通知》中还对新增围填海管理提出了新的更高要求，体现了中央坚持生态优先、绿色发展和实施最严格生态环境保护制度的坚定决心。通过加强围填海管控，力求能不围坚决不围，确实需要围的严控面积、同步有效修复环境。

由于围填海管控既是一项长期工作，也是一个系统工程，只有建立长效机制，形成工作合力（包含健全调查监测体系、严格用途管制和加强围填海监督检查），才能为《通知》的实施提供坚强保障（对这一方面《通知》也有涉及）。依此，从上述《通知》出台的背景和切实需求的政策措施上来看，我们相信围填海历史遗留的问题与乱象不仅能够较快得以解决，而且也必将能促进沿海地区加快发展方式转变，更好地适应新时代高质量的发展要求。

7.2.3 大规模围填海开发出现的环境效应

我国的围填海开发活动在取得巨大成就的同时，也使近岸海洋的生态功能、资源价值和海岸侵蚀脆弱性等方面出现了不少这样那样的问题，有些问题还相当普遍和严重。

7.2.3.1 近岸海洋资源减少

1）大量自然岸线消失，可开发利用岸线急剧减少

大规模围填海造地使人工岸线长度急剧扩展，自然岸线保有率不断下降，这不仅

降低了海岸线的生态功能与资源价值，也必将使海岸带海洋过程、生态过程、海湾的缓冲作用，能量流、物质流的交换作用都发生了明显变化。

2）海涂资源面积和海湾面积不断减小

前面所述，我国围填海活动自新中国成立以来经历过4次大规模的发展阶段，据统计，自1993年开始实施海域使用权确权登记到2012年年底，我国累计确权围填海造地达到1.20×10^4 km²，超过20世纪80年代全国海岸带和海涂资源调查时得出的我国海涂面积为$2.166\,6\times10^4$ km²的一半，年均围填海造地为631.6 km²。若同时考虑扣除去同时期新形成的海涂面积，即使是像长江口那样海涂增长非常快的海区，其海涂面积也是处在不断减少（表7.1）。

另据吴桑云等（2011），自20世纪60年代至2010年我国围湾面积达3 157.28 km²，占全国海湾海涂面积的41.52%，占全国海湾面积的10.1%；我国围垦面积在10 km²以上的海湾有45个，占全国海湾总数的43%左右；围垦面积在50 km²以上的海湾有16个（表7.5），占统计海湾数的15.4%。显然，海湾水域面积缩小，不仅仅是水域面积减小的问题，相应地也将引起海湾的冲淤变化与地形地貌的改变、动力场格局变化、水交换能力减弱、污染加重、生态环境恶化、灾害频发等一系列变化。

表7.5　20世纪60年代至2010年我国海湾围填面积大于50 km²的海湾统计

（吴桑云等，2011）

海湾名称	海湾面积（km²）	海涂面积（km²）	围垦面积（km²）	围垦面积占海湾面积（%）
青堆子湾	156.8	131.8	75	47.8
莱州湾	6 966	812.19	413	5.9
丁字湾	143.75	119.01	51.4	35.8
胶州湾	578	125	224.8	38.9
海州湾	876.39	188.49	69.47	7.9
杭州湾	5 000	550	733	14.7
三门湾	774	295	113.3	14.6
大目涂等	115	90.7	60	52.2
台州湾	911.56	258.75	115.67	12.7
乐清湾	463.6	220.8	54.47	11.7
兴化湾	619.4	250	75.27	12.2

续表

海湾名称	海湾面积（km^2）	海涂面积（km^2）	围垦面积（km^2）	围垦面积占海湾面积（%）
汕头湾	92.52	43.26	54.07	58.4
广海湾	196.2	65.7	74.2	37.8
水东港	216	65	71.34	33.0
湛江湾	49	153	129	26.3
雷州湾	780		70.5	9.0

3）滨海旅游资源被破坏

旅游业是21世纪经济发展的驱动力。我国滨海休闲度假地分布广泛，尤其是滨海沙滩以出售“3S”（阳光、大海和沙滩）著称，在全世界范围越来越受到特别青睐，而成为开发滨海旅游产业市场追捧的新宠。围填海造地的结果，必然会使该区域沿岸滨海沙滩资源直接被毁埋，或是间接造成其旅游质量衰退。例如，20世纪90年代厦门岛环岛东路建设过程中，对前埔路段原前埔湾湾口取直筑堤坝围割造地，把湾内沿岸的沙滩资源全部填埋；到2011年时为改变该路段湾口围割堤坝前粉砂淤泥滩上的脏乱现象及防止海岸侵蚀，同时为营造优美的滨海旅游景观，实施了人造沙滩修复工程，明显地改善了厦门岛东部海岸的环境质量与城市品位。再如，海南岛三亚凤凰岛填海建成后，海岸线侵蚀后退、沙滩泥化等问题出现，使滨海沙滩的风景旅游价值大大降低，影响了三亚滨海旅游业的持续发展（王衍等，2015）。

除滨海沙滩资源外，围填海造地也对滨海湿地旅游资源造成影响，如海南岛海口湾南海明珠人工岛填海完成后，填海范围内265 hm^2的海口湾湾口西侧双滩浅滩永久性消失，导致围填区内原有湿地生态系统服务功能的彻底改变，该区域滨海湿地旅游资源完全丧失。

4）压缩近海海域渔业生产空间

近海海洋是我国渔业生产、附近渔民赖以维持生计的主要场地。而大规模围填海造地活动，一方面直接压缩了近岸海域原有的渔业生产空间，使部分渔民失去渔业生产的基本场所；另一方面，大规模围填海活动也间接对周边海域的渔业生产活动产生影响，削弱了围填海周边海域的渔业生产功能——主要体现在影响鱼类的洄游规律，破坏鱼群的产卵场、育幼场、索饵场等栖息环境，并且导致主要经济鱼类、虾类、蟹类和贝类等的资源量和捕捞量急剧下滑。

7.2.3.2 自然环境条件发生变化及造成侵蚀隐患

1）水动力条件的变化

海湾具有一定的封闭性，在海湾内进行大规模的围填海造地所致的海湾面积减少和海岸线形态、位置的改变，必然导致其纳潮量减小、海湾流速降低、海水交换能力变弱以及海区底质的冲淤变化。虽然这些变化的强度与围填海围割堤坝工程用海的形式、规模、向海延伸的距离等诸多因素有关，但产生变化是肯定的。例如，通常在滨海构筑凸突式之硬式堤坝围割用海的结果，首先是，会使突堤两侧的水流产生漩涡；其次是，还会因突堤挑流，而明显出现水流流速的加速区，使拐角堤头海底遭受侵蚀，堤头安全受到影响（对于栈桥式的突堤建筑物，显然明显优于重力式结构，但仍存在着墩桩周围的局部流速变大的问题）；第三是，围割堤坝前沿在波浪作用下一般会出现如图2.9所示的由于海滩被淘蚀而使堤坝毁坏的现象。

2）生态环境发生明显变化

围填海造地对生态环境变化的影响除了上面所述导致海湾纳污能力下降，海洋生物多样性锐减，并起到压缩当地区域海洋渔业的生产空间等效应外，尤其对热带、亚热带沿海典型的红树林、珊瑚礁海洋生态系统在生态平衡中之特有的不可替代的作用也起着明显影响。我们知道，红树林、珊瑚礁等生态系统抵御人类活动干扰的能力十分脆弱，围填海造地活动不仅占用和破坏红树林、海草床生长区域，使之分布面积减少；而且也改变了珊瑚礁分布区域的生态环境，导致其发生白化，失去生命力。据王衍等（2015）的统计资料，自20世纪50年代以来，海南岛红树林面积已减少62%，主要是由于围填海造地使近岸海域生态环境遭受不同程度的破坏，使红树林、珊瑚礁、海草床等近岸海洋生态系统的环境压力日益增大，从而导致红树林质量明显下降，群落严重退化，珊瑚礁生态环境呈恶化趋势，沿岸海草生态环境也总体呈退化状态。

3）改变海岸稳定性，增加海洋灾害风险

我国围填海活动历史以来在海岸防护方面存在着一些较为严重的问题：其一，绝大多数围填海工程单纯构筑硬式堤坝围割海域代替了自然岸线，而且许多围填海区域的围割堤坝工程形状都是将原来岸线裁弯取直，使岸线长度减少——这里权且不论全国围填海的结果为使总体岸线呈增长趋势，但自然岸线长度均为呈现急剧下降是不争的事实（见表7.3），这种情况将导致我国总体海岸原为处在冲淤动态平衡的状态遭到破坏。其二，海岸防护堤坝质量与标准普遍偏低，即我国现行海堤标准是各地在20世纪50—60年代自行制定的，一般都是根据保护范围内的耕地面积和人口等指标分成设计重现期为10年、20年、50年和100年4个级别；但由于历史和财力原因，目前全国海堤标准多数为10～20年一遇，少数低者为不足5年一遇，甚至有的还采用植被护坡土堤或简易块石护坡土堤进行护岸；而且许多年代已久的老堤，由于冲蚀风化，隐患多端，难于抵御海岸侵蚀作用。再者，围填海活动不仅通常改变原海岸的岸线形态与位置，使沿岸岸滩发生输沙冲淤变化；而且，不管是采用当地海沙吹填，还是外运土石方围填方式，都会改变周围海洋地形地貌环境，从而改变附近海域的水沙冲淤平衡状态，引起一些区域海底发生侵蚀，而另一些区域发生淤积。这种情况都将直接影响沿岸的工业生产、人民生命财产安全和港口航运的功能等。

7.3 人工海岸适应侵蚀趋势加剧的方略

7.3.1 提高人工岸线防护能力迫在眉睫

由于我国是世界上受风暴潮危害严重的国家，长期以来我国人工岸线堤坝防护存在的问题一直是造成海岸侵蚀的一个重要因素（陈吉余等，2010）。在当前面临全球气候变暖引发海平面上升、风暴潮增强和海岸侵蚀加剧的客观形势下，前面所述我国人工岸线防护堤坝质量与标准普遍偏低问题已经是成为不可不解决的一项危急的重要任务。随着海平面上升，海堤堤坝的设计潮位和设计堤顶高程需要随之加高，且堤坝断面也要相应加大，这固然是我们应该考虑的一个重要环节；然而，除此之外，加强监测与管理，遵循“建造结合自然”的原则实行海岸综合防护，以提高海岸适应性能力是棋高一着的举措。例如，实行扩坡与护滩结合、工程措施与生物措施结合等的方式，更是能取得较好的社会经济效益和环境生态效益。

对于海岸综合防护而言，其中作为海岸的有机组成部分的海滩，尤其是潮间带砂质海滩，或是红树林、海草床等生物滩地，由于滩与岸二者唇齿相依，稳定的海滩滩面显然是人工岸线保护功能的基本保障。大量的事实说明，传统“重岸轻滩”的海岸防护思维是造成海岸带许多环境灾害的主要原因。可见，研究与实施人工岸线对自然规律的适应性措施，从经济、资源和环境三者协调发展方面，促进海洋生态文明建设具有十分重要的意义。

7.3.2 推进人工岸线适应海洋自然规律的对策建议

围填海造地只是海洋空间资源为人类发展所提供的众多贡献中的一个方面，但它

却是一项涉及面广、影响深远、关系复杂的系统工程。前面所述，我国以往大规模围填海活动主要体现在单纯采用围割堤坝的用海方式所造成的人工岸线防护能力不够与出现负面环境效应的问题。为实现和谐开发利用海洋资源，使我国海洋经济得到可持续发展的目的，对我国人工岸线现状进行综合防护整治，使之适应海洋自然规律势在必行，由此提出以下两个方面的对策建议。

7.3.2.1　强化围填海适应性用海的科学技术支撑研究

如何最大限度地化解在围填海历史中遗留下来的使自然岸线长度极度减少的局面是我们当今面对的重大紧迫任务。其中，加强海岸综合防护科学技术研究，对现有围填海不成熟技术进行深入监测与调查研究，对未来存在的灾害隐患寻找解决措施是当务之急的基础性研究课题。以下几项研究工作尤其重要。

1）深化围填海海岸综合防护、整治修复措施的研究，保障沿海经济可持续发展

围填海活动是一种完全改变海域空间自然属性的人类海洋开发活动，对其所造成的人工海岸遵循“建造结合自然”，从提高海岸适应性的原则进行有关综合防护、整治修复措施的深化研究，这对于确保海洋生态保护红线面积不减少、自然岸线保有率标准不降低和沿岸砂质岸线长度不缩短具有十分重要的意义。这方面的研究工作有两个基本课题：

（1）深化海滩修复与养护技术研究。海滩养护作为我国近年来新兴的海岸保护和生态环境改善的手段，因其实用性、生态性和社会、经济效益性等多方面的优点，得到沿海地区相关管理部门和公众的认可，过去十多年来在我国得以迅速推广和应用（蔡锋等，2015）。但是，我们也必须认识到，我国沿海海岸的地质地貌环境、动力–泥沙条件的区域性特征千变万化，因而不同区域、不同岸段海滩保护的内容和要求也有所差别，即海滩保护的类型与技术手段，以及其整治修复的目标也是不尽相同。因此，为推广对我国围填海造地人工海岸现状的应用，使之适应海洋自然规律和最大限度地减轻负面环境效应，亟须在以往海滩养护中取得实践经验的基础上，进一步进行深入研究，以便总结出针对性较强的，更为科学合理的海滩养护对策与措施。

（2）加强围填海造地后已经遭受过破坏的滨海湿地之生态环境补偿机制及相关技术标准的科学技术研究，为制定滨海湿地损害鉴定评估、赔偿、有效修复等技术规范提供准则与科学基础。其中，针对我国围填海周围海域的生态资源环境系统损害情况，尤其对红树林、珊瑚礁、海草床等近岸海区生态系统的破坏及压缩当地近海渔业生产空间

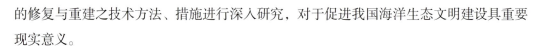

的修复与重建之技术方法、措施进行深入研究，对于促进我国海洋生态文明建设具重要现实意义。

2）强化围填海海域资源环境承载力研究，为建立海洋蓝线制度奠定科学基础

由于近岸海域的资源环境改变均具一定承受容量，研究围填海造地开发区海域资源环境变化的承载力，对于海岸资源的开发利用进行合理配置和有效管理，增强开发潜力与打造蓝色经济带具有重要意义。海洋资源开发承载能力的研究有利于根据每个海洋功能区适应其海洋自然规律的特点及其社会经济发展现状等情况，对围填海工程项目施工技术方案的可行性做出切实的分析与评估；同时，可对我国沿海地区不同个案的自然岸线保有率应是多少为最合理提出科学预测。

3）完善规划设计中围填海海域可能引发海岸带灾害隐患问题的研究，促进和谐海洋建设

针对7.2.3节所述我国大规模围填海开发活动普遍出现的严重负面环境效应问题，特别是对规划设计中围填海海域可能带来的海岸带灾害隐患问题进行深入研究，并提出其防御方略是实施海岸带资源开发整治与海洋环境保护的一项重要举措，这将促进和谐海洋建设。

4）健全围填海造地空间用海的科学布局研究，为近岸海洋资源环境的合理规划利用与综合监管提供有效支撑

以往我国围填海工程措施中由于大多采用攫取式开发方式，不仅是以人工岸线代替自然岸线，更为甚者是将围填海区域原有岸线裁弯取直，使岸线长度减少，自然岸线消失，海洋动态平衡遭到破坏，从而导致了降低自然海岸景观的美学价值及许多海岸资源丧失。因此，研究如何布局才能使资源利用最大化和使海洋生态环境损害最小化是我们必须重视的另一重要科学研究课题。

7.3.2.2 践行新发展理念，牢固树立高效利用海域资源的对策

2016年和2017年，国家海洋局密集出台了《围填海管控办法》《海岸线保护与利用管理办法》和《关于海域、无居民海岛有偿使用的意见》等有关改革文件，对积极化解围填海历史遗留的问题及形成依法治海、生态用海、制度管海的新局面将起深远的作用；2018年1月17日针对围填海，结合国家海洋督察整改工作，国家海洋局又旨于杜绝一切违法违规使用海域现象，在新闻发布会上还宣布了将聚焦“十个一律”“三个强化”，采取“史上最严” 的管控措施；加上，国务院于2018年7月25日发布《关于

加强滨海湿地保护严格管控围填海的通知》。显然，深入落实这些管控举措，制订配套细化的实施方案、技术标准规程，不断完善围填海管控的制度体系是当前我国经济转向高质量发展 这一新常态下的新要求，符合生态文明建设的需要。

鉴于大规模围填海是把双刃剑，应对这一活动的发展，我们按我国古代思想家荀子的名言——“明主必谨养其和，节其流，开其源，而时斟酌焉”，提出“开源节流”的对策。

1）节其流——创新海岸海洋协调管理，落实保护管理法规的执法职能体制

有关集约节约用海问题，这里主要针对造成盲目围填海现象的原因及现今围填海围割堤坝存在的问题等提出几点解决办法：①实行海洋行政一体化，对全国海岸带用海充分调研，进行科学统筹规划，堵死用海规划、论证分管不明的围填海活动；②遵循“建造结合自然”，提高海岸适应性的原则，对所有用海围割堤填根据用海类型、用海方式从“传统堤坝”向“生态堤坝”转变，或从“硬式堤坝”向“软式堤坝”转变，促使用海效果增加亲水性、亲海性和生态化，以减轻侵蚀隐患；③强化在围填海工程规划方案确定之前，必须进行海岸演变进程的研究与评估，使项目结果具有预见性；④在加强重点保护区岸线管理方面，可以以海湾为基本单元，将沿海主要海湾进行功能定位划分，并实施分类保护与管理。若以生态保育为主要功能定位的海湾，要严格控制海湾岸线开发、严守生态保护红线、恢复海湾的自然岸线和保持海湾面积与形态特征；而以港口和航运为主要功能定位的海湾，应注重优化和提高岸线资源的利用效率；⑤进一步出台与《海岸线保护与利用管理办法》等法规相衔接的保护条例或细则，从完善自然岸线保护法规体制的角度，提出明细要求，确保项目用海的集约节约开发利用，真正做到在开发中保护、在保护中开发，全力推进海洋生态文明建设。

2）开其源——推广生态优先新理念、恢复岸线自然属性

为统筹陆海空间开发保护，确保围填海开发活动具有科学性，使新形成的人工岸线具有自然岸线形态特征和生态功能，不仅要对已经开发利用项目补充开展生态优化评估，而且也要对正在进行或将要进行的项目开展岸线生态优化建设工程的设计工作。因此，目前在“开源”管理方面较迫切需要的是：①制订围填海相关的生态岸线改造与优化的技术规程，以便夯实模拟自然岸线的方法来化解围填海岸线硬化、景观弱化和侵蚀隐患等问题解决的具体细则规范。其中，包括滨海湿地植被与恢复、人工沙滩修复养护、海岸生态廊道建设等工程方案的规划与设计的一些详细技术规程；同时，有针对性地开展修复技术研发，组建专业技术队伍，为海洋生态保护修复提供科技支撑；②对围填海人工岸线已实现自然化、生态化的海岸工程建立典型案例示范

区，综合分析示范区岸线生态优化的效果，总结全国围填海生态文明建设的特点、存在问题与经验教训，使形成示范工程引领。这也是保证海洋生态保护修复质量和效果的另一重要管理举措；③放眼长远，着手当前，为提升综合减灾能力，加强海岸侵蚀等海洋灾害风险评估，同时对隐患进行排查、治理。

上述，面对我国当前自然岸线保有率锐减及加剧侵蚀隐患等问题的严峻形势，所提出的两项对策建议，对于切实做到将围填海管理工作提高到一个新水平，是现今的必然要求。其中，强化人工岸线适应于海岸海洋自然环境条件的研究工作不可或缺；对“开源节流”双向发展管理策略，亦宜时时斟酌执行之。相信，在习近平总书记号召建设海洋强国和强调不影响生态环境是未来发展的一条红线的指引下，应对围填海活动采取把我国沿海地区打造出一条蓝色经济带，把海岸海洋资源开发利用多样化，而非仅仅是围填海造地的途径，必将能够达到和谐开发利用海岸资源的目标。

第8章　沿岸海岸侵蚀固有特征分区

海岸侵蚀作用是隶属海岸地质过程的范畴，我国海岸侵蚀最为突出的特点是在于我国海岸带漫长，其海岸线地跨8个不同气候带，穿越了图5.1所示的不同大地构造单元，其中各个地质构造单元的地壳块断在中新生代的地质构造运动中，尤其是在新构造运动中有着不同的变形特征，导致在第四纪历史冰期、间冰期期间气候变化与海平面大范围升降效应中直接造成了在不同的地质构造单元中的第四纪地质基本轮廓与海岸地形地貌形态有着较大差别。这赋予现代中国沿海地区的侵蚀–剥蚀作用与堆积作用以及近岸海洋的自然环境条件具有显著的区域性区别（见表5.1）。因此，我国沿岸海岸侵蚀现象与脆弱性特点亦表现出具明显的区域性差异分布，它对我国沿岸的海岸侵蚀进行分析与评估是不可或缺的重要资料。本章依据图5.1对我国沿岸在新构造期的地壳块断升降活动特点的自然分区，分别概要叙述它们的海岸固有侵蚀特征。这对我国开展海岸侵蚀脆弱性评价之评价单元的划分是一基础性的参考资料。

8.1　新构造期地壳升降活动对海岸侵蚀作用的影响

本书第1章中所述“海岸侵蚀具明显的区域性分布特点”，充分说明了我国沿海由于中新生代以来受新华夏构造体系的影响，在构造隆起带沿岸形成了以山丘或台地溺谷型岬湾砂质海岸为侵蚀特征的区域，而在构造沉降带沿岸则形成了以第四纪沉积平原粉砂淤泥质海岸为侵蚀特征的区域。特别是在新构造运动时期受地壳块断升降活动变形的作用，更是对我国构造隆起带沿海不同变形地区的海岸固有侵蚀特征起着甚为显著的影响。

基于上述，为较现实地分析我国海岸侵蚀特征的区域分布规律，我们姑置勿论坚硬基岩的侵蚀问题，而只论有关第四纪时期以来各高海面时段，在其古侵蚀–堆积基准面于沿海地区形成的各类型第四系堆积物地层（即所谓“软岩类”地层）的分布情况。其中，尤其应当注重阐明古近时期——晚更新世（12万～1万年前）以来海陆作用过程中所形成的第四系堆积地层及其派生的砂（砾）质、粉砂淤泥质岸滩的侵蚀问题。我们知道，晚更新世以来的末次冰期（玉木冰期），于最盛时期前、后有两个高海面时段：即晚更新世晚期亚间冰期（40千～24千年前左右，又称玉木冰期第二间冰期，我国也称沧州海侵旋回）和中全新世中期间冰期（约6.0千～4.0千年前，又称大西洋期，我国也称天津海侵旋回）。在这两个高海面时段，海侵时生成的古侵蚀–堆积夷平地貌面相对于现今海平面高程的分布状态，对于进行海岸侵蚀的分析与评估最具针对性又现实，即具有最重要的意义。也就是说，这是决定各该地区海岸侵蚀特征内在脆弱性的主要因素。根据刘青泗等（1999）的研究报道，在该两个高海面时段的海平面高程分别大约处在现代海平面以下15 m和以上2～3 m（据中国东部海平面的变化在晚更新世以来基本与全球海平面变化保持同步的研究成果推断）；按此计算，在这两个时段以来，由于各个区域的地壳块断升、降活动变形的不同，它们在原地所形成的古侵蚀–堆积夷平地貌面相对于现代海平面的分布高程的变异情况可概略示如图8.1（a）（b）和（c）。

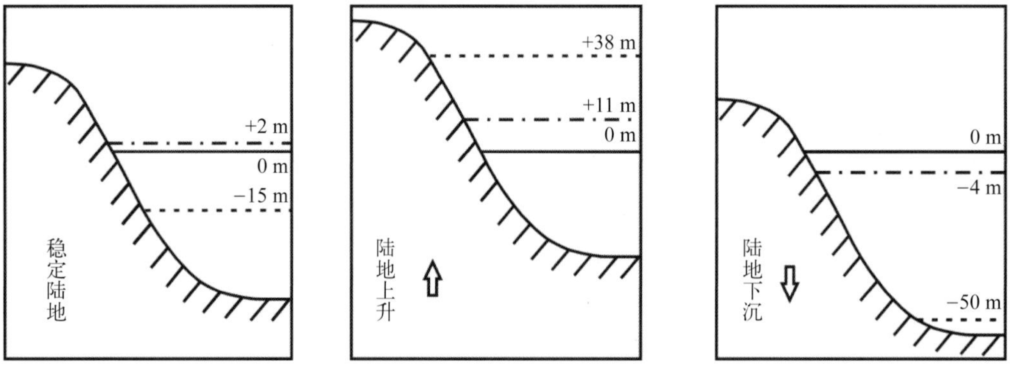

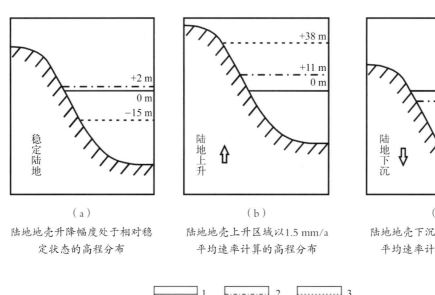

（a）
陆地地壳升降幅度处于相对稳定状态的高程分布

（b）
陆地地壳上升区域以1.5 mm/a平均速率计算的高程分布

（c）
陆地地壳下沉区域以1.0 mm/a平均速率计算的高程分布

1　2　3

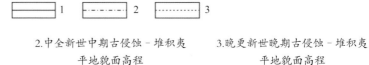

1.现代平均海面高程　2.中全新世中期古侵蚀－堆积夷平地貌面高程　3.晚更新世晚期古侵蚀－堆积夷平地貌面高程

图8.1　新构造期不同陆地地壳升降活动造成的古侵蚀–堆积夷平地貌面分布高程变异示意图——以晚更新世晚期和中全新世中期高海面时段形成的古侵蚀–堆积基准面相对于现代海面高程为0 m的计算值为例

从图8.1所示的地壳块断升、降活动可以看出以下3种情况。

（1）对于上升区域海岸［图8.1(b)］而言，在晚更新世晚期以来高海面时段形成的各种侵蚀–堆积夷平地貌面一般分布在临海的陆上地面，并且各自构成不同的阶地，它们不管是分布于基岩岬角之间的岬湾中，还是表现为形成平直海岸岸段，由于这些地层本身的物质组成、结构呈半胶结或松散状特别明显，其构成海岸的侵蚀脆弱性均为较高，当遭受外在侵蚀因素影响时，海岸往往以形成海蚀陡崖状为特征，即侵蚀作用常表现为严重侵蚀。

（2）对于下沉区域海岸［图8.1(c)］，晚更新世晚期以来形成的各古侵蚀–堆积夷平地貌面均系基本上处于现代海平面之下（除近几千年来形成的堆积物以外），这意味着现在海岸中固有高侵蚀脆弱性的岸线长度相对于总海岸线长度的占比要低得多。换言之，尽管在当前全球气候变暖和人类活动加剧的影响下，海岸侵蚀具持续加强的趋势，然却因地壳下沉，导致晚更新世晚期高海面时段广泛生成的最具侵蚀脆弱性的地层——包括老红砂层（Q_3^{3eol-m}）和基岩红壤型风化壳残坡积层（Q_p^{el-dl}）等并没有出露在濒临现代海岸线之上，使下沉区域整体海岸的侵蚀稳定性比起上升区域海岸要高得多。例如，图5.1所示华南隆起带中的浙江—闽北下沉带沿岸，海岸侵蚀现象并不明显，出现较强侵蚀的海岸段很少见；但其南侧闽中—闽南—粤东上升带则表现为严重侵蚀现象的海岸段屡见不鲜（见后详述）。

（3）对于地壳块断升降幅度处在相对稳定状态的区域海岸［图8.1(a)］，除了中全新世中期高海面时段和后来形成的各沉积地层或分布在较高阶地上的第四纪陆相堆积地层会被保留于现代海岸线之上以外，但晚更新世晚期高海面时段生成的沉积地层则被淹没在现代海平面以下，故海岸的整体内在侵蚀脆弱性多为介于上升区域和下沉区域之间。

应该指出，对于分析大区域海岸的固有侵蚀特征时，地壳在某一定时间段的升降活动通常是不能一概而论的（诚然，侵蚀影响因素还是复杂多变的）。例如，山东半岛壳幔于中新代以来在区域性大面积拱曲式缓慢抬升的同时，区内构造活动亦出现一定的地区性差异升降变形，从而造成各时期侵蚀–堆积夷平地貌面（阶地）的不均匀分布，使其不同海岸区段的固有侵蚀特征有所变异（参见后述）。此外，我国沿海地区也常发育具规模不一的地堑–地垒系断层地貌形态的海岸岸段，这同样可造成海岸固有侵蚀特征的地区差别。

8.2 我国沿岸海岸侵蚀固有特征分区

图8.1充分显示出，我国沿海地区在新构造期，尤其是晚第四世纪时期以来地壳块断的升降活动变形直接支配着现代中国海岸侵蚀自然环境的区域性差别。根据这一认知论述，可以为我国开展海岸侵蚀脆弱性的分析与评价之确定研究对象或遴选评价单元提供较为切实的具针对性的自然分界线。下面我们以图5.1所示对中国大陆沿海

地区，基于新构造运动时期的地壳升降特点而划分的10个海岸区（带）作为基础，首先参考现有资料概要综述各该区（带）中的区域构造地质基础、第四纪地质与海岸地貌基本轮廓、近岸海洋动力条件及海岸侵蚀成因主要特点等，随后尝试再依据它们各自区域中之不同特色的地质、地貌环境区段，共计将我国大陆沿岸划分成下述36个不同的固有侵蚀特征分区，即本书第10章“我国大陆沿岸海岸侵蚀脆弱性云模型综合评价”中的36个评价单元海岸区段，其编号按叙述先后顺序以E_1，E_2，…，E_{36}表示。在36个区段中，隶属中新生代隆起带海岸有29个，编号亦按叙述先后顺序以Up 1 ~ Up 29表示；隶属中新生代沉降带海岸有7个，编号则以Set 1 ~ Set 7示之。36个不同固有侵蚀特征之海岸区段的具体界线位置见图8.2。

8.2.1 燕山隆起带海岸（Ⅰ）的分区

燕山隆起带是我国大陆东部中朝地块内的一个次级构造单元，其中之再次级单元，仅山海关台拱位居现代海岸带。该区海岸位于辽西—冀东沿海，具体位置为自锦州湾往南到滦河口的滦河基底断裂。海岸线大体呈NE—SW走向。由于本区海岸线长度较短，且第四纪地质、地貌环境及海岸侵蚀成因特点较为单一，故将整条岸线的侵蚀固有特征划归为一个分区，即在图8.2中的E_1。

E_1——辽西—翼东沿海溺谷型基岩岬湾区段（Up 1）

8.2.1.1 区域构造地质基础

区内由太古界—下元古界变质岩系构成基底，基岩盖层主要是上古生界和中生界地层。中生代以来地壳普遍抬升，并且在北部区段遭受过强烈燕山运动影响，发生多期次褶皱，以及伴随强烈岩浆侵入活动，形成大片花岗岩体（《中国海岸带地质》编写组，1993）。进入新生代，在山海关台拱东侧发生了下辽河断陷，由于后者形成一个呈NNE向狭长的自古近纪到新近纪连续的坳陷沉积区，使燕山隆起带与断陷带之间的构造边界难于限定（李家彪，2012），前者则继续表现缓慢拱曲式抬升状态（卢演俦等，1994）。

8.2.1.2 第四纪地质与海岸地貌基本轮廓

新构造运动以来，在NE向断裂构造的控制下，西部以形成基岩侵蚀剥蚀山丘、台地为特征，东部沿岸地带岬湾内则表现为广泛发育第四系洪–冲积、冲积沉积阶地，同

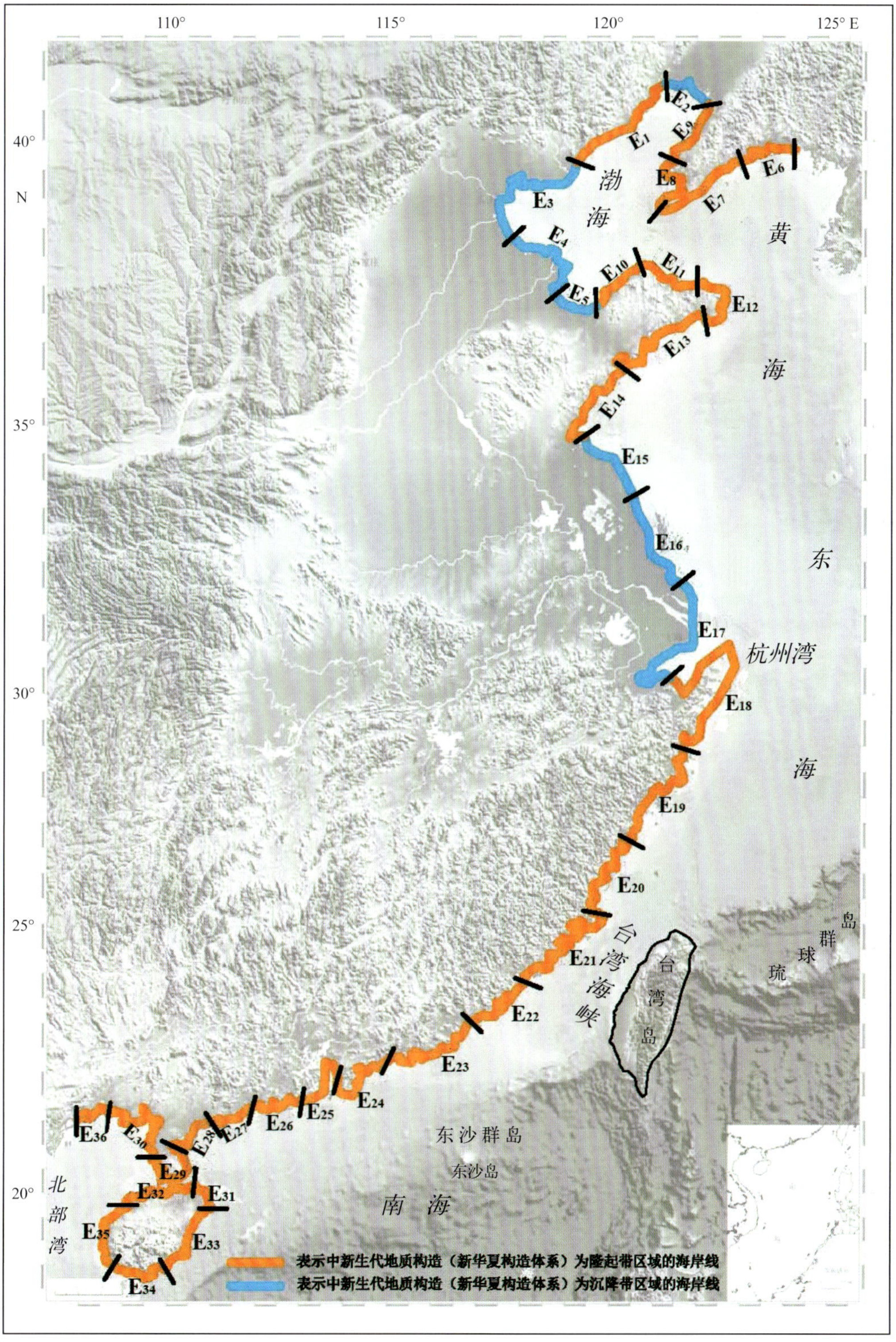

图8.2　我国大陆沿岸海岸侵蚀固有特征分区分布位置

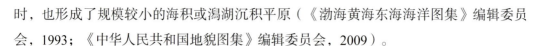

时，也形成了规模较小的海积或潟湖沉积平原（《渤海黄海东海海洋图集》编辑委员会，1993；《中华人民共和国地貌图集》编辑委员会，2009）。

自中全新世中期海侵以来，区内基本构成溺谷型基岩岬湾的海岸地貌。岬角主要由古老变质岩系和燕山期花岗岩类岩石等组成，第四纪洪–冲积、冲积阶地和海积平原一般分布在湾内；河口地带常有冲–海积平原呈扁状或舌状沿岸线断续分布；此外，沿岸或河流两侧还多发育风成沙地（《中国海岸带地貌》编写组，1995）。

潮间带地貌主要表现为形成砂（砾）质海滩、砾石堤、沙嘴、连岛坝、潟湖洼地和粉砂淤泥质潮滩等。其中，砂质海滩分布较广泛，是我国北方乃至世界有名的滨海旅游休养胜地。

8.2.1.3 近岸海洋动力条件

潮汐类型属正规全日潮。潮流运动以秦皇岛附近海域为例，涨潮流流向为WSW，落潮流流向为NNE（《中国海岸带水文》编写组，1995）。波浪亦以秦皇岛海域为例，波向主要集中在N—E方向区间内，NNE—ENE向为强浪向（NE向的年平均波高可达0.8 m），S向波浪为常浪向，频率18.69%（潘毅，2009）。秦皇岛沿海自1950—2003年间，总计发生8次风暴潮灾害，近年来的发生频率显示有增加趋势；支配本分区沿岸泥沙运移的主要因素是波浪作用，潮流和沿岸流居较次要地位（河北省地矿局秦皇岛矿产水文工程地质大队，2008）。

8.2.1.4 海岸侵蚀成因的主要特点

燕山隆起带的海岸侵蚀现象主要发生在砂（砾）质岸线上，这是由于区内在燕山山地前缘堆积的更新统（Q_P）洪–冲积、冲积碎屑地层中含有较多的砂、砾质颗粒，并且普遍出露于现代海平面之上，构成沿岸阶地；而且，还由于自中全新世中期海侵以来，在浅水波浪等作用下，又由它们派生形成了在沿岸广泛分布的砂（砾）质海滩及沙堤–沙丘带等现代沉积的缘故。换言之，这些晚第四纪沉积物类型组成的海岸所发生的侵蚀作用，是本分区海岸侵蚀脆弱性固有特征的表现。据杨燕雄等（1994）利用多期航、卫片，结合海岸固定剖面观测等资料，对秦皇岛地区砂质海岸侵蚀现象的时空分布特征进行了综合分析，认为该地区海岸的侵蚀影响因素主要是遭受风暴潮袭击，此外，如海滩采沙、沿岸建设突堤等人为活动因素也有重要影响。

8.2.2 华北—渤海沉降带海岸（Ⅱ）的分区

华北—渤海沉降带沿海地区包括下辽河第四纪沉积平原海岸（Ⅱ-1）和华北第四

纪沉积平原海岸（Ⅱ-2）。它们的海岸侵蚀成因背景如下。

8.2.2.1　区域构造地质基础

华北—渤海沉降带亦地处中朝地块内，是在燕山运动时期形成的大地构造格架基础上，沿古近纪裂陷带叠加了在NNE或NE向断层的右旋走滑之产生的拉分作用以及地壳结构均衡的深部过程，而发生了大范围沉陷所形成（卢演俦等，1994）。该沉降带作为一个新生代沉积盆地（从地质概念上也称“渤海湾盆地区”）涵盖了华北平原、下辽河平原和渤海海域3个地理区域，乃由6个相对独立的古近纪裂陷沉积盆地和一个统一的新近纪至第四纪的坳陷沉积盆地上、下叠合而构成（陆克政等，1997）。一般认为：渤海与周边陆域具有相同的结晶基底；前新生界基岩盖层的岩性分布在渤海的南、北部则有不同特征。新生界盖层的厚度超过万米，其中古近系为滨浅海相和海陆交互相碎屑岩、碳酸盐岩等；新近系仅为滨浅海相和海陆交互相的碎屑岩；第四系平原组乃是分布于全区范围的稳定沉积，主要为浅海相碎屑岩（李家彪，2012）。

8.2.2.2　海岸地形地貌基本格局

渤海是伸入陆地平原的内海，周边有数百条河流汇入于其中，它作为陆源泥沙充填的盆地地区，沿岸河海交互沉积作用及其冲淤演变过程是本区域海岸地貌发育的主导特点。区内海岸地貌形态总体为形成广阔的多成因复合平原。其中，包括自中全新世中期海侵以来，在辽东湾北岸形成的双台子河—辽河冲海积大平原；在渤海湾北岸形成的滦河三角洲–沙坝潟湖平原；在渤海湾西北—西岸形成的河口湾–牡蛎礁平原与海积盐土–贝壳堤平原；在渤海湾、莱州湾之间形成凸突的现代黄河三角洲平原；以及在莱州湾南岸由系列小河形成的海积–冲积平原等（详见下面分区叙述）。显然，这些不同沉积地貌体系的区别是由于陆源河流供沙情况及其与海洋交互沉积作用、侵蚀演变和主导动力之差别所致。

8.2.2.3　近岸海洋动力条件

华北—渤海沉降带沿岸水下岸坡甚为平缓，近滨浅水波浪在向岸入射过程中因能量受到强烈耗散而显著减弱，故滨海动力因素以潮流或径流作用为特征。

如图5.5所示，辽东湾、渤海湾和莱州湾的潮汐类型均基本为不规则半日潮；潮流运动形式，虽然各个湾的形状有所不同，但长轴方向均为同湾的走向大致相同，即均垂直湾顶，故主要表现为往复流性质，尤其是下辽河海岸段，其潮流的涨急和落急方向均与海岸基本垂直。

波浪波型受地形掩护，外海涌浪影响很小，风浪频率较高。波浪常浪向在辽东湾顶主要是S偏W向；在渤海湾近岸以塘沽站为例，主要是E偏N向；在莱州湾以屺姆站为代表，为NE—NNE向。强浪向在渤海湾（塘沽）为NE—E向，多年平均波高不大（一般小于1 m），年内变化亦不大；在莱州湾（屺姆岛）为N—NNE向和WNW—NW向，多年平均波高较大（大于1 m）。风暴潮常由寒潮大风引起，对于辽东湾湾顶多为离岸风，一般是减水；而渤海湾和莱州湾由于是东北大风迎风岸，则常引起增水。

不同区段海岸的水动力环境因时空变化而改变是众所周知的。兹以现代黄河河口区为典型之例概要说明如下。该河口区的水文动态总体乃以水少、沙多，潮弱（潮汐由驻波控制）和河床演变剧烈为基本特点。但据陈吉余（2007）的研究资料指出，黄河的径流量或输沙量的年际、年内分配都是极为不均匀的，而且，海洋动力作用也是因时因地而变：①潮差以三角洲中部的神仙沟口附近岸段为最小（平均潮差仅0.6 m），向两侧逐渐增大（1.6~2.0 m）；潮汐性质基本上虽为不规则半日潮型，但潮流流速的分布与潮差相反，三角洲中部和沙嘴突出部位最大（约1.5 m/s），向两侧逐渐减小到0.5 m/s以下，这一特点对入海泥沙向外扩散起重要作用；潮流虽总体具有往复流性质，但在洪水季节，河口内并无涨潮现象；②滨海区的余流主要是风吹流，表层在偏南风作用下由莱州湾流向渤海湾，在偏北风情况下由NW流向SE；③黄河口在径流、潮流和波浪的作用下，其演变过程主要表现为淤积、延伸和改道，致岸线经常出现淤积和后退现象；尤其是当河口改道后，由于陆源物质补给减少或是断绝，原突出于岸线的沙嘴在风浪、潮流的作用下往往发生侵蚀后退。

8.2.2.4 海岸侵蚀成因的主要特点及分区

综上所述，华北—渤海沉降带是我国大陆沿海地区最为典型的一个统一的新近纪至第四纪的内海沉积盆地，众多大河汇入其中，河海交互作用是其海岸发育的基本因素，在径流、潮流和季风波浪等的作用下，淤蚀变化过程十分迅速。岸滩的堆积或侵蚀作为水、沙相互作用动态平衡的结果，当入海泥沙供应量大于浪流掀带与搬运泥沙量时海岸处于淤积伸长；反之，入海泥沙供应量小于浪流掀带与搬运泥沙量时，则海岸蚀退。根据前人对本区域海岸侵蚀的大量研究成果，可将该区域海岸侵蚀的成因特点归结为受自然因素和人为因素的影响，前者主要包括入海河流输沙量锐减、河流河道变迁、构造沉降导致海平面上升以及风暴潮和强风浪等的影响；后者主要是受海岸工程（含围填海造地）和近岸采沙等使沿岸泥沙流的动态平衡发生变化的影响。当然，不同海岸岸段的具体侵蚀特点也各有区别。

（1）现代黄河三角洲海岸，在近半个世纪以来由于入海泥沙量日渐减少，以及地壳沉降和尾闾河道的频繁改道，使从过去年均造陆23 km^2，演变成现今为大面积侵蚀后退，以致 胜利油田受到潮淹堤坍的威胁，并导致具有重要生态功能的滨海湿地大面积丧失和滩涂资源减少（陈吉余等，2002）。

（2）位于渤海湾北侧海岸的滦河三角洲，该河流由北往南流出燕山后，自晚更新世（Q_3）以来由于河流几次迁徙，在涧河与大蒲河之间发育了4个三角洲瓣，它们相互叠覆构成了类似“公”字形的以河流泥沙堆积为主体的一个大三角洲平原海岸，各三角洲瓣的规模大小与河流供沙量及下游河道、河口的稳定时间长短有关（王颖，2012）。自1979年建设了潘家口、大黑汀水库，1983年又引滦河水供天津以及1984年引滦入唐山后，滦河在1980—1984年间的年径流量减少为$3.55\times10^8\ m^3$，比工程前减少达92%，其尾闾几乎干涸；正因为河水枯竭，入海泥沙减少，该三角洲由原来向海淤积延伸（最大达81.8 m/a），转变为受海浪、风暴潮冲蚀后退，其最初几年的岸线平均后退约3.2 m/a（严重侵蚀），最大10 m/a，尤其滦河口门的后退更为显著（曾达300 m/a）；岸外沙坝宽度与长度亦均逐年减小（缩小率分别为20 m/a和400 m/a）（钱春林，1994）。

（3）在渤海湾西南岸段大口河附近，原是1048年黄河从马颊河以北入海的一支古道，当时曾发育过大口河三角洲，但自公元1128—1855年间，黄河南迁夺淮注入黄海以后，这一岸段岸滩便普遍发生侵蚀后退。根据该岸段沿岸贝壳堤的后退速度，岸滩的侵蚀速度每年约为1.6～11.3 m，不少滨海渔村因贝壳沙堡的消散而被迫废弃（阮成江等，2000）。

总之，华北—渤海沉降带区域海岸侵蚀的最主要成因特点表现在河流流域迁徙或现代三角洲河口改道以及河流入海水、沙量锐减，导致河海交互作用过程中，海岸动力–泥沙条件从径流作用与泥沙进积相对较强转变成波浪作用相对凸显的变化，使海岸由淤积伸长向侵蚀蚀退演变。

基于华北—渤海沉降带沿海自中全新世中期海侵以来，形成的不同海岸沉积地貌体系的地理区位分布，以及它们各自不同的侵蚀成因特点，可以将该沉降带的海岸侵蚀脆弱性的固有特征划分成以下4个分区（见图8.2中的E_2～E_5）。

E_2——辽东湾北岸冲海积大平原区段（Set 1）

本区段东界在辽宁盖州市盖平角与胶辽隆起带毗邻，往北西直到锦州市锦州湾北侧的小凌河口与燕山隆起带E_1区段接壤。海岸地貌是由辽河—双台子河—大凌河等河流入海而形成的冲–海积大平原。河口轮廓呈河口湾形式，这主要是由于受到来自渤海湾转向NE，并直达辽东湾顶后的渤海主潮流之动力影响下被展宽成漏斗形，而致本区段潮滩沉积构成了（河口）湾形形态（王颖，2012）；突出特点是在区内海岸的中部形成了一个较大的呈喇叭形河口湾（二界沟），并于湾中造成许多沙岛或拦门沙分布。潮间带发育宽广潮坪，其上生成大面积之由单一碱蓬组成的红海滩，是我国唯一的世界特色的海岸环境区——已建国家自然保护区。近滨海域形成现代河口水下三角洲。区内海岸以淤积为主，侵蚀现象不明显。

E_3——渤海湾北岸和西岸海积平原区段（Set 2）

北界以滦河口的滦河基底–断裂与燕山隆起带E_1区段接壤，往南经曹妃甸、天津新港区，直到冀鲁交界的埕口为止。中全新世中期海侵以来，海岸地貌总体形成由全新统海积相组成的平原海岸。其中包括以下三类型平原海岸。

（1）渤海湾北岸滦河三角洲–沙坝潟湖海岸，这主要是由于滦河河口常年盛行的NE向风浪把泥沙自海向岸横向输运，从而发育了水下沙坝、海岸沙坝，并环绕河口使海岸构成沙坝–潟湖双重岸线的结果；该三角洲中的砂质颗粒基本上源自燕山山地。前面已述，近几十年来由于滦河流域建水库等工程，致河水枯竭，入海泥沙减少，三角洲已经从原来向海淤积延伸转变为受海浪冲蚀后退。

（2）渤海湾西岸海积盐土–贝壳堤平原海岸，造成因素以潮流动力为主。该潮滩沉积物主要来自古黄河和海河。海积盐土上植被、淡水稀缺，荒芜单调。海岸的发育取决于泥沙补给量与潮流动力的对比：当泥沙供给量大，海岸淤进；若供给量小，或是受风暴潮袭击时，岸滩便发生冲蚀。冲蚀作用除潮滩被淘冲外，还可将较粗的贝壳、壳屑或砂颗粒推向高潮线形成贝壳质堆积岸堤。换言之，贝壳堤的形成意味着潮滩遭受冲刷侵蚀的再堆积。当贝壳堤形成后，又可促使堤内侧的高潮滩发育成盐土平原。显然，古黄河南迁夺淮注入黄海后，贝壳堤发生后退与消散实际上就是一种海岸侵蚀的表现（侵蚀强度前面已述）。

（3）渤海湾西北岸蓟运河河口湾–牡蛎礁平原海岸，这是上述两类型平原海岸的过渡类型。本段海岸实际上是由潮流携带的悬移质泥沙沿河口湾上溯，与河流下泄泥沙交汇，滞缓水流流速，从而充填河口湾的现代沉积；其中牡蛎礁则是在约2000年前水下岸坡的堆积体（王颖，2012）。近期周边大河入海泥沙量锐减是该海岸发生侵蚀的主要因素。

E_4——现代黄河三角洲沿岸区段（Set 3）

从西界埕口往东，缓转向南直达东营市的小清河河口。现代黄河三角洲平原是公元1855年黄河北归后在以宁海为顶点，所形成的复杂三角洲沉积体系。据王颖（2012），自1855年以来黄河较大的尾闾摆动共有10次，故生成了10个亚三角洲叶瓣形之组合的沉积体系。其中，由于尾闾摆动复杂和岸线的蚀淤变化导致三角洲沉积物亦处于不断变化之中，即同一地区新老叶瓣体的沉积相互叠置，老的沉积物或被新的沉积覆盖或暴露于地表。整个现代三角洲沉积体系的基本骨架为向NE方向呈扇形凸入渤海展布，其三角洲平原上的古河道体系为呈束状向外辐射。陆上平原面积约5 400 km^2，水下三角洲可伸展到水深15 m左右。

海岸地貌的特征表现：①整个扇形三角洲海岸线，从海岸形态的细部看，是由突出的沙嘴及其两侧的海湾构成了曲折海岸，其曲折率约为1.4 左右（乔彭年等，1994）；②三角洲结构自顶点到浅海可划分为三角洲上部平原、三角洲下部平原、三角洲前缘斜坡和前三角洲等组成部分；从三角洲平原的岸滩地貌看，包括了陆上河成高地、洼地和贝壳堤以及潮间带的河口沙嘴、栏门沙和潮滩等地貌类型（《中国海岸带地貌》编写组，1995）。

历史时期以来，现代黄河河口尾迁频繁，经历了复杂的河口演化历史过程。当河口他迁后，径流作用减弱甚至消失，波浪与潮流作用重新活跃，导致海岸侵蚀。在侵蚀过程中，初期海岸蚀退速率可高达1 km/a（严重侵蚀），以后逐渐减退；潮滩和水下三角洲亦可受到强烈侵蚀，其表现为潮沟内伸，0～12 m水深以内侵蚀较严重，水下岸坡重新塑造，坡度由陡变缓；在侵蚀的后期阶段，多在大潮高潮位附近形成贝壳堤或贝壳滩，经过不断调整，最终形成与海岸动力相适应的平衡海岸。

近几十年来黄河尾闾频频断流，使人们意识到黄河的水容量与科学规划利用之间问题的重要性，因而本着“绿为水润、水为人利、人为生态”的原则，采取了一系列抢救性恢复与保护湿地的措施（如修筑防潮大堤、湿地内围堰蓄水等），同时建立了国家级黄河三角洲自然保护区。这一举措使人类迈进适应自然、实现海洋生态文明建设及控制黄河尾闾循环流动的新征程。

现代黄河三角洲海岸的侵蚀成因特点：①对整个扇形三角洲海岸而言，以北岸的老黄河亚三角洲叶瓣体沿岸发生侵蚀现象较为普遍；②从侵蚀影响因素上看，除了上面所述河口尾闾频繁变迁引发海岸侵蚀作用以外，近期入海泥量锐减——由过去年平均年输沙量达12×10^8 t，到2000年以来减少为不到$2\ 000 \times 10^4$ t，也是重要的影响因素之一；其次，风暴潮袭击亦具有一定影响。有关现代黄河三角洲的整体淤蚀趋势参见前面所述。

E_5——莱州湾南岸冲海积和海积平原区段（Set 4）

海岸自小清河河口往东，直到莱州市虎头崖与胶辽隆起带（Ⅲ）接壤。本区段有小清河、弥河、白浪河、潍河、胶莱河等系列小河流入海。由于东界是隆起带山东半岛西海岸，从中全新世中期海侵以来，本区段东部的海岸沉积，广泛接受源自东侧陆上大片出露的更新统山前冲积–洪积相地层（Q_p^{al-pl}）阶地所提供的剥蚀泥沙充填，故区内东部海岸形成了宽广的冲–海积平原；而在西部海岸，则形成三角洲相的海积平原（《渤海黄海东海海洋图集》编委会，1990），这是莱州湾南部平原海岸地貌的基本沉积地质环境特征。潮间带均形成粉砂淤泥质潮滩。区内海岸侵蚀的成因特点主要是由于地下水开采过度，地面沉降引发严重海水入侵（李培英等，2007），从而造成了直接海岸侵蚀的现象；此外，河流入海的水、沙量锐减和寒潮风暴潮袭击也对侵蚀有一定影响。

8.2.3 胶辽隆起带海岸（Ⅲ）的分区

胶辽隆起带沿海涵括辽东半岛海岸（Ⅲ-1）和山东半岛海岸（Ⅲ-2），它们的海岸侵蚀成因背景如下。

8.2.3.1 区域构造地质基础

胶辽隆起带（Ⅲ）位在中朝地块的东南部，包含胶东、辽东和吉林南部地区，其西北侧以郯庐深断裂带与华北—渤海中新生代沉降带（Ⅱ）为界，东南侧以大别—临津江古生代结合带与扬子地块相对接（参见图5.1）。该中新生代隆起带呈NE向展布，其海岸带海区为北黄海沉积盆地和南黄海北部盆地的NW边缘地带。区内基底岩性由太古代和元古代变质岩系、混合花岗岩和混合岩组成（辽宁省地质矿产局，1989）；广泛分布的花岗岩类侵入体包括元古代花岗质片麻岩和块状花岗岩及中生代印支—燕山花岗岩等。自中元古代开始直至中生代早期，地壳总体处于隆升状态，仅在个别地区发育坳陷，沉积了一定厚度的地层。

中生代燕山运动受太平洋板块（库拉板块）俯冲与消亡的剧烈影响，造成了一系列NNE—NE、NWW—NW和近SN向断裂构造的强烈活动，并形成了众多大小不等的断陷盆地以及发生大量中酸性岩浆侵入。

进入新生代，大部分地区还是处于发生隆升–剥蚀状态，仅在一些山间盆地，沉积了厚度不大的古近系、新近系和第四系沉积地层。新构造期以来，地壳仍旧总体表现为继续拱曲式缓慢抬升（卢演俦等，1994），海岸基本由基岩岬角–港湾组成，第四系沉积主要分布在港湾之内，厚度一般较小。

8.2.3.2　第四纪地质与海岸地貌基本轮廓

1）沿岸晚第四纪地质概述

胶辽隆起带沿海地区晚更新世晚期和中全新世中期高海面时段所形成的古侵蚀–堆积夷平地貌面的分布高程与图8.1（b）相类似，即通常分布在濒临现代海面的上侧。沿岸晚第四纪堆积物的分布大多受基岩港湾、岬角的控制与分隔，本区域内除上更新统沉积地层在渤海沿岸的山东半岛西岸和辽东半岛西岸有呈较广泛连续构成陆上阶地分布外；全新统沉积地层则基本上于港湾内形成面积小而零散的分布格局，但也大多分布在现代海面附近或之上。尽管第四系古堆积物成因类型的地貌、岩性、岩相等特征变化多端，然则基本上属半胶结状或松散状地层（除个别的内生火山岩相堆积而外），它们在适应现代海面和不同海岸动力的条件下，在现代海陆作用过程中，提供了主要物质来源，从而衍生（派生）成现代砂砾质沉积或粉砂淤泥质沉积滩地等。特别是开敞海岸，在波浪作用下所形成的砂质沉积岸线不仅分布广泛，而且其堆积地貌类型也丰富多彩（如岸上风成沙地，以及砂质海滩、沙嘴、砂砾堤和连岛沙坝等），这些现代砂质海岸地貌形态乃是本区域内遭受侵蚀作用最为明显的海岸段。

2）海岸地貌基本格局

由于末次冰后期海侵以来，本区域地壳仍旧基本处在缓慢抬升、剥蚀状态，故沿岸滨海沉积环境如表5.1所列的隆起带之一般特点。海岸的地形地貌形成了以基岩侵蚀剥蚀山丘或台地溺谷型岬湾为特征的总体形态。具体的海岸地貌类型及其分布状况，主要取决于所在地区的构造地质背景、河流分布、海岸动力环境及邻近海岸岩性的特性（包括结构密实程度、风化程度等的泥沙供给情况）等因素。根据《渤海黄海东海海洋图集》编委会（1990）等的资料报道，胶辽隆起带沿海大体可以划分出下列9个不同海岸地貌类型的海岸区段。

（1）辽东半岛南岸东部区段，是主要由全新统晚期冲–海积相（Q_4^{2al-m}）组成的港湾平原海岸，于河口湾多形成细砂–粉砂质浅滩与潮流脊的现代近岸地貌；

（2）辽东半岛南岸西部区段，是较典型的海蚀丘陵或台地之溺谷型基岩岬湾海岸；

（3）辽东半岛西岸南部区段，为具侵蚀–堆积岸坡的大型复合基岩山丘岬湾海积岸；

（4）辽东半岛西岸北部区段，乃主要由更新统山前古洪–冲积相（Q_p^{pl-al}）堆积阶地组成的海岸，其岸前广泛派生砂砾质岸滩；

（5）山东半岛西岸区段，以由更新统山前古洪–冲积相堆积阶地组成的海岸为特点，岸前发育连岛沙坝、沙嘴等砂质岸滩；

（6）山东半岛北岸区段，总体是由基岩岬角与溺谷型冲积、海积平原（以全新统地层为主）的港湾相间分布组成的曲折海岸，港湾内发育许多不同地貌形态的砂质岸滩；

（7）山东半岛东端沿海区段，形成了巨型的海蚀山地丘陵岬，其中分布有狭窄岬湾；

（8）山东半岛南岸北部区段，为由基岩岬角与溺谷型第四系不同堆积阶地的港湾相间分布组成的曲折海岸，港湾内发育众多不同地貌形态的砂质岸滩；

（9）山东半岛南岸南部区段，形成以海蚀岬湾–沙坝潟湖海岸为主要特征的典型海蚀–海积型基岩岬湾海岸——沿岸普遍分布狭长的全新统晚期海积平原，并广泛发育众多复式沙坝–潟湖岸与砂质海滩。

8.2.3.3 近岸海洋动力条件

1）潮汐类型

潮汐类型如图5.5所示，辽东半岛西岸和山东半岛西岸处于渤海为不正规半日潮；而处于黄海的海岸，除威海至成山角到靖海角，以及连云港外海为不正规半日潮外，均为正规半日潮。

2）潮差分布

本区域沿岸各个区段的平均潮差为在0.79 ~ 3.71 m之间。对于辽东半岛而言，为从旅顺向鸭绿江口逐渐加大，而山东半岛为自成山角往南到海州湾逐渐加大（见图5.5）。

3）潮流运动形式

除在辽东半岛南岸庄河、石城岛一带出现旋转流外，其他近岸水域均为往复流。

4）近海海流系

如图5.6和图5.7所示，近海海流系主要由进入本区域海岸带的黄海暖流及其余脉所组成，其在渤海辽东湾和在北黄海北部至西朝鲜湾均为形成顺时针环流；而在山东半岛的近海沿岸流则为沿山东半岛北岸，绕过成山角向南黄海延伸，从而与黄海暖流及其余脉构成了逆时针环流。

5）波浪与风暴潮

（1）波型：辽东半岛南岸近岸水域，从NE侧往SW侧逐步由以风浪为主，转为风浪和涌浪频率相当；山东半岛北岸以风浪为主；山东半岛东岸及南岸明显以涌浪占优势。

（2）常浪向：辽东半岛南岸，以及山东半岛东岸和南岸主要为偏S向，这是由于外海开阔，风区较长，涌浪可直接传至本区，另者偏南风作用在这些海区也可形成风浪。辽东半岛西岸，因不易受外海海峡来浪的影响，而主要受控于SW向风浪作用。山东半岛北岸的常浪向为偏NE的几个方位。

（3）强浪向：辽东半岛南岸近岸水域的强浪向与常浪向大体相同。山东半岛北岸强浪向主要是N—NE向和NW向两个方向。山东半岛东岸和南岸的强浪向由于直接受外海波浪传入的影响，而分别为NNE—NE和ESE—SE向，有时SSW向也较强。显然，这种分布状况是与海区风况及地理环境密切相关的。

（4）年平均波高与最大波高：沿岸近海年平均波高在1.0 m以上的测波站，自北往南依次有长兴岛、北隍城岛、屺姆岛、芝罘岛、成山角、千里岩等，多集中在山东半岛北部海域。平均波高最大出现在海峡中的北隍城岛站，其NNE向年均值高达1.7 m。大浪的生成受台风和寒潮大风的影响明显，本区域沿海各测波站的最大波高分布参见表5.7中渤海、黄海沿岸海区所列相关站数据。

（5）风暴潮：本区域沿岸海区发生风暴潮除由寒潮大风引起增、减水（NE向大风的迎风岸常引起增水，而离岸风常为减水）外，在每年的7、8月中，沿黄海北上的登陆于辽东半岛或穿过山东半岛再登陆于辽东半岛的台风，也是导致增减水的重要原因之一。例如，山东半岛南岸的乳山口海洋站从1961—1970年间的统计，最大增水为1.11 m，最大减水1.06 m；0.5 m以上增水为29次，0.5 m以上减水为103次。

8.2.3.4 海岸侵蚀成因的主要特点及分区

1）海岸侵蚀成因的总体特点

胶辽隆起带两个半岛区域的海岸固有侵蚀脆弱性特征与成因特点总体表现在，新构造运动变形仍继续第三纪时期处于缓慢抬升状态，使晚第四纪以来历次高海面时段形成的古侵蚀–堆积夷平地貌面（包括形成的基岩风化壳残坡积地层和第四纪沉积地层）出露在濒临现代海平面之上侧，从而在开敞海岸由这些古堆积地层衍生了丰富多彩的现代砂质海岸地貌，由于它们的岸与滩的物质组成、结构疏松，致许多基岩港湾内海岸具有内在侵蚀脆弱性的地质地貌基础。当海岸动力强化和（或）沿岸泥沙亏失，便会发生侵蚀作用。尤其是自20世纪60—70年代以来，因遭受全球气候变暖、海平面上升及暴风浪潮增强的影响，再加上我国大规模开展经济建设的人为因素影响（如人工采沙、不合理海岸工程建设和入海泥沙量锐减等），使海岸的冲淤变化特征总体上从以堆积现象为主逐步转变为处于侵蚀趋势。

2）各海岸地貌类型分区段的侵蚀脆弱性特点

兹按上面所述9个不同海岸地貌类型分别概述各个分区段（见图8.2中的$E_6 \sim E_{14}$）的海岸固有侵蚀脆弱性特征如下。

E_6——辽东半岛南岸东部河口—港湾平原区段（Up 2）

位于鸭绿江口往西至庄河河口之间。自末次冰后期海侵以来，由于区内分布的鸭绿江、大洋河和庄河等较大河流携带的泥沙注入古海湾，加上汇集了来自南面浅海的悬移质泥沙，在径流与潮流交互作用下，沿岸形成了广泛的由全新统晚期冲–海积相（Q_4^{2al-m}）组成的港湾平原海岸。在河口湾区，现代近岸的海岸地貌形态可以以鸭绿江河口为代表。该海区在强潮流的作用下被展宽成漏斗形，而形成了一系列沿潮流方向延伸的细砂–粉砂质浅滩及彼此平行的潮流沙脊、谷槽海岸。

由于潮水在河口湾内辐聚辐散，每一潮汛均使潮流脊加积增高，但在内陆架浅海域，因波浪掀带沙脊上的细砂，并将之从东向西沿岸输运，从而造成沙脊尾端（向海侧）发生冲蚀改造作用，这是本区段侵蚀现象的主要表现。

E_7——辽东半岛南岸西部海蚀基岩岬湾区段（Up 3）

东界起自庄河口，往西直到大连—旅顺一带的老铁山岬的西端。新构造运动升降变形为处在稳定或缓慢抬升、剥蚀状态。中全新世中期海侵后，海岸地貌形成典型的海蚀丘陵、台地溺谷型基岩岬湾类型。海岸主要由坚硬的古老变质岩系构成，虽面临开阔外海，波浪大、海流急，但岩石抗蚀力强，经长期的水动力冲蚀与岩屑磨蚀，海岸几乎仍屹立于原地，基岩岬角突出，并占总岸线长度的比例较大。西段海岸主要发育海蚀崖，仅在岬角间波、流减弱处有小型袋状沙砾滩分布；而东段海岸，因近岸海区有长山群岛外挡风浪，沿岸港湾多形成潮滩。总体而言，本区段近期发生海岸侵蚀灾害的现象并不明显。

E_8——辽东半岛西岸南部大型复合基岩岬湾海积区段（Up 4）

南界起自老铁山岬北侧，沿丘陵山地海岸往北经金州湾、普兰店湾，直到复州湾北面的丘陵岬角北侧。辽东半岛西岸近岸海区是华北—渤海沉降带与胶辽隆起带的构造边界地带，其水下岸坡属侵蚀–堆积区。本区段自末次冰后期海侵以来形成的海岸地貌，主要表现为由上述几个丘陵海湾复合所构成的一个呈NE向延伸的大型溺谷基岩港湾海岸。湾内海区为侵蚀–堆积岸坡，沿岸分布零星海积淤泥质潮滩沉积；在山间谷地、隘口则分布小片洪–冲积相堆积物。海岸侵蚀现象，不管是老铁山岬等海蚀基岩岬角，还是港湾内沿岸沉积物都不显著。

E_9——辽东半岛西岸北部第四系堆积阶地平原区段（Up 5）

南界自复州湾北面丘陵岬角北侧，往北东延伸直至与华北—渤海沉降带接壤处的盖平角。本区段海岸线较为平直，其中除有少数较小基岩岬角分布外，大部分岸线为由自第三纪至更新世末期堆积的大片山前洪–冲积相（Q_p^{pl-al}）碎屑地层（厚度从20 ~ 50 m）组成的平原阶地海岸（王玉广等，2005），其沉积泥沙主要源自东侧花岗岩、变质岩系山地。自末次冰后期海侵以来，在平原阶地岸前又进一步形成了冲–海积、湖相堆积或沙丘海岸，以及砂砾质海滩等。根据“908专项”设立的“海岸侵蚀现状评价与防治技术研究”的研究成果，在2003年8月至2006年7月间，有15 km的砂质岸段遭受侵蚀后退，其最大侵蚀宽度为2.0 m，年均侵蚀宽度0.7 m（属微侵蚀等级），年均侵蚀总面积10 500 m^2。造成侵蚀的原因除海岸固有地质基础的侵蚀脆弱性特点外，主要是河流入海沙量减少、人为采沙、不合理海岸工程影响和风暴潮袭击，尤其是人工采沙，引起的海岸侵蚀现象在沿岸不胜枚举（夏东兴等，1993）。

E_{10}——山东半岛西岸第四系堆积阶地平原区段（Up 6）

南界为与华北—渤海沉降带毗连的莱州市虎头崖，往东北直到蓬莱登州海岬西侧的黄水河河口，岸线呈NE方向平直伸展。新构造运动地壳变形总体处于缓慢抬升、剥蚀状态。本区段近岸海区水下岸坡均处在胶辽隆起带与华北—渤海沉降带的交接地带。根据《渤海黄海东海海洋图集》编委会（1990）等的资料报道，本区段沿海地区与E_9区段类同，在末次冰后期海侵以前，从第三纪至更新世末期堆积了范围甚至更为大片的山前洪–冲积相（Q_p^{pl-al}）碎屑地层（泥沙也是主要源自其东侧山地的花岗岩和古老变质岩系），后因地壳抬升广泛出露于沿海地带，构成各级阶地。这些阶地堆积物胶结结构疏松，在现代海岸的海陆作用过程中，为沿岸提供了大量砂质来源，其所形成的较平直的砂质岸线（约80 km长）占总岸线长度的比例高达44%（据雷刚等，2014）；地貌形态除了砂质海滩外，如屺姆岛陆连沙坝及在龙口湾中衍生的多条沙嘴沙坝体甚具特色。由于近岸海区盛行NE向波浪，并近期在人为活动（如围垦养殖，人工采沙等）的影响下，加上入海砂量逐年减少，砂质岸滩大多发生明显向陆蚀退或下蚀的现象。

E_{11}——山东半岛北岸基岩岬角与河口–港湾平原相间分布区段（Up 7）

西界起自蓬莱登州海岬西侧，往东直到威海岬角为止。岸线总体呈ESE向延伸，但较为曲折。本区段处在胶北凸起带内，区内基岩主要由古老变质岩系和少量花岗岩组成（《中国海岸带地质》编写组，1993）。沿岸地区地形地势相对较高，海岸面对北黄海。末次冰后期海侵后数千年以来，形成由山丘基岩岬角与溺谷型海积港湾相间分布的曲折海岸地貌类型。港湾内多有小河流注入，并在岸外偏NE向盛行波浪的作用下，将汇入海中的泥沙沿岸推移、淤填港湾，而形成第四系不同沉积阶地与平原海岸；且于潮间带广泛发育砂质海滩，以及相关的海岸沙堤–沙丘带等。区内砂质岸线占总岸线长度的比例约为29%（雷刚等，2014），其中较有特色的地貌形态是在烟台芝罘岛发育了大规模的陆连沙坝体。近期海岸侵蚀主要发生在砂质岸线上，尤以蓬莱澄洲浅滩，以及邻近威海岬角西侧的沙丘海岸的侵蚀蚀退为严重，成因主要是人工采沙、不合理的海岸工程建设和风暴潮袭击。

E_{12}——山东半岛东端巨型山丘基岩岬区段（Up 8）

西界为威海岬角，往东经成山角，转向南直到靖海卫。本区段是山东半岛伸入黄海的巨型山丘基岩岬。末次冰后期海侵以来，沿岸水动力环境条件为深水、急流，长年累月波涛汹涌，将基岩（花岗岩和古老变质岩系）冲蚀成陡峭的岩壁、巷道等海蚀形态。水下岸坡陡峻，10 m水深直逼岸麓，海蚀产物坠落海底，然则岸边几无细粒堆积物。沿岸形成了巨型的海蚀山地丘陵基岩岬角，其中分布有狭窄岬湾。近岸海底遭受强烈冲刷构成深槽。岸线十分曲折，第四纪堆积物夷平海岸仅见于稍大的荣成湾、桑沟湾之水动力较弱的内湾，或是见于较大基岩岛屿后侧隐蔽的岸段；此外，仅在岬角间波浪、海流减弱处可见到有小型袋状沙砾滩、薄层沙砾或卵石覆盖于岩滩上。尽管沿岸水动力强盛，但区内基岩岸线长度占比大，海岸发生严重蚀退的现象并不多见。

E_{13}——山东半岛南岸北部基岩岬角与港湾平原相间分布区段（Up 9）

北起靖海卫，往西南直到胶州湾，海岸线总体走向呈NE—SW方向。本区段在中生代受燕山运动的影响，处在胶莱凹陷带内，沿海地区出露的基岩主要由上侏罗统和白垩系陆相碎屑岩构成，部分有燕山期花岗岩分布（《中国海岸带地质》编写组，1993）。区内地形地势大部相对低于胶北和胶南地区。中全新世中期海侵以来，海岸地貌形成了由基岩岬角与溺谷型港湾内之第四系不同堆积阶地（以冲积、冲–海积和海积平原为主，局部为基岩风化壳侵蚀–剥蚀平原）相间分布的曲折海岸。其中较大的港湾有五垒岛湾、丁字港、崂山湾和胶州湾。海湾内潮间带除胶州湾形成潮滩外，主要以形成砂质海滩为特征，沙坝–潟湖海岸亦较为发育。近滨海区，除胶州湾内、外为冲蚀平原外，其余基本为堆积岸坡。近期海岸侵蚀主要发生在较平直的砂质岸线上，如文登五垒岛湾—乳山白沙口岸段，据庄振业等（1989）报道，自1950年到1985年间，岸滩蚀退率平均约1.5 m/a（属侵蚀等级）。侵蚀原因多是由于人为建水产养殖塘池或建丁坝、码头等改变了原本沿岸输沙动态平衡所引起。

E_{14}——山东半岛南岸南部海蚀岬湾–沙坝潟湖岸区段（Up 10）

北起胶州湾南侧，往南直到苏北海州湾南侧东西连岛一带，南界以海州—泗阳深断裂与江苏—南黄海沉降带（扬子地块）接壤。海岸整体走向呈NNE—SSW方向，岸线相对平直。本区段地质构造处在胶南凸起，地形地势总体较高；沿海地区前新生代地层分布表现为普遍出露燕山期花岗岩和古老变质岩系，少见沉积盖层，即地壳自元古代后均以上升为主（《中国海岸带地质》编写组，1993）。中全新世中期海侵以来形成的海岸地貌格局是，以海蚀岬湾–沙坝潟湖类型为主要特征的典型海蚀–海积岬湾海岸。岬湾内海岸乃由第四纪堆积物构成了多级阶地，其中以侵蚀–剥蚀平原和冲积平原为主；并且在古海湾中的山丘谷地、浅海区一般有狭长的全新统海积相沉积平原分布。现代滨海区，在NE向强浪、潮流的作用下，由于沿岸砂质泥沙供给丰富，发育了众多复式沙坝–潟湖岸及相应的砂质海滩，常见大范围平直砂质岸线分布。近滨海区为冲刷岸坡。

近期砂质岸线频繁发生侵蚀作用，例如鲁南日照市石臼所南侧分布的长达33 km的平直砂质岸线上，根据庄振业等（2000）从1977年开始对该岸段10余条岸滩剖面进行11～12年（每年冬、夏季各一次）的连续监测结果显示出：①平均蚀退率为1 m/a左右（属侵蚀等级），海滩砂量侵蚀率约$20.79\times10^4\ m^3/a$；②通过调查统计分析得出，陆源入海砂量平均减少率为$6.47\times10^4\ m^3/a$，人为岸滩采砂量为$8.9\times10^4\ m^3/a$，海平面上升引起了海滩侵蚀量$1.67\times10^4\ m^3/a$，3个因素影响力度之比为4∶5∶1；③表明引发该岸段海岸侵蚀的最主要外在因素是人为采砂，其次是河流筑水库等拦截泥沙入海，即侵蚀作用的外在侵蚀影响因子乃系以人类活动原因为主。

8.2.4 江苏—南黄海沉降带海岸（Ⅳ）的分区

8.2.4.1 区域构造地质基础

江苏—南黄海沉降带处在扬子地块的东部，西北侧以大别—临津江古生代结合带与中朝地块对接，东南侧以江山—绍兴深断裂与华南地块接壤。扬子地块包括从云南东部到江苏之几乎整个长江流域和南黄海，是一个晚元古代末扬子旋回形成的准台地，它的结晶基底岩系乃由太古界—元古界的三套变质岩系组成。从晚元古代晚期后，经历了地台稳定发展阶段和地台活化阶段两个时期。而自晚三叠世起又进入了一个新的构造演变时期，即构造活动频繁发生，使地台沉积盖层普遍变形，岩浆活动大规模出现，并且形成了包括江苏—南黄海沉降带在内的一系列拉张断陷盆地（参见图5.1）。

据《中国海岸带地质》编写组（1993），江苏—南黄海沉降带作为扬子地块东部海岸带区域，其次级构造单元自北往南可划分为，连云港—灌南台隆、苏北断坳和浙江—皖南台褶带三个二级单元，兹分别简述如下。

1）连云港—灌南台隆

地处临洪口—灌河口一带。该地带长期隆起与遭受剥蚀，盖层仅见第三系和第四系。地质时期构造属复式背斜的东翼，断裂较发育，主要走向呈NE向和NNE向。

2）苏北断坳（中生代）

西北侧与连云港—灌南台隆连接，东南侧以湖州—苏州断裂与浙西—皖南台褶带东部的上海—嘉兴台陷接壤。本断坳是在印支—燕山期褶皱基础上发展而成的陆相沉积盆地，晚白垩世开始普遍接受沉积，第三纪是盆地的主要沉积时期，最大厚度超过6 000 m。第四系厚度自北往南由几十米递增至300余米。全新统厚度10 ~ 40 m，主要为河口–滨海湖沼相和浅海–滨海相的沉积。该断坳构造还可进一步划分出几个三级构造单元。

3）浙西—皖南台褶带

本台褶带可划分出许多三级构造单元，但其中仅上海—嘉兴台陷东北部边缘位居于海岸带，后者地理位置包括启东、上海、嘉兴、余杭一带，即是现代长江口三角洲的分布区，其基底地层为元古界变质岩，盖层主要由震旦系、古生界、中生界和新生界组成；广大平原区第四系下伏地层主要为出露于杭州湾北岸的上侏罗统岩层和零星分布的白垩系和少量第三系地层，沉积厚度较大（2300 m以上），系断陷盆地堆积。在晚侏罗世和早白垩世时期，岩浆侵入和喷发活动强烈，形成大量中、酸性侵入岩和相应的火山岩。区内断裂较发育，多呈NE向和EW向。

8.2.4.2　第四纪地质与海岸地貌基本轮廓

沿海地区除北侧连云港一带有小片基岩侵蚀剥蚀山丘分布，并见岩滩和规模较小的砂质海滩外，其余绝大部分地区均是在巨大第四纪沉积盆地的基础上，由江河（主要是黄河、淮河和长江）入海泥沙堆积于古海湾而形成的巨大平原地区，其历史可追溯到地质时期的古近纪。海岸地貌总体格局为，在现代海岸线外的陆架海域遗留着巨型的三角洲体系——古江河三角洲，向陆地方向表现为叠置在古江河三角洲之上的废黄河三角洲、辐射沙脊群及现代长江三角洲。整个江苏—南黄海沉降带范围内，自全新世以来，黄河多次在江苏北部夺淮入南黄海，建造了古黄河三角洲及苏北海滨平原。全新世中期最大海侵时，古黄河三角洲范围为以淮阴为三角洲顶点，北达临洪口，南至斗龙港；尤其是在公元1128年黄河夺淮入海以后，所形成的废黄河三角洲海岸（以云梯关为顶点，北起灌河口，南到射阳河口）是现代海岸地貌具重要特征之一的岸段。长江入海泥沙主要影响江苏沿海平原的南部，其河口在晚更新世末期大体位于东台、海安一带自弶港入海，后南迁至南通三余、启东，以后又再南迁成为今日的长江河口位置。整个苏北平原的形成，在晚更新世及全新世早期有可能也受古长江的影响，但自全新世中期以来主要受到黄河的影响（王颖，2012）。

总之，本区域海岸地貌形成了以低平的滨海平原和三角洲平原为特征的类型，海岸线十分平直，潮间带宽大且坡度平缓。整个江苏平原海岸可大体分出3个区段：北部为废黄河三角洲；中部为以弶港为中心的江苏中—南部沿海海积平原及其近海的辐射状潮流沙脊群（又称苏北浅滩）；南部为长江三角洲地区。它们组成了南黄海西部最引人注目的舌状海岸–浅海地形地貌单元。该舌状体表层坡度很平缓（约0.016%～0.0175%），边缘坡度略陡（可达0.05%～0.125%），并向SE方向伸长到31°30′N，125°30′E附近之东海北部。

8.2.4.3 近岸海洋动力条件

1）潮波运动

在苏北近海形成环绕无潮点的逆时针旋转潮波系统是我国沿海地区具有明显特征的海区之一。从图5.4中可以看出，南黄海部分前进潮波遇到山东半岛南侧岸壁将发生反射，反射潮波往SE偏S方向传播，并与前进潮波在江苏北部近岸海域辐合，变成驻波；驻波在地球自转偏向力的影响下，改变自由潮波的传播方向，形成绕无潮点的旋转潮波系统，后者的等潮差线呈环状分布（《中国海岸带水文》编写组，1995），而同潮时线则呈放射状分布（侍茂崇，2004）。正由于产生这种旋转潮波系统和潮流场特征，它是沿弶港向NE一带海区形成辐射沙脊群之独特地貌形态的基本动力因素（张东生等，2002），其中显示出该沙脊群的北部范围和长度较大于南部（陈吉余，2010）。

2）潮汐特征与潮差分布

潮汐类型分布如图5.5所示，为正规半日潮；沿岸海区的平均潮差表现出以弶港附近的潮差为最大，向南、北方向大体逐步减小；但从废黄河口到连云港又逐渐增大（《中国海岸带水文》编写组，1995）。

3）潮流运动形式

主要呈往复流，尤其是在辐射沙脊群的西侧，其*K*值仅约为0.10，为典型的往复流。但在连云港外海及沙脊群东侧的K值为大于0.5，表现为旋转流。对长江口水域而言，以拦门沙为界，东侧*K*值平均为0.39，最大可达0.69，主要表现为旋转流；西侧各汊道，水流受河槽约束，*K*值普遍小于0.10，呈往复流（《中国海岸带水文》编写组，1995）。

4）近岸海流系及悬沙运移

据图5.6和图5.7所示，本区域近岸海流主要由南黄海沿岸流控制，其近岸悬沙输移动向为①在废黄河至启东嘴，外海悬沙多顺着沙洲间的深槽向弶港附近辐合；弶港南、北侧均有悬沙沿岸南下，北侧悬沙来自废黄河口，南侧从北坎南下的泥沙一部分在川腰港落淤，另一部分则在潮流作用绕过启东嘴继续南下；②在长江口外的悬沙运移表现为：在夏季，北港输出的悬沙部分向NE输移，部分向SE和S输移；而南港北槽及其南侧的悬沙先是向E，继而与北港向S输移的悬沙汇集在一起向杭州湾方向输送。但在冬季，在偏N风的吹送下，长江入海悬沙主要向SE偏S方向输移，它是浙江沿岸海区泥沙的主要来源。

5）波浪与风暴潮

（1）波浪。根据2006—2010年江苏省近海综合调查与评价专项（“908专项”）资料，波形总体为以风浪为主的混合浪；由于受季风影响，大多盛行偏北向浪，有效波高大于2 m的出现频率为5%。南部如东一带和北部连云港一带海域因水下岸坡较陡，波高较大，而废黄河口海域水下岸坡较平缓，波高相对较小；通常冬季波高大于夏季波高。诚然，由于近海地理环境差异较大，海岸走向不尽相同，波浪波高分布的地区差异也很明显。

（2）风暴潮。江苏沿岸出现异常高潮位，除个别极优天文条件下的大潮汛外，主要因台风过境引起，其次是强寒潮下造成的。据连云港、射阳河口、吕四等七个站的资料分析，1971—1981年间对江苏沿岸影响较大的、造成1.5 m以上增水的台风有13次，其中2 m以上增水的有6站次。1981年14号台风，适逢农历8月初大潮，沿海各站增水2 m以上，小洋河最大增水3.81 m，射阳河口为2.95 m，吕四为2.38 m。

8.2.4.4 海岸侵蚀成因的主要特点及分区

1）海岸侵蚀成因的总体特点

江苏—南黄海沉降带与华北—渤海沉降带一样，都是我国东部的巨大第四纪沉积盆地，二者陆地地貌均形成了以大河河口三角洲为主的多成因复合平原。它们在区域性海岸侵蚀成因特点上，都主要表现在河流流域迁徙或现代三角洲河口改道，以及河流入海水、沙量锐减，从而导致了河–海交互作用过程中，海岸动力–泥沙条件从径流、潮流作用与泥沙进积相对较强转变成以波浪作用相对凸显的变化，使海岸由淤积伸长向侵蚀蚀退演变。这种情况，对于江苏沿海地区平原海岸出现大规模堆积与侵蚀演变的过程，最突出地体现在自全新世中期以来受到黄河流域发生多次的南、北迁徙的控制，其中特别是公元1128年黄河夺淮南徙流入南黄海以及于1855年又北归流入渤海的两次迁徙，极大地支配着江苏海岸的堆积与侵蚀态势，甚至连北侧连云港—灌南台隆海岸的淤蚀特点也与黄河迁徙状况密切相关（陈吉余，2010）。

2）海岸地貌类型各分区段的海岸固有侵蚀脆弱性特点

下面按上述对江苏—南黄海沉降带的海岸地貌基本格局所划分的3个区段（见图8.2中的E_{15} ~ E_{17}），分别叙述它们的固有侵蚀脆弱性特点。

E_{15}——苏北废黄河三角洲区段（Set 5）

北界为连云港东西连岛一带的海州—泗阳深断裂与胶辽隆起带接壤，往南经灌河口、废黄河口、射阳河口，直到新洋港口。海岸线形态呈向海凸突的扇形。

1）废黄河三角洲的形成、演变过程及海岸地貌

废黄河三角洲海岸的形成与演变反映了近代黄河于1128年人工在开封掘堤，迫使黄河南流夺淮入黄海后至今形成的三角洲海岸线淤蚀的历史演变过程。在黄河夺淮期间（1128—1855年），苏北黄河口延伸速度、三角洲成长速度和滨海平原成陆速度均可分为两个阶段：一是1128—1494年间，黄河为南、北分流，北支在利津入渤海，南支在苏北入黄海，加上南支分别由颍、涡、睢、泗入淮，其中大量泥沙淤积于沿程洼地，故此期间苏北黄河口淤涨速度仅约为54 m/a；二是从1494年黄河全流夺淮后，河口延伸速度加快到约215 m/a，直到1855年黄河北归时，河口已伸至今日的废黄河口外约30 km处，并显示出黄河入海的大量泥沙不仅在灌河口到射阳河口之间堆积形成了形状为向海凸突的扇面三角洲平原，也在三角洲的两翼堆积发育了广阔的滨海平原。但在黄河北归以后，三角洲上仅灌河、中山河等成为主要入海河流，又由于上游有骆马湖、洪泽湖的调节，入海泥沙显著减少，使苏北海岸经历了强烈的侵蚀过程，至今尚未结束。

本区段陆地地貌显现出地势低洼，并有大片沼泽，地层沉积物多为黏土和粉砂质黏土。沿岸全新世沉积层的厚度在射阳河口以北海岸可达40 ~ 50 m（据张宗祜，1990），该岸段海岸的现今潮滩宽度一般为500 ~ 1 000 m；滩面连续性好，南北延伸长度达150 km；沉积物的中值粒径大多为0.063 ~ 0.016 mm之间，但因近期潮滩遭受侵蚀（详见后述），沉积颗粒发生了粗化，坡度亦变陡。

2）海岸侵蚀成因特点及时空变化

废黄河三角洲由于面向南黄海，外围无岛屿、沙洲掩护，且岸线向海突出，是波能的集聚区，并且松软的古黄河沉积物具固有高侵蚀脆弱性特征，是极易遭受浪流冲刷、运移的原因。下面简述其严重侵蚀表现的时空变化。

（1）废黄河水下三角洲的侵蚀状况：若以-10 m水深的三角洲前缘线的冲刷内移为代表，根据历年海图对比及实测资料，废黄河三角洲尖岸段于1904年、1937年、1960年和1989年的-10 m水深与海岸线的距离分别为120 km、20 km、12 km和6 km左右；而且，在1989—1994年间和1994—2004年间又分别平均向岸移动约500 m和700 m。可见，水下三角洲经过一个多世纪的侵蚀，高程已全面降低，-10 m水深线的内移速度虽在此期间有逐渐趋缓，但水下三角洲前缘现今已基本被夷平（陈吉余，2010）。

（2）废黄河口岸线的蚀退尤为严重：据江苏省海岸带调查资料，在1855—1890年间，河口岸段岸线平均每年后退300～400 m。在这35年间，河口北侧岸线后退约10 km，南侧岸线后退约14 km，即南侧后退较明显；但就整个废黄河三角洲岸线而言，从河口朝南、北两个方向的后退速度都有逐步降低的表现，只是由于河口区侵蚀的泥沙为向南侧海区输送（参见前述苏北近岸的悬沙运移），使南面的滨海平原海岸变为相对淤长，如在射阳河口段于这35年间淤长了10 km。在1890—1921年间，河口段的海岸侵蚀后退速度有所下降，这一时段平均每年后退200～250 m。而且在1921—1958年间，河口段岸线后退速率进一步下降，每年平均为75～80 m。在1958—1971年间，河口段平均每年后退又减为70 m。到1971年后，废黄河部分岸段由于修建护岸工程，控制了岸线后退，使侵蚀主要表现为浅滩下蚀，而未防护岸段的岸线仍继续后退（包括目前射阳河口附近海岸也已由淤长转变为侵蚀）。然而，废黄河三角洲岸线迄今虽已经历了一个多世纪的侵蚀后退，但仍是保留着向海凸出的古河口三角洲之弧形形态。

（3）近期的侵蚀动态：据陈吉余主编（2010）在1989—2004年间的多次大面积水下地形实测资料，废黄河水下三角洲现今已基本冲刷殆尽，其水下岸坡侵蚀内移，并形成侵蚀陡坎：在陡坡段的下蚀率达28～58 cm/a，缓坡段下蚀相对较缓，也达20 cm/a左右（均属严重侵蚀等级）；等深线内移速度为每年数十米到上百米，且水下岸坡度呈逐渐变陡趋势。

E_{16}——江苏中—南部海积平原区段（Set 6）

范围一般指北起新洋港口，往南经弶港转向东南直到吕四，岸线长达300多千米。

1）沿海海岸地貌的发育过程及形态特征

本区段处于苏北断坳的南部沿海地区，第四纪时期仍延续为一沉积盆地。自全新世以来受海面升降的影响，虽经历过河湖环境与浅海、潮滩环境的交替变化，但以海侵时由长江及黄河入海泥沙在潮流和波浪的作用下，形成的滨海沉积平原为主要特征，并且如前面所述，在近海地区的平缓潮滩上由于受到独特的放射状潮流场的作用，还形成了颇具特色的以弶港为中心的巨大辐射状潮流沙脊群。兹分别简述它们的地貌形态如下：

（1）沿岸海积平原的地貌形态。据张宗祜（1990），区内沿岸海积平原之全新统沉积层厚度一般为30～40 m。平原地面地势总体呈南高北低，北部一般海拔2 m左右，南部3 m以上，在弶港附近可达4.5 m左右。沉积物以粉、细砂为主，粒径有南粗北细的趋向；并在海积平原上残留有3条NW—SE向高出地面0.5～2 m的沙堤（西冈、中冈和东冈）。北部盐城—东台一带在全新世早期为一浅平的洼地，其向南黄海海域倾斜，古地形坡度为0.2×10^{-3}；但在南部南通沿海一带，由于晚更新世时的古地面地形起伏很大，并有谷地地形（谷底与古地面相对高差可达20 m，谷地是古长江河道），故形成了一系列古河道沙体及河口湾沉积物（王颖，2012）。

（2）弶港辐射状潮流沙脊群的地貌形态。辐射沙脊群形成的物质基础主要是，晚更新世晚期高海面时段古长江在江苏中南部一带入海堆积的厚层泥沙体，以及1128—1855年间黄河在苏北入海带来的巨量泥沙。该辐射沙脊群乃指出露于海面以上呈辐射状分布的沙洲和隐伏于海面以下的多条沙脊及其间的潮流通道之总称。弶港辐射沙脊群中，低潮时出露于海面的大小沙洲共有70多条，它们的分布范围为，南北长约200 km，东西宽约90 km，辐聚中心位在中部弶港附近的条子泥内侧。沙洲地势（高程）总体由中心向外逐渐降低，北翼沙洲的面积大于南翼。据王颖主编（2002），沙脊群所占海域面积达22 470 km²，但其中出露海面的“沙洲”面积仅为3 782 km²，即沙脊群主要分布在水下。

2）海岸侵蚀成因特点及表现

本区段沿岸海岸固有侵蚀脆弱性特征主要体现出受历史时期以来长江和黄河泥沙供给情况的影响。对南部海岸的淤蚀转变而言，显现受制于长江河口的逐渐南移演化的影响。据陈吉余主编（2010），海积平原岸由于有护岸及在高滩种植互花米草等措施减缓了侵蚀趋势，故侵蚀现象一般发生在辐射沙脊群上，根源在于近期河流入海泥沙供给剧减，由此而产生了淤蚀的调整转变，其侵蚀表现有以下两个方面。

（1）边缘小沙洲发生内移，即泥沙在沿岸流（见图5.6和图5.7）和涨潮流的作用下向动力相对较弱的沙洲区内部移动，使中心区的小沙洲合并与形成大沙洲，如弶港近岸的条子泥就是这样形成的。在此过程中，随着相对海平面上升及潮汐动力作用加强，外缘沙洲的侵蚀表现更为显著。

（2）东北部大沙洲遭受侵蚀缩小。黄河北归后，泥沙供给迅速减少，潮汐动力的加强，使一度为辐射沙洲区面积最大的东沙亦开始遭受侵蚀，导致其面积逐渐变小（如从1973年的551.7 km^2，到1999年变为422 km^2）；同时，该沙洲的滩脊线及其总体位置有向东移动的趋势（如1979年到2001年间，东沙的分水滩脊线平均向东移动2 km，平均约200 m/a）。主要侵蚀原因是该沙洲西邻辐射沙洲区最大的潮汐水道之一的西洋，由于其潮流方向呈近S—N向，原本北部泥沙对辐射沙洲区的供给主要通过西洋输运，但海平面上升和北部来沙的剧减，使西洋内的水动力大大加强，从而导致不断侵蚀东沙沙洲西缘所致。

E_{17}——现代长江三角洲平原区段（Set 7）

北起吕四港，往南经长江口、杭州湾北岸，直到钱塘江口附近以江山—绍兴深断裂带的北延部分与华南隆起带相对接（见图5.1）。

1）长江三角洲平原的发育过程及现代地貌梗概

（1）长江三角洲平原旳发育过程。现代长江三角洲平原分布于上海—嘉兴台陷之东北部的启东—上海—嘉兴一带。与苏北地区一样，该区新构造运动一直处于沉降状态，从而使长江下游自南京以东，逐渐摆脱山体的约束，并形成了以镇江—扬州一带为顶点的面积约达4×10^4 km^2的喇叭型三角洲河口地区。根据弶港—启东—嘉定一带的钻孔资料，揭示了该地区在中更新世及其以前的地层为具有深水湖与浅水湖相互交替的沉积环境；进入晚更新世以来，在玉木冰期最盛时期，即相当于距今17 ka，长江在虎皮礁一带注入东海，那时，现代的长江三角洲地区仍维持着湖相沉积环境（秦蕴珊等，1987）。由此说明，长江三角洲平原地貌的发育始于玉木冰期以后，特别是全新世冰后期海侵最高海面以来才逐渐发展起来。换言之，在中全新世中期海侵后，长江口进入了新的海岸地貌过程和新的河口演变过程。兹将此时以来现代长江三角洲的发育过程简述如下。

海侵后初期（约距今6 000 a），在因海水内侵而成的溺谷型海湾中，当时的上海—嘉兴台陷区为处在较深海滨的环境，长江携带的泥沙由于部分堆积在中游的湖沼地带，入海泥沙还没有现在丰富。到距今3 000 ~ 2 000 a，还只是形成一个呈现为喇叭状河口的古海岸线，但从此三角洲进入了近代主要由江海冲积而成的新三角洲平原发展阶段。陈吉余（2007）将本阶段的发育过程概括为：a.南岸边滩推展；b.北岸沙岛并岸；c.河口束狭；d.河道成形；e.河槽加深等几个模式。直到目前，长江河口区形成了呈ESE方向的三级分汊四口通海的格局。至于南侧杭州湾，则是一个在受长江三角洲向海淤伸过程中所形成的漏斗状海湾，其北岸海岸线的历史变迁与长江三角洲南缘沙嘴、边滩的推展及历代人工海塘的兴建密切相关。

（2）现代长江三角洲平原的海岸地貌。长江河口海岸地貌的发育过程是典型的强径流潮汐河口之陆海相互作用的过程，在科氏力作用下，形成涨潮主流偏北、落潮主流偏南的特征，河口区整体呈SE向海推进。海岸地貌总体特征表现为岸线平直，地势低平，三角洲平原、河口沙岛、河口边滩、深槽、拦门沙及水下三角洲等地貌类型发育；然则由于径流和潮流作用消长，水道、浅滩均处于动态变化之中。目前沿海平原岸线为抵御咸潮侵淹，均已成为以高标准海堤（塘）为标志的人工海岸，总长度在510 km以上，其中崇明岛就达300 km。

潮间带地貌单元的分布范围按−5 m等深线圈围主要有，启东嘴潮滩、崇明东滩、横沙浅滩、九段沙和长江口南边滩（南汇东滩）。其中，崇明东滩、横沙浅滩和九段沙均属落潮缓流区的泥沙堆积体；而启东嘴潮滩和南汇嘴边滩则系入海口呈向海突出的滩嘴形态的堆积体。

（3）现代长江水下三角洲地貌。现代长江水下三角洲为叠加于古代长江三角洲南部，大致范围北起32°N，南至舟山群岛一带，西起长江沿岸，东至123°E（乔彭年等，1994）。另据陈吉余（2007），现代长江水下三角洲面积约有$1\times10^4\ km^2$，它是长江入海泥沙扩散沉积的主要场所，其显示出长江入海水、沙主要为向东南方向扩散，即在沉积地貌特征上为呈向SE方向伸突的舌状分布，前缘水深可达30～50 m；从等深线的分布形状上来看，既反映了现代动力过程的塑造作用，又反映了沉积基底原始地形的控制。还值得提出的是，在现代长江水下三角洲的SE侧分布有一个水下谷，它以NW—SE走向向长江口方向伸展，其顶端直至崇明东滩的外侧；水下谷北面为处在苏北浅滩以南的呈和缓向E倾斜的“长江口大浅滩”；而水下谷的南面为平坦的古三角洲埋藏阶地（陈吉余，2007）。根据蔡锋等（2013）获得的最新资料，该水下谷及其周边海区为潮流沙脊地形分布区。

2）海岸侵蚀成因特点及表现

长江口现代海岸（上海地区海岸）的形成历史，实际上是河口浅滩人工筑堤圈围的历史。仅新中国成立以来就累计圈围1 007.5 km^2，使陆地面积扩大了15.8%。进入20世纪末以来，中、高滩地已基本圈围殆尽，而且海堤工程等级也较高，但圈围的高程却日益降低。在圈围过程中，大多采用大量堤外人工挖沙吹填，其结果造成水

域泥沙来源进一步减少，加大了水流挟沙能力，使堤外滩地及沙岛地形的冲淤趋势由淤积向侵蚀的转变。

侵蚀形式主要表现为河口沙洲（岛）的冲刷内移，以及迎海侧潮间浅滩滩面下蚀与沿岸出现冲刷槽等现象。例如，崇明东滩东端余山附近的浅滩，自1997—2003年出现了侵蚀内移，累计达2 210 m，年均冲刷内移达367 m/a；其-10 m等深线，自1973年以来一直处在冲刷内移之中，1973—1983年间平均后退速度为20 m/a，1983—2003年间增至52 m/a（陈吉余，2010）。

综上所述，当前本区段海岸的固有侵蚀脆弱性特征的根源，主要是由于宏观自然环境的改变（指流域水、沙条件变化，尤其是近期入海沙量剧减）以及人类活动（大规模土地圈围和港口码头等沿岸工程建设）所引起的大范围或局部区域水、沙条件失衡。也就是说，由此引起了淤蚀状态的转化而对原始地形产生改造。固然，侵蚀现象的发生也与波浪、台风暴潮等水动力作用的推波助澜有关。

8.2.5　浙江—闽北下沉带海岸（Ⅴ-1-1）的分区

8.2.5.1　区域构造地质基础

浙江—闽北下沉带（Ⅴ-1-1）属于中新生代华南隆起带（Ⅴ）东北部的次级构造单元——华夏褶皱带（Ⅴ-1）之北段区带的一个三级单元，该区带地壳断块自中更新世晚期起为由抬升状态转变成沉降状态，直到现今，即其新构造期地壳变形隶属下沉区带。为清晰简便地表述华南隆起带中各个不同的新构造变形区带共同的构造地质特征，下面我们首先简要阐明华南隆起带相关的总体特征。

1）华南隆起带（Ⅴ）的区域构造地质基础

如图5.1所示，在我国大陆沿海地区自中生代以来形成的新华夏构造体系中，华南地块于扬子地块之东南侧形成了“华南隆起带（Ⅴ）”。该隆起带的构造地质历史演变主要表现为：自晚元古代以来，经历过前泥盆纪的地槽发展阶段，于志留纪末的晚加里东运动使华南地槽转化为地台，形成加里东褶皱带并与扬子地块併合。由此，形成的基底岩层为由前震旦系、震旦系和下古生界变质岩组成。泥盆纪至三叠纪时期为准地台发展阶段，沉积了泥盆系到中三叠统地台盖层；晚三叠纪以来，进入大陆边缘活动带发展阶段，成为西太平洋大陆边缘活动带的重要构成部分，此期间受印支、燕山、喜马拉雅运动的影响非常明显。尤其是在燕山运动时期，由于受当时库拉板块俯冲、消亡的影响，不仅使本区域的构造面貌从原来以褶皱构造为主转变成以断裂构造为主，从而导致了本区域海岸的地形地貌格局基本上由断裂构造活动所控制，并且还在区内普遍形成了多期（次）、不同成因类型的中—酸性喷出岩和侵入岩。根据地质构造的基本特征，华南隆起带可划分二个次级构造单元：东北部为华夏褶皱带（Ⅴ-1），西南部为南华隆起带（Ⅴ-2）。（Ⅴ-1）地处华南加里东褶皱带的东部，地壳断块构造特征以新华夏系构造最为突出（如海岸线整体走向呈NNE—NE方向展布等），并且区内大面积覆盖燕山期火山岩系，尤其是北段区域，南段区域还以燕山期花岗岩普遍分布为特点；（Ⅴ-2）地质构造较复杂，虽然形成了以华夏构造体系为格架，而构造整体却是由华夏系、新华夏系、纬向构造等构造体系之复合交汇或联合构成（如整体海岸线形态转变成为NEE方向展布乃至在粤西、桂南成为近EW方向分布等），区内虽有多期（次）花岗岩侵入，但仍以燕山期分布最广泛（见后述）。

进入新生代后，华南隆起带的构造动力学环境主要受制于菲律宾海板块从中新世晚期起向NW305°运动的作用（李家彪，2008）。区内新构造运动时期的地壳块断升降活动是在亚欧、太平洋和印度三大板块相互作用的构造环境中进行的。此时，由于受到台湾地区之剧烈弧–陆斜交碰撞造山过程及其与南海洋壳被动大陆边缘的时空演化关系（张训华等，2008）之相关影响，加上，我国大陆西部青藏高原急速隆升，迫使华南地块壳幔相对朝SE方向蠕动，导致本区域原地壳块断发生强烈差异升降变形的显著特点。在这种构造动力环境下，华南新构造域的地壳块断变形特征主要体现为以下3个方面。

（1）地壳块断升降活动虽总体处于抬升、剥蚀状态，致历次海侵后形成了以山丘、台地基岩岬角–港湾相间为特征的海岸地貌，但亦表现出如图5.1所示的6个不同的变形海岸区（带），它们的第四纪地质分布规律和海岸地貌特点具有不同的表现。

（2）沿海地区造成相当规则地向SE方向凸出的圆弧形。其中，华夏褶皱带（Ⅴ-1）海岸线基本呈NE走向；南华隆起带（Ⅴ-2）则主要呈ENE ~ E—W走向；二者以莲花山断裂带（见图5.1）为界，然则仍共同体现为较规则的圆弧形。

（3）在本区域内，使在燕山期造成的原与NNE—NE向断裂伴生的一系列NWW—NW向断裂活化，于部分岸段出现了张性或张扭性变形，并自晚更新世以来有明显加强与切割、控制了海岸带分布的现象；因此，形成了一系列受NW向断裂控制的小型河口三角洲断陷沉积盆地，如灵江（椒江）、瓯江、闽江、晋江、九龙江、韩江和珠江等三角洲平原（卢演俦等，1994）。

2）浙江—闽北下沉带（Ⅴ-1-1）本身区域构造地质基础的特点

浙江—闽北下沉带处在华南隆起带东北部华夏褶皱带（Ⅴ-1）的北部区域，其北

界以江山—绍兴深断裂与江苏—南黄海沉降带接壤，南界为福州—长乐东部平原南缘NWW向深断裂带（新构造断层）。华夏褶皱带还涵括了其南部区域的闽中—闽南—粤东上升带（V-1-2）沿岸，它们都是中国大陆东部自晚三叠纪进入濒太平洋大陆边缘活动阶段以来，于晚中生代燕山运动时期造成的独具一格的构造形式——新华夏构造体系的典型地区，其南界为在粤东莲花山断裂带；虽然新生代以来，华夏褶皱带总体仍旧表现为长期缓慢抬升与剥蚀过程，然而，进入新构造期以来，可能与距今4 Ma前左右以后的台湾运动之造山隆升有关，使华夏褶皱带北、南两个区（带）——浙江—闽北一带沿海地区和闽中—闽南—粤东一带沿海地区分别表现出明显的地壳块断差异升降活动。大量地层分布资料揭示，自中更新世晚期以来，华夏褶皱带北部主要在E—W向及NWW向（或NNW向）断裂的控制下，区内地壳总体由抬升状态转变为下沉；而南部仍然总体处在抬升活动之中（《中国海岸带地质》编写组，1993）。因此，华夏褶皱带北、南区（带）尽管前第四纪地质基础基本类同，但第四纪地质的分布规律则迥然不同（见下述）。

8.2.5.2　第四纪地质与海岸地貌基本轮廓

浙江—闽北一带地区出露的基岩以中生代火山岩系为特征。由于自中更新世晚期以来，本区域地壳块断总体处于下沉状态，之后历次海侵在海陆相互作用下，形成的古侵蚀–堆积夷平地貌面为基本被淹没在现代海平面之下（福建省海岸带和海涂综合调查领导小组办公室，1990）。因此，沿海地区陆地地貌形成了谷岭相间、冈峦起伏的山地丘陵为特色的形态（占总面积之80%以上）。沿岸陆地地面出露的第四纪堆积地貌中，多为在山前地带见小范围零星分布的全新统晚期沉积地层（Q_4^2），如海积、冲–海积和潟湖沉积平原等，也见分布于山间河谷、谷地的面积很小的古陆相堆积，如洪–冲积平原和基岩风化壳残坡积物地层等。海岸地貌普遍表现为河谷、港湾向内陆延伸，断块山体逼岸，岸线曲折，岸坡陡峭，岛屿星罗棋布。潮间带沉积物主要是于溺谷型基岩港湾的基础上经过充填过程发育而成，且以由长江口大量悬沙沿岸南下，作为近海沉积与滨海平原发育的主要泥沙源，从而普遍形成了以淤泥质沉积为特征的包括河口平原和港湾海积沉积等在内的基岩港湾淤泥质海岸（约占港湾总岸线长之54%以上）；砂质海岸不发育，而且大多分布在开敞的山前岬湾湾顶，主要由山间小型洪–冲积碎屑沉积层（小岙）经波浪侵蚀改造、分选而成，岸线长度仅约占总岸线长的4%以下；其余42%岸线为基岩海岸。

浙江—闽北下沉带沿海地区可概括划分出以下3个陆地地貌区段：

（1）舟山群岛—三门湾低山丘陵港湾群岛区；

（2）台州湾—沙埕港低山丘陵与河口堆积平原区；

（3）闽北中、低山丘陵深邃溺谷港湾区。

海底地貌主要类型有：①水下岸坡，其地形较平缓，等深线走向基本上与海岸平行；底质主要为黏土质粉砂和粉砂质黏土沉积；全新世沉积厚度可达15 m。②因港湾众多，岛屿罗列，故沿海地区潮汐通道相当发育。③在潮汐通道口外通常形成潮流三角洲。④河口拦门沙。⑤河口湾海底平原，见于灵江河口外台州湾和瓯江河口外温州湾。⑥现代河口水下三角洲，见于闽北南端闽江口。

8.2.5.3 近岸海洋动力条件

1）潮汐类型

浙江—闽北近海潮波来自东海（见图5.4）；又如图5.5所示，本区域潮汐类型除舟山水域为不正规半日潮外，其余均为正规半日潮。

2）潮差分布

由于沿岸多港湾分布，受港湾潮汐协振动作用，平均潮差普遍较大，如浙江杭州湾、三门湾、乐清湾及闽北沙埕港、三都澳等水域的平均潮差都超过5 m，是全国潮差最大的区域。但在镇海至舟山群岛的部分海区的平均潮差较小，如镇海仅1.75 m，穿山为1.90 m。

3）潮流运动形式

本区域沿岸多海湾与河口，其潮流往复性较强，但离岸较远宽敞海区可出现较强的潮流旋转性。

4）近岸海流系及悬沙运移

近岸海流系如图5.6和图5.7所示，主要由东海沿岸流所控制。悬沙运移状况：①杭州湾的悬沙主要来源于长江入海泥沙，其输沙特征为冬进夏出，湾北进而湾南出；②对于大型的半封闭海湾，如浙江象山湾、乐清湾，闽北的沙埕港和三都澳，由于水深大、纳潮量大以及落潮流速大于涨潮流速，故随潮进去的悬沙不易在港湾内落淤，使常年进出沙量平衡；③在闽江口，春季和夏季大部分悬沙顺岸南移，至平潭岛周边海区落淤；然后在秋季和冬季由于波浪作用再掀起，经平潭岛东侧顺岸南下。

5）波浪与风暴潮

（1）波浪。波型普遍为混合浪，风浪的出现频率与涌浪的出现频率相当。波浪

常浪向主要为E—SE向，强浪向也是E—SE向。风浪波向随季节变化明显，冬季常浪向为N—NE向，夏季常浪向多为SSW—SE向。各波向年平均波高分布大多可达1.0～1.5 m，一般外海比近岸大，其中以偏N向的年均波高为最大值。最大波高都出现在7、8、9个月，且南部出现的时间比北部为早。这与风台活动规律有关，其值可达10多米。

2）风暴潮。浙江—闽北沿岸的风暴潮主要是由台风引起的增减水，据1949—1979年31年间统计，平均每年受台风影响有6～7次，期间发生三次超过历史最高潮位的台风。现以2002年9月7日登陆于浙江温州市苍南县的0216号台风（森拉克）引起的风暴潮为例说明之：登陆时近中心最大风速达40 m/s，在浙江、福建沿海普遍出现了100～300 cm的风暴增水，其中浙江南部的鳌江站最大增水达321 cm，最高潮位690 cm，超过当地警戒水位130 cm（沙文钰等，2004）。

8.2.5.4　海岸侵蚀成因的主要特点及分区

1）海岸固有侵蚀脆弱性总体较低

如果我们不论坚硬基岩岬角的侵蚀问题，而只考虑第四纪时期在沿海地区形成的“古软岩性堆积地层”海岸及其在现代沉积环境条件下所形成的淤泥质海岸与砂质海岸的淤蚀问题，那么，一方面由于本区（带）自中更新世晚期以来，地壳块断总体处于下沉状态，致现代海岸中第四系堆积物地层的分布特点类同图8.1（c）所表示的情况，即海岸具较低固有侵蚀脆弱性；另一方面还由于海岸绝大部分已修筑护岸，故总体处于淤涨或相对稳定状态（陈吉余，2010）。据1999年前后，浙江沿海各市县上报的岸线变化情况统计，没有出现岸线大范围侵蚀的现象。但在目前全球气候变暖和日益加剧的人类活动引发的海岸侵蚀趋势加强的情况下，也有部分岸段转向或多或少的侵蚀态势，侵蚀的主要因素表现为因地壳下降而发生较强的相对海平面上升以及河流入海泥沙量减少和人为不合理的海岸工程与人为采沙等。

2）海岸侵蚀特点分区及其主要表现

浙江—闽北下沉带海岸侵蚀现象主要体现在对本区域沿海为弥足珍贵的砂质海岸岸段上。兹按上述对该下沉带沿海地区所划分的3个陆地地貌区段（见图8.2中的E_{18}～E_{20}）的主要侵蚀表现分别叙述如下。

E_{18}——舟山群岛—三门湾低山丘陵港湾群岛区段（Up 11）

位在杭州湾南岸，西界以江山—绍兴深断裂带与江苏—南黄海沉降带毗连，往东起自绍兴、慈溪一带，再往东、东北方向经舟山群岛，转向南再经穿山半岛、象山半岛直到三门湾南岸。

1）海岸地质、地貌特点

本区段处于华南隆起带的东北端，其作为华夏褶皱带北段的一个分区，地壳块断为从中更新世晚期开始由抬升剥蚀状态转变成为沉降状态，致使末次冰后期海侵后整体形成了典型的沉溺谷山丘基岩岬湾海岸地貌类型。区内岛屿、半岛和港湾星罗棋布，尤以舟山群岛、穿山半岛及象山港、三门湾为著；地形形态深受NE—NNE、NW向构造控制；岸线极为曲折，其中基岩海岸占绝大多数，海蚀地貌发育。唯慈溪—余姚一带地区，虽在海侵最盛时期亦显示为孤悬在海中的岛屿、半岛区，但由于地处杭州湾内南岸，数千年来接受泥沙充填堆积，迄今已形成了宁波—绍兴平原，将原海岛连陆（王颖，2012）。本区段东部沿海地区无大河入海，加上地壳自中更新世晚期以来为处于下沉状态，陆上一般少见古第四纪堆积物，只因接受现代长江大量南下悬沙的沉积影响，港湾内大多发育淤泥质沉积，仅于个别开敞小岬湾可见砂质海滩。近滨海底为堆积岸坡。

2）海岸侵蚀成因特点及表现

海岸发生侵蚀现象并不多见，多数是由于人为不合理的海岸工程建设所引起。例如，象山县爵溪镇南侧所谓“十里黄金沙滩”的侵蚀状况：该砂质岸段原断续发育有宽100 ~ 700 m，长约3 ~ 4 km的滨海沙滩，1970—1974年和1992—1994年分别在镇区外侧修筑了北塘和东塘形成围垦区，不仅毁灭了部分沙滩，而且也阻挡了对南侧（下游）下沙和大岙等旅游沙滩的沙量补给，导致了整个砂质海滩自北而南逐渐出现变窄、下蚀的侵蚀现象（朱军政等，2003）。

E_{19}——台州湾—沙埕港低山丘陵河口堆积平原区段（Up 12）

位在浙江中、南部沿海地区，北界为三门湾南岸，往南直到浙闽交界的沙埕港，是浙江—闽北下沉带的中部海岸。

1）海岸地质、地貌特点

陆上地形是雁荡山脉东侧余延部分。区内基岩基本为侏罗系和白垩系的火山–沉积岩，另有少量燕山期花岗岩体零星分布。沿海地区有灵江（椒江）、瓯江、飞云江和鳌江等较大河流呈SE向入海；河口区大多形成较大面积的以全新统晚期为主的冲–海积相平原或潟湖平原，故海岸线相对比E_{18}区段沿海平直。末次冰后期海侵以来，海岸形成了海蚀–海积型溺谷基岩岬角与港湾河口堆积平原区相间分布的地貌类型。岸滩沉积主要是淤泥质沉积物，仅在个别开敞小岬湾内可见到砂砾质海滩。岸外海区基岩岛丘星罗棋布。

2）海岸侵蚀成因特点及表现

海岸侵蚀现象也是主要见于珍贵稀少的砂质海岸上。例如，苍南县炎亭湾旅游沙滩的侵蚀表现：炎亭湾位于浙南沿海，系处在由上侏罗统、下白垩统火山岩与火山–沉积岩组成的基岩山系之中，乃末次冰后期海侵后形成的一个小溺谷型岬湾。该岬湾以SSE方向朝向东海，湾顶分布有在高海面时段形成的由山间洪–冲积碎屑沉积物组成的小平原（小岙），其前缘于全新世晚期海平面相对稳定以来，在向岸入射波浪的作用下，经过侵蚀改造、泥沙分选，形成了一个长约510 m，宽达130～160 m，沉积物粗细适宜的优质旅游沙滩。

然而，该滨海沙滩自2008年在湾口部东侧建成渔港二期工程后，由于修筑了长达370 m的防波堤，大大地改变了港内的水动力条件，其中，尤其是外海ESE—SSE方向波浪向港内入射时，因防波堤造成的绕射作用，使到达湾顶沙滩的波能显著减弱。因此，沙滩原年内沿岸输沙率沿程的平衡状态被破坏，使整个滩面沙体出现自W往E方向净运移的现象；在近几年内，导致西段沙滩遭受严重侵蚀，滩面逐渐变窄，砂质颗粒径变粗，乃至局部形成砾石滩；而东段沙滩滩面则发生淤涨加宽，粒径变细，使原本匀称优美的旅游沙滩变成满目疮痍的局面（据国家海洋局第三海洋研究所，2014年对该旅游沙滩修复工程方案的研究报告）。

E_{20}——闽北中、低山丘陵深邃溺谷港湾区段（Up 13）

位在浙江—闽北下沉带的南部地区，北界为沙埕港，南界直到福州断陷沉积盆地的南缘，以福州—长乐东部平原南缘的WNW方向的深断裂带（新构造断裂）与闽中—闽南—粤东上升带海岸接壤。

1）海岸地质、地貌特点

本区段山地丘陵属太姥山、鹫峰山和南雁荡山脉东南余脉，山地丘陵面积占总面积达80%以上。区内基岩由中生代火山–沉积岩系及燕山期花岗岩组成。末次冰后期海侵后，由于断块山体直逼海岸，岸线十分曲折，港湾更迭，基岩半岛（岬角）发育，岛屿罗列；尤其是以形成诸如沙埕港、三都澳等向内陆延伸之三面山丘环抱，湾中有湾的深邃大型港湾为特色。第四纪堆积物基本被淹没于海面之下，仅可见小规模的洪–冲积沉积分布于山间谷地；沿岸平原不发育，基岩岸线对总岸线的占比在80%以上；区内入海河流多注入港湾内部，泥沙主要形成淤泥质沉积岸滩。砂质沉积岸线稀少，除闽江口外长乐平原的砂质海滩外，一般见于开敞小岬湾内，总长度仅占总岸线长的3.7%（《福建省908灾害调查——海岸侵蚀调查报告》，国家海洋局第三海洋研究所，2010）。近岸海区多为水下侵蚀–堆积岸坡，只在闽江口外形成现代河口水下三角洲。

2）海岸侵蚀成因特点及表现

本区段海岸侵蚀脆弱性特征总体较低，侵蚀表现并不明显，但随着近期人类不合理的海岸开发活动的增强，在砂质岸线上亦时有发生侵蚀现象。侵蚀原因主要是人为肆意采沙，此外，台风风暴潮袭击也是常见的重要侵蚀因素之一。具体如下。

（1）霞浦县东冲半岛北部大京湾滨海沙滩。该沙滩山清水秀，是闽北珍贵的岬湾型滨海休闲度假旅游胜地。根据《福建省908灾害调查——海岸侵蚀调查研究报告（2010）》，对其所设立的两个固定监测剖面，通过自2007年7月至2010年1月的几次监测结果得出：①北岸段沙滩呈耗散型（DJ1剖面），在监测期间，于平均大潮高潮位置年均蚀退2.44 m/a（属强侵蚀）；平均海面以上滩面，年均下蚀8 cm/a（侵蚀），单宽下蚀率为6.2 $m^3/(m \cdot a)$；平均海面以下滩面，年均淤高11 cm/a（淤涨），单宽淤积率约6.0 $m^3/(m \cdot a)$。整个剖面形态呈现上冲下淤现象，这种变化可能与监测期间频受台风浪潮袭击有关。②南岸段沙滩呈低潮阶地型（DJ2剖面），在监测期间，滩肩外缘线年均蚀退3.02 m/a（严重侵蚀）；平均海面以上滩面，年均下蚀21 cm/a（严重侵蚀），单宽下蚀率为3.15 $m^3/(m \cdot a)$；平均海面以下滩面，年均下蚀为 29 cm/a（严重侵蚀），单宽下蚀率为39.7 $m^3/(m \cdot a)$。经调查、调访结果，造成本剖面海岸段如此严重侵蚀现象的主要原因是由于沙滩颗粒径适合建筑用沙及有关部门疏于管理，造成人工采沙猖獗所致。

（2）关于闽江口外南侧长乐东部平原夷直型砂质海岸的侵蚀成因特点与表现，通过两年（2008年4月至2010年1月）的周期性重复监测结果得：该砂质海岸的侵蚀表现通常是发生在后滨沙丘前缘地带，而前滨滩面变化较小，基本保持稳定。侵蚀原因主要与监测期间遭受过0808号“凤凰”等台风浪及风暴增水作用有关。

8.2.6　闽中—闽南—粤东上升带海岸（V-1-2）的分区

8.2.6.1　区域构造地质基础

闽中—闽南—粤东上升带位在华夏褶皱带（V-1）的南部区域，系处于福州—长乐东部平原南缘NWW向新构造期深断裂带（F_1）与粤东莲花山NE向断裂带（F_2）之间。华夏褶皱带前第四纪时期的区域构造地质基础前面已叙述。进入新构造期以来，伴随着台湾运动过程发生的台湾岛隆褶（造山）及形成弧后坳陷（台湾海峡）的剧烈构造变形，结果使本区带地壳块断的壳幔蠕动方向，为在我国大陆板块内缘由于青藏高原急速隆升所引发的SEE方向之主压力轴走向上（许忠淮等，1989），及其与菲律宾海板块沿NWW方向移动之恰好相对作用的区域构造环境中。基于这一相反的构造应力环境，本区（带）的地壳升降变形与其北侧区（带）的浙江—闽北一带的地壳变形为处于相反状态，即本区带地壳块断仍旧总体继承前第四纪时期处于抬升与剥蚀状态，而浙江—闽北沿海一带则自中更新世晚期以来转变为下沉状态。依此，如图8.1（b）与（c）所略示，华夏褶皱带南、北两个区带沿海陆地的第四纪堆积地貌特征表现出截然不同的面貌。

8.2.6.2　第四纪地质与海岸地貌基本轮廓

本区带出露基岩主要是燕山期花岗岩，其次是中生代火山–沉积岩系。自新构造期以来，由于地壳块断仍旧处于缓慢抬升与遭受侵蚀剥蚀状态，海岸过程基本循以燕山运动构造线或活动断裂一致的方向，总体形成低山、丘陵、台地溺谷型基岩岬角–港湾相间的海岸。然而，区内沿海第四纪堆积物分布的特征与浙江—闽北沿海一带有明显的区别。

1）沿岸第四纪堆积物分布特点

区内第四纪堆积物地层如图8.1（b）所示，几乎均分布在陆上构成各级阶地。在我国隆起带沿岸中，本区（带）较为特色之处是“红土台地”通常大面积分布，尤其在闽中沿海地区最为发育，从而在开敞海岸“老红砂阶地”也分布非常广泛。究其生成条件，除地壳块断抬升之外，主要还有：①区内出露基岩基本上是燕山期花岗岩类岩体和中酸性火山岩系，它们的特征造岩矿物为长石类、石英和云母。其中，长石类矿物较易于发生化学风化转变成黏土矿物；石英颗粒很稳定，难以风化；云母风化后释放红色的铁的含水氧化物。②本区带地处热带、亚热带，尤其在中更新世湿热化时期为区内基岩（特别是中粗粒状花岗岩体）发育厚度较大的红壤型风化壳(红土台地)

提供了必要的气候条件。③红土台地作为第四纪陆相堆积物之一主要类型，其岩性结构构造疏松，在海陆相互作用过程中，可为海相及海陆交互相型的其他各种沉积地貌类型的沉积（包括粉砂淤泥质沉积和沙砾质沉积）提供大量物质来源，其中石英等砂质颗粒是开敞海岸衍生形成各种砂质地貌类型的最主要原始来源，尤其老红砂沉积（Q_3^{3eol-m}）的发育与红土台地关系密切，二者往往构成上、下伏地层，前者是后者侵蚀剥蚀的产物。④老红砂沉积具同期异相的明显特点，习惯上统称为上更新统上段风–海积相堆积层（吴正等，1995）。该地层主要发育于古海湾或连岛沙洲、岛屿、半岛沿岸，系一种主要由后生氧化铁质胶结的古沉积物，其结构疏松，主要呈红色、棕红色的中细砂或细砂结构；分布形态多表现为单列或多列长条形沙堤，长度一般数百米至几千米，宽度多为数十米到1 km上下。滨海地区由"老红砂"层构成的阶地高度为数米到40 m不等，在闽中区段沿海地区一般都在10 m以上。与"红土台地"海岸一样，"老红砂"阶地海岸作为本区（带）另一种典型软岩性海岸，分布亦颇广，它们都是沿岸遭受最为严重侵蚀灾害的海岸，参见后述本区（带）各分区段的海岸侵蚀表现。

其他第四纪堆积物还包括：在山丘台地地区主要发育残坡积、洪积、洪–冲积等陆相沉积；在滨海平原区的沉积有冲积、海积、潟湖沉积、风积及它们之间的过渡类型。

2）*海岸地貌梗概*

末次冰后期海侵后，本区（带）总体形成低山、丘陵、台地溺谷型基岩岬角–港湾与河口湾平原海岸错落分布的地貌类型。这是由于区内燕山期所形成的与NNE—NE向断裂有成生联系的NWW—NW向断裂，为自晚更新世以来有明显的加强，并于部分岸段出现张性或张扭性变形，从而造成了一系列小型河口三角洲断陷沉积盆地，例如闽江，晋江、九龙江和韩江等（卢演俦等，1994）。因此，本区（带）港湾海岸地貌亦可划分成以下两大基本类型。

（1）基岩岬湾海岸。

根据所处海岸动力条件的差别和沿岸第四纪堆积物发育状况等的不同，可再划分成以下3个亚类型。

①强烈海蚀型基岩岬湾海岸，其特点为面临开阔外海、波浪大、潮流急，一般是处于较大范围基岩岬角中的岬湾，在其湾内岸麓潮间带大多形成了以岩滩为特征的各种强烈海蚀地貌或于波浪减弱处可见薄层砂砾质沉积被覆在岩滩之上。

②海蚀–海积型基岩岬湾海岸，在本区带分布最广泛，如平潭岛东岸、湄洲湾南

部、厦门岛东岸、六鳌半岛东岸、东山岛东岸、南澳岛南岸、碣石半岛南岸和遮浪半岛南岸等的岬湾海岸。这些岬湾湾内岸段的原始古第四纪堆积物海岸通常为由红土台地、老红砂阶地，或是冲–海积、海积阶地等组成，它们多呈海蚀崖状态，海岸具有高侵蚀脆弱性特点。由于地层中含有一定量的砂质颗粒，因此，自全新世中期海侵后经受几千年来海陆相互作用过程的改造，尤其是经受波浪侵蚀、冲刷与沉积粒径的分选作用，在潮间带和潮上带普遍形成了各种类型的现代砂质岸滩堆积地貌，如滨海沙滩、沙堤、沙嘴、陆连岛沙坝和沙丘等。据雷刚等（2014）的统计资料，本区（带）砂质岸线长度占总岸线长度达38.0%，其堆积地貌主要形成台地岬湾岸型。

③海积型基岩岬湾海岸，主要分布于较隐蔽的内湾或湾顶区，海岸水动力以潮流作用为主，波浪作用微弱，在潮间带以形成淤泥质沉积（潮滩）为特征。如福清湾大部、湄洲湾北部、厦门港湾中的同安湾与厦门西港（湾）、旧镇湾、东山湾、诏安湾、拓林湾、碣石湾中的白沙湖（湾）和红海湾中的品清湖（湾）等的海岸。

（2）断陷盆地河口湾平原海岸。

区内断陷盆地一般是由两条NW向断裂扶持的断块型槽地的入海河口区，海岸主要构成溺谷型河口湾（或称三角江）形态；此类河口湾发育了一定规模的三角洲平原，如兴化平原、晋江平原、龙海平原和潮汕平原，其发育过程为在河、海交互作用下，经历了山间河谷盆地和溺谷河口湾的充填堆积阶段。此外，粤东沿海的一些中小河流亦多沿岬湾自NW往SE方向入海，在其岬湾湾头之沙坝–潟湖的内侧地带也均发育了河口湾平原海岸，如潮阳平原、惠来平原、鳌江—甲子平原和海丰—陆丰平原等；在湾头沙坝前缘形成的砂质岸滩，由于外海部分波浪入射受基岩岬角遮蔽，一般形成弧形轮廓。

河口湾平原的第四系厚度多为数十米（在潮汕平原超过百米）；海岸低平，地形宽坦单一，岸滩沉积主要是淤泥质潮滩，但当平原外侧为浪控型岸段时，则形成砂质岸滩，并常见基岩残丘或小岛礁分布。

基于上述，闽中—闽南—粤东上升带沿海地区从陆地地貌和港湾第四系总体堆积类型的角度，可概括分成以下3个不同区段：

①闽中丘陵台地岬湾红土台地遍布堆积区段；

②闽南低山丘陵岬湾风成沙地遍布堆积区段；

③粤东丘陵台地岬湾与河口湾平原相间堆积区段。

本区（带）近岸海底地貌较主要的类型有，水下三角洲、潮流脊系、潮流三角洲和栏门沙坝等，其水下岸坡是陆地地形的水下自然延伸部分。

8.2.6.3 近岸海洋动力条件

1）潮波系统

闽中—闽南—粤东沿海濒临台湾海峡和南海，进入本区海域的潮波从图5.4可看出，主要是由西北太平洋潮波分别向台湾海峡北、南推进的两支潮波，它们相汇于海峡中部，呈具驻波的某些特点，即造成分潮等振幅线为自台中—厦门连线向海峡南、北两侧逐渐降低。

2）潮汐类型

由图5.5所示，潮型乃以闽南浮头湾为界，以北为正规半日潮型；以南大多是不正规半日潮型或不规则全日潮。

3）潮差分布

从图5.5所示的我国东南沿海海区的平均最大潮差分布可以看出，自闽中向南到闽南、粤东的潮差为逐渐减小，尤其是厦门—汕头一带为急速减小区段。

4）潮流运动形式

近岸海区潮流通常呈往复流，特别是一些湾口、河口区，流动的往复性更为明显。在湄洲湾、泉州湾一带，由于是南、北支潮波交汇海区，其潮流运动方式显现出了复杂化。

5）海流、余流特征及悬沙运移

从图5.8和图5.9可见，台湾海峡和南海东北部近岸的海流系主要由浙闽沿岸流和粤东沿岸流控制，另有黑潮支流从海峡南口进入后，沿台湾西岸北上。总体而言，近岸海流状况具有一定的流动规律，即夏季往北，冬季往南。南海暖流，在粤东东半部近海全年为流向NE，平均流速0.5 kn以上；而在粤东西半部近海，于夏半年也是流向NE，平均流速为0.5 ~ 0.8 kn，但于冬半年则流向SW，平均流速为0.5 ~ 0.9 kn（王文介等，2007）。至于台湾海峡东部海域的台湾暖流，无论冬、夏季皆沿台湾岛西岸北上。

本区（带）海流余流的一般特征主要受沿岸径流大小、风势强弱、沿岸流系和外海水团消长作用的控制，在春、秋季由于风向多变，沿岸水和外海水交替复杂，沿岸余流分布较无规律；但夏、冬季节流场的分布规律较明显。总体而言，底层余流终年为呈NE向流；而上层余流因受季风影响较大，在夏半年多与底层余流一致流向NE，冬半年多转变为偏S向流；正因为冬半年出现的上层余流是由东北风形成的偏S向流覆盖在底层NE向余流的结果，故从表层往下的流向往往连续右旋，并通常到水深10 m以

下的流速迅速降低。

区内近岸海水悬浮泥沙含量具有以下分布特点：①平面分布的等值线呈NE—SW走向，与海岸线大体平行，近岸带含量较高（年平均大多在20 ~ 80 g/m^3），远岸带较低（年平均10 ~ 40 g/m^3）；②含沙量等值线沿岸分布的基本形态为，在河口湾或湾口外显现向外凸突的曲线状；③底层水含沙量高于表层水；④除河口区外，冬季海水在强风、浪与潮流的作用下，含沙量一般高于其他季节。这种分布态势表明，近岸海区悬沙的主要运移方向为从岸向外海，其中区内沿岸河流入海径流起着重要控制作用。

6）波浪与风暴潮

（1）波浪。由于沿岸基岩岬角与港湾内、外及近岸区、远岸区的地理位置差别，加上季节性变化、周围地形环境及台风活动等的影响，波浪分布的变化十分明显。兹根据区内由北往南的平潭、崇武、闽—粤交界云澳和粤东遮浪等波浪观测站的统计资料，将本区域波浪特征值整理后如表8.1的数据。

表8.1 闽中—闽南—粤东海区主要测波站的波浪特征值统计*

（《中国海岸带水文》编写组，1995）

站名	波 型（风浪：涌浪）	常浪向	强浪向及其年均波高（m）	最大波高方向及其数值（m）	各个波向年均波高（m）
平潭	99 : 84	NE、ESE	NE（1.2）	ESE（16.0）	1.11
崇武	100 : 90	NE、SE	NNE—NE（2.0 ~ 1.1）	SE（6.9）	0.93
云澳	92 : 59	NE—ENE	NE—ENE（1.3）	SW—WSW（6.5）	1.07
遮浪	100 : 30	E—ESE	ENE（1.6）	ESE（9.0）	1.13

* 表中所列波高为$H_{1/10}$。

（2）风暴潮。本区风暴潮主要由热带气旋引起，以夏季和秋季为常见。台风期间发生风暴潮增减水过程是通常的现象。一般增水前期曾出现减水过程；当增水过程适逢大潮汛时，便产生严重潮灾，使海岸侵蚀强度急剧加大。在闽中—闽南一带沿海，据1956—1981年的资料统计，共发生过55次台风引起的沿海异常高潮位（超过当地警戒水位）的情况。典型的风暴潮灾害，如登陆于厦门的9914号台风引起的潮位高达厦门零点以上7.28 m，即超过厦门警戒水位0.48 m，增水高达1.71 m，瞬间水漫陆地，海岸在狂浪冲击下遭受极为严重的侵蚀破坏（蔡锋等，2002）。粤东沿海出现较大台风增水为在饶平至澄海一带沿岸，可达2.47 ~ 3.14 m，最大减水分布为0.30 ~ 0.70 m左右（《中国海岸带水文》编写组，1995）。

8.2.6.4 海岸侵蚀的主要特点及分区

1）海岸固有侵蚀脆弱性特征分析

众所周知，海岸侵蚀的发生及其强度的发展趋势取决于岸滩本身的稳定性（内在因素，如海岸地形地貌、物质构成特征等），以及沿岸海洋动力条件与泥沙供给条件（外在因素，含人为活动）之间的均衡状况。外因是变化的条件，内因是变化的根据，外因通过内因而起作用。闽中—闽南—粤东上升带自新构造运动时期以来，由于地壳块断总体是长期处于缓慢抬升与遭受剥蚀状态，导致历次海侵所形成的古侵蚀–堆积夷平地貌面的分布高程基本上均位在现代海平面之上，形成了各级阶地。其中，最为特色的内在侵蚀因素，又具普遍分布的阶地地貌类型莫过于前面所述的红土台地。

如果单从第四纪堆积物类型海岸（所谓“软岩性”海岸）分布情况所体现的海岸侵蚀成因内在因素脆弱性特征的角度进行分析，那么如前述，由于本区带内海蚀–海积基岩岬湾发育很广泛，且在岬湾内沿岸又大多是由红土台地与老红砂阶地组成的海蚀崖海岸，以致自中全新世中期海侵后的数千年来，于濒临现代海平面上侧普遍形成了丰富多彩的现代砂质岸滩地貌。这种海岸地貌过程及其形成后的侵蚀特点与华夏褶皱带北段的浙江—闽北下沉带沿岸的过程表现构成了明显的差别对照，反映了新构造运动变形与第四纪地质分布的重要控制作用。进而就闽中—闽南—粤东上升带的区域性海岸侵蚀成因特点与胶辽隆起带的海岸侵蚀现象的对比来看，虽然也是主要发生在由古第四纪堆积地层的阶地海岸及其现代衍生形成的砂质岸滩上，但本区域侵蚀作用却是突出地表现在以由红土台地和老红砂阶地为其主要依托的所构成的砂质海岸上，并显示出最易而又广泛地遭受严重侵蚀蚀退作用的特征（参见下述海岸侵蚀的岸例）。

2）海岸侵蚀特点分区及其主要表现

兹按上述本区（带）沿海地区陆地地貌及海湾第四系总体堆积类型所划分的3个特征区段（见图8.2中的E_{21} ~ E_{23}），分别概述它们的主要海岸侵蚀表现如下。

E_{21}——闽中丘陵台地岬湾红土台地遍布堆积区段（Up 14）

处于闽中—闽南—粤东上升带海岸（Ⅴ-1-2）的东北部，北界以福州—长乐东部平原南缘WNW向新构造期形成的深断裂带与浙江—闽北下沉带（Ⅴ-1-1）接壤，往南直到九龙江河口湾北缘。

1）海岸地质、地貌特点

本区段山丘地形是戴云山的东延余脉。区内NE走向的长乐—南澳断裂带斜贯整个沿海地区，并自第四纪以来仍发生明显活动，其纵向切割沿海地区，使本区段沿海地势总体构成NW部高、SE部低的阶梯状下降。由于区内花岗岩遍地分布，所形成的古第四纪堆积以其产生的红壤型风化壳残坡积（红土台地）最为突出。区内在地貌上也呈有规律的4个条带：①西侧山地、丘陵带；②中部红土台地、平原、低丘带；③东侧滨海丘陵–半岛岛链带；④水下岸坡带（丁祥焕等，1999）。其中，中部带构成沿海主要半岛（龙高半岛，笏石半岛、崇武半岛与晋江半岛）和相间的港湾，出露的基岩以燕山期花岗岩为特征，且其风化后形成的红土台地面积占总面积在45%以上。东侧滨海丘陵–半岛岛链带是陆域边缘地带抬升的断块，出露的基岩主要是基底褶皱带岩系——平潭—南澳变质杂岩系（黄辉等，1989，1996）和燕山期花岗岩；第四系古堆积阶地海岸主要是由红土台地和老红砂阶地组成的陡崖岸；并且沿岸又多为开敞海区，是现代砂质海岸线的最主要分布区（带），也是频繁发生严重海岸侵蚀现象的地区（见后述）。

沿岸入海河流有渔溪、木兰溪、洛阳江、晋江和汀溪等，其河口段多形成冲–海平原，如莆田平原、泉州平原等，它们一般分布在港湾内部或湾顶岸段，潮间带大多形成淤泥质沉积。

2）海岸侵蚀成因特点及表现

在《福建省908灾害调查——海岸侵蚀调查研究报告》（国家海洋局第三海洋研究所，2010）中，对本区段上述第③、第②地貌条带各遴选出了一个海岸段，分别于2006年6月至2008年8月期间进行了调查与重复监测，兹将结果叙述如下。

（1）平潭岛北岸流水—西楼海岸段。

（a）海岸概况。本岸段位于东侧滨海丘陵–半岛岛链带内，为近东西向延伸的岬湾，湾口向北朝东海呈月牙形湾状，岬湾东、西两端为燕山期花岗闪长岩基岩岬角，海岸基本是由红土台地和老红砂沉积阶地组成的侵蚀蚀退陡崖岸，岸前发育砂质海滩，滩面沉积物主要为中细砂、砂等，滩面宽度近百米到200余米不等，滩坡较缓，构成耗散型剖面类型；湾岸岸线长度共计5 120 m。

（b）长期侵蚀表现。根据刘建辉等（2010），求得本岸段海岸在1961—1983年间和1983—2009年间的平均蚀退率分别为1.25 m/a和1.46 m/a，反映出近期有侵蚀加强的趋势。同时，求出1961—2009年间该岸段海岸线蚀退量最大的地段达165.4 m，最小的地段仅为27.3 m，相差达6倍。

（c）“908专项”调查监测剖面的侵蚀表现。现将该海岸段自东向西划分的7个不同地貌区（段）的侵蚀表现，依据2007年7月—2009年4月之间的夏、冬季，经4次对相应区（段）布设的固定剖面的监测结果简要叙述如下。

①S1区（段）系红土台地陡崖岸侵蚀区（无硬质护岸）。长440 m，崖高10 ~ 20 m。崖坡脚岸线位置蚀退率最大6.32 m/a，平均4.12 m/a，属严重侵蚀；估算侵蚀量为损失土地面积1813 m^2/a，冲蚀崖坡沙土量3.26×10^4 m^3/a。侵蚀成因主要是，红土台地崖坡易于受强降水坍塌及受波浪（尤其台风浪潮）冲蚀扩散，加上岸前海滩无上游输沙补给。

②S2区（段）仍是红土台地陡崖岸侵蚀区，但下部崖坡有石砌护岸（已垮塌成石块堆积）。长485 m，崖高20 m以上。由剖面（XL−2）监测得崖顶外缘线蚀退0.62 m/a，高潮滩下蚀3 ~ 5 cm/a，属微侵蚀；损失土地面积301 m^2/a，冲蚀崖坡沙土量0.60×10^4 m^3/a，冲刷海滩沙量485 m^3/a。侵蚀成因类似S1区（段），但由于崖坡脚有毁坏护堤挡浪，岸线蚀退率明显变小，海滩衰退主要在于沿岸输沙中沙量收支亏损。

③S3区（段）为老红砂阶地陡崖岸侵蚀区，其东段长280 m，下部崖坡有石砌护岸；西段长241 m，无护岸。东段崖高20 m以上，崖顶外缘线蚀退小于1 m/a，属微侵蚀。西段崖高约20 m，崖坡脚海岸线位置蚀退率最大7.58 m/a，平均3.88 m/a，属严重侵蚀；损失土地面积935 m^2/a，冲蚀崖坡沙土量1.87×10^4 m^3/a。西段海岸线的侵蚀成因类似S1区（段），其砂滩滩面裸露基岩风化壳可能是人工采沙所致。

④S4区（段）复为红土台地陡坎岸侵蚀区（无护岸）。岸线长181 m，坎高1.5 ~ 2.0 m。据剖面（XL−4）监测结果得，陡坎脚海岸线位置蚀退率竟然达到6.60 m/a，属严重侵蚀，导致岸前大量分布花岗岩风化壳之残留土、石块；砂滩滩面下蚀可达53 cm/a，亦属严重侵蚀；损失土地面积460 m^2/a，冲蚀海岸沙土量0.12×10^4 m^3/a。侵蚀成因类似S3区（段）西段，但人工采沙量更有甚之。

⑤S5区（段）为现代馒头状沙丘群覆盖老红砂层陡坎组成海岸的侵蚀区（无护岸）。岸线长830 m，岸高2 ~ 6 m不等。海岸线位置监测得，蚀退率最大7.07 m/a，平均蚀退2.40 m/a，属严重侵蚀；损失土地面积1 992 m^2/a，冲蚀海岸沙土量约0.80×10^4 m^3/a。海岸侵蚀成因同S4区（段）。

⑥S6区（段）再现为老红砂阶地陡崖岸侵蚀区，其东段长607 m，下部崖坡石砌护岸，崖高20 m以上；西段长544 m，无护岸，崖高3 ~ 15 m不等。西段崖前滩面地形相对较高，并大部裸露花岗岩残留礁石及其红壤型风化壳，据西段剖面（XL−6）监测结果得，陡崖坡脚海岸线位置蚀退率为4.83 m/a，属严重侵蚀；前滨滩面下蚀最大

21 cm/a，亦属严重侵蚀；损失土地面积1 105 m^2/a，冲蚀崖坡沙土量2.54×10^4 m^3/a，冲刷海滩沙量1 360 m^3/a。侵蚀成因类似S3区（段）西段。

⑦S7区（段）为现代馒头状沙丘群侵蚀区（无护岸）。岸线长427 m，沙丘高1.5～5 m不等。岸前沙滩滩肩宽3～5 m，高潮滩为砂质沉积，低潮滩为淤泥质沉积。据滩肩外缘线的监测结果，蚀退率最大为2.80 m/a，平均蚀退1.47 m/a，属侵蚀到强侵蚀。侵蚀成因以人工采沙为主。

纵观上述，平潭岛北岸流水—西楼海岸段发生侵蚀灾害的严重性和规模之大可认为，在我国隆起带沿岸中是十分典型的（陈吉余等，2010）。虽然该海岸段的侵蚀原因有多种因素共同作用的结果，但究其根源在于海岸本身具较高的固有侵蚀脆弱性特征，即海岸基本为由陡崖状红土台地和老红砂阶地组成，加上近岸动力条件较强，从而造成了很明显的侵蚀趋势。尽管海岸有、无护岸对当前侵蚀强度会有所影响，然而仅采用不能满足自然岸线保护目标的硬式护岸工程，仍存在着侵蚀隐患。这在有关海岸保护与利用问题上是值得进一步深入探讨的课题。

（2）崇武半岛南岸半月湾滨海旅游沙滩海岸段的侵蚀表现。

（a）海岸演变过程及侵蚀灾害简况。半月湾位在崇武半岛（处于中部红土台地、平原、低丘带内）南岸，湾口朝南，濒临泉州湾外海域。湾内滨海沙滩长约2.0 km，属台地岬湾岸型，是闽中沿海一个涵括了古城—沙滩—惠女—石雕四大旅游资源在内极具魅力的优美滨海旅游休闲度假区，曾获得“全国最美八大海岸”等美誉。

半月湾两端岬角均由燕山期混合花岗岩组成。湾内沙滩海岸地貌大体可分成两段：西段海岸长930 m，主要为老红砂阶地崖岸，其下伏混合花岗岩红壤型风化壳（红土台地）局部出露；东段海岸长约1 000 m，沙滩直接背依全新统风成沙地。该湾岸滩自2003年在湾东侧建成了崇武一级渔港一期工程后，由于在东端岬角近岸海区建设539 m长的南防波堤，阻挡了外海偏E—SE向波浪的向岸入射，使湾顶半月湾沙滩失去了原常年的沿岸输沙动态平衡关系，造成整个半月湾沿岸海岸与海滩出现西冲东淤的明显变化特征；再加上，台风风暴潮袭击的显形侵蚀破坏以及人为滩面采沙等因素相互叠加，使半月湾岸滩成为一个遭受严重侵蚀灾害的岸段，迄今西段沙滩沙量已消失殆尽，致靠近崇武古城的主要休闲浴场随之荡然无存；而东段沙滩不断淤涨，并向东部渔港推移，必将影响渔港正常运作。

（b）“908专项”调查监测期间的侵蚀表现。根据国家海洋局第三海洋研究所在《福建省908灾害调查，海岸侵蚀调查研究报告（2010）》中对半月湾海岸段分别在西段、东段岸滩布设的CW-1和CW-2两个监测剖面，经2007年8月、2008年3月和2008年

8月分3次进行测量（监测期间该海岸段海岸均未护岸），得出结果如下。

①CW-1剖面：老红砂阶地崖岸坡脚岸线位置蚀退7.5 m/a，属严重侵蚀；估算损失海岸土地面积6 975 m^2/a。平均海面以上滩面，最大下蚀201 cm/a，亦属严重侵蚀，其单宽下蚀量34.1 m^3/m·a，整个西段依此共计冲刷沙滩沙量约3.2×10^4 m^3/a。平均海面以下滩面，最大下蚀96 cm/a（严重侵蚀），单宽下蚀量19.0 m^3/m·a，依此，整段又共计冲刷沙滩沙量约1.8×10^4 m^3/a。近滨海底沉积与地形大体不变。

②CW-2剖面：海岸前丘向陆后退2.6 m/a（强侵蚀，主要成因是人工采沙）。监测期间滩肩滩面（宽40 m左右）被盗采沙量由采沙坑规模估算约0.8×10^4 m^3，但最终测量结果得滩肩宽及其滩面高程基本不变，据此估算监测期间滩肩滩面约平均可淤高20 cm/a以上（淤涨）。平均海面以上滩面呈现冬蚀夏淤现象，但末次测量前遇较强台风“凤凰”下蚀的影响，总体仅表现为微略淤涨状态。平均海面以下滩面普遍淤高50 cm/a（淤涨），单宽淤涨量26.3 m^3/(m·a)，依此计算，东段淤涨沙滩沙量2.6×10^4 m^3/a以上。近滨海底沉积与地形大体不变。

上述崇武半岛半月湾滨海旅游沙滩岸段的严重侵蚀现象与前述平潭岛北岸流水—西楼海岸段对比，虽然在诱因上不同，即主要起因于人工不合理的海岸工程建设等原因，但由于海岸本身因素是其发生侵蚀作用的根据，二者因海岸组成、结构构造相同，而均具较高的海岸固有侵蚀脆弱性特征。由此表明，闽中区段沿海地区红土台地和老红砂阶地广泛分布是该区段区内众多海岸发生严重侵蚀现象的重要根源。

E_{22}——闽南低山丘陵岬湾风成沙地遍布堆积区段（Up 15）

位在闽中—闽南—粤东上升带海岸（Ⅴ-1-2）的中部，北界为九龙江河口湾的北缘，往南西直到粤东韩江三角洲平原的北缘。区内地质构造正处于长乐—南澳大断裂带南段和南岭东西向构造带的东延部分。地壳块断在新构造期的变形活动也是总体处于抬升与遭受侵蚀-剥蚀状态，但略显一定的差异升降现象，其中包括九龙江—厦门外港下沉亚区、港尾—云霄上升亚区、漳浦—东山滨海带下沉亚区和云霄—南澳上升亚区（福建省海岸带和海涂资源综合调查领导小组办公室，1990）。

1）海岸地质、地貌特点

区内山丘地形是博平岭东南余脉，多呈块状分布，如南太武山、大瑁山、金刚山等山地。区域地质地貌轮廓总体与闽中沿海地区类似，差别之处在于：①本区北部新近纪至第四纪初期曾发生过基性火山喷发，形成了福建沿海唯一的新生代火山岩喷发带；②末次冰后期海侵后，沿岸侵蚀剥蚀台地（含红土台地）虽也分布较广，但与闽中沿海相比，多呈规模较小的不连续片状分布；③全新世以来风成沙地甚为发育，尤其是在漳浦—东山岛沿岸所形成的沙丘海岸比比皆是；④除北侧九龙江河口断陷沉积盆地形成面积较大的龙海平原外，区内其他入海河流的流程相对较短，河口平原面积亦都较小；⑤闽南沿海开敞岸段的潮间带沉积特点，主要形成与古风沙作用有关的砂质岸滩，如将军澳、浮头湾、乌礁湾和大埕湾等大型海湾沙丘地、陆连岛沙坝前缘的滨海沙滩。

2）海岸侵蚀成因特点及表现

闽南区段沿岸发生典型的严重海岸侵蚀现象总体逊于闽中沿岸，但仍存在侵蚀风险。根据国家海洋局第三海洋研究所（2010）的调查研究报告，区内海岸侵蚀主要表现为发生在风成沙丘和老红砂层阶地构成的砂质海岸，如东山岛乌礁湾（无护岸）经1987年和2007年的地形图对比，海岸蚀退率为1.05 ~ 2.50 m/a（属侵蚀–强侵蚀级别）。引起侵蚀的外在因素主要是台风风暴潮冲蚀和滨海人工采沙。

E_{23}——粤东丘陵台地岬湾与河口湾平原相间堆积区段（Up 16）

北界为韩江三角洲平原北缘，往西南直到红海湾鲘门，乃闽中—闽南—粤东上升带海岸（Ⅴ-1-2）的西南部区段，其西界以莲花山断裂带与粤中断块活动带海岸（Ⅴ-2-1）接壤。

本区段新构造运动亦是主要继承了燕山期块断运动的特点，以上升为主，但也受早期NE、NW和E—W向断裂的影响，产生了继承性的较为明显的断块差异运动，从而形成了韩江三角洲等一些断陷盆地和碣石湾、红海湾等“Π”型大港湾，并形成1 ~ 4级侵蚀–堆积阶地。

1）海岸地质、地貌特点

在区域地质地貌格局上的表现与闽中、闽南一带类同，其中基岩红壤型风化壳台地和老红砂沉积阶地同样也广泛分布。然而，从末次冰后期海侵后的海岸地貌上看，虽都以溺谷型基岩岬角–港湾为特征，但亦有其特点，即许多注入开阔岬湾的中小河流（如韩江、螺河等），在三角洲前缘一般形成了砂质海岸。因此，如果将广大的韩江三角洲——潮汕平原海岸单独划分为一个独立海岸单元，那么，粤东其余岸线，即自潮阳海门湾往西直至海丰鲘门，也可统称为“粤东河湾、台地相间堆积海岸”。后者海岸地貌具以下特点。

（1）河口湾多为朝南面向南海，在波浪作用下，湾头一般形成沙坝–潟湖体系，沙填外侧滨海沙滩、沙嘴和沙堤发育，后侧潟湖沉积平原广布，并常见一、二级海成阶地；河口近滨浅滩以沿岸流挟带的砂质堆积为主，且河口沙嘴的生长常迫使河流偏侧入海。

（2）海岸虽呈微略抬升，但沿岸全新统堆积物盛行，致台地基岩岬角、岬湾并不显豁，然则由于河口湾砂质沙坝发育，海岸线总体趋向较为平直。

2）海岸侵蚀成因特点及表现

最近数十年来，由于河流建设水库、流域绿化、潟湖建闸坝和沿岸围填海造地以及人工采沙、台风暴潮增强等因素，使海岸侵蚀加强。这里按上述对粤东海岸地貌格局的认识，就其海岸侵蚀的主要表现提出以下3种海岸类型分别叙述：

（1）韩江三角洲前缘砂质海岸的侵蚀表现。

韩江三角洲平原于2000—3000年前开始从潮安向海推进，该平原前缘由于波浪、潮流较强，发育了系列砂质堆积沙坝体，坝间为淤泥质滩涂。现代海岸前缘沙堤、沙坝体在NE—E向风浪和沿岸流的作用下，泥沙由NE向SW运移，并于汕头湾外东侧形成沙嘴及拦门沙浅滩。近几十年来，主要由于人为活动因素，韩江入海泥沙量锐减，导致莱芜岛到新津溪沿岸的沙堤–沙坝沿岸处于侵蚀后退状态，其蚀退速率约1～3 m/a，属侵蚀–强侵蚀级别（陈吉余等，2010）。

（2）岬湾砂质海岸的侵蚀表现。

粤东岬湾砂质岸线长约占总砂质岸线长（421 km）的60%以上。岬湾砂质岸线一般呈弧形状态，其沿岸泥沙运动虽部分可视为相对独立的输沙单元，但大多数岬湾海岸的动力学机制、海岸地貌过程、海滩剖面形态塑造和泥沙运动与蚀淤情况等方面的变化仍然相当复杂，其中主要影响因素包括波浪的季节变化与年际变化、海岸地貌三维空间的组合关系，以及每一个时段的演变环境与前一个时期演变环境基础的变化关系等。本书第6章的“6.3 侵蚀类型及侵蚀原因复杂多样”中，已经对粤东惠来县东部靖海湾砂质海岸岸滩蚀淤变化的错综复杂性进行过分析（参见图6.2和图6.3及其文中的叙述）。下面再根据国家海洋局第三海洋研究所于2009年10月至2012年10月期间在完成《我国砂质海岸生境养护和修复技术研究与示范（国家海洋公益项目：编号200905008-1）》任务时所提交的“广东省滨海沙滩重点区调查研究报告”，对碣石湾西南端遮浪角东侧岬湾滨海旅游沙滩海岸侵蚀的调查研究结果另例简述如下。

该岸段沙滩长约1 100 m，宽度100余米。岬湾两端岬角由燕山期黑云母花岗岩组成，湾岸为侵蚀剥蚀台地，其中广泛出露基岩红壤型风化壳（红土台地）。近岸波能

较高（年均$H_{1/10}$为1.4 m），前滨滩面坡陡，沙滩剖面形态形成含宽大滩肩的沙坝类型，沉积物主要为粗砂到细中砂。该岬湾的海岸侵蚀表现根据ZL1监测剖面（自2010年8月至2012年1月夏季和冬季）的4次观测结果得出：①监测期间滩肩外缘线向陆蚀退14 m，蚀退速率约为7.0 m/a（严重侵蚀）。②平均海面以上前滨滩面总体呈夏淤冬冲的特点，但亦遭受夏、秋季台风暴潮的严重侵蚀影响，而出现整体下蚀现象，如2011年8月与2012年1月之间的滩面地形对比，出现最为严重的侵蚀现象，可能与2011年9月29日登陆于粤西的1117号强台风“纳沙”有关。③平均海面以下滩面，上段有略呈夏冲冬淤迹象，而下段冲淤不显；但上段仍受台风浪的强烈侵蚀影响。④监测期间，滩面表层沉积物粒径有变粗的趋势。

（3）潟湖平原口门沙嘴沙坝的侵蚀表现。

这里以红海湾东侧汕尾港品清湖（潟湖海湾）口门处汕尾沙嘴的侵蚀表现为例简述如下：汕尾沙嘴在品清湖湾口沿潮汐通道（长约2 km，宽1 km余）两侧均有发育生长，沙嘴长1 800 m左右，宽约100 m，是在沿潮汐通道两旁呈NW—SE走向相反延伸的沙坝。它们作为掩护汕尾渔港、汕尾市临港街道和系列小型码头的天然防波堤，使汕尾港形成天然的避风良港。半个世纪以来，该两沙嘴曾多次经受台风浪侵蚀（冲决）破坏，其决口并常年在风浪、潮流的作用下和人为挖沙的影响下不断扩大。尤其是在1985年，西侧沙嘴受台风袭击后被破坏的长度竟约达3/4，仅剩头部400 m和南侧根部百余米。直到1988年，人工建砌石护堤堵塞决口，沙嘴得以恢复，汕尾港水域和汕尾市临海大马路才又受到沙嘴的保护，同时，附近潮汐水道的水深也得以维持（应秋甫等，1990）。

8.2.7　粤中断块活动带海岸（V-2-1）的分区

8.2.7.1　区域构造地质基础

粤中断块活动带又称粤中槽陷，是中新生代华南隆起带（V）西南部——南华隆起带（V-2）在沿海地区东侧形成的一个三级构造单元——断块活动带（V-2-1）。本区域东界以莲花山断裂带与华夏褶皱带（V-1）接壤，西界以苍城—海陵大断裂（图5.1中F3）与粤西—桂东—琼北下沉转上升区（V-2-2，又称云开槽隆）毗邻。

1）有关整个南华隆起带（V-2）构造地质发展过程的概述

南华隆起带（V-2）作为华南隆起带（V）中的一个次级构造单元，地理位置涵括江西西南部、湖南南部、广东大部、海南岛和广西中南部（图5.1），为由华夏系、新华夏系、纬向构造等构造体系复合交汇所构成的复杂构造地质区域。也就是说，在地质历史上从晚元古代以来，经历过多期地壳运动及构造阶段的发展过程。

（1）早古生代时，加里东运动最强烈，主要表现为形成区域性的以NEE方向为主的华夏系构造褶皱带和断裂，并使区内厚达约10 000米的地槽沉积层产生区域变质以及伴随有酸性岩浆侵入和混合岩化作用。

（2）自晚古生代以来为地台发展时期，地壳运动转变成以垂直升降为主，致形成了浅海相为主、海陆交互相为次的上古生界沉积岩地层。

（3）三叠纪时，印支运动褶皱作用较强烈，伴随着断裂和中酸性岩浆活动，同时形成了NE向为主的构造形迹。

（4）中生代自晚侏罗纪开始的燕山运动十分强烈，呈现以断裂、断块作用为特征，并广泛伴随酸性岩浆侵入与喷发，构成了所谓“新华夏系构造”，其主要表现为NNE、NE向规模巨大的压扭性断裂及NW向张扭性断裂；它与华夏褶皱带（Ⅴ-1）有所不同，可能是由于与纬向构造的复合，常呈“S” 弯曲而组成了“多”字型断裂排列。燕山运动对南华隆起带的沉积作用、岩浆活动、变质作用、成矿作用、褶皱断裂及地形地貌等的影响均起着深刻的控制作用（中国科学院南海洋研究所地质研究室，1978）。

（5）新生代第三纪时期，喜山运动以断裂、断块作用和中–基性岩浆喷发为主，新华夏系的“多”字形构造和纬向构造继续活动，控制了古近纪和新近纪区内在中生代太平洋俯冲带之弧后的张裂作用，由于地幔上隆、地壳减薄，而形成众多断陷沉积盆地（李家彪，2012），局部有玄武岩或粗面岩等喷发。

（6）第四纪时期的新构造运动主要是继承燕山运动之断裂、断块活动的特点，并有大量基性岩浆喷发。与地处南海北部呈NEE方向的张裂边缘裂陷构造带不无相关，区内新构造以垂直运动为主，其表现方式包括地壳大面积隆起与沉降、广泛出露地层与风化壳（或风化层）的相互叠置，即反映了地面下降与上升转化的堆积与风化之更替以及不同地区珊瑚岸礁出现上升或下沉现象等情况。其中，特别是自东往西形成了如图5.1所示的4个不同的区域性次级构造单元：粤中断块活动带（又称粤中槽陷）；粤西—桂东—琼北下沉转上升区（又称云开槽隆）；琼中—南（穹隆）拱断上升区；以及钦州—防城上升带（又称钦州古生界残留褶皱带）。

（7）到中全新世中期海侵后，南华隆起带（Ⅴ-2）由于经历了上述地壳运动之后，以及自中新生代以来大部地区处于抬升与剥蚀状态，陆地地形地貌甚是复杂，总体特点是；北面NE—SW走向的群山耸峙、地形崎岖，往南地势逐渐低下，至海岸带较平缓；地貌以丘陵、台地、阶地为主，山地、平原为次，沿岸山地主要分布在珠江三角洲东、西两侧和海南岛穹隆拱起的中央地带，在粤西、桂东、琼北则大部构成宽广平缓的阶地、台地。海岸地貌形成了明显具溺谷港湾与岬角相间的曲折海岸线，而且岛屿罗列，并常见反映上升的多级海岸阶地及清晰的古海岸遗迹。

2）粤中断块活动带（Ⅴ-2-1）本身区域构造地质的特点

粤中断块活动带地处南华隆起带（Ⅴ-2）东侧。如前所述，进入新生代以来由于青藏高原急速隆升所引发的南华隆起带区域壳幔蠕动方向为SSE—SE向（许忠淮等，1989），而其东侧则受到闽中—闽南—粤东上升带区域壳幔沿NWW方向碰撞压力的影响，造成粤中地壳块断于新构造运动时期自莲花山断裂带以西连带形成了明显的块断差异升降活动，其在地貌上表现为构成一系列沿NE、NEE与近E—W向延伸的断块山体和坳陷港湾。其中，以形成珠江三角洲断陷沉积盆地（含珠江水下三角洲）为主要特征，而东、西两侧则形成了具不均匀断陷活动与断块隆起的构造格局。

8.2.7.2 第四纪地质与海岸地貌基本轮廓

1）沿岸第四纪堆积物分布特点

鉴于粤中沿海一带新构造运动以断块升降活动为特征，其相对上升断块者以基岩风化、剥蚀作用为主，形成较厚的红壤型风化壳残坡积堆积物层（红土台地）；相对下沉断块则以沉积作用为主，形成河流、三角洲、滨海和港湾沉积层。因此，区内残积、坡积堆积物地层与冲–海积、海积及三角洲沉积地层呈规律相间分布。并且，由于区域块断运动幅度不同，第四纪堆积物发育的厚度亦各地不一。

2）海岸地貌梗概

由于粤中沿海一带新构造运动与变形的总体特点表现为地壳在大面积上升的同时，伴有较强烈的断块差异升降活动，以至末次冰后期海侵后，海岸地貌整体呈现出岛屿星罗棋布，港湾众多，平原、丘陵、台地相间，侵蚀剥蚀以及现代滨海、浅海沉积均为发育的格局。本区域内中部区段在NE、NW和E—W向断裂控制下，形成了大面积的断陷沉积盆地，且有西江、珠江、东江等水系的注入，故发育了珠江河口湾之巨大现代三角洲平原；而在东、西两侧的断块隆起区段则形成了各级夷平面、阶地的不均匀分布，其海岸线曲折转弯。

基于上述及根据海岸成因的构造地质基础与现代海岸演变过程的主导因素，粤中断块活动带（Ⅴ-2-1）的海岸地貌类型自东往西可划分成以下3个不同区段（各分区地貌特点见后详述）。

（1）粤中东部海岸山基岩半岛–港湾海蚀海岸区段；

（2）珠江口多岛屿、湾头三角洲沉积海岸区段；

（3）粤中西部山丘、谷地相间海蚀–海积海岸区段。

8.2.7.3 近岸海洋动力条件

1）粤中近海总体情况

潮波主要由太平洋传入引起（图5.4），其次是月球和太阳的引力在南海引起的潮振动。平均潮差自东向西逐渐增大，如在港口、崖门和闸坡水文观测站分别为0.83 m、1.24 m和1.56 m。潮汐类型基本为不正规半日潮（图5.5）。近岸海洋余流，冬半年主要流向SW，夏半年为流向NE。波浪为以涌浪为主的混合浪；根据区内由东往西之大亚湾、荷包岛和川岛波浪观测站的统计资料，各站波浪特征值如表8.2所示。

表8.2 粤中近岸海区主要测波站的波浪特征值统计*

（《中国海岸带水文》编写组，1995）

站 名	常浪向	强浪向及其年均波高（m）	最大波高方向及其数值（m）	各个波向年均波高（m）
大亚湾	ESE	SSE（1.5）	ESE（2.5）	0.7
荷包岛	SE	E、SW（1.3）	SE（5.6）	1.12
川岛	SE	E—SE（0.7）	SE（2.3）	0.60

* 表中所列波高为$H_{1/10}$。

2）珠江口主要海洋水文特征

总体表现为径流丰富、波浪作用弱和弱潮的特点。珠江河口湾岸线曲折，岛屿众多，河网交错，滩槽相间，其复杂的地貌形态构成了复杂的河口水文态势，兹简述以下3个主要方面：

（1）潮汐、潮流特点。

据《中国海岸带水文》编写组（1995），潮汐性质系数F值在0.94 ~ 1.77之间，属不正规半日潮；平均潮差小于2 m，属弱潮河口；潮波进入河口后，前波变陡后波变缓，导致浅海分潮增加，造成涨潮历时缩短、落潮历时延长。总体潮流运动形式为：近口门地区以往复流为主，而在等深线10 m左右水域则以顺时针向旋转流为主；潮流平均流速在40 ~ 70 cm/s，最大流速150 cm/s，流速分布总趋势是东部比西部大，近口门区附近比口外大；通常落潮流速大于涨潮；而且，潮汐余流明显受径流控制。

最为特征的是具淤积意义的“会潮点”很多：由于珠江三角洲平原河网区河流纵横交错，外海潮流通过八大口门进入，向河网地区扩散，造成有时两股涨（落）潮流相互在某一地点交会，或由于潮时上的差别，一股涨（落）潮流同另一股涨（落）潮流相遇，均能形成会潮点。在珠江口发育的会潮点达30多处，其所在位置因水流相消长，流速缓慢，易于发生泥沙淤积。

（2）径流及悬沙输移特征。

珠江水系的来水来沙经过河网区由八大口门输入南海，口门入海的水、沙分配比为：径流以磨刀门最多，约占珠江总径流量的1/4，其次是虎门和蕉门；悬移质输沙量也是以磨刀门最多，占总悬移质输沙量的1/3，其次是蕉门。

珠江河口湾水体的含沙量为0.1 ~ 0.5 kg/m^3 之间，一般近口门处高，往外逐渐降低；在时间变化上通常枯水期高于汛期。在悬沙输移过程中，于到达河口区后，一部分在口门附近落淤；另一部分在河口区随涨落潮流做周期性的往返搬运和冲淤交替变化，其余部分随潮流出海，主要向粤西沿岸搬运。另据王文介（2007），珠江口外近岸浅海区自伶仃洋以西的海岸流也是基本向西，由此导致粤中西部海岸区段广泛形成了湾头淤泥质平原、潮坪和浅海淤泥质沉积。

（3）两种动力类型的口门相互结合，组成三角洲排泄径流、进退潮的动力系统及其对三角洲滨线推进的影响。

据李春初等（2004），珠江水系出海的8个口门中，有6个口门的径流作用较强及来沙较多，被称为“径优型口门”，它们均是由西江、北江共同建造的西北江扇状河网型主体三角洲的入海口门；而伶仃洋、黄茅海乃是面积巨大的漏斗形海湾，当潮波由外海传入后，由于能量辐聚，潮流动力甚强，因此，将该两个海湾深槽水道上的虎门、崖门均称之为“潮优型口门”。在洪水季节，径优型口门水位较高，水流向潮优型口门流动；而枯水季节各个口门除各自进出潮流外，涨潮时尚部分由潮优型口门向径优型口门流动。

最具特征的是径优型、潮优型口门二者对三角洲滨线演进具有显著不同的影响：径优型口门的入海泥沙丰富，其三角洲滨线的推进速度很快，如自19世纪以来，磨刀门灯笼沙和蕉门西侧万顷沙的推进速度达110 ~ 130 m/a；而潮优型口门（虎门和崖门）的平均推进速度仅约为50 ~ 70 m/a。与距今6千年前海侵盛期时之三角洲发育初期的大珠江口河口湾的湾口海岸形态对比，当时潮优型的虎门和崖门现今仍还是处在海湾湾顶，而所有径优型口门则现今均发展形成扇形三角洲主体的海岸，后者滨线演进最快的是磨刀门河口，它自2000年以来的滨线就已经推进到横琴岛一线以南，其河口拦门沙直临遭受外海波浪的作用，成为径流–波浪作用控制的动力范畴，即已经推出大珠江口外，与过去海侵盛期的河口湾岸距离相差甚远。

8.2.7.4　海岸侵蚀的主要特点及分区

1）海岸固有侵蚀脆弱性特征分析

粤中沿海地区在新构造期所形成的断块活动带中，其中部断陷沉积盆于末次冰后期海侵后构成了古溺谷湾，它作为珠江水系注入的受水盆地，是现代珠江三角洲平原形成与发育的主要时期，至今三角洲海岸仍总体以淤积作用为主。在珠江三角洲平原东、西两侧虽然总体形成以山地丘陵为特征的溺谷型基岩港湾地貌，但沿岸出露的第四纪地层主要分布在山间谷地中，如洪–冲积小平原和基岩风化壳残坡积物堆积等。所以，从整个粤中沿海地区来看，在开敞海岸中的砂质岸线分布不广，而隐蔽海湾中则形成淤泥质滩地，尤其是珠江口以西海岸，由于有珠江大量悬沙输入，致细粒泥沙普遍淤积。上述表明，粤中现代海岸总体处于淤积状态，其内在侵蚀脆弱性并不高。

2）海岸侵蚀特点分区及其主要表现

按前述对粤中断块活动带之海岸地貌类型划分的3个不同区段（见图8.2中的E_{24} ~ E_{26}），以下分别概述它们的主要海岸侵蚀表现。

E_{24}——粤中东部海岸山基岩半岛－港湾海蚀海岸区段（Up 17）

1）海岸地质、地貌特点

本区段东界为红海湾鲘门一带的莲花山断裂带，往西直达伶仃洋东岸。区内由于不同地段块体的新构造运动变形有着明显的差异升降活动，故于惠深沿海地区构成了巨大的地堑地垒系条带地貌区。在地形上以莲花山余脉之NE向海岸山的分布为特征，其山势雄伟、直逼海边、岸坡陡峻，广大地区基岩（多为花岗岩）裸露，并发育各级第四纪堆积夷平面，尤其300 ~ 500 m阶地最为典型。末次冰后期海侵后，海岸总体形成了主要由大亚湾、大鹏湾之三面环山，无大河注入，地形反差大，水下岸坡陡峭，海滩窄的巨大“门”型溺谷山丘基岩港湾以及与之相间出现的平海半岛、大鹏半岛、九龙半岛（含香港岛、大屿山岛、万山群岛等大小岛屿）所组成的地形地貌条带分布轮廓。沿岸基岩岬湾广布，并有少数小海积平原断续分布，滨海浅滩以砂质黏土、淤泥质沉积为主，局部开敞小岬湾发育沙堤、沙坝及其前缘的砂质海滩。开敞基岩岬角、岛屿之迎风浪岸坡，由于长期风化及浪、潮侵蚀，海蚀地貌发育。

2）海岸侵蚀成因特点及表现

本区段海岸侵蚀作用主要发生在岬湾型砂质海岸线上，引起侵蚀的因素通常是台风浪潮的袭击破坏和人为采沙。以下列举深圳市东侧大鹏湾顶大梅沙岸段和小梅沙岸段的侵蚀表现：

（1）未护岸前的侵蚀情况。

大梅沙、小梅沙滨海沙滩均是深圳市弥足珍贵的滨海旅游休闲度假区，其间由基岩岬角隔开，在20世纪末尚未护岸，曾同时遭受过多次台风浪潮的袭击影响，使各自海岸后滨原冲–洪积、残坡积的小平原发生严重崩塌，海滩砂大量往近滨海区流失，海岸线整体向陆内移了6～8 m，崩塌后残存的海岸与平均海平面水位的落差高达7～8 m，游客只能借助楼梯下到海（国家海洋局第三海洋研究所调查研究资料《广东省滨海沙滩大面调查报告》，2012年3月）。

（2）护岸后近期对小梅沙海滩侵蚀的监测结果。

小梅沙海滩长约400 m，宽120 m，滩面沉积物类型变化较大，高、中潮滩砂质颗粒较粗，低潮滩较细，构成含宽滩肩的低潮沙坝–裂流剖面形态，沿岸输沙主要由东往西。国家海洋局第三海洋研究所将该沙滩分东、西两个岸段，各自布设MS1和MS2两个固定监测剖面，剖面方向分别为157°和141°，并于2010年8月13日、2011年4月23日、2011年8月31日和2012年1月11日共进行了4次岸滩地形–表层沉积物变化监测。监测期间两个监测剖面的蚀淤表现如下。

MS1剖面，滩肩外缘线蚀退5 m/a（严重侵蚀）；平均海面以上前滨滩面下蚀15 cm/a（严重侵蚀）；平均海面以下滩面上段下蚀12 cm/a（强侵蚀），下段淤积10 cm/a（淤涨）；近滨海底地形基本不变。

MS2剖面，滩肩面淤积16 cm/a（淤涨），滩肩外缘线蚀退0.9 m/a（微侵蚀）；平均海面以上前滨滩面下蚀7 cm/a（侵蚀）；而以下滩面淤积3 cm/a（淤涨）；近滨海底地形基本不变。

从冬季和夏季两个剖面的监测结果可以看出，小梅沙沙滩上部滩面蚀淤的总体特点是，在常年波况条件下表现为夏淤冬冲的趋势，但由于夏、秋季受台风袭击影响，年际间变化并不显。上述东段滩面（MS1剖面）上部在末次监测时出现了严重侵蚀，可能也与2011年8月31日测量的断面发生显著上冲下淤之夏季风暴潮效应的残存不无相关（参见《广东省滨海沙滩重点区调查研究报告》2013年）。

E_{25}——珠江口多岛屿、湾头三角洲沉积海岸区段（Up 18）

1）海岸地质、地貌特点

本区段东界为伶仃洋东岸，往西直到黄茅海西岸。区内在新构造期断块活动中所构成断陷盆地的基础上，迄今形成的珠江三角洲平原面积约为1×10^4 km^2，仅次于黄河三角洲和长江三角洲。该三角洲的东、西、北三面均环山，距今5000～6000年前海侵盛期时，三角洲成陆的面积还很小，即当时番禺、顺德、中山、古井和斗门等处的低山、丘陵都还是海上的岛屿，可见三角洲平原主要是末次海侵后以来堆积的沉积体系。

珠江水系年均径流量$3\,412 \times 10^8$ m^3，年均输沙量$8\,336 \times 10^4$ t（陈吉余，2007）。珠江河口海岸地质地貌表现出是世界上最为复杂的平原网河水系与独特的河口湾相组合的河口系统，即河口湾迄今尚未填满，它们之间通过8个口门相连；在西北面的网河区，残留的丘陵、台地广泛分布，河网相连，水道纵横，潮流交会。而且，河口湾南面向海方向亦横亘着数列基岩山丘岛屿，它们部分阻隔或改变了海洋方向来的动力。总而言之，珠江口地区形成了多岛屿、湾头三角洲沉积的海岸地貌类型，其形成发育与演变过程虽然也是河口动力起主导作用，但河口入海泥沙的沉积过程模式较复杂。因此，历史以来存在着诸多不同关于成因的看法，如强调地壳断块下降的“断块型三角洲说”（张虎男，1980；黄玉昆等，1983）；有强调下游各分流水道各自形成的“复合的冲缺三角洲说”（黄镇国等，1982；曾昭璇等，1987）；也有强调末次海侵河口后退过程中泥沙向上游堆积的“溯源堆积至前展沉积说”（李春初，2004）；还有强调三角洲不断延伸、河道分汊、河网发育过程的“汊道层级发展说”（李平日等，1982）；以及“多源复合的湾内充填说”（赵焕庭，1990；龙云作，1997）等。Wu等（2010）在前人论述的基础上，认为珠江三角洲平原的发展不像一般三角洲那样简单地由顶端向海顺序推进，而是部分环绕着岛丘逐渐扩大，逐步地凑合而成，又提出了“镶嵌式的发展模式”。总之，不管那种说法，由于西江和北江的径流强、来沙多，二者是形成珠江三角洲的主体，故在古溺谷湾内由该二条江河所形成的三角洲平原表现为自NW向SE呈现出一扇形迅速推展，导致东部伶仃洋迄今仍表现为一个尚未填满的喇叭状河口湾。

珠江河口区的潮间带沉积以淤泥质潮滩为主，砂质海滩多见于南侧基岩岛丘外缘开敞的小岬湾湾内。据雷刚等（2014），整个粤中断块活动区的砂质海岸线长度仅占总岸线长度的13%。

2）海岸侵蚀成因特点及表现

末次海侵后，珠江口海岸总体处于淤积状态，尤其近2000年以来三角洲前缘的淤积作用和人类不断的围垦滩涂活动，使滨岸快速向海推进，这是该三角洲海岸发育、演变的主导特征。但与此同时，也出现了海岸侵蚀作用过程及相应时间分布的特点，造成对局部海岸有较大影响，反映了海岸淤积进展与侵蚀共存的现象。有关引起海岸侵蚀的原因及其表现如下。

（1）台风暴潮对人工海岸、海堤的侵蚀破坏。

历史以来，珠江三角洲的海堤随围垦滩涂而建，防御标准都很低。自20世纪60—70年代的联围工程到90年代后的各市进行临海经济建设和加强水利工程建设，虽然新老海堤防御标准都有逐步提高，但达到50年一遇和100年一遇标准者一般不多，以致历史以来一旦遭受较强台风暴潮袭击时均有部分海堤或海岸工程遭遇侵蚀破坏（陈吉余等，2010）。

（2）洪水径流和强潮流对附近沿岸地带的侵蚀作用。

珠江三角洲的径流和潮流既是泥沙沉积的动力，亦具有侵蚀影响。发生侵蚀作用的时间一般为洪水季节的强劲径流和涨、落潮时的急流时段；在空间上主要分布在三角洲河网水道的深槽。其中，径流侵蚀以径优型口门多见，潮流侵蚀以潮优型口门的落潮流为多见。

（3）在河床和口外人为挖沙取沙造成直接侵蚀效应非常突出。

多年来，近口门段地区人为挖沙取沙填地或用于建筑的活动处于无序状态。据2004年以前20多年间的统计，珠江三角洲网河河床及口外海区水下采沙总量达$15.2\times10^{8}\ m^{3}$（其中多为细、中砂粒级），此数量相当于珠江流域150～200年的推移质输沙量，或相当于过去约110年在三角洲网河区沉积的悬移质和推移质泥沙的总量（陈吉余等，2010）。显然，在河床挖沙取沙不仅是具直接侵蚀的表现，而且也增大了径流和潮流的通过能力，尤其是明显地增强了台风浪潮的侵蚀破坏能力，这将极大提高三角洲河床与沿岸的侵蚀风险。

（4）珠江口南侧基岩山丘岛屿岬湾型砂质海滩的侵蚀表现。

以珠海市高栏岛飞沙湾沙滩为例，该沙滩是珠江口的一个滨海度假休闲旅游胜地。据蔡锋等（2004）报道，沙滩于2003年7月24日遭受0307号台风“伊布都”袭击，经袭击前后测量，其后滨向海侧和前滨滩面均表现强烈冲刷（单宽冲蚀量达到$55\ m^{3}/m$），平均大潮高潮位线上蚀退5 m左右，平均海面水位向陆后退约13 m；但后滨顶部沙埂陆侧由于越顶浪向岸输沙则表现为堆积，其单宽淤积量大于$0.4\ m^{3}/m$；

旅游区护岸景观一时满目疮痍。

E_{26}——粤中西部山丘、谷地相间海蚀-海积海岸区段（Up 19）

1）海岸地质、地貌特点

本区段东起黄茅海西岸，往西直到闸坡港东岸，即以苍城—海陵大断裂带（F3）为西界与粤西—桂东—琼北下沉转上升区（Ⅴ-2-2）接镶。

区内新构造期大部以间歇性断块缓慢上升为主，部分下沉，表现为继承NE、NW和E—W向的断块升降活动，从而自东向西形成了古兜山—铜鼓角一带山丘海岸区、大同河一带冲海积平原与广海湾潮坪沉积区、歪头山一带山丘海岸区、镇海港冲海积平原及其湾口海积平原沉积区、紫罗山一带山丘海岸区，以及北津港北岸莫阳江三角洲平原等相间分布的地形地貌区带，它们显示出具地垒地堑系之不同的构造特征。据1965年以来的水准测量，本区段地壳块断为以+8.5 mm/a到-40 mm/a的速率继续处于升、降状态（中国科学院南海海洋研究所海洋地质研究室，1978）。

末次冰后期海侵后，海水沿沟谷深入内陆，并使上川岛、下川岛和海陵岛脱离大陆，海岸线呈现曲折多湾。潮间带沉积物除在南侧海岛的开敞海岸广泛发育岬湾型砂质海滩外，北部山地港湾，尤其是广海湾和镇海湾，由于约近500年以来，受珠江入海向西逐步增大的沿岸泥沙流的影响，为区内滨海提供了较大量细粒泥沙来源，故上述港湾沉积，特别是当今湾头淤泥质平原、潮坪及浅海淤泥质沉积物可认为属于珠江河口之侧翼增生的沉积体系。因此，以往本区段东部海湾、岬角呈现的冲蚀海岸地貌现象与湾头沙堤堆积随即成为历史陈迹。

2）海岸侵蚀成因特点及表现

近期海岸侵蚀作用主要发生在西部北津港沿岸以及南侧山丘岛屿岬湾型砂质海岸，引起侵蚀的原因一般是台风风暴潮袭击破坏和人为采沙，其侵蚀表现列举如下。

（1）北津港沿岸地貌环境及侵蚀表现。

沿岸第四系沉积体系主要是莫阳江下游河口段不太典型的内三角洲平原及其外缘的海积平原，二者中还分布多列在波浪作用下形成的沙堤及上面叠加的风成沙丘。据陈吉余等（2010），从莫阳江口门向东直到三丫港，在海积平原前缘的海岸沙堤沙丘沿岸历年的侵蚀后退速率可达1～3 m/a。另据孙杰等（2015），经2007—2009年对该沙堤沙丘岸段进行监测，由于监测期间受到强烈台风暴潮影响，其岸线竟然平均后退达19 m/a。

（2）海陵岛西南岸闸坡旅游度假村沙滩的侵蚀表现。

闸坡山丘岬湾型滨海沙滩是华南沿海地区开发程度最高的旅游区，于2001年被国家旅游局首批授予4A景区。该砂质海岸面向南海，长约1 500 m，宽160 m左右；滩面主要由中粗砂到粗砂组成，形成含宽大滩肩的沙坝型剖面形态，砂层厚2～3 m；后滨发育沙丘；近滨海区水下岸坡坡陡。平均潮差1.57 m；年均波高（$H_{1/10}$）约1.13 m，盛行浪向为SE。

闸坡沙滩的蚀淤表现：国家海洋局第三海洋研究所对该沙滩东、西岸段分别布设HL1和HL2两个固定监测剖面，并于2010年8月15日、2011年4月27日、2011年9月5日和2012年1月14日共进行了4次岸滩地形–表层沉积物变化的监测，其结果分别得如下。

HL1剖面，滩肩外缘线蚀退14 m/a（严重侵蚀）；平均海面水位以上滩面下蚀38 cm/a（严重侵蚀）；平均海面以下滩面上段下蚀12 cm/a（强侵蚀），下段则淤积12 cm/a（淤涨）。近滨海底淤蚀表现：近岸段淤积40 cm/a（淤涨）；往外的水下沙坝下蚀90 cm/a（严重侵蚀）；再往外的沙波段下蚀20 cm/a（严重侵蚀）；外侧的海底平原基本不变（稳定）。

HL2剖面，滩肩外缘线蚀退8.1 m/a（严重侵蚀）；平均海面水位以上滩面下蚀31 cm/a（严重侵蚀）；平均海面以下滩面淤积42 cm/a（淤涨）。在近滨海底，近岸段淤积83 cm/a（淤涨）；水下沙坝下蚀90 cm/a（严重侵蚀）；沙波段略为夷平（稳定）；外侧海底平原基本不变（稳定）。

应该指出，根据监测期间以上两个剖面的监测结果还表明，闸坡岬湾沙滩滩面在常年波况条件下具有夏淤冬冲的趋势，但由于水下岸坡较陡，风暴响应特别显著，其在监测期间受到1117号强台风浪潮的袭击影响，使最终监测后的沙滩剖面明显表现为上冲下淤的总体转变。

8.2.8　粤西—桂东—琼北下沉转上升区海岸（Ⅴ-2-2）的分区

8.2.8.1　区域构造地质基础

粤西—桂东—琼北下沉转上升区指南华隆起带（Ⅴ-2）中的另一次级新构造运动变形区，它位于前人所称“云开槽隆”的南部（见前面对整个南华隆起带构造地质发展过程概述）。本区域东界以苍城—海陵大断裂与粤中断块活动带（Ⅴ-2-1）毗邻，西界在浦北断裂带与钦州—防城上升带（Ⅴ-2-4）接壤，南界于琼北王五—文教的

E—W向断裂连接琼中—南拱断上升区（Ⅴ-2-3）。

所谓“云开槽隆”位于粤西和桂东南广大地区，系经历过漫长的地质历程与多次构造活动（《中国海岸带地质》编写组，1993）。在新构造运动时期，该区域以雷州半岛遂溪E—W向断裂为界，其北面地壳呈抬升状态，构成粤西—桂东断块隆起（包括东侧吴川—闸坡港沿岸区），主要形成基岩山丘、台地地貌，其中广泛发育基岩红壤型风化壳残坡积地层等。而在南面（包括粤西—桂东—琼北沿岸区）的地壳运动则明显地表现为断块升、降反向变形活动的特征（Ⅴ-2-2）：于早期断块坳陷时期，先后沉积了大面积厚层的早更新统湛江组（Q_1^m）和中更新统北海组（Q_2^m）的碎屑地层，并伴随发生多期（回）大规模基性火山喷发活动；但自中更新世晚期以来地壳块断活动反转为上升，使南面区内整体形成了由第四系堆积地层组成的台地（包括沉积阶地及玄武岩熔岩台地）地貌。

8.2.8.2　第四纪地质与海岸地貌基本轮廓

末次冰后期海侵之后，在粤西、桂东南及琼北沿海地区（包括了整个遂溪E—W向断裂的南、北侧及其与琼北王五—文教的E—W向断裂之间的地壳断块），根据沿岸主要不同的第四系堆积地层分布情况及海岸地形地貌特点总体可划分出以下6个海岸地貌区段（各分区段地质、地貌特点详见后述）。

（1）粤西东部山丘、台地基岩岬湾沙坝–潟湖堆积海岸区段；

（2）雷州半岛东北部海成阶地、三角洲平原海岸区段；

（3）雷州半岛南部熔岩台地侵蚀–堆积海岸区段；

（4）雷州半岛西北、桂东南海成阶地与溺谷港湾相间堆积海岸区段；

（5）琼东北部沙堤与风成沙丘堆积海岸区段；

（6）琼北熔岩台地侵蚀–堆积海岸区段。

8.2.8.3　近岸海洋动力条件

1）潮波及潮汐类型

由图5.4可见，本区域近岸海区的潮波除来自西太平洋外，也部分来自南海东南隅。潮波运动由于受南海北部近岸地形的影响，于向西、向北传播过程中也发生了变化。潮汐类型在雷州半岛东侧为不正规半日潮，西侧为正规全日潮；琼州海峡潮汐类型变化较复杂，其自东往西为由不正规半日潮转变为不正规全日潮到正规全日潮（参见图5.5）。

2）潮差分布

受海区地形、径流等因素的影响，不同海区潮差变化较大，如图5.5所示，以雷州半岛北部东、西两岸湾顶海区的潮差为最大，其平均最大值均在4 m以上，而向外海逐步下降。琼州海峡的潮差分布为自西向东变小。河口区通常受径流影响，于上游段潮差相对较小。

3）潮流运动形式

大多数海区潮流运动受岸线影响呈往复流，仅在离岸较远的水域，或是流路相汇的海区可出现旋转流性质，旋转方向取决于海底地形特征。

4）海流、余流特征及悬沙运动

河口区近岸余流大多由径流或海岸地形控制，而离岸海区余流一般由风海流，局部由密度流、补偿流、坡度流等控制。从图5.8和图5.9中可以看出，雷州半岛东侧海区海流主要是粤西沿岸流。据王文介等（2007），该沿岸流系全年为SW向流，平均流速于夏半年约0.4 kn，冬半年为0.5 kn。在琼州海峡，除6—7月为E向海流外，其余时间均为W向海流，平均流速0.3 kn左右。从图5.8和图5.9中还可以看出，雷州半岛的东、西侧海区全年都出现有反时针方向的环流系统，但流速均较缓慢。众所周知，环流系有利于泥沙淤积，这是粤西近岸海区现代底床广泛分布海相碎屑沉积层的重要因素。

5）波浪与风暴潮

（1）波浪。沿岸海区海浪波型以风浪为主。区内各水域波浪特征值的分布与变化，根据东北部水东港、雷州半岛东侧湛江港外硇洲岛、琼州海峡南岸东段白沙门（海口）和西段玉包角，再到桂东南水域的北海和涠洲岛共计6个波浪观测站多年观测的统计资料，得如表8.3数据。从表8.3中可以看出，本区域近岸海区的海浪波高为以雷州半岛东岸较大。

（2）风暴潮。粤西—桂东—琼北一带沿海是我国台风风暴潮灾害的多发区。区内沿岸台风增、减水分布以在雷州半岛及琼北的东部海区为最大，尤其是当台风穿越琼州海峡或在海南岛文昌市附近登陆时，其增水可达4.56 ~ 5.90 m，减水达1.43 ~ 1.72 m（《中国海岸带水文》编写组，1995）。雷州半岛东岸、琼北地区和桂东沿岸是区内台风风暴潮灾害比较严重的地区。据历史记载，1906年9月21日在湛江登陆后的一次强台风，当进入北部湾时，仅合浦—北海地区就死亡1 000余人，沉船崩屋、冲垮海堤及海水淹没农田不计其数。

表8.3　粤西—桂东—琼北一带海区主要测波站的波浪特征值统计*
（《中国海岸带水文》编写组，1995）

站名	常浪向	强浪向及其年均波高（m）	最大波高方向及其数值（m）	各个波向年均波高（m）
水东	SE	E—SE（0.9，0.8）	SE（4.4）	0.76
硇洲岛	ENE、SE	NNE—ENE（1.1）	ESE（7.5）	0.93
白沙门	NNE	NNE—ENE（0.6）	N（2.4）	0.55
玉包角	NE、ENE	ENE（0.7）	NE（7.7)	0.61
北海	NNE	N—NNE（0.4）	N（2.0）	0.28
涠洲岛	NE、SSW	ENE—E及S—SW（0.7）	SE（5.0）	0.57

* 表中所列波高为$H_{1/10}$。

8.2.8.4　海岸侵蚀的主要特点及分区

1）海岸固有侵蚀脆弱性特征分析

粤西—桂东—琼北一带沿海在末次冰后期海侵后，所形成的海岸地貌基本轮廓是对新构造运动中的升、降变形活动和气候、海洋动力的响应。总体海岸地貌表现为构成了由第四系沉积阶地及熔岩台地组成的岬角、溺谷港湾相间分布的格局，其特征如下：①Q_1、Q_2沉积地层已被抬升出露于现代海平面之上；②岸线相对低平，且具有某些台地陡崖岸特点；③海崖前方大多发育沙堤、砂滩、潟湖等堆积地形；④除雷州半岛西岸岸线较平直外，其余岸线作为在冰期低海面时受河流深切侵蚀影响的遗迹，一般较曲折，砂岛罗列，滨海浅滩以砂砾质堆积为主，在玄武岩出露的海岸亦可见岩滩；⑤河口常成溺谷形态。但较大河口区，如鉴江、九洲江、南流江和南渡江可形成小型三角洲；⑥由于沿岸岬角主要是第四系沉积地层或玄武岩红壤型风化壳组成的陡崖海岸，其岩性结构疏松，极易遭受侵蚀蚀退，又溺谷海湾滨海沉积发育，现代海岸岸线的演变有趋向平直的特点；⑦据雷刚等（2014）的调查研究结果，粤西—桂东—琼北一带沿海砂质海岸线长度占总岸线长达到46.0%，是我国大陆沿岸各地质构造区（带）中最富集者；⑧此外，区内红树林、珊瑚礁海岸也较发育。从以上海岸的地貌特征可看出，本区域海岸侵蚀成因的内在因素，除局部隐蔽内湾与红树林岸外，为具有较高的侵蚀脆弱性特征，而且与我国隆起带其他地质构造区（带）海岸一样，侵蚀作用也是主要发生在砂砾质岸线上。

2）海岸侵蚀特点分区及其主要表现

下面按前述对粤西—桂东—琼北一带沿海地区所划分出的6个海岸地貌区段（见图8.2中的E_{27} ~ E_{32}）分别叙述。

E_{27}——粤西东部山丘、台地基岩岬湾沙坝－潟湖堆积海岸区段（Up 20）

1）海岸地质、地貌特点

东界为苍城—海陵大断裂带上的闸坡港西岸，往西直到吴川市东侧王村港。本区段山丘地形是云雾山的南延余脉。在新构造运动变形时期，沿海地区隶属于遂溪E—W向断裂以北的粤西—桂东断块隆起，地壳长期处于缓慢抬升与侵蚀剥蚀状态。末次冰后期海侵后，沿岸在构成基岩丘陵、台地溺谷型岬角与岬湾相间分布的海岸地貌基础上，一方面由于陆上广泛分布古老混合花岗岩和燕山期花岗岩等，而发育了大片红土台地、老红砂阶地，为本区段沿岸提供了丰富的砂质泥沙源；另一方面由于陆架海区为一坡度较缓的第四纪沉积盆地，又海岸动力为潮差较小、波浪作用较强，可能在末次海侵过程中，随着“滨面后撤转移”，低海面时期的古海岸泥沙–古沙坝沙亦随之向陆搬运和沉积（李春初，1986，1987；王文介等，2007）。正由于陆上和陆架供砂充足，导致本区段整体海岸的岬湾中，自东向西从阳西县溪头港、河北港、福湖港，电白区沙扒港、鸡打港、博贺港，茂名区水东港，直到吴川市王村港连续形成了颇具特色的一系列湾头沙坝–潟湖体系——非河口区域型的沙坝–潟湖港湾，每个潟湖的潮汐通道都在湾头东部，总体岸线呈锯齿状，并于拦湾沙坝外侧潮间带皆形成弧形宽阔的砂质海滩。

2）海岸侵蚀成因特点及表现

沿岸沙坝发育演变时至当今，由于全球气候变暖造成海平面上升与风暴浪潮频发，以及人为活动造成的负面环境影响日益扩大，已经使区内遍布的沙坝向海侧砂质堆积趋势转入侵蚀后退阶段。下面以俗称“中国第一滩” 的水东沙坝沿岸砂质岸滩近期的侵蚀表现为例概述如下。

（1）海岸简况：水东港沙坝西端晏镜山为由燕山期花岗岩组成的低丘、台地岬角，沙坝堆积物向NE延伸长达10.8 km，宽约2 ~ 3 km，乃由全新统沙坝沙和上更新统上段老红砂之海积–风积堆积物组成的宽阔滩脊–沙丘复合平原，整个沙坝超覆在上更新统中段的古潟湖沉积之上。沙坝东侧为水东湾潟湖的潮汐通道，现宽80 ~ 500 m不等；通道内、外分别形成涨潮三角洲和落潮三角洲砂质沉积体。沙坝北面水东湾潟湖现有面积仅约26 km^2，周边为淤泥质潮坪；沿岸地貌为侵蚀剥蚀台地，主要分布燕山期花岗岩风化壳红土台地，无大河注入。沙坝向海侧形成滨海沙滩，海滩剖面形态仅在西侧紧临岬角约1km岸段构成具宽坦滩肩的反射型剖面，前滨滩面由粗砂组成；而以东岸段均呈向海缓倾斜的耗散类型，沉积物则主要由细砂和中细砂组成，其中包括两个旅游沙滩景区，即西部虎头山景区和东部上大海“中国第一滩”景区。

（2）历史上的海岸侵蚀情况（陈吉余等，2010）：①20世纪后期的上大海渔村，因海岸侵蚀向陆迁村3次，海岸蚀退约150 ~ 200 m，年均后退1.5 ~ 2.0 m/a；②1989年与1966年的海图对比，落潮三角洲−2 m等深线向陆推移100 ~ 200 m，年均约推移4 ~ 6 m/a；0 m等深线也向陆后退约50 ~ 100 m，年均为2 ~ 3 m；③于20世纪90年代在沙坝东端约4 km长海岸的中潮位附近修建了防护石堤，由于受台风浪潮袭击，到2004年10月石堤有6成被推毁，且石堤内的沙坝也随之被波浪侵蚀形成陡崖（坎）状，据估算沙坝蚀退速率约为3 m/a；④作为沙坝内侧部位的老红砂层之铁结合碎片，因沙坝被侵蚀常见于海滩滩面上。总之，水东港沙坝随着潟湖纳潮面积缩小，潮流动力减弱，砂质泥沙供给减少，波浪作用相对增强和台风暴潮袭击，以及落潮三角洲被侵蚀，而加强了沙坝本身的侵蚀作用。

（3）近年来对海滩侵蚀情况的监测结果：国家海洋局第三海洋研究所在《广东省滨海沙滩重点区调查研究报告（2013，属“我国砂质海岸生境养护和修复技术研究与示范”项目中的子课题）》中，分别在上大海景区东侧天鹅坑沙丘岸滩布设SD1和在虎头山景区西侧布设SD2两个监测剖面，并于2010年8月16日、2011年4月26日、2011年9月3日和2012年1月13日共进行了4次岸滩地形–表层沉积物变化监测。监测期间两个监测剖面的监测结果得出，水东港沙坝海滩滩面目前总体处于轻微淤涨状态。但它们均受到1117号强台风“纳沙”过境时引发的风暴潮冲击而发生侵蚀，即于2011年9月3日（夏季）和2012年1月13日（冬季）2次监测中，两个剖面滩面均发生过显著上冲下淤的侵蚀迹象——SD1剖面在沙丘坡脚处蚀退约3 m，在平均海面以上滩面平均下蚀23 cm；SD2剖面也在平均海面以上滩面平均下蚀约13 cm。所述情况表明，水东港沙坝目前存在有侵蚀隐患，尽管沙坝东侧与之相连接的潮汐通道口落潮三角洲，近几十年来为处于侵蚀状态，但基于滨海输沙调整，迄今仍可为它提供一定的砂质来源。

E_{28}——雷州半岛东北部海成阶地、三角洲平原海岸区段（Up 21）

1）海岸地质、地貌特点

本区段东起吴川市王村港，往西南经湛江港到雷州湾南岸。沿海地区位在遂溪E—W向断裂的南面，是属新生代继承性的纬向沉降区——粤西—桂东—琼北下沉转上升区（Ⅴ-2-2）东北部海岸中的一个典型分区区段。区内下更新统湛江组和中更新统北海组碎屑沉积地层遍布，它们于陆上构成了颇具特色的海成阶地，明显地反映出新构造运动变形为由下沉状态转变成上升状态的特征。并在中全新世中期海侵后，海岸形成了主要由湛江组和北海组地层组成的阶地“软岩性”岬角与溺谷型港湾相间分布的地貌类型。由于本区沿岸阶地陡崖海岸容易遭受浪、流冲刷蚀退，从而提供丰富泥沙源，使岸前广泛发育沙堤及砂质海滩等堆积岸滩。区内沿岸除在东北侧鉴江河口区形成了略具三角洲平原特征的海岸外，突出表现为形成由湛江港、雷州湾和东海岛等所构成的一个巨大树枝状溺谷型“软岩”岬湾。

2）海岸侵蚀成因特点及表现

近期海岸侵蚀主要发生在砂质岸线上，成因多与台风浪潮频发及人为活动负面影响有关。下面以东海岛东岸北部岸段龙海天滨海旅游沙滩近年监测结果的侵蚀表现事例说明。

（1）海岸简况：东海岛陆上出露地层大部是更新统海相碎屑沉积阶地，局部为熔岩台地——玄武岩及其红壤型风化壳。该岛东岸潮上带均形成了宽广的沙堤–沙丘带（Q_4^{3m-col}）海岸，近滨区为湛江港口水下三角洲的南翼。龙海天旅游沙滩岸线呈夷直状态，全长6.7 km，其中以龙水灯塔为界分北、南两个岸段，北段长3.4 km，南段3.3 km；沙滩宽度（含滩肩）北段约220 m，南段180 m左右；滩面剖面形态，在北段形成低潮沙坝 / 裂流型，南段形成低潮沙坝/裂流型向耗散型过渡的之间类型。

（2）近年来对海滩侵蚀情况的监测结果：国家海洋局第三海洋研究所在《广东省滨海沙滩重点区调查研究报告（2013）》中对其北、南两岸段分别布设LHT1和LHT2两个固定监测剖面，并于2010年8月12日、2011年4月25日、2011年9月3日和2012年1月12日共进行了4次岸滩地形–表层沉积物变化监测。监测期间两个监测剖面的蚀淤表现如下。

①对于LHT1剖面，潮上带沙堤–沙丘平均淤高约23 cm/a（淤涨），沙丘坡脚位置向海扩淤2.9 m/a。滩肩近陆段淤涨，但海侧段则为下蚀；滩肩外缘线不断后退，平

均蚀退约为5.0 m/a（严重侵蚀）。平均海面以上滩面上段平均下蚀37 cm/a（严重侵蚀）；下段下蚀率变小，并逐步趋于稳定。平均海面以下滩面平均淤高10 cm/a（淤涨）。监测期间整个前滨滩面地形变化表现为冬冲夏淤的迹象，然则由于遭受2011年9月29日在徐闻县登陆的1117号强台风“纳沙”引起的风暴潮袭击影响，最终监测结果总体呈上冲下淤的侵蚀状态。近滨海底地形变化，于离岸400 m（水深为理基2.9 m）以内的近岸斜坡段平均淤高约30 cm/a，但以外的海底平原区基本稳定或微弱淤涨。

②LHT2剖面，岸与滩整体地形变化与LHT1剖面类似，但近滨海底地形则均基本不变。

E_{29}——雷州半岛南部熔岩台地侵蚀－堆积海岸区段（Up 22）

1）海岸地质、地貌特点

本区段三面临海，岸线东北起自雷州湾南岸，往南经徐闻排尾角，转向西经灯楼角，再往北直到雷州市企水港湾顶。区内第四纪玄武岩及其红壤型风化壳残坡积层广泛分布是其重要的地质特点。陆地地面基本形成波状起伏的熔岩台地、熔岩红土台地地貌形态，局部沟谷地带分布少量湛江组海成阶地，或是全新统海积、潟湖沉积平原。末次冰后期海侵后，海岸地貌主要形成溺谷型港湾与第四系堆积地层阶地岬角相间分布的格局。沿岸多表现为由砂砾质岸堤或沙丘地组成的侵蚀徒崖，部分岸段为玄武岩基岩海岸或发育珊瑚礁海岸等。潮间海滩除局部见岩滩或潮坪外，堆积物一般为砂质、砂砾质沉积，成分以玄武岩碎屑为主。

2）海岸侵蚀成因特点及表现

近期海岸侵蚀主要发生在熔岩红土台地残坡积岸堤或沙丘陡崖海岸，以及它们岸前的砂砾质海滩；珊瑚礁海岸侵蚀现象也常见。主要侵蚀因素为遭受浪、流冲刷或台风暴潮袭击破坏和人为活动对环境的负面影响，后者因素尤其是对沙滩–珊瑚礁系统的侵蚀影响更为突出，如采挖珊瑚礁与海滩沙，或是污水排放造成其生态环境退化之结果。下面列举两个岸段的表现事例。

（1）徐闻县龙塘镇赤坎村西南由熔岩红土台地构成的岬湾的侵蚀表现。该湾长约5 km，海岸为含多量玄武岩大卵石的冲洪积–坡积地层组成的陡崖，高约6 m，岸坡脚为卵石堆，前滨滩面为砂质沉积。陡崖海岸易于受降水、风暴浪潮冲刷、坍塌，随后泥沙扩散。据刘孟兰等（2007）对湾中约500 m长的海岸自2003年到2006年进行了3年监测工作，结果得出其中约有300 m长海岸出现较明显蚀退，最大蚀退宽度达5.0 m，平均为2.0 m，侵蚀总面积800 m^2。

（2）在雷州半岛西南隅灯楼角两侧发育的珊瑚礁–沙滩海岸的侵蚀表现。该区珊瑚礁海岸长约10 km，宽0.5 ~ 1 km，礁坪处于潮间带，背依熔岩红土台地，礁后自陆向海发育潟湖或海积平原，海岸沙堤或沙丘，以及砂质海滩。据孙杰等（2015），20世纪70年代由于渔民修建房屋大量采挖珊瑚礁，造成大面积破坏；90年代后期，角尾乡渔民在礁坪区养殖珍珠，又使珊瑚礁生存环境恶化，导致其对海岸侵蚀的防护能力降低，波浪直接传播到海滩，故海滩砂大量流失，沉积基底裸露，并且后滨沉积层海岸跨落及向海扩散。

E_{30}——雷州半岛西北、桂东南海成阶地与溺谷港湾相间分布海岸区段（Up 23）

1）海岸地质、地貌特点

本区段处于粤西—桂东—琼北下沉转上升区的西北海岸，岸线自雷州市企水港湾顶往北，经粤、桂交界的安铺港，转向西直到北海市大风江口一带的浦北深断裂带与钦州—防城上升带（Ⅴ-2-4）接壤。区内地质地貌基础以湛江组、北海组地层的海成阶地普遍分布为主要特点，另局部分布有小片熔岩台地或熔岩红土台地。中全新世中期海侵后，海岸地貌形成了大小不同的溺谷型港湾（如安铺港、英罗港、铁山港和北海港）与宽窄不一的海成阶地“软岩”岬角相间分布的类型。港湾内大多发育全新统细粒碎屑沉积或潮坪、红树林滩地；而海成阶地岬角沿岸则基本形成砂质海滩及其潮上带沙堤、沙丘地。

2）海岸侵蚀成因特点及表现

近期海岸侵蚀通常发生在海成阶地岬角的沿岸陡崖岸及其岸前的砂质海滩上，成因一般以台风风暴潮袭击破坏和人为活动负面环境影响为主。据陈吉余等（2010）的资料报道，区内沿岸发生较明显侵蚀现象有以下4个砂质海岸岸段。

（1）英罗港与铁山港之间从英罗至沙田岸段。海岸呈NW走向，长度26.83 km，多处可见北海组和湛江组地层构成海蚀陡崖，其中东南端马鞍岭海岸受到海浪冲刷蚀退特别严重，在2005年的海洋功能区划中被列为重要的防侵蚀区。

（2）北海市东岸营盘镇岸段。从铁山港口门西侧北暮盐场向西至白龙港，长度

58.53 km，海岸也是由北海组和湛江组地层构成海蚀陡崖，高度达10 ~ 15 m，崖脚发育海蚀穴和海蚀凹槽，岸前砂质海滩被冲刷下蚀，常见裸露北海组的红土层或湛江组杂色黏土层。

（3）北海市区南岸银滩开发区从冠沙至冠头岭岸段。该岸段长39.7 km，为在北海组地层前缘形成的狭窄之全新统海积平原海岸，其岸前砂质海滩由于不合理人工开发，导致发生海岸侵蚀及环境恶化。

（4）廉州湾（北海港）东岸从沙脚到垌尾岸段。长度10.32 km，系由北海组和湛江组地层组成的海蚀陡崖，陡崖高多在6 ~ 8 m，崖前为砂质海滩，近期海崖侵蚀后退，多处危及崖顶公路交通。

E_{31}——琼东北部沙堤与风成沙地侵蚀－堆积海岸区段（Up 24）

1）海岸地质、地貌特点

本区段以海口市铺前湾东岸为西界，往东经过海南角、抱虎角，转向南到铜鼓咀（文教），即处在粤西—桂东—琼北下沉转上升区的东南部。前第四纪时期，由于中生代燕山运动在本区段形成琼东北隆起区，其区域地质除广泛分布加里东—印支期混合花岗岩、寒武系变质岩以及燕山期花岗岩外；在第四纪时期地壳下沉阶段，又形成了一定分布规模的更新统潟湖相、海积相沉积地层；之后，在晚第四纪以来的地壳上升阶段，还形成了潟湖相、河冲积相和沿岸宽阔的海相沙堤与风成沙丘等堆积地层。尤其是在末次冰后期海侵以来，区内广大地区形成了以沙堤–风成沙丘地为特征的海岸地貌。这是由于沿岸盛行偏NE向强风和偏E向强海浪，加上台风风暴潮频发，使岸前海滩砂质沉积物在其作用下，通过海岸前丘为跳板，连续向内陆输送，故沿海地面发育了长约100 km，宽3 ~ 5 km，地面高程可达200余米的大面积沙堤–沙丘堆积覆盖，其中个别沙席平原侵入陆地达10 km。

2）海岸侵蚀成因特点及表现

本区段近期海岸侵蚀发生在沙堤–沙丘海岸，主要是遭受偏E向强海浪和台风风暴潮的冲刷所致。侵蚀现象主要表现为将沙堤–沙丘的向海侧冲刷形成陡坡岸（一般陡坡>30°）。例如，文昌市昌洒镇白土村平直高大的沙堤–沙丘海岸，经不同年代1：5万地图对比和20世纪50年代初在沙丘上建筑的碉堡位置分析得出，于1950—1990年间其海岸侵蚀蚀退率为0.7 ~ 1.0 m/a。

E_{32}——琼北熔岩台地侵蚀－堆积海岸区段（Up 25）

1）海岸地质、地貌特点

本区段处于琼州海峡南岸，东界为海口市铺前湾东岸，往西经澄迈县、临高县，直到儋州市王五镇—洋浦湾一带，系粤西—桂东—琼北下沉转上升区的南部海岸。区内陆地地质基础与雷州半岛南部一样，地面普遍分布第四纪玄武岩熔岩台地与熔岩红土台地，局部为由湛江组或北海组地层组成的海成阶地。末次冰后期海侵以来，形成了一系列明显向琼州海峡伸突的岬角以及被岬角分隔的向陆凹入的港湾地貌形态。沿岸自东向西的主要海岸地貌有：东寨港潮坪–红树林湾，南渡江现代三角洲平原（软岩岬角），海口湾冲–海积平原，澄迈玄武岩岬角，澄迈湾冲–海积平原，玉包海成阶地（软岩岬角），马袅—临高玄武岩岬角，后水湾—兵马玄武岩岬角（含珊瑚岸礁）和洋浦港冲–海积平原。岸滩沉积物除东寨港为淤泥质沉积外，在南渡江三角洲平原及其他港湾多形成砂质沉积。砂质沉积物地貌形态包括砂质海滩、沙堤、潟湖–沙坝和风成沙地等。在玄武岩岬角多形成侵蚀陡崖，或海蚀平台、砾滩。

2）海岸侵蚀成因特点及表现

区内海岸侵蚀现象突出表现在由第四系堆积地层组成的软岩岬角岸段，特别是南渡江三角洲平原沿岸，反映该岸段具有浪控破坏型三角洲地貌过程的典型特征；其次，玄武岩熔岩台地岬角前缘冲–海积平原海岸亦常因海岸工程建设的负面环境影响而发生侵蚀。下面列举两个岸段的表现事例：

（1）南渡江三角洲平原海岸段的侵蚀表现。

（a）南渡江三角洲平原沉积发展过程简况。南渡江三角洲平原面积约120 km^2，海岸线长38 km左右，大体以主干流为界，东部为废弃三角洲平原，西部为现代沉积发展的活动三角洲。据前人研究，距今约6 000 a B.P.南渡江河口湾的古岸线大约在铁桥附近的迈雅村，当时属浅海环境，与铺前湾水域连成一片。在三角向海峡沉积的进展过程中，由于古河口湾的地势西高东低，促使NE方向分汊流入铺前湾，故首先发育三角洲的东半部。在距今约4 000 a B.P.，河口沉积中心已向海推进到三角洲东部的东营港河口，东部三角洲平原基本形成，并因受到盛行的N—NE向强浪等的作用，其三角洲停止发展与开始废弃。于距今约2 000～4 000 a B.P.，河口沉积中心向西转移到海口湾东侧，南渡江三角洲平原海岸线的分布逐渐演变成现代三角洲的局面：即以干流为界，东部海岸在偏NE向风浪的作用下，海岸形态逐步调整，发展成呈以铺前湾为弧形岸线中之平直切线段——废弃三角洲岸线；西部海岸则沉积发展成扇形的较低沙坝型海岸线——活动三角洲部分，该活动三角洲形成了多沙洲与汊道相互交织的地貌特征，至今西端白沙门沙嘴正向海口湾内伸长。总之，南渡江三角洲平原是属波控三角洲海岸。据陈吉余等（2010），南渡江三角洲平原向海淤积发展速度曾为2 m/a，但现今海岸普遍遭受侵蚀后退。

（b）河口区不同岸段的侵蚀表现。南渡江三角洲平原近期海岸侵蚀总体体现为海岸凸于海峡之中，但各个海岸岸段位置和海岸动力条件等因素不同，侵蚀成因也复杂多样。兹列举以下4个部位分别叙述。

①东营港东侧废弃三角洲段，主要是由于现今缺乏河流入海泥沙补给，在波浪作用下，因沿岸输沙沙量收支亏失而发生侵蚀。据陈吉余等（2010），近年水边线的蚀退速率达6 ~ 8 m/a。

②东营港西侧往西到主干河口区，原为向北凸突的河口水下三角洲锥体段。据陈吉余等（2010）的分析研究，该水下三角洲锥体的2 m等深线于1963—1992年29年间发生后退约500 m，即蚀退速率为17.2 m/a，反映东侧废弃三角洲向西延伸的现象。

③西部活动三角洲前缘沙嘴沙坝海岸段，伴随着沙嘴沙体的向海生长推进，由于三角洲分流与冲缺，沙坝堆积构成了一系列断续弧形的障壁岛，其位置每年都在移动之中。但整体为在波浪与风暴潮的冲越作用下，通常呈现向陆后退。据陈吉余等（2010），依据1963年、1984年和1992年的海图对比得出，障壁岛平均以8 ~ 10m / a的速率向陆迁移，即滨线不断被侵蚀后退。

④南渡江干流河口区水下岸坡坡面，随着中、下游水库、水坝的建造，年均输沙量从1959年前的68×10^4 t减少到近期约30×10^4 t左右，同时，在海峡向东强劲潮流的侵蚀切削下形成陡坡，并将侵蚀后泥沙携带到海峡东口的潮流三角洲沉积。据王宝灿等（2006），白沙角水下岸坡经不同年份海图对比得出，其10 m等深线于1953—1977年间为年均后退11 m，1977—1984年间为年均后退3 m。

（2）澄迈玄武岩岬角坡下全新统海积平原岸（新海村天尾角）的侵蚀表现。

据刘孟兰等（2007），本海积平原岸段在1989年前基本处于微弱侵蚀状态，海岸蚀退速率不足2 m/a，但随着在该段海岸的东北、西南两侧先后建成民生燃气码头和粤海铁路轮渡南港码头防波堤后，改变了该岸段附近海域的水动力状况，显著加剧了海岸侵蚀。经1998—2002年间的监测结果，其中部分海岸侵蚀后退达80 m，岸边防护林完全消失，民房发生坍塌，居民生命财产安全受到严重威胁，典型反映了海岸工程建设的负面环境影响。

8.2.9　琼中—南拱断上升区海岸（Ⅴ-2-3）的分区

8.2.9.1　区域构造地质基础

琼中—南拱断上升区是南华隆起带（Ⅴ-2）西南部的另一次级新构造运动变形区，位居王五—文教的E—W向断裂以南的海南岛陆地部分，即北界以该断裂与粤西—桂东—琼北下沉转上升区接壤，周边海岸带分别濒临南海北部大陆架海域的琼东南海盆、莺歌海盆和北部湾海盆。区内作为南海之中的陆壳块体结构，在漫长的构造地质作用过程中，古生代的沉积建造及其变质岩系和中生代中酸性岩浆侵入体，奠定了主要的地质基础，反映自古生代以来，历经加里东、海西—印支、燕山与喜马拉雅山地壳构造活动的影响，并形成了除北侧王五—文教的E—W向断裂外，还有昌江—琼海断裂、感城—万宁断裂和九所—陵水断裂等4条均为E—W向横贯海南岛的断裂带，以及NE向和NW向扭性断裂与S—N向的张性断裂（严国柱等，1978）。这样的构造体系使本区断块拱起的长轴略呈E—W走向，并在地貌上以五指山拱形断块隆起为中心，边缘为断裂所围限，形成各级侵蚀–堆积夷平地貌面向边缘逐次降低（刘以宣，1994）。

进入新生代，区内燕山运动后的活动断裂和断块作用形成了古近纪的红色盆地沉积和新近纪的海相、陆相沉积。新构造运动以间歇性上升为主，局部产生断陷，形成各级夷平面阶地，并在河口和沿海地区发育滨海沉积，山区堆积物多为碎屑洪–冲积和基岩红壤型风化壳残坡积。

8.2.9.2　海岸地貌基本格局及第四纪地质

第四纪时期，主要在E—W向活动断裂带的控制下，尤其是受九所—陵水断裂的影响，区内形成了琼东、琼南和琼西地区3种不同地质、地貌特点的区段（分别参见下面各个分区段的详述）。关于琼中—南拱断上升区总体的地质、地貌特征如下：①基岩以燕山期花岗岩和加里东期混合花岗岩的分布面积为最大，主要集中分布在岛的中部，另也分散分布于琼南和琼东沿海；此外，在琼东和琼南沿海由寒武、震旦系石英砂岩和硅质页岩等组成的海岸也有一定分布；②本区域沿岸地处热带海洋环境，又地质构造与岩性复杂，海岸大多构成岬角与海湾相间分布；③沿岸第四系堆积物地层分布非常广泛，尤其是琼西海岸前缘地区几乎遍布；末次冰后期海侵后形成的滨岸海岸类型繁多，有砂质海岸、淤泥质海岸，还有珊瑚礁海岸、红树林海岸及海滩岩海岸等；其中，砂质海岸分布甚广，按其地貌类型包括海滩、沙坝–潟湖、巨型沙岬和三角洲砂岸等。

8.2.9.3 近岸海洋动力条件

1）潮波及潮汐类型

沿岸潮波主要受来自巴士海峡和巴林塘海峡之西太平洋潮波的影响，部分来自南海东南隅，它们形成以前进波为主的南海潮波系统，其中一部分经由海南岛南侧传入北部湾而影响琼西海岸。

潮汐类型如图5.5所示，琼东和琼南沿岸以不正规全日潮为特征，而琼西海岸则以正规全日潮为主。

2）潮差分布

受环岛潮汐的影响，沿岸潮差的基本特点是琼东和琼南的潮差比较小，琼西较大，尤其琼西北部最大（图5.5）。

3）潮流分布

琼东海岸近海水域的潮流很弱，大潮时的平均最大流速仅为45 cm/s。琼西南近岸水流，如莺歌海附近的潮流很强，大潮时的最大流速为150 cm/s。琼西北的潮流也较强，大潮时的最大流速略小于100 cm/s（《中国海岸带水文》编写组，1995）。

4）波浪及风暴潮

（1）波浪。由于海南岛地处热带季风气候区，冬半年盛行NE向风浪，夏半年盛行SE向或SW向风浪和涌浪。沿岸各地水域的波浪特征值的分布与变化，根据琼东海岸铜鼓岭，琼南海岸亚龙湾、榆林，琼西南海岸莺歌海及琼西海岸东方共计5个波浪观测站多年观测的统计资料，如表8.4数据。从表8.4中可以看出，各个波向的年均波高在琼东海岸为1 m左右，在琼南海岸约0.3 ~ 0.5 m，在琼西南和琼西海岸约在0.7 ~ 0.75 m之间。

表8.4 琼中—南拱断上升区一带海区主要测波站的波浪特征值*
（《中国海岸带水文》编写组（1995）的统计资料整理）

站名	常波向	强浪向及其年均波高（m）	最大波高方向及其数值（m）	各个波向年均波高（m）
铜鼓岭	SE	SE（1.0）	SE—SSE（2.9）	0.96
亚龙湾	S	WSW（0.8）	WSW（3.6）	0.31
榆林	SW	W（0.9）	SSW—SW（4.6）	0.48
莺歌海	SE—S	ESE（0.9）	ESE（9.0）	0.69
东方	SSW	S—SSW（0.9）	NNW（6.0）	0.75

* 表中所列波高为$H_{1/10}$。

（2）风暴潮。热带气旋登陆对琼东海岸的影响较强，其次是琼南海岸，作用时间以夏季和秋季（5—11月）为主，特别是在热带气旋过境的前后4～5天内影响最为严重，一般可引起50～200 cm的增水。据陈吉余等（2010），自1949年以来出现的最大风暴增水达252 cm，当热带气旋增水与天文大潮的高潮相遇时，甚至普遍出现超过260 cm的高水位（以榆林76基面计算）。

8.2.9.4 海岸侵蚀的主要特点及分区

1）海岸固有侵蚀脆弱性的特征

琼中—南拱断上升区沿海地区处在以五指山山地拱形断块隆起为中心的边缘地带，广泛分布第四系堆积物各级阶地，沿岸发育沙堤–沙坝与风成沙丘体系，其中滨岸红土台地及“老红砂”等地层为滨海沉积提供了丰富的沙源。据雷刚等（2014），砂质海岸线长度占总岸线长的比率达42%。此外，珊瑚礁海岸、海滩岩海岸也较为发育，乃至形成大型的沙岬。这些海岸地貌类型都表现出具有较高侵蚀脆弱性的特征。

据陈吉余等（2010）的资料，本区域海岸侵蚀主要发生在砂质海岸线上，如在平直高大的沙堤–沙坝海岸或岬湾弧形沙坝海岸、三角洲海岸、沙岬海岸、海滩岩沙砾质海岸、珊瑚礁海岸等均有侵蚀现象的表现。侵蚀成因多种多样，包括台风风暴潮袭击、人为采砂和凿取珊瑚礁等的负面环境影响；但更为重要的侵蚀因素是，尽管本区域的“软岩”性海岸线较长，但其供沙经历了海侵后约6 000年来的搬运与调整，近期正由丰富转为不足，致使许多海岸线出现侵蚀状态。

2）海岸侵蚀特点分区及其重要表现

如前述，本区域地壳块断在新构造运动时期总体上处于抬升状态，但主要受九所—陵水E—W向活动断裂的控制，在其南侧琼南沿海地区的地壳升降变形呈现为较明显的断块隆起区；而琼东、琼西沿海的升降活动变形则相对具有较弱的差异性升降性质。据此，我们将琼中—南拱断上升区海岸划分为琼东、琼南和琼西3个海岸地貌区段（见图8.2中的E_{33}～E_{35}），下面分别叙述它们的各自不同的侵蚀表现特征。

E_{33}——琼东沙堤–潟湖–潮汐通道地貌体系和港湾海岸区段（Up 26）

1）海岸地质、地貌特点

琼东海岸北界始于铜鼓角，往西南直至陵水河口，海岸线总体呈较平直的NE—

SW走向。沿海地区处在五指山山系的东缘，地势总体由西向东倾斜，区内水网发育、河流自西向东流入南海；近海无大岛屿；区内基岩以燕山期花岗岩、加里东混合花岗岩和寒武系古老变质岩为主，上古生界、中生界地层和新生界玄武岩也有一定分布；沿岸第四系堆积地层广泛分布。在琼海、万宁沿岸为较平直的潟湖沙坝海岸，发育沙堤–沙坝与风成沙地，尤以万宁小海潟湖东侧沙堤最典型。在本区段北侧文昌境内则形成了一个以八门湾和清澜港呈丁字形的一条溺谷型的港湾及其外侧海滩–珊瑚礁体系。本区段北部海岸断续发育的珊瑚礁，其中以冯家湾北面岸段最为典型——该岸段礁坪宽达3 km，面积约13 km^2。在末次冰后期海侵以来，沿岸除发育沙堤（沙坝）、潟湖体系海岸为主要海岸地貌特点（如博鳌玉带沙和万宁小海沙堤等）外，也见有特征的港湾及其岸滩，如琼海的龙湾、万宁的大花角至乌场岭之间的混合花岗岩基岩岬角与港湾的海岸。

2）海岸侵蚀成因特点及表现

本区段海岸侵蚀主要发生在平直沙坝海岸、岬湾弧形沙堤海岸和海滩–珊瑚礁海岸上，其侵蚀成因与表现列举事例如下。

（1）平直沙坝海岸的侵蚀。

在琼海博鳌港万泉河口湾及其南侧九曲江等河流河口的沙美内海（潟湖），以及万宁港北港太阳河等河流河口的小海（潟湖），由于该两个潟湖（河口区）自末次海侵以来未能形成向海凸出的三角洲，且因近岸海床砂质碎屑含量丰富，在SE向强浪的作用下，海岸均形成了平直高大的沙堤（沙坝）体。在当前全球气候变暖和人为活动负面环境影响下，沙坝海岸均普遍发生侵蚀。根据陈吉余等（2010），博鳌港口门南、北两侧的滨海沙滩，在20世纪90年代和世纪初期由于人为开采砂矿，导致海岸后退速率达到3.5 m/a；而在港北港小海潟湖，则自1972年太阳河人工改道为从小海南面的乌坊港入海，又于1973年人工堵塞了小海东北的一个出海口后，造成港北港北部沙堤海岸出现明显侵蚀后退，经在1989—1990年期间的实测，竟后退达6 m。

（2）岬湾弧形沙堤海岸的侵蚀。

万宁市南岸从马骝角到坡头港西侧港门岭沿岸分布有3个混合花岗岩小岬湾，各湾内都发育弧形的沙堤滨海沙滩。根据1961年与1994年的海图，由沙滩近岸海区6个剖面的对比资料，得出0 m等深线最大后退值为92 m，平均每年后退1.2 m左右；10 m等深线最大后退42 m，年均后退1 m左右；2 m和5 m等深线后退相对较大，其中2 m等深线最大后退145 m，年均后退达4.4 m/a，沙滩后滨均出现侵蚀陡坎（陈吉余等，2010）。侵蚀原因主要是该段海岸在岬角的分隔下，毗连的海湾砂质海滩分别形成沿岸波流和泥沙运动体系；当发生风暴浪时，往往导致海湾增水和底部产生回流现象，而使海岸岸滩遭受侵蚀的大部分泥沙被回流挟带沿着底坡向湾外运移，这就是2 m和5 m等深线后退现象较为明显的原因。

（3）海滩–珊瑚礁海岸的侵蚀。

兹以文昌清澜港外东侧邦塘珊瑚礁–砂质海岸的侵蚀为例。该段海岸近滨生长约20 km长，宽约250 ~ 1 000 m的珊瑚岸礁，内侧为礁坪与砂质海滩，海岸后滨地带为末次冰后期海侵以来形成的海积平原，即一系列呈NE—SW向的沙嘴滩脊平原。沿岸岸滩泥沙主要来自琼东北的混合花岗岩体，是后者侵蚀剥蚀泥沙在NE向风浪作用下向南沿岸输移、沉积的结果。沙嘴的沉积过程反映了海岸间断性进积作用。近半个世纪以来，由于珊瑚岸礁遭受人为滥挖，破坏了其对海滩的天然防护作用，导致岸滩遭受波浪和风暴潮的强烈侵蚀。据1954年和1984年的海图对比，在海积平原西南部邦塘村海岸段近滨的0 m等深线被侵蚀后退了400 ~ 900 m，年均侵蚀速率约10 m/a，侵蚀强度最大时达15 ~ 20 m/a（1976—1982年），至1989—1990年的侵蚀仍保持在8 m/a，原在沙坝顶上的碉堡倾倒于海中，“东郊椰林”旅游景区的设施受到暴风浪的严重威胁（陈吉余等，2010；王宝灿等，2006）。

E_{34}——琼南山丘溺谷型基岩岬角与港湾相间分布海岸区段（Up 27）

1）海岸地质、地貌特点

琼南海岸，东界为九所—陵水断裂东侧的陵水河口，往西南经陵水湾到亚龙角，转西经锦母角、鹿回头角、南山角，直到九所望楼港。区内燕山运动时期强烈的构造运动伴随多期中酸性岩浆岩沿E—W向断裂构造带喷发或侵入，在末次海侵后构成了沿海地区一座座由花岗岩（或中酸性火山岩等）组成的低山和丘陵屹立于沿岸形成各个基岩岬角，其间主要的岬湾自东往西有，陵水湾、亚龙湾、榆林湾、三亚湾、崖州湾和东罗湾。

据《中国海岸带和海涂资源综合调查图集》广东省海南岛分册编纂出版委员会（1987），本区段构造运动受九龙—陵水断裂等老地质构造的影响，自新近纪到早更新世时期，由于地壳块断总体下沉而沉积了上新近系和下更新统的海相或海陆交互相地层；中更新世直到早全新世期间，地壳块断则表现为相对稳定或间歇性缓慢上升，山前地带堆积了较厚的洪–冲积物，同时，花岗岩等基岩广泛形成红壤型风化壳残坡物（厚度一般2 ~ 10 m左右，发育面积约占全区段基岩面积的80%以上），正因海岸砂质泥沙供给丰富，从而使沿岸广泛发育古老沙堤。

在上述岬角与岬湾的不同岸段上，由于自然条件和地貌特征具有一定的差别，自末次海侵以来，分别形成了沿岸沙堤、潟湖、连岛沙坝、海蚀地貌，乃至珊瑚礁以及海滩岩等海岸，其海岸线蜿蜒曲折，且于海湾中多形成现代沙堤（沙坝）–潟湖平原及相应的以砂质沉积为主的潮间带滩地。

2）海岸侵蚀成因特点及表现

琼南海岸线曲折率较大，由于有众多基岩岬角的掩护，明显地减轻了对港湾内沙堤（沙坝）受到波浪的冲刷侵蚀作用，即海岸侵蚀的内在脆弱性相对较低。尽管如此，海岸侵蚀现象仍然时有发生，其侵蚀成因主要表现为沙坝–潟湖海岸遭受台风风暴潮袭击，使沙坝发生侵蚀后退或风暴潮增水漫越沙坝形成冲越扇，造成潟湖逐渐消亡；以及海滩–珊瑚礁海岸因人为破坏珊瑚礁，致砂质海滩遭受侵蚀。

E_{35}——琼西以沙岬、风成沙丘地貌为特征的海岸区段（Up 28）

1）海岸地质、地貌特点

琼西海岸南起九所望楼港，往西北经莺歌海转向北，再经感恩角、四更沙洲，转向北东，直到洋浦港南岸（王五）与粤西—桂东—琼北下沉转上升区海岸接壤。新构造运动时期地壳块断升降变形在总体抬升的基础上，于昌江—琼海E—W向断裂的北部岸段形成琼中相对断隆区，南部岸段为相对断坳区（王宝灿等，2006）。区内岸线平直，普遍发育海岸沙堤，陆上风成沙丘和风蚀洼地成群分布。从内陆到海岸的地层地貌分布如下。

（1）内陆五指山山地西坡，主要以花岗岩组成为主的侵蚀剥蚀山丘、台地及其薄层的红土风化壳残坡积地层。

（2）在侵蚀剥蚀台地前缘为因中更新统北海组冲–洪积地层及其经流水冲刷再搬运，造成于地势较低地段形成了上更新统冲–洪积物地层。

（3）沿岸分布有几条河流冲积–海积平原或三角洲平原；在昌江以北海滨带形成连续成带的珊瑚礁坪；在昌江以南沿岸潮间带广泛分布有于末次海侵后形成的海滩岩。

（4）由于区内风沙活动强烈，陆上广泛分布的古第四系堆积物，尤其是上更新统上段八所组老红砂层，普遍发育了我国唯一的热带稀树干草原沙漠化地带（吴正等，1995）。

（5）更为突出的地貌现象是整条海岸线连续分布了海岸沙堤（沙坝）、风成沙地和砂质海滩，而且，由于经常来自其南、北两个方向的泥沙流经汇聚沉积而构成了向海凸出的“三角沙岬”之颇具特色的地貌形态，如莺歌海沙堤–潟湖体系形成了一个巨大型三角沙岬，以及东方的四更沙洲等。

2）海岸侵蚀成因特点及表现

本区段海岸供沙经历了海侵后约6 000年的搬运与调整，近期已由丰富转为不足，使大多数海岸线和近滨岸坡表现出侵蚀状态。其中，主要的海岸侵蚀现象表现在沙岬海岸、海滩岩砂砾质海岸和三角洲海岸上。下面根据陈吉余等（2010），简单叙述它们的侵蚀作用。

（1）沙岬海岸的侵蚀成因特点与表现。现代沙岬原为强烈堆积的地貌形态，但近几十年来却面临侵蚀。例如四更沙岬（沙洲）海岸，历史上由于北部昌江来沙丰富，曾发生过强烈堆积。据陈吉余等（2010），1953年以前四更盐田外侧还有230 m宽的沙堤系列，但到了1972年已基本被侵蚀掉；该海岸段1972年建筑的护岸老海堤，到1990年已大部分被毁，现残留的老海堤位在离岸91 m的海中；同时，砂质海岸向后退到目前新海堤的位置。据此计算这一段海岸侵蚀后退速率为达4.8 m/a。侵蚀的主要原因是昌化江来沙减少。

（2）海滩岩砂砾质海岸的侵蚀与表现。西部海岸地处热带，该地区年降水量小于蒸发量，易形成海滩岩。在莺歌海沿岸分布约5 km长的海滩岩砂砾质海岸，它是末次海侵后历史时期依附海滩砂面而形成，但近几十年来伴随沙岬海岸线侵蚀后退出现凹缺，亦处于被冲刷侵蚀状态，其中部分残留在海中者常年受波浪打击，形成海蚀平台。根据残留于现在岸外500 m处的公下石礁石（乃是海岸侵蚀残存下来的海滩岩蚀余地貌）作为标志，由1933年与1975年的地形图对比得出，海岸的后退速率为2.4 ~ 6 m/a（陈吉余等，2010）。

（3）昌化江三角洲海岸的侵蚀与表现。据昌化江三角洲的地形图（1 : 50000），1933年该三角洲海岸线不规整，反映当时三角洲为以河流向海的淤积作用为主导，但在1975年的地形图上，除英潮港河口仍向海稍有淤积外，其北侧和南侧的海岸则表现为有侵蚀夷平作用，即岸线平直化，这显示波浪作用相对加强，径流作用相对减弱。由此得出，北、南侧海岸的最大侵蚀速率分别达11.9 m/a和32.1 m/a（陈吉余等，2010）。显然，与上述四更沙岬海岸发生侵蚀的原因如出一辙，都是昌化江向南输沙大量减少所造成。

8.2.10 钦州—防城上升带海岸（Ⅴ-2-4）区段

钦州—防城上升带位于广西南部我国大陆沿海西南端之一隅，其东侧以浦北深断裂带与粤西—桂东—琼北下沉转上升区（Ⅴ-2-2）毗邻，往西南延伸到越南境内。

鉴于本区域海岸线长度较短，且整条海岸的地质地貌特色又较为单一，故将它的海岸侵蚀固有特征统一归为如下1个分区，即图8.2中的E_{36}。

E_{36}——钦州—防城曲折溺谷基岩岬角-港湾海积海岸区段（Up 29）

8.2.10.1 区域构造地质基础

本区段地质历史，经历了早古生代的地槽时期。加里东运动首先于中志留世在东北部六万大山一带的地槽上升，到志留纪末，整个下古生界地层强烈变质和混合岩化。在海西运动时期，使区内前早二叠世沉积层褶皱成山，并伴有大规模岩浆侵入活动。印支运动时期，又使区内晚二叠世至早三叠世地层遭受强烈褶皱与断裂活动（《中国海岸带和海涂资源综合调查图集》广西分册编纂委员会，1989）。

自中生代晚期以来，由于燕山运动和喜山运动的断块活动非常剧烈，区内地壳在张性构造主应力场的作用下，形成规模宏大的古裂谷，造成所谓的“拗拉槽”，故区内广泛发育了陆相断陷沉积盆地，其中主要形成了侏罗系的陆相红色碎屑沉积地层，它们在区内海岸带范围的分布占据着整个海岸线长度的80%左右，由此，对于钦州—防城上升带海岸（Ⅴ-2-4）的名称，前人亦称之为“钦州（古生界）残留褶皱带”海岸。

进入新生代后，区内构造活动以继承性断裂活动为主，即主要沿NE、E—W和NW向三组断裂发生继承性活动，它们控制了本区海岸的形态轮廓和地貌的发育：①海岸山脉基本沿NE—NEE方向延伸，如十万大山和六万大山等；②沿岸许多半岛、岬角、海湾，有的呈NE向（如白龙半岛、防城港和茅尾海等），有的呈NW—NNW向（如钦州湾）；③沿海入海河流的延伸方向，或呈NE—SW向展布（如钦江和茅岭江），或呈NW—SE向展布（如北仑河等）。

在新构造运动时期，本岸段地壳总体处于抬升状态，并形成了1～4级的夷平地貌面。

8.2.10.2 海岸地貌基本格局及第四纪地质

区内陆地地形总趋势是西北高，东南低，入海河流均为中、小型河流；地貌的主要特征是由下古生界志留系、泥盆系槽盆相类复理石沉积岩和中生界侏罗系湖泊相砂岩、粉砂岩、泥岩以及不同时代花岗岩类侵入岩体构成的丘陵与基岩剥蚀面。海岸地貌总体表现为微弱填充的曲折溺谷型基岩岬角–港湾海岸，岸线蜿蜒曲折，港湾相间，岛屿众多，其类型包括侵蚀剥蚀丘陵与残丘、台地，以及河谷冲–洪积平原，冲积–海积平原与三角洲等。

末次冰后期海侵后，第四系堆积物主要是由中生代断陷沉积盆地之侏罗系地层（基岩）构成的侵蚀剥蚀Ⅰ级或Ⅱ级台地衍生形成的海岸沉积体系。例如，规模宏大的钦州平原和江平平原均为区内第四系沉积最为发育的地区，它们分别形成了大面积的冲–海积和海积平原，或河口三角洲平原；而且，处在较开敞海岸地区的江平盆地和企沙盆地等沿岸都普遍发育了宽广的砂质沉积岸滩，其中，巫头—万尾岛南岸、白龙半岛东岸、防城港镇沿岸，以及山新一带等沿岸的砂质岸线的总长度几乎占据了整个钦州—防城上升带海岸砂质海岸线的90%，而且是本区段发生海岸侵蚀作用的主要岸段（《中国海岸带和海涂资源综合调查图集》广西分册编纂委员会，1989）。

8.2.10.3　近岸海洋动力条件

1）潮波及潮汐类型

钦州—防城港一带近岸海区潮波主要是由太平洋潮波传入北部湾后，受北部湾反射波的干涉以及地理条件的影响而形成，直接从琼州海峡进入的潮波对本区域沿海的潮波运动影响不大。

潮汐类型如图5.5所示，沿岸均基本为正规全日潮。

2）潮差分布

区内近岸海区的平均潮差一般为2.22 ~ 2.48 m之间，在防城港白龙尾海洋站的最大潮差可达5.64 m。多年各月平均潮差以3月份最大，其年内变化幅度较大。

3）潮流运动形式

通常以往复流为主。区内各分潮的椭圆率一般在0.00 ~ 0.46之间变动。潮流旋转方向除钦州湾口外为顺时针向外，其余海区均为逆时针向。

4）海流、余流特征及悬沙运动

从图5.8和图5.9中可以看出，本区域近岸海区的海流终年为流向SW。但由于余流状态还受到径流、季风风向和地形等因素的影响，故余流分布较为复杂，如冬季受NE向季风的影响，大部海区的余流多呈SW向流动。

5）波浪与风暴潮

（1）波浪。冬季以偏北向浪为主，其中NNE—NE向浪出现频率为30% ~ 69%，次之为E—SE向浪；夏季以S—SW向浪为主，其出现频率为23%～52%。全年主浪向为NNE—NE向（频率为38%），次之为S—WSW向浪（频率19%），再次为E—SE向浪。根据白龙尾测波站1969—1982年的测波资料统计，其多年平均波高（$H_{1/10}$）为0.52 m，其中夏季平均最大，可达0.59～0.72 m，秋季次之（0.51 m），冬季为0.40～0.48 m，春季为0.48～0.51 m；年实测最大波高为4.1 m（SE向浪，出现在7月）。

（2）风暴潮。每年5—11月是受台风影响的月份，尤其是7—9月较严重。据1949—1992年的43年资料统计，影响北部湾沿海的台风（含热带气旋）共168次，平均每年4次。其中，在龙门、防城和白龙海岸出现的多年平均高潮位（以黄海高程为基面）分别如下：龙门3.11 m、防城3.09 m、白龙2.99 m（胡锦钦，1993）。

8.2.10.4　海岸侵蚀成因特点及表现

1）海岸固有侵蚀脆弱性的特征

区内海岸侵蚀主要发生在砂质海岸上，其中，除东侧三娘湾沿岸为发生在花岗岩红壤型风化壳残坡积台地及其衍生的海积平原海岸前缘的海滩上外，主要发生在由侏罗系地层于第四纪时期衍生所构成的残坡积台地，以及冲积–海积平原前缘的海滩上。虽然本区砂质岸线长度占总岸线长的比率仅约为23.0%（雷刚等，2014），海岸固有侵蚀脆弱性总体并不高，但在当前全球面临海岸侵蚀加剧的趋势下，自20世纪80代以来发生海岸侵蚀的事例也多有出现（见下述）。

2）海岸侵蚀事例及其表现

（1）江平平原万尾滨海旅游沙滩海岸的侵蚀表现。万尾（京岛）滨海沙滩浴称“金滩”，位于东兴港和珍珠港之间，岸线呈NEE向，长约7 km，其后滨为平直的沙堤岸，岸滩由中细砂组成，面向开阔外海，易于遭受台风浪潮的侵蚀。据陈吉余等（2010）的资料，该段海岸于1990年建成长6428 m的石砌护岸海堤，但海堤在9204号台风过程中，随即被摧毁，同时，岸线向陆后退2～6 m。

（2）钦州湾西岸海积平原及其前缘沙堤（沙坝）海岸的侵蚀表现。钦州湾西岸呈NE走向，SE面向开阔北部湾，乃系由下古生界地层和侏罗系地层组成的侵蚀剥蚀I级和II级台地，它们在第四纪时期衍生的海积平原及其前缘的沙堤–砂质海滩，易于遭受台风浪潮袭击，也是海岸侵蚀较为常发的海岸。其中，如栏冲–沙螺寮岸段，自20世纪60年代以来，由于沿岸红树林人为破坏消失，仅1980年后数年间，3 000多米长的岸线就被风暴潮冲刷蚀退30多万平方米（陈吉余等，2010）。

（3）北仑河东汉河河口北岸的海岸侵蚀表现。北仑河发源于十万大山山脉，朝SE

流入海。该河下游于东兴镇南侧分汊为南汊河和东汊河。南汊河流入越南境内。东汊河作为中越的界河，流入我国东兴港，其北岸属我国管辖，地处我国大陆沿海的西南端；其陆域地貌类型包括侵蚀剥蚀丘陵、台地，以及冲–洪积平原、冲–海积平原和海积平原等。在东汊河河口区形成了一个面积1.35 km^2 的“中间沙洲（归属未定）”，其北侧河道为东汊河主流河道，据实测该河道大潮落急流速可达79 cm/s，流向ESE，尤其是洪季径流是河口段地形发生演变的最主要水动力。特别是在近半个世纪以来，由于受人为砍伐红树林及人工堤围、护岸的不合理性和人为采沙取土等因素的影响，造成东汊河主流线不断向北偏移，导致属于我国一侧沿岸的边滩和河岸，尤其是东兴市竹山码头等一带沿岸发生强侵蚀后退，成为具有国界意义的特殊侵蚀岸段。

国家海洋局第三海洋研究所在执行“国家908专项海洋地质灾害调查与研究（908-01-ZH2）”任务期间，对北仑河东汊河河口段海岸布设了3条地形与表层沉积物变化的固定监测剖面，分别在2007年5月、2007年12月、2008年7月和2008年12月进行了4次剖面监测工作。监测结果如下。

①在竹山码头段河槽（BL1剖面）。该剖面海岸为直立状石砌护岸，其下河道无边滩。由于处在主径流流向为从E方向急剧转向SE方向，在监测期间使河槽北翼（属我国疆土）发生了强烈冲刷作用——表现出于离岸60 ~ 120 m的主泓河槽区的砂砾沉积底床被刷深30 ~ 40 cm，而且深槽主轴向码头岸线偏移18 m（属严重侵蚀）；反之，位在离岸210 ~ 290 m的“中间沙洲”东南的东心滩区段之近侧，系由中细砂沉积组成的河槽南翼则发生淤涨，反映心滩有向北推移的现象。显示出，东汊河河口属我国国土地段的底床正在遭受侵蚀作用，而“中间沙洲”则处于向北前展。

②在竹山码头西面河口段（BL2剖面）。海岸为阶梯状石砌护岸，下有100余米宽的边滩。监测期间于离岸170 ~ 380 m的砂砾沉积之主流河槽底床整体表现刷深20 ~ 50 cm不等，但其北侧砂质粉砂边滩则大多淤涨20 ~ 30 cm。

③东汊河河口东面我国三德一带沙堤海岸（BL3剖面）。海岸由老红砂残丘及其上覆滨海沙堤构成侵蚀陡崖岸，高约6 m。在监测期间得出，陡崖下脚大潮高潮位岸线位置的蚀退率为2.15 m/a（属强侵蚀）。主要侵蚀因素是由于在上半年强降水引发崖面滑坡、坍塌，而后常年的波浪、潮流将崩落的沙土块体冲刷、搬离海岸的结果。

总之，北仑河东汊河河口北岸的海岸侵蚀问题是严峻的，为保障我国领土权益和实现岸滩、水域等国土资源的可持续开发利用，如何处理好竹山港港口资源优化与我国在中越划界问题上争取领土权益方面之间的矛盾，是值得我国有关部门引为重视的。

参考文献

渤海黄海东海海洋图集编辑委员会. 1990. 渤海黄海东海海洋图集(地质地球物理)[A]. 北京: 海洋出版社.

蔡锋, 黄敏芬, 苏贤泽, 等. 1999. 九龙江河口湾泥沙运移特点与沉积动力机制[J]. 台湾海峡, 18(4): 418−424.

蔡锋, 苏贤泽, 夏东兴. 2004. 热带气旋前进方向两侧海滩风暴效应差异研究——以海滩对0307号台风“伊布都”的响应为例[J]. 海洋科学进展, 22(4): 436−445.

蔡锋, 苏贤泽, 杨顺良, 等. 2002. 厦门岛海滩剖面对9914号台风大浪波动力的快速响应[J]. 海洋工程, 20(2):85−90.

蔡锋, 曹超, 周兴华, 等. 2013. 中国近海海洋——海底地形地貌[M]. 北京: 海洋出版社.

蔡锋, 等. 2015. 中国海滩养护技术手册[M]. 北京: 海洋出版社.

蔡明理, 王颖. 1999. 黄河三角洲发育演变及对渤、黄海的影响[M]. 南京: 河海大学出版社.

陈波, 邱绍芳. 2000. 北仑河口动力特征及其对河口演变的影响[J]. 湛江海洋大学学报, 20(1): 39−44.

陈焕雄, 陈二英. 1985. 海南岛红树林分布的现状[J]. 热带海洋学报, 4(3): 76−81.

陈吉余, 陈沈良. 2002. 中国河口海岸面临的挑战 [J]. 海洋地质动态, 18(1): 1−5.

陈吉余. 2007. 中国河口海岸研究与实践[M]. 北京: 高等教育出版社.

陈吉余. 2010. 中国海岸侵蚀概要[M]. 北京: 海洋出版社.

崔金瑞, 夏东兴. 1992. 山东半岛海岸地貌与波浪、潮汐特征的关系[J]. 黄渤海海洋, 10(3): 20−25.

崔鲸涛. 2012. 九三学社中央为围填海管理献良策[N]. 中国海洋报, 2012−3−12(2).

丁祥焕, 王辉东, 叶盛基. 1999. 福建省东南沿海活动断裂与地震[M]. 福州: 福建科学出版社.

福建省海岸带和海涂资源综合调查领导小组办公室. 1990. 福建省海岸带和海涂资源综合调查报告[R]. 北京: 海洋出版社.

高义, 苏奋振, 周成虎, 等. 2011. 基于分形的中国大陆海岸线尺度效应研究[J]. 地理学报, 66(3): 331−339.

高义, 王辉, 苏奋振, 等. 2013. 中国大陆海岸线近30a的时空变化分析[J]. 海洋学报, 35(6): 31−42.

高振会, 黎广钊. 1995. 北仑河口动力地貌特征及其演变[J]. 广西科学, 2(4): 19−23.

高志强, 刘向阳, 宁吉才, 等. 2014. 基于遥感的近30 a中国海岸线和围填海面积变化及成因分析[J]. 农业工程学报, 30(12): 140−147.

国家海洋局. 1996. 中国海洋21世纪议程行动计划[Z]. 北京: 国家海洋局, 30−35.

国家海洋局. 2007. 我国近海海洋综合与评价专项岸线修测技术规程[S]. 北京: 海洋出版社.

国家海洋局. 2011. 区域建设用海规划编制技术要求[Z].

国家海洋局. 2017. 海岸线保护与利用管理办法[N]. 中国海洋报, 2017-4-5(2).

国家海洋局. 2017. 海岸线保护与利用管理办法[N].中国海洋报, 2017-4-5(2).

国家海洋局第三海洋研究所. 2014. 浙江苍南县炎亭旅游沙滩修复工程方案研究报告[R]. 国家海洋局第三海洋研究所研究报告.

国家质量技术监督局. 1993. 1:1000000地形图编绘规范及图式[S]. 北京: 中国标准出版社.

国家质量技术监督局. 1997. 1:25000, 1:50000, 1:100000地形图航空摄影测量内业规范(GB12340—90)[S]. 北京: 中国标准出版社.

国家质量技术监督局. 1997. 1:500, 1:1000, 1:2000地形图数字化规范(GB/T 17160—1997)[S].北京: 中国标准出版社.

国家质量技术监督局. 2000. GB/T 18190—2000海洋学术语: 海洋地质学[S]. 北京: 中国标准出版社.

国务院. 2018. 关于加强滨海湿地保护严格管控围填海的通知[N]. 中国海洋报, 2018-7-27(3).

韩雪培, 傅小毛, 汤景燕, 等. 2006. 图上曲线长度量算的分维纠正法[J]. 华东师范大学学报(自然科学版), (6): 34-40.

河北省地矿局秦皇岛矿产水文工程地质大队. 2008. 北戴河海滩恢复治理工程海洋地质勘查报告[R]. 秦皇岛: 河北省地矿局秦皇岛矿产水文工程地质大队.

侯西勇, 侯婉, 毋亭. 2016. 20世纪40年代初以来中国大陆沿海主要海湾形态变化[J]. 地理学报, 71(1): 118-129.

黄辉, 郭坤一, 杨传夏, 等. 1996. 福建省长乐—南澳断裂带、平潭—东山褶皱带基本特征的研究[J]. 福建地质, 12(1):48-67.

黄辉, 李荣安, 杨传夏. 1989. 平潭—南澳变质岩带的Sm-Nd年代学研究及其大地构造意义[J]. 福建地质, 8(3): 169-180.

黄玉昆, 夏法, 陈国能. 1983. 断裂构造对珠江三角洲形成和发展的控制作用[J]. 海洋学报, 5(3): 316-327.

黄镇国, 蔡福祥, 韩中元. 1993. 雷琼第四纪火山[M]. 北京: 科学出版社.

黄镇国, 李平曰, 张仲英, 等. 1982. 珠江三角洲形成发育演变[M]. 广州: 科学普及出版社广州分社.

季子修, 施雅风. 1996 海平面上升、海岸带灾害与海岸防护问题[J]. 自然灾害学报, 5(2): 56-64.

季子修. 1996. 中国海岸侵蚀特点及侵蚀加剧原因分析[J]. 自然灾害学报, 5(2): 65-75.

雷刚, 蔡锋, 苏贤泽, 等. 2014. 中国砂质海滩区域差异分布的构造成因及其堆积地貌研究[J]. 应用海洋学学报, 33(1): 1-10.

李春初, 田明, 罗宪林, 等. 1997. 海南岛南渡江三角洲北部沿岸的泥沙转运和岸滩运动[J]. 热带海洋, (4): 26−33.

李春初. 1986. 华南港湾海岸的地貌特征[J]. 地理学报, 41(4): 311−320.

李春初. 1987. 滨面转移与我国沉积性海岸地貌的几个问题[J]. 海洋通报, 6(1): 73−77.

李春初. 2004. 中国南方河口过程与演变规律[M]. 北京: 科学出版社.

李吉均. 2009. 中华人民共和国地貌图集[M]. 北京: 科学出版社.

李家彪. 2008. 中国边缘海形成演化与资源效应[M]. 北京: 海洋出版社.

李家彪. 2012. 中国区域海洋学——海洋地质学[M]. 北京: 海洋出版社.

李培英, 徐兴永, 赵松龄. 2008. 海岸带黄土与古冰川遗迹[M]. 北京: 海洋出版社.

李培英, 杜军, 刘乐军, 等. 2007. 中国海岸带灾害地质特征及评价[M]. 北京: 海洋出版社.

李平日, 黄镇国, 宗永强. 1988. 韩江三角洲地貌发育的新认识[J]. 地理学报, 43(1): 19−34.

李平日, 乔彭年. 1982. 珠江三角洲六千年来的发展模式[J]. 泥沙研究, (3): 33−42.

辽宁省地质矿产局. 1989. 辽宁省区域地质志[M]. 北京: 地质出版社.

林鹏, 傅勤. 1995. 中国红树林环境生态及其经济利用[M]. 北京: 高等教育出版社.

林晓东, 宗永强. 1987. 再论琼州海峡成因[J]. 热带地理, 7(4): 338−345.

刘建辉, 蔡锋, 雷刚, 等. 2010. 福建软质海崖蚀退机理及过程分析——以平潭岛东北海岸为例[J]. 海洋环境科学, 29(4): 525−530.

刘孟兰, 郑西来, 韩联民, 等. 2007. 南海区重点岸段海岸侵蚀现状成因分析与防治对策[J]. 海洋通报, 26(4): 80−84.

刘清泗, 席宏. 1999. 中国沿海地区陆地与海平面垂直运动的背景研究[C]//冯浩鉴. 中国东部沿海地区海平面与陆地垂直运动. 北京: 海洋出版社, 159−175.

刘诗平. 2018. 围填海督察全覆盖: 坚决打好海洋生态保卫战[N]. 中国海洋报, 2018−7−16(1).

刘伟, 刘百桥. 2008. 我国围填海现状、问题及调控对策[J]. 广州环境科学, 23(2): 26−30.

刘修锦, 庄振业, 谢亚琼, 等. 2014. 秦皇岛金梦湾海滩侵蚀和海滩养护[J]. 海洋地质前沿, 30(3): 71−79.

刘以宣. 1994. 南海新构造与地壳稳定性[M]. 北京: 科学出版社.

刘昭蜀, 赵焕庭, 范时清, 等. 2002. 南海地质[M]. 北京: 科学出版社.

刘忠臣, 刘宝华, 黄振宗, 等. 2005. 中国近海及邻近海域地形地貌[M]. 北京: 海洋出版社.

龙云作. 1997. 珠江三角洲沉积地质学[M]. 北京: 地质出版社.

卢演俦, 丁国瑜. 1994. 中国沿海地带新构造运动[C]//中国科学院地学部.海平面上升对中国三角洲地区的影响及对策. 北京：科学出版社, 63−74.

陆克政, 漆家福, 戴俊生, 等. 1997. 渤海湾新生代含油气盆地构造模式[M]. 北京: 地质出版社.

罗章仁, 王鸿寿, 彭炳健. 1987. 保护海南岛珊瑚礁资源[J]. 海洋开发, (3): 44−45.

罗章仁, 罗宪林. 1995. 海南岛人类活动与沙质海岸侵蚀[C]//南京大学海岸与海岛开发国家试点实验室. 海平面变化与海岸侵蚀专辑(海岸与海岛开发国家试点实验室年报 1991−1994）. 南京: 南京大学出版社, 205−212.

马军. 2009. 大连围填海工程对周边海洋环境影响研究[D]. 大连: 大连海事大学.

潘毅. 2009. 数值模型研究秦皇岛海滩养护工程[D]. 上海: 同济大学.

漆家福, 杨桥, 陆克政, 等. 2004. 渤海湾盆地基岩地质图及其所包含的构造运动信息[J]. 地学前缘, 11(3): 299−307.

钱春林. 1994. 引滦工程对滦河三角洲的影响[J]. 地理学报,49 (2): 158−166.

乔彭年, 周志德, 张虎男. 1994.中国河口演变概论[M]. 北京: 科学出版社.

秦蕴珊, 赵松龄, 赵一阳, 等. 1985. 渤海地质[M]. 北京: 科学出版社.

秦蕴珊, 赵一阳, 陈丽蓉. 1987. 东海地质[M]. 北京: 科学出版社.

阮成江, 谢庆良, 徐进. 2000. 中国海岸侵蚀及防治对策[J]. 水土保持学报, 14(1): 44−47.

沙文钰, 杨支中, 冯芒, 等. 2004. 风暴潮、浪数值预报[M]. 北京: 海洋出版社.

邵超, 戚洪帅, 蔡锋, 等. 2016. 海滩−珊瑚礁系统风暴响应特征研究——以1409号台风“威马逊”对清澜港海岸影响为例[J]. 海洋学报, 38(2): 121−130.

施雅风. 1994. 我国海岩带灾害的加剧发展及其防御方略[J]. 自然灾害学报, 3(2): 3−15.

侍茂崇. 2004. 物理海洋学[M]. 济南: 山东教育出版社.

苏贤泽, 洪家珍, 胡明辉, 等. 1988. 试论福建滨海砂矿资源的开发利用[C]. 福建省科学技术协会. 论福建海洋开发. 福州: 福建科学技术出版社, 393−397.

孙杰, 詹文欢, 姚衍桃, 等. 2015. 广东省海岸侵蚀现状及影响因素分析[J]. 海洋学报. 37(7): 142−152.

孙钦帮, 陈艳珍, 陈兆林, 等. 2015. 区域建设用海规划工作中的几点思考[J]. 海洋开发与管理, 32(1): 15−17.

王宝灿. 2006. 海南岛港湾海岸的形成与演变[M]. 北京: 海洋出版社.

王道儒, 吴瑞, 李元超, 等. 2013. 海南省热带典型海洋生态系统研究[M]. 北京: 海洋出版社.

王丽荣, 赵焕庭, 宋朝景, 等. 2002. 雷州半岛灯楼角海岸地貌演变[J]. 海洋学报, 30(2): 70−79.

王文介. 2007. 中国南海海岸地貌沉积研究[M]. 广州: 广东经济出版社.

王衍, 王同行, 符史勇. 2015. 海南省填海造地现状及管理对策探讨[J]. 海洋开发与管理, 32(8): 56−59.

王颖. 2002. 黄海陆架辐射沙脊群[M]. 北京: 中国环境科学.

王颖. 2012. 中国区域海洋学——海洋地貌学[M]. 北京: 海洋出版社.

王玉广, 李淑媛, 苗丽娟. 2005. 辽东湾两侧砂质海岸侵蚀灾害与防治[J]. 海岸工程, 24(1): 9–18.

吴春生, 黄翀, 刘高焕, 等. 2015. 基于遥感的环渤海地区海岸线变化及驱动力分析[J]. 海洋开发与管理, 32(5): 30–36.

吴桑云, 王文海, 丰爱平, 等. 2011. 我国海湾开发活动及其环境效应[M]. 北京: 海洋出版社.

吴正, 黄山, 胡守真, 等. 1995. 华南海岸风沙地貌研究[M]. 北京: 科学出版社.

夏东兴, 段焱, 吴桑云. 2009. 现代海岸线划定方法研究[J]. 海洋学研究, 27(增刊): 28–33.

夏东兴, 王文海, 武桂秋, 等. 1993. 中国海岸侵蚀述要[J]. 地理学报, 48(5): 468–476.

许忠淮, 汪素云, 黄雨蕊,等. 1989. 由大量的地震资料推断的我国大陆构造应力场[J]. 地球物理学报, 32(6): 636–647.

杨波, 朱建斌, 马润美, 等. 2015. 关于围填海造地的思考[J]. 海洋开发与管理, 32(10): 22–25.

杨燕雄, 贺鹏起, 谢亚琮, 等. 1994. 秦皇岛海岸侵蚀研究[J]. 中国地质灾害与防治学报, 5(增刊): 166–170.

杨子赓. 2004. 海洋地质学[M]. 济南: 山东教育出版社.

应秩甫, 王鸿寿, 陈志永. 1990. 粤东汕尾港潟湖—潮汐通道体系的演变及泥沙运动[J]. 海洋学报, 12(1): 54–63.

于登攀, 邹仁林. 1999. 三亚鹿回头岸礁造礁珊瑚群落结构的现状和动态[C]// 马克平主编. 中国重点地区与类型生态系统多样性. 杭州: 浙江科学技术出版社, 225–268.

恽才兴. 2004.长江河口近期演变基本规律[M]. 北京: 海洋出版社.

曾昭璇, 黄少敏. 1987. 珠江三角洲历史地貌学研究[M]. 广州: 广东高等教育出版社.

张东生, 张君伦, 张长宽. 2002. 黄海辐射沙脊群动力环境[C]//王颖.黄海陆架辐射沙脊群. 北京: 中国环境科学出版社, 29–117.

张虎男, 陈伟光. 1987. 琼州海峡成因初探[J]. 海洋学报, 9(5): 594–602.

张虎男. 1980. 断块型三角洲[J]. 地理学报, 35(1): 58–67.

张继民, 刘霜, 马文斋. 2009. 浅析我国区域建设用海亟须实施战略环评[J]. 海洋开发与管理, 26(1): 9–13.

张乔民. 2001. 我国热带生物海岸的现状及生态系统的修复与重建[J]. 海洋与湖沼, 32(4): 454–464.

张训华. 2008. 中国海域构造地质学[M]. 北京: 海洋出版社.

张宗祐. 1990. 中华人民共和国及其毗邻海区第四纪地质图[A]. 北京: 中国地图出版社.

赵焕庭. 1990. 珠江河口演变[M]. 北京: 海洋出版社.

赵建东. 2010. 围填海何为“科学”怎样“适度”[N]. 中国海洋报,.2010–12–31(2).

《中国海岸带和海涂资源综合调查图集》福建省分册编纂委员会. 1989. 中国海岸带和海涂资源综合调查图集(福建省分册)[A]. 福州: 福建省地图出版社.

《中国海岸带和海涂资源综合调查图集》广东省粤西分册编纂委员会. 1989. 中国海岸带和海涂资源综合调查图集(广东省粤西分册)[A].

《中国海岸带和海涂资源综合调查图集》广西分册编纂委员会. 1989. 中国海岸带和海涂资源综合调查图集(广西分册)[A].

《中国海岸带地貌》编写组. 1995. 中国海岸带地貌[M]. 北京: 海洋出版社.

《中国海岸带地质》编写组. 1993. 中国海岸带地质[M]. 北京: 海洋出版社.

《中国海岸带水文》编写组. 1995. 中国海岸带水文[M]. 北京: 海洋出版社.

中国科学院南海海洋研究所海洋地质研究室. 1978. 华南沿海第四纪地质[M]. 北京: 科学出版社

中国科学院学部. 2011. 我国围填海工程中的若干科学问题及对策建议[J]. 中国科学院院刊, 26(2): 171−173.

周立宏, 李三忠, 刘建忠, 等. 2003. 渤海湾盆地区前第三系构造演化与潜山油气成藏模式[M]. 北京: 中国科学技术出版社.

周祖光. 2004. 海南珊瑚礁的现状与保护对策[J]. 海洋开发与管理, (6): 48−51.

朱军政, 伍冬领. 2003. 象山大目涂围垦二期工程对松兰山沙滩影响专题研究[R]. 浙江省水利河口研究院科研报告.

《我国近海海洋综合调查与评价专项综合报告》编写组. 2012. 我国近海海洋综合调查与评价专项综合报告(上下册)[M].北京: 海洋出版社.

庄振业, 陈卫民, 许卫东,等. 1989. 山东半岛若干平直砂岸近期强烈蚀退及其后果[J]. 青岛海洋大学学报(自然科学版), 19(1): 90−97.

庄振业, 盖广生. 1983. 山东半岛海滩层理的研究[J]. 山东海洋学院学报(自然科学版), 13(1): 75−81.

庄振业, 李从先. 1989. 山东半岛滨外坝沙体沉积特征[J]. 海洋学报, 11(4): 470−480.

庄振业, 印萍, 吴建政, 等. 2000. 鲁南沙质海岸的侵蚀量及其影响因素[J]. 海洋地质与第四纪地质, 20(3): 15−21.

邹仁林. 1996. 中国珊瑚礁的现状与保护对策[C]// 中国科学院生物多样性委员会和林业部野生动物和森林植物保护司编辑.生物多样性研究进展—首届全国生物多样性保护与持续利用研讨会论文集.北京: 中国科学技术出版社, 281−290.

Hodgson G, Yan E Pm. 1997. Physical and biological controls of coral communities in Hong Kong [C]// LEZSIOS H A, MACINTYRE I G eds.Proc. 8th Int.Coral Coral Reef Sym.Panama: Smithsonian Tropical Research Institute 1:477−482.

Mandelbrot B B. 1967. How long is the coast of Britain? Statistical self-similarity and fractional dimension [J]. Science, 156(3775):636−638.

Pernetta J C, Milliman J D. 1995. Land-ocean interactions in the coastal zone: implementation plan [J]. Oceanographic Literature Review, 9(42): 801.

U S Army Corps of Engineers (USACE). 2008. Coastal engineering manual (CEM) [M]. Washington D C: U S Army Corps of Engineers.

Wu C Y, Wei X, Ren J, et al. 2010. Morphodynamics of the rock-bound outlets of the Pearl River estuary, South China—A preliminary study [J]. Journal of Marine Systems, 82:S17−S27.

第三篇

中国大陆沿岸海岸侵蚀脆弱性评价

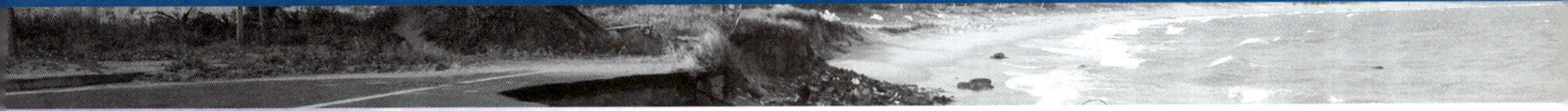

海岸侵蚀脆弱性评价的经典内容指在自然环境因素和人类活动因素的耦合作用下对海岸遭受侵蚀灾害的风险程度和可能发生的灾情等级的分析与评估。鉴于当今全球气候变化趋势日益明朗化以及资源开发利用可持续发展已经成为人类社会经济面临的两大重要挑战，开展这一评估工作，遵循以“影响、脆弱性和适应性”为主题的研究原则，从中提出“减缓”“适应”的响应策略具有十分重要的意义。有关这一方面的研究思路，可参见图2.1示出的海岸侵蚀评价目标和图2.2示出的影响、脆弱性和适应性评估之间的关系，以及在图2.5海岸侵蚀灾害的内涵及人类活动响应循环作用的关系图中，所示出的海岸侵蚀脆弱性高低是反映海岸侵蚀灾害风险程度大小的根基。按照这一思路，第三篇中我们将在介绍几十年来有关海岸侵蚀评价的主要内容、研究方法及最新进展的基础上，着重于根据第8章所述的我国大陆沿岸海岸侵蚀固有特征分区的资料，对所划分的各个分区段的海岸侵蚀脆弱性进行相关综合评价。其中，主要阐述所采用的一种新的模糊综合评价模型——基于云模型理论的综合评价方案，并应用该方案对我国沿岸的海岸侵蚀脆弱性及其风险区划，以及对其可能发生灾害的预测与预防策略进行研究。

第9章　海岸侵蚀评价的内容、方法及研究进展

自IPCC分别于2001年和2007年先后两次发表了《气候变化：影响，适应和脆弱性报告》（IPCC，2001；IPCC，2007）以来，我国海岸学者对于海岸侵蚀灾害的评价内容和方法，为与国际科学界的研究工作相接轨发生了相应转变，即根据“海岸侵蚀脆弱性”是发生海岸侵蚀灾害的根源，将它设立课题开展评价研究工作，随即方兴未艾。换言之，我国有关海岸侵蚀评价工作的研究进展可分为下述两个阶段。

9.1　2010年前海岸侵蚀评价的主要内容与方法

如第4章所述，我国真正意识到海岸侵蚀是一种严重的自然灾害，并提出进行较全面的调查研究和立法工作的突破是在1992年。但对于进行海岸侵蚀评价工作除了要清楚了解海岸自然系统的相关问题外，还必须涉及人类社会经济系统的许多问题，因此，我国开展海岸侵蚀评价研究直到20世纪末才开始进行，而且也大多是侧重于对海岸侵蚀灾害发生的现状进行评估。王文海等（1999）发表的“海岸侵蚀灾害评估方法探讨”一文，是我国对海岸侵蚀的评价从定性评估向半定量、定量评估的新突破。张春山等（2003）发表的“地质灾害风险评价方法及展望”一文中提出的地质灾害的主要评价方法、内容及目的等是我国在地质灾害评价理论方面与新世纪初期进展的体现。

专门针对我国海岸侵蚀评估的调查与研究，并涉及全国性的工作任务是我国“908专项”设立的“海岸侵蚀评价与防治技术研究”项目（任务代码908-02-03-04；任务工作时间为2007—2009年）。在该项目的研究成果报告中，国家海洋局第三海洋研究所（2010）等单位对这一时期海岸侵蚀现状评价工作提出了下面几种主要内容及其评价方法，并根据现有资料展开了下述几项海岸侵蚀评价研究（蔡锋等，2010）。

9.1.1　海岸侵蚀强度评价

海岸侵蚀强度评价指评价某区域海岸侵蚀发生的岸线长度有多少，蚀退速率的

大小以及不同侵蚀速率的侵蚀岸段在总岸线中所占的比例，以此说明海岸侵蚀在评价区域内的分布现状。

海岸侵蚀强度主要反映出评价海岸向陆后退的速率或滩面下蚀的速率。由于一个岸段的海岸侵蚀强度主要受控于当地海岸的地质、地形与地貌特点，以及近岸海洋动力条件和海岸岸滩的供沙条件等，而且在同一岸段中不同区段位置的侵蚀速度也有所不同，一般是根据国家海洋局“908专项”办公室制定的《海洋灾害调查技术规程》中之有关海岸带地质灾害调查所列“海岸稳定性分级标准”，采用侵蚀强度就高不就低的原则作为评价标准进行现状侵蚀的评价。在“908专项”设立的“海岸侵蚀评价与防治技术研究”项目中，同时根据现有资料，以1：50万的工作底图，对我国大陆沿岸的海岸侵蚀强度进行了评估，得出共8个分幅的中国海岸侵蚀强度分级图，显示出我国海岸侵蚀强度的南北差异较为明显，即大体以长江口为界，以北侵蚀严重，以南侵蚀相对较轻。

9.1.2 海岸侵蚀危险性评价

这里的海岸侵蚀危险性（Risk，即风险或称危险程度）实际上是指受海岸侵蚀影响的等级。如图2.5所示，海岸侵蚀风险包括了海岸侵蚀的脆弱性（vulnerability）和发生海岸侵蚀的危险（hazard）。前者指孕育海岸侵蚀的特征分析，乃是发生侵蚀灾害的基础根源；而后者是加速海岸侵蚀灾害（disaster）发生的或然性、突发性和发生侵蚀作用严厉性的可能；二者在概念上有所区别，但对于发生侵蚀灾害的强度而言，互有密切正相关关系是显然的。以上所述体现出：就某一评价单元看，在常态近岸海岸动力、泥沙环境条件下，不一定会出现明显的海岸侵蚀现象，即基本处于“隐形”侵蚀状态；但当遭受如台风风暴潮袭击等事件时，海岸和人类社会经济便会发生显著损失的“显性”侵蚀灾害。

根据前述研究项目的研究成果总报告，从评价操作方案的可行性、评价数据的可获得性以及评价结果的可靠性出发，对海岸侵蚀危险性评价提出了下列评价内容及其评价方案与步骤。

9.1.2.1 危险性评价的内容

危险性是指某一定区域岸段发生海岸侵蚀灾害的危险程度，对其评价的内容一般基于对评价海岸段之诱发海岸侵蚀灾害孕灾因子环境条件和发生突发性显性侵蚀因子环境条件，以及对它们的动态变化趋势的认识与选取，按照一定的规则对其进行量化和分级，然后依据求和或加权求积的方式进行评价和区划。上述因子包括海岸侵蚀强度，以及影响海岸侵蚀灾害未来发展的条件，如地质条件、地形地貌条件、近岸海洋水文动力条件和人为活动因素等。

9.1.2.2　危险性评价的方案与步验

1）构建评价的影响因子体系（又称评价指标体系）

海岸侵蚀灾害危险性评价因子主要指影响侵蚀的各种因素及动态变化趋势，一般从遵循系统性、客观性、可操作性和主导性的原则选取了以下3个一级指标（见表9.1）。

表9.1　海岸侵蚀危险性评价指标体系各因子指标危险性影响等级赋值

项目	一级指标	二级指标	因子指标或出现的样本量级	危险性影响等级赋值
海岸侵蚀危险性级别（R值）评价	自然因素（N）	海岸地貌类型（g）	平直软质海岸	2
			袋状软质海岸	1
			不稳定人工护岸	1
			硬质基岩海岸	0
			稳定人工护岸	0
		最大风暴潮增水（h）	>3m	2
			1.5 ~ 3m	1
			<1.5m	0
		平均波高（H_w）（以$H_{1/10}$计）	>1.0m	2
			0.4 ~ 1.0m	1
			<0.4m	0
	人为因素（H_u）	城市化水平（u），即城镇人口/总人口	>70%	2
			40% ~ 70%	1
			<40%	0
	海岸侵蚀现状动态（M）	海岸现状侵蚀速率（r）	划分标准见表9.2	

（1）自然因素（N）。其中包括二级指标3个：①海岸地貌类型（g），其中选取的影响因子包括：平直软质（即由第四纪堆积地层组成的）海岸；袋状软质海岸；低等级不稳定人工护岸的海岸；硬质基岩海岸；以及高等级之稳定人工护岸的海岸。显然，平直软质海岸的侵蚀危险性最大，袋状软质海岸和不稳定人工护岸次之，硬质基岩海岸和稳定人工海岸最小。②风暴潮采用最大风暴潮增水值（h）为代表。因为风暴潮作为发生海岸侵蚀灾害危险性之突发性、严重性事件，主要取决于其发生的频率和增水情况，即频率和增水愈大，侵蚀灾害危险性愈高，但据我国风暴潮灾害的统计现

状，要都获得二者之值还较为困难，故按可获取性、主导性原则，只能选用最大增水值（h）来代替。③波高（H_w），波浪能量一般可用波高（H_w）表示，尤其是平均波高愈大，侵蚀灾害危险性愈高。

（2）人为因素（H_u）。人为活动因素对侵蚀作用发生的影响方面多种多样，例如海岸工程建设，围填海造地、海岸生态环境破坏等因素，非常难以计量。在其他因素一致的情况下，通常城市化水平愈高，其对海岸开发力度愈大，且对以上各因素的侵蚀影响力度亦愈大。因此，从可操作性、主导性原则出发，多以地区的城市化水平u（即城镇人口/总人口）一项来代替。

（3）海岸侵蚀现状动态（M）。一般以评价地区的现状海岸侵蚀速率（r）作为代表，因为在其他因素一致的情况下，现状海岸侵蚀速率愈大，侵蚀灾害的危险性亦将愈高。

2）危险性评价方法

危险性评价是基于一定的量化规则，在对各评价因子指标的侵蚀影响程度进行量化的基础上，然后按照一定的计算规则对评价区域各个海岸段（评价单元）的侵蚀危险性进行相对大小的比较。由于各个评价因子指标的单位不同、量级不同，很难将其合并进行运算，故需要定义一种规范化的统一影响等级的规则，分别对评价指标体系中各个因子指标的危险性影响等级量值进行再量化分级，并对各评价单元的侵蚀危险性相对值（R）进行计算。方法步骤如下。

（1）设定分级级别个数，例如将各个因子指标划分为3个危险性影响等级，如0，1，2。

（2）对各级别对应的量值依据实际资料进行规定。如表9.2所示，为将级别数确定为3个，即1级（低等级）是将危险性影响等级量值定义为0；2级（中等级）是相应地定义为1；3级（高等级）相应地定义为2。

表9.2　海岸侵蚀现状动态因子（M）的危险性影响等级赋值

海岸稳定性	海岸线位置变化速度		岸滩下蚀	危险性影响等级赋值
	砂质海岸（m/a）	粉砂淤泥质海岸（m/a）	下蚀速率（cm/a）	
稳定	<0.5	<1	<1	0
微侵蚀	0.5~1	1~5	1~5	1
侵蚀	1~2	5~10	5~10	1
强侵蚀	2~3	10~15	10~15	2
严重侵蚀	>3	>15	>15	2

（3）计算各评价单元的侵蚀危险性相对值（R），并做海岸侵蚀区划。计算过程如下。

①首先利用表9.1中按照各个评价单元中，对各自单元内不同岸段的因子指标根据实际观测资料或样本数据，所赋予的危险性影响等级的统计结果，算出各该单元中各个二级指标的危险性影响等级，进而再依据各个二级指标的危险性影响等级，算出各该单元中各个一级指标的危险性影响等级，后者的计算模式如下：

$$N = \frac{g + h + H_w}{3} \tag{9.1}$$

式中，N为自然因素，g为海岸地貌类型；H_w为波浪平均浪高；h为最大风暴潮增水。

$$H_u = u \tag{9.2}$$

式中，H_u为人为因素，u为城市化水平。

$$M = r \tag{9.3}$$

式中，M为海岸侵蚀现状动态；r为现状海岸侵蚀速率。

②计算每个评价单元的侵蚀危险性相对值

$$R = \frac{N + H_u + M}{3} \tag{9.4}$$

式中，R为评价单元海岸侵蚀危险性相对值。按照公式（9.1）到公式（9.4）的计算，显然，各个评价单元R值的计算结果均为$0 \leq R \leq 1$，故我们按照平均分割的方法，将评价区域各个评价单元之海岸侵蚀危险性的区划界定为：当$0 \leq R < 0.5$时，属于低危险性；$0.5 \leq R < 1.5$属于中危险性；$1.5 \leq R \leq 2$为高危险性。

9.1.3　海岸侵蚀灾情评价

侵蚀灾情评价指某区域海岸侵蚀灾害发生之后，对该海岸段造成的灾害损失情况作出分析与评估，它与当地的经济发展水平，海岸段经济在区域经济中的地位以及海域使用类型有着密切联系，可以反映海岸侵蚀灾害给海岸带造成的损失影响。

侵蚀灾害强度的评价主要考虑海岸侵蚀造成的损失，鉴于难以从不同的灾害损失中分离出是由于某种海岸侵蚀影响因子而造成的损失，故采用海域使用金来表示海岸经济的发达程度和海岸经济类别，并同时结合应用上述海岸侵蚀危险性评价后的相对值来表示可能造成的海岸灾害情况，由此，侵蚀灾情强度评价分析与因子可由下式进行计算表达。

$$D = \frac{R + sc}{2} \tag{9.5}$$

式中，D为发生侵蚀灾情的程度；R为发生侵蚀的危险性相对值；sc为国家海洋局颁布的海域等级。简单起见，将式中的sc为处于第1等级和第2等级时，赋值为2，处于第3等级、第4等级时，赋值为1；其他等级赋值为0。显然，$0 \leqslant D \leqslant 2$，由此按照平均分配计算，当$D < 0.6$时，定义为低灾情强度；$0.6 \leqslant D < 1.2$定义为中灾情强度；$D \geqslant 1.2$为高灾情强度。

9.1.4 海岸侵蚀经济影响评价

1）评价内容

海岸侵蚀经济影响评价是指在海岸侵蚀评价的基础上，结合区域社会经济发展状况，评价海岸侵蚀对区域社会经济发展的影响。

2）评价因子和方法

（1）评价因子：包括评价区域海岸侵蚀危险性、经济增长率、区内侵蚀岸段长度占总岸线长的比率以及人均抚恤金等4个主要方面。

（2）设定评价因子的量化级别标准：各因子的资料来源及其划分标准与评价（得分）赋值见表9.3。

表9.3 海岸侵蚀对经济发展影响评价的因子赋值

评价因子	资料来源	划分标准	因子赋值
侵蚀危险性（R）	据9.1.2的评价结果	低危险性	1
		中危险性	2
		高危险性	3
评价岸段产业经济增长率（E）	区域统计年鉴	<4%	1
		4~8%	2
		>8%	3
区内侵蚀岸线长对总岸线的占比（P）	“908专项”海岸侵蚀调查报告	<10%	1
		10%~20%	2
		>20%	3
人均抚恤和社会保障*（C）	中国城市统计年鉴	<100元	1
		100~150元	2
		>150元	3

注：人均抚恤和社会保障=（抚恤和社会福利救济+社会保障补助支出）/地区人口数。

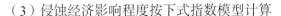

（3）侵蚀经济影响程度按下式指数模型计算

$$I = \frac{R + E + P/3}{C} \qquad (9.6)$$

式中，I为海岸侵蚀经济影响的指数；R为发生海岸侵蚀危险性因子的得分赋值；E为评价岸段产业经济增长率因子的得分赋值；P为区内海岸侵蚀岸段长对总岸线长的占比因子的得分赋值；C为人均抚恤和社会保障因子的得分赋值。显然，由以上4个因子的得分赋值按照公式（9.6）计算，I值为介于$\frac{1}{3} \sim 3$。依此，故将I值在$\frac{1}{3} \sim 1$时，定义为低影响程度；当在$1 \sim 2$时，定义为中影响程度；当在$2 \sim 3$时，定义为高影响程度。

综上所述，我国在新世纪初之前开展的海岸侵蚀评价研究内容和方法主要针对海岸侵蚀现状（侵蚀强度、灾情及社会经济影响等方面）和可能发生的侵蚀危险性（风险程度）的评估，其所采用的评价数学方法均局限于确定性量的经典数学模型。

9.2　2010年后海岸侵蚀脆弱性综合评价的发展

9.2.1　海岸侵蚀脆弱性评价的经典内容与方法

根据Gornitz等（1994）的定义，海岸脆弱性（易损性）是指海岸带对全球变化、海平面上升及其所带来的种种可能的不利影响的承受能力，它的涵盖范围非常广泛，可指生态的脆弱性、环境的脆弱性和海岸侵蚀的脆弱性等。

海岸侵蚀脆弱性的评价的目标是通过探讨涉评的海岸岸段，在诱发侵蚀灾害总体海岸海洋环境条件的作用下，及其与人类社会经济的共演过程，对它们遭受侵蚀作用脆弱性的高低特点和风险响应特征做出基本认识。分析与评估的经典内容包括：海岸侵蚀风险发生的机制和海岸带侵蚀脆弱性相对于海岸环境变化的可变性与动态变化趋势；在自然环境和人类活动的影响下，海岸侵蚀恢复力的性能和各种适应对策对海岸侵蚀风险发生的时空影响；海岸海洋极端气候事件和相关危险事件变化的频率与强度；岸滩系统对侵蚀作用的承载力及其对海岸环境变化的关键阈值等。以上说明，海岸侵蚀脆弱性评价的效果比较符合于海岸海洋环境的客观演变规律。

如图2.6示出的海岸侵蚀脆弱性评价框架及对图中文字的说明，反映了经典海岸侵蚀脆弱性评价所涉及的一系列相关问题和战略步骤。Gornitz（1991）提出的海岸侵蚀脆弱性指数（CVI，Coastal Vulnerability Index）和风险等级（Risk Class）概念对进行海岸侵蚀脆弱性评价提供了定量评估准则与借鉴，一直延续至今。我国利用海岸侵蚀脆弱性指数的经典评估技术方法，在第2章中2.3.3已有叙述，这里不拟重复。

9.2.2 关于海岸侵蚀脆弱性综合评价的展望

9.2.2.1 基于云模型理论的综合评价方法是必由之路

前面所述表明，海岸侵蚀脆弱性评价和适应性策略管理决策作为一项涉及众多因素的复杂系统工程，如何像在工程技术、社会经济管理以及在社会生产、生活等领域中已经作出的较为科学、客观地将一个多指标评估问题合成一个单指标的形式，或是将一个综合性指标问题分成若干个单项指标问题，以便在一维空间中实现综合评价，是目前海岸科学与管理科学学者的研究热点。

近些年来，有许多科技工作者将模糊数学方法利用到自己的研究领域，并且发表了众多基于模糊数学方法的优秀研究成果，推动了模糊数学方法及其应用于综合评价的发展。传统的模糊综合评价方法作为众多综合评价中的一种，其基本思路是利用模糊线性变换原理和最大隶属度原则，同时考虑到与被评价事物（或区域）相关的各个影响因素，对其作出合理的综合评价。它以隶属函数为桥梁，将不确定性的自然语言在形式上转化为确定性，即将模糊性加以量化。例如，在第2章2.3所述的将传统的模糊数学方法应用于海岸侵蚀脆弱性综合评价的研究工作，这与过去探讨有关自然灾害风险性综合评价之采用研究对象为具有确定性量的经典数学模式相比，无疑有很大进展。然而，根据李德毅等（1995）所述，传统的经典模糊数学是“模糊学的精确理论”，它具不彻底性，即至少有以下两个问题没有说清楚：①究竟根据什么原则来指定各个影响元素的隶属度值？②隶属度的值能说明什么问题。如何解释隶属度的可计算性和可比性？众所周知，在人的感知、储存、辨识、推理、决策以及抽象的过程中，对于许多情况下高数字精度的隶属度值是很牵强而无意义的。由此，自L.A.Zadeh于1965年引入的模糊集概念以来，虽然模糊数学发展很快，且应用日益广泛。但伴随而来的是人们也对模糊集理论基石的隶属函数不断地加以责难与质疑。这是由于人们从概率和统计的解释，发现模糊性对随机性具依赖性，表明隶属度并不是一个精确值，而是具有不确定性。所以，李德毅等（1995）提出云模型（隶属云）的新思想，给出了高斯（正态）云模型的数学方法，并通过期望、熵和超熵这3个数字特征，反映人类认知过程中的不确定性。从而为当今社会和自然科学中的诸多问题，基于定性和定量相结合的处理方法奠定了基础。如今我国应用云模型理论代替模糊隶属函数进行模糊综合评价的研究工作已崭露头角。然而，运用云模型理论在海岸侵蚀课题方面开展评价研究工作迄今尚未涉及。我们拟在第三篇中，针对第8章所述我国大陆沿岸海岸侵蚀固有特征的分区，将它们作为评价单元，基于云模型理论综合评价方法，尝试就我国沿岸海岸侵蚀脆弱性的分布状况进行评估研究工作。为此，下面首先简要阐明云模型理论的基本原理及其应用优势。

9.2.2.2　云模型理论综合评价理论及其应用优势

1）人类智能的不确定性

运动是物质的根本属性，永恒运动着的物质所带来的不确定性存在于我们生活的各个方面。由此，对不确定性事物的研究是科学界极为重视的前沿性和基础性的重大学术课题。人类认知的不确定性，顾名思义反映的是人的主观意识在对客观世界的认识过程中，所存在的不确定性，这是由客观世界本身的不确定性同人类自身认知能力的不确定性共同决定的，又是通过认知的最小（基本）单元——概念反映出来的。换言之，认知的不确定性，归根到底来源于客观世界的不确定性，而客观世界的不确定性映射到人脑形成的概念（主观世界）也必然是不确定性的。

然而，在认知的不确定性中却也有着确定的规律性——云模型理论为了避免人们在研究模糊现象时人为确定隶属度或隶属函数的尴尬，找到了独立于任何具体概念的隶属度的概率密度分布规律。该规律乃是利用二阶的高斯（正态）分布来反映定性概念的随机性（参见下述正向高斯云算法及图9.1），它说明了在认知的不确定性中，人类语言值所表示的不同定性概念之间存在有认识上的共同性。

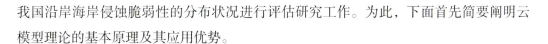

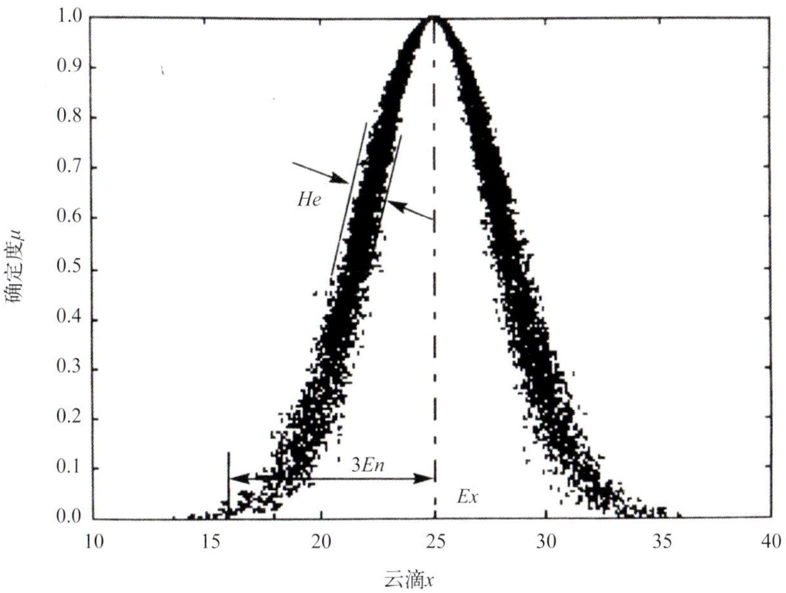

图9.1　二阶正态云概念（Ex，En，He）=（25，3，0.3）的云图示例

有关认知的不确定性问题，我们应该明确以下几点。

（1）不确定性概念含义包括随机性、模糊性、不完备性和不稳定性等特征。其中，随机性和模糊性是最基本的特征。随机性的不确定性指概率的不确定性，例如，语言概念“明天有雨”的发生是一种偶然现象的不确定性，但事件本身是确定的，而事件的发生并不确定，只要时间过去，到了明天，“明天有雨”是否发生就变成确定的了；再如，“掷一骰子出现6点”，只要实际做一次实验，它就变成确定的了；表明：随机性是由于条件不能决定结果而体现出的不确定性，它反映了因果律的缺失，但遵循概率论的基本假设——排中律（即事件A和事件非A的概率之和必须为1）。而模糊性的不确定性是因为概念语言（事件）本身的不确定性，或是边界的不清晰性，体现出了事件的亦此亦彼的不确定性；不管是随时间的过去，或是实际做了试验，仍然是不确定的，例如，“青年人”之模糊性突破了排中律，呈现出隶属度和非隶属度之和可以大于1，但却回避了在确定隶属度的过程中所带来的随机性，尤其是利用统计方法确定隶属度时，隶属度的随机性体现得更明显（李德毅等，2014）。

（2）也应该认识到，人们在使用自然语言进行交流时所使用的定性概念可能并不严格区分随机性或是模糊性，而是两者兼有。如人们在使用大概、可能、偶尔、经常、左右等大量词语时，模糊性里蕴含着随机，随机性里蕴含着模糊（李德毅等，2014）。

（3）鉴于随机性和模糊性是不确定性的两个基本特征，但二者之间的关联性研究长时间以来一直没有引起人们的足够的重视。因此，对于研究不确定性概念的表示、处理和模拟，从中寻找不确定性概念的内涵（主观世界中的抽象概念，即定性概念）特征和概念外延（客观世界中样本集合的定量数据）特性，并进行形式化表示，以及对它们之间变换的研究，同时采用机器模拟研究人类认知的不确定性概念的认知过程，是人工智能领域研究的重要任务。李德毅等（1995）针对模糊集理论基石的隶属函数，在结合概率论和模糊数学理论两者的基础上，提出了隶属云——云模型不确定性分析理论的新思想应运而生。

2）云模型不确定性分析方法的基础数学原理

云模型理论为实现不确定性人工智能找到一种简单、有效的形式化方法，从而为不确定性思维活动中的确定性研究打下了基础，该理论方法进入21世纪以来已经取得长足进展。它通过赋予样本点以随机确定度来统一刻画概念中的随机性、模糊性及其关联性，并利用3个数字特征（期望，熵和超熵）来描述一个定性概念，而且可通过特定的算法形成用数字特征来求出某个定性概念与其定量表示之间的不确定性转换，即实现了定性概念（概念内涵）和定量数据（概念外延）相互间的双向转换。这不仅深刻揭示出事物具有的模糊性和随机性，而且也充分显示出云模型是定性定量转换的认知模型。为应用云模型理论进行综合评价，有必要充分理解以下概念的不确定性和基础数学原理。

（1）云和云滴。云和云滴的定义参见李德毅等（2014），由该定义可见，在论域空间中，大量云滴构成的云，可伸缩、无边沿，远观有形，近看无边，正像自然现象中的云朵，故用“云”来命名概念与数值之间的数学转换。当用图形表示云时，简称之为云图（参见图9.1）。在云图中，云由众多云滴组成，每个云滴就是定性概念映射到论域空间的一个定量点，即实现了一次量化。这是一个离散的映射过程，所有云滴在论域空间的分布形成一朵云。这朵云可以借助（x，μ）的联合分布表达定性概念C，故将（x，μ）的联合分布也记为C（x，μ）。总之，云滴的确定度μ是随机的，不是唯一的，其值$0<\mu\leq 1$；高斯（正态）云模型的云滴集合（云的分布）是一个期望为Ex，方差为En^2+He^2的随机变量。

（2）云的数字特征。云模型用期望Ex（expected value）、熵En（entropy）和超熵He（hyper entropy）3个数字特征来整体反映一个概念的不确定性，这对理解定性概念的内涵和外延有着极其重要的意义。

有关期望、熵和超熵的具体含义见李德毅等（2014），这和概率论中使用期望、方差、高阶矩等数字特征表示随机性是一脉相承的，但云模型还考虑了模糊性；和模糊集合中用隶属度表示模糊性相比，云模型考虑了隶属度的随机性；和粗糙集用基于精确知识背景下的上近似、下近似两个集合度量不确定性相比，云模型考虑了背景知识的不确定性。

（3）高斯云（正态云）模型具有普遍适用性。图9.1中示出的正态云——高斯云模型是目前研究最多，也是最重要而又最常见的一种云模型，即它的普遍适用性就是建立在高斯分布（正态分布）和钟形隶属函数的普适性基础上的。应该说明；高斯分布是概率论中最重要的分布，它广泛地存在于自然现象、社会现象、科学技术以及人们日常生活中的许多随机现象的正态分布。这就是说，云模型描述的随机性，乃是将高斯分布扩展为泛正态（泛高斯）分布，并且用一个新的独立参量——超熵来衡量偏离正态分布的程度，其处理方法比单纯用正态条件分布更为宽松，更为鲁棒，又易于表示和操作。超熵作为概念达成共识程度的度量，主要表现为偏离高斯分布程度的度量；超熵如果很大，例如，当概念的含混度$CD=3He/En$达到$He>En/3$时，云变成了雾，概念难以达成共识。至于云模型中的熵，作为概念的粒度度量，既可以反映云滴的离散程度，也可以反映被概念接受的云滴的大体范围——模糊性，同时亦示出模糊性是随机性的依赖性。

综上所述，与高斯分布相比，高斯云既有“钟形”特征，同时又具有尖峰肥尾的特征（参见图9.1），它弱化了高斯分布的产生条件，可以刻画和研究更为广泛的不确定性问题。

一般而言，在云模型中通常是要求En和He都大于零，而且在$0<He<En/3$的条件是针对绝大多数的定性概念，尤其是共识性较强的定性概念。倘若$He=0$，则En只是一个确定值，x就退化成了高斯（正态）分布；倘若$He=0$，又$En=0$，那么，x就退化成为同一个精确值Ex，使确定度μ恒等于1。这表明高斯分布是高斯云分布的特例，即确定性是不确定性的特例。换言之，高斯云——云模型虽然是基于高斯分布，但它又是不同于高斯分布，这是由于高斯云是基于二阶高斯分布迭代而实现的。不难看出，高斯云是表示不确定性分布的最为常用的泛正态分布。如果不加以特别说明，所提及的云模型均指高斯云模型。

（4）云发生器的算法。在云模型理论中可以进行定性概念与定量数据相互间的双向转换计算，这是基于高斯云的数学性质（参见李德毅等，2014）通过建立正向云发生器和逆向云发生器的软件来实现的；也可直接用固化的集成电路（硬件）实现。正向云发生器是从定性到定量的映射，根据云的数字特征（Ex，En，He）产生云滴，实现了从语言值表达的定性信息中获得定量的范围和分布规律。而逆向云发射器则是实现从定量值到定性概念的转换模型，它可以将一定数量的精确数据（样本数据集合）转换为以数字特征（Ex，En，He）表示出定性概念。可见，这两种云发生器是云模型中最重要、最关键的算法。

①正向高斯云算法。

正向高斯云的定义及其算法描述见李德毅等（2014），其中特别要关注的是，由于高斯云分布不同于高斯分布，该算法两次用到高斯随机数的生成，而且一次随机数是另一次随机数的基础，是复用关系，这是本算法的关键。换言之，在数域空间中，二阶高斯（正态）云模型既不是一个确定的概率密度函数，也不是一条明晰的隶属函数曲线，而是由2次串接的（二阶）正向云发生器生成的许多云滴组成的、一对多的泛正态数学映射图像，是一朵可以伸缩、无确定边沿的云图（见图9.1），完成从定性到定量的转换。

②逆向高斯云算法。

逆向高斯云算法是正向高斯云算法的逆云算，本质上是基于统计的参数估计方法，一般利用计算各阶中心矩的矩估计法。李德毅等（2014）提出的逆向云算法主要基于矩估计方法，包括了三种算法：有确定度的逆向云算法，它是严格意义上的正向云算法的逆过程，但由于实际数据集合中，样本常常不带确定度信息，故这一算法无实用性；在无确定度的情况下，有基于样本一阶绝对中心距和二阶中心距的算法，以及基于样本二阶中心距和四阶中心距算法两种。在这3种算法中，最简单也是最常用的矩估计法是利用一阶原点矩来估计期望，利用二阶样本中心距来估计方差。逆向高斯云算法的描述见李德毅等（2014）。

在逆向高斯云算法中，依据统计原理，给定的样本点越多，采用逆向云发生器计算还原得到的定性概念参数估计值的误差越小。在样本点有限的情况下，无论采用其中哪一种方法，误差都是不可避免的。

（5）小结。云模型作为一种具普适性的处理不确定性认知理论，由于是在概率论和模糊集合理论进行交叉渗透的基础上，实现了更高层次上的定性概念与其定量表示之间的双向转换，揭示出随机性和模糊性的内在关联性。所以，目前基于云模型理论对于各种科学领域开展的包括综合评价、预测、算法改进、知识表示和智能控制等众多研究方面均有着广泛的应用与发展前景。其中，在利用云模型理论进行综合评价时，由于在论域上U上的某一个定量值x_i是定性概念C的一次随机实现，其模糊性得到了很好的体现，因而在评价过程中，以及所获得的评价结果都能够较确切地反映客观实际。这显示具有明显的应用优势。

9.2.2.3 我国近年在自然灾害风险评估领域应用云模型理论方兴未艾

1）关于利用云模型理论进行综合评价的模型方案

虽然目前对自然灾害的形成条件有了基本认识，但由于自然灾害的孕育和发生是一个十分错综复杂的模糊系统，其各自诱发的环境条件因素在孕育和发生过程中所发挥的作用大小及其机理通常并没有完全被揭示。所以，把各种诱发的环境因素处理为确定状态显然是不合理的，即采用确定性数学模型——经典数学所建立的数学模型，其评估结果一般难于令人信服。显然，利用前面所述云模型不确定性分析理论针对诱发自然灾害之风险程度进行评估势在必行。

迄今针对自然灾害基于云模型理论综合评价进行风险评估的研究，综观已发表的相关研究成果，虽然不同学者采用的具体方法、步骤和数学模式各不一，尚无统一规程，但大体评估模型略见端倪，我们从中综合出一种较为可行的方案，概述如下。

（1）在对某一自然灾害进行风险评估时，设评估区域的评价单元集E_j=（E_1，E_2，…，E_n），通常将涉评的各个评价单元之诱发该自然灾害的总体组合环境条件

（涵括自然系统条件和社会经济系统条件）作为一个不确定性系统。

（2）首先设定该自然灾害可能发生风险的云模型评语集$Vp=\{V1, V2, \cdots, Vp\}$，即将评语集划分为$p$个等级，而且$Vp$集的所用定量值$x_i$是连续的，且任一$x_i$是论域上的一次随机实现。这样，根据云模型3$En$规则，可将评语集按x值分布的$p$等值区段分别形成表征各个等级概念的云模型3个数字特征（En，Ex，He）。

（3）构建诱发灾害风险之组合环境条件的评价指标体系。其中，一般包括要素层（上层），并将要素层中每个要素分别所属的各种因子条件（均可获得其实际样本实测数据）总体组成为因子层（下层）。设因子层总共m个指标因子$u_i=(u_1, u_2, \cdots, u_m)$。

（4）对评价指标体系自上层往下层逐层利用相应数学模型，如层次分析法，或者用熵权法等权重确定法，求算整个因子层中总体因子指标u_i的权重分配ω_i（$0 \leqslant \omega_i \leqslant 1$，$\sum_{i=1}^{m}\omega_i=1$）。

（5）根据各个指标因子u_i（$i=1, 2, \cdots, m$）在所有评价单元E_j中实际观测得到的原始样本数据，以评语集Vp的x变量为标准，构造规范化的评估矩阵$R=(r_{ij})_{m \times n}$。接着由该矩阵每一i行（$i=1, 2, \cdots, m$）元素数据，采用逆向云算法分别求算各个因子指标诱发风险的评估云模型3个数字特征的集合$C_i=\{C_1, C_2, \cdots, C_m\}$；并且，根据R矩阵中每一个$j$列元素数据$r_j=\begin{bmatrix} r_{1j} \\ r_{2j} \\ \cdots \\ r_{mj} \end{bmatrix}=(r_{1j}, r_{2j}, \cdots\cdots, r_{mj})^T$（$j=1, 2, \cdots, n$）构成的$m$维列矢量数据求算其均值，分别作为相应某一评价单元$E_j$（$j=1, 2, \cdots, n$）在受到所有因子指标$u_i$诱发（影响）下发生风险的评估云模型的期望$Ex_j=\{Ex_1, Ex_2, \cdots, Ex_n\}$值，而相应地$En_j$值和$He_j$值可以按评语集$Vp$的数字特征确定。由此取得了各个评价单元$E_j$在所有因子指标影响下形成的表征其发生风险程度之评价云模型3个数字特征的集合$D_j=\{Ex_j, En_j, He_j\}$，$j=1, 2, \cdots, n$。

（6）根据以上求出的总体因子指标权重分配$\omega=(\omega_1, \omega_2, \cdots, \omega_m)^T$，以及求出的每一个因子指标诱发风险的评价云模型3个数字特征的集合$C_i=\{C_1, C_2, \cdots, C_m\}$，可利用新近徐选华等（2017）发表的下面计算公式，求算由C_i中各个因子指标诱发风险的评价云集合之加权算术平均聚集云W的En，Ex，He 3个数字特征值：

$$W(En, Ex, He)=CWAA\omega_i\{C_1, C_2, \cdots, C_m\}=\sum_{i=1}^{m}\omega_i C_i$$
$$=\left(\sum_{i=1}^{m}\omega_i Ex_i, \sqrt{\sum_{i=1}^{m}\omega_i En_i^2}, \sqrt{\sum_{i=1}^{m}\omega_i He_i^2}\right) \quad (9.7)$$
$$i=1, 2, \cdots, m$$

上式中，以CWAA表示云的加权算术平均算符；$\omega_i=(\omega_1,\ \omega_2,\ \cdots,\ \omega_m)^T$是云模型集合$C_i=\{C_1,\ C_2,\ \cdots,\ C_m\}$对应的权重向量，$\omega_i\in[0,1]$，且$\sum_{i=1}^{m}\omega_i=1$。

（7）再根据由上面求出的W聚集云3字数字特征，以及每一个评价单元$E_j=(E_1,\ E_2,\ \cdots,\ E_n)$在所有指标因子影响下形成的诱发风险评价云汇集$D_j=(Ex_j,\ En_j,\ He_j)$，$j=1,\ 2,\ \cdots,\ n$，通过以下算式求算每一个评价单元$E_1$，$E_2$，…，$E_n$之发生该自然灾害风险程度综合评价结果的云模型汇集：

$$\begin{aligned} &E_j(Ex_j,\ En_j,\ He_j)=W\times D_j\\ &\quad=W(Ex_w,\ En_w,\ He_w)\times D_j(Ex_{D_j},\ En_{D_j},\ He_{D_j}) \qquad (9.8)\\ &j=1,\ 2,\ \cdots,\ n \end{aligned}$$

公式（9.8）的计算可利用LI D Y and DU Y（2005）建立的正态云计算相应规则表求出，即每一个评价单元E_1，E_2，…，E_n之灾害风险程度评价结果的云模型3个数字特征分别为

$$\begin{aligned} &E_1(Ex_1,\ En_1,\ He_1)=W(Ex_w,\ En_w,\ He_w)\times D_1(Ex_{D_1},\ En_{D_1},\ He_{D_1})\\ &=\left[Ex_w\cdot Ex_{D_1},\ \left|Ex_w\cdot Ex_{D_1}\right|\sqrt{\left(\frac{En_w}{Ex_w}\right)^2+\left(\frac{En_{D_1}}{Ex_{D_1}}\right)^2},\ \left|Ex_w\cdot Ex_{D_1}\right|\sqrt{\left(\frac{Ee_w}{Ex_w}\right)^2+\left(\frac{Ee_{D_1}}{Ex_{D_1}}\right)^2}\right];\\ &E_2(Ex_2,\ En_2,\ He_2)=W(Ex_w,\ En_w,\ He_w)\times D_2(Ex_{D_2},\ En_{D_2},\ He_{D_2})\\ &=\left[Ex_w\cdot Ex_{D_2},\ \left|Ex_w\cdot Ex_{D_2}\right|\sqrt{\left(\frac{En_w}{Ex_w}\right)^2+\left(\frac{En_{D_2}}{Ex_{D_2}}\right)^2},\ \left|Ex_w\cdot Ex_{D_2}\right|\sqrt{\left(\frac{Ee_w}{Ex_w}\right)^2+\left(\frac{Ee_{D_2}}{Ex_{D_2}}\right)^2}\right];\\ &\qquad\vdots\\ &E_n(Ex_n,\ En_n,\ He_n)=W(Ex_w,\ En_w,\ He_w)\times D_n(Ex_{D_n},\ En_{D_n},\ He_{D_n})\\ &=\left[Ex_w\cdot Ex_{D_n},\ \left|Ex_w\cdot Ex_{D_n}\right|\sqrt{\left(\frac{En_w}{Ex_w}\right)^2+\left(\frac{En_{D_n}}{Ex_{D_n}}\right)^2},\ \left|Ex_w\cdot Ex_{D_n}\right|\sqrt{\left(\frac{Ee_w}{Ex_w}\right)^2+\left(\frac{Ee_{D_n}}{Ex_{D_n}}\right)^2}\right] \end{aligned} \qquad (9.9)$$

（8）分析各个评价单元灾害风险程度的等级分布情况及其评价云3个数字特征，并编制灾害风险的区划图和结合观测资料进行解释。

2）我国运用云模型进行自然灾害风险评估的若干研究成果

尽管基于云模型理论对自然灾害风险进行综合评价的基本方法迄今并不统一，但

也发表了许多评估研究，其中主要是在对水资源管理方面的灾害风险的综合评估，例如刘登峰等（2014）、苏阳悦等（2017）、黄小梅等（2018）、白夏等（2018）；以及有关地震、洪涝、泥石流等发生风险方面的综合评估，如张秋文等（2014）、万昔超等（2017）、田文凯等（2018）、方成杰等（2017）、何亚辉等（2018）；并且在有关农业与工程地质方面的评估，如叶达等（2016）、陈沅江等（2017）、杨建宇等（2018）。

上述评估研究成果说明了基于云模型理论综合评价具有广泛的应用前景，它们将概率论和常规模糊数学理论两者结合起来，使风险因素风险度的随机性和模糊性实现了定性和定量评估之间的转换，更具客观性，从而可以有效地对群体评价做出综合决策。虽然这些评估研究成果大多采用不同的方法或数学模式，但都具有一定的参考价值。然而，针对海岸侵蚀脆弱性的云模型理论综合评价研究工作，则迄今尚未涉及。下面我们将运用本节所述采用最新数学模式的评价方案，尝试对我国大陆沿岸海岸侵蚀划分的36个固有特征分区（详见第8章）开展其侵蚀脆弱性的云模型理论综合评价工作（见第10章）。

第 10 章　我国大陆沿岸海岸侵蚀脆弱性云模型综合评价

10.1　项目综合评价研究工作纲领

10.1.1　基本思路

目前对于海岸侵蚀脆弱性的评价方法尚未形成完整体系。在国内，有关海岸侵蚀脆弱性评价方面的典型研究工作，直到 2010年以后才开始，而且评价区域多局限在杭州湾以北的华北平原–下辽河平原和苏北—南黄海两大第四纪沉积盆地区域，它们均为处在中新生代地质构造的沉降带上；所采用的综合评价方法也未涉及当今较能确切地反应客观实际的云模型综合评价模型。迄今为止，有关发表的研究成果，如刘曦等（2010）、刘宏伟等（2013）和刘小喜等（2014）等。

从图5.1中可见，我国大陆沿海在中新生代以来的地质构造分区形成了燕山隆起带、华北—渤海沉降带、胶辽隆起带、江苏—南黄海沉积带和华南隆起带等大体成NE向相间平行分布的巨型构造地质地貌条带格局。根据地壳深部过程控制地表过程的原理，以上构造隆起带现代海岸与构造沉降带现代海岸的地质–地貌状态以及滨海沉积环境有着较大的区别（见表5.1），即它们海岸的侵蚀与堆积的特征态势显然不一（雷刚等，2014）。为此，在本项目评价研究工作中，如何将隆起带海岸与沉降带海岸的侵蚀脆弱性等级分布特点综合做出统一处理的问题，我们的思路如下。

（1）根据9.2.2.3针对自然灾害风险评估而提出的基于云模型理论综合评价的模型方案开展本项目评估研究工作，其具体的评价系统流程图参见下述图10.2。

（2）在选取因子层各个因子指标（即诱发侵蚀作用的具体环境条件）时，为基于系统性、客观性、主导性和可操作性的原则，都兼顾对构造隆起带海岸和构造沉降带海岸均具较明显侵蚀影响效应的因子。这样，所获得的海岸侵蚀脆弱性等级及其分布特点，无论是对于隆起带海岸，还是沉降带海岸，都将是可以相互对比的。本项目评估研究遴选的指标体系参见图10.1。

（3）在对评价指标体系进行权重分配计算时，为使本项目的综合评价研究成果能够取得较合理地反映客观现实情况，拟联合使用主观赋权法与客观赋权法的综合赋权方法，即对要素层（上层）各个要素指标的权重分配计算采用层次分析法（AHP），而对因子层（下层）各个因子指标（样本观测数据集合）的权重分配计算则采用概率熵的熵权法（Entropy method）。

（4）根据本项目综合评价研究成果及由其做出的分析研究论断，最终编制我国大陆海岸侵蚀脆弱性区划图，为我国海岸线保护与利用管理提供科学的基础资料。

10.1.2　本项目综合评价体系的层次框架

按照上述对项目综合评价的基本思路，将本项目综合评价拟定的评估体系的层次框架示于图10.1。

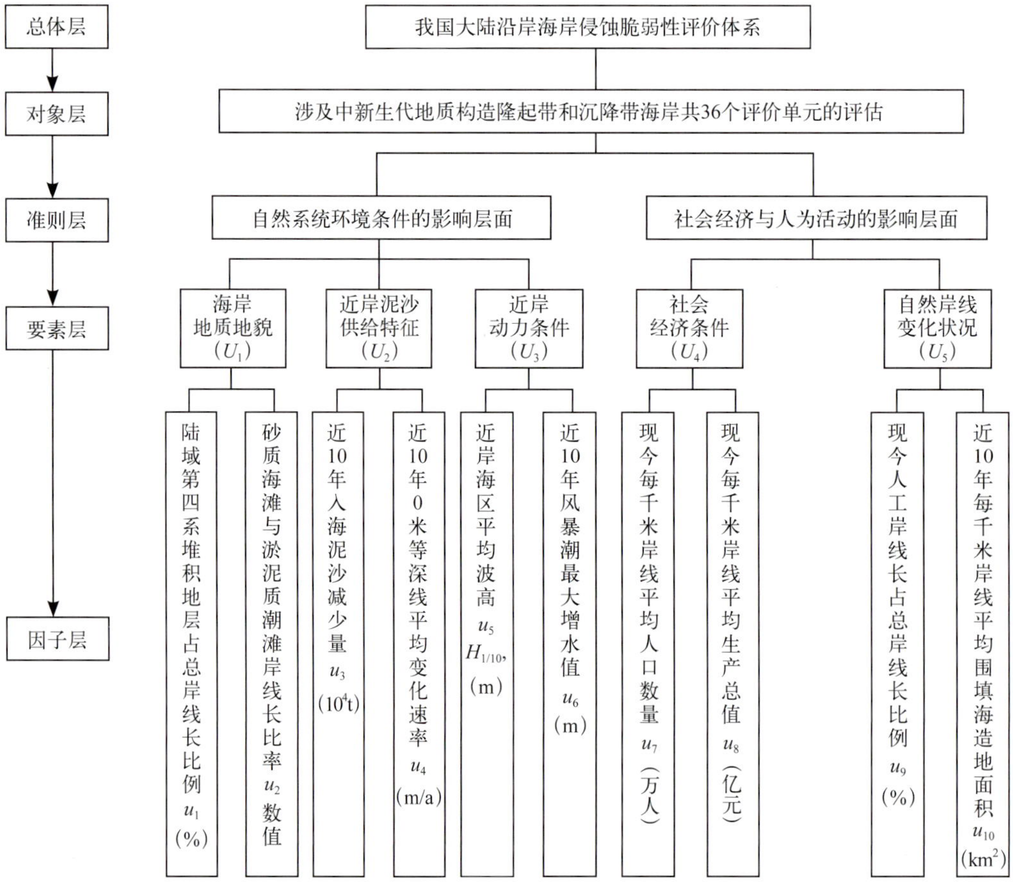

图10.1　我国大陆沿岸海岸侵蚀脆弱性综合评价体系的层次框架

10.1.3　云模型理论综合评价系统流程图

基于9.2.2.3所提出的利用云模型进行理论综合评价的模型方案以及图10.1所示的综

合评价体系，我们拟定了如图10.2所示的采用AHP法和熵权法联合赋权的云模型理论综合评价系统流程图。

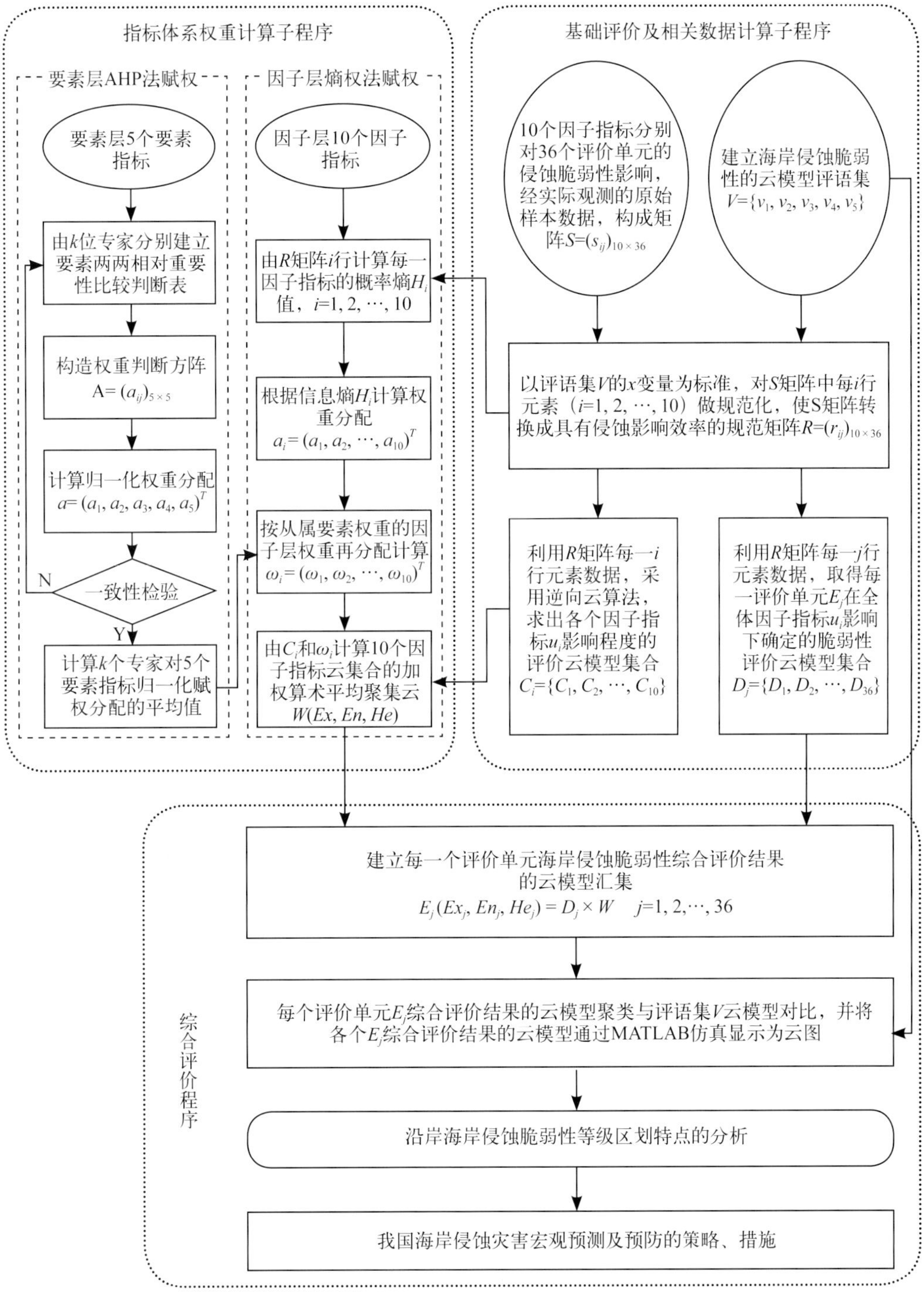

图10.2　基于AHP法和熵权法联合赋权的云模型理论综合评价系统流程

10.1.4 海岸侵蚀脆弱性评估的评语集 V 云模型

本项目综合评价研究采用自IPCC海岸管理小组（CZMS，Coastal Zone Management Sobgroup）于1992年提出的全球第一个海岸侵蚀脆弱性评价框架以来，大多数相关研究工作所应用的脆弱性评语集$V=\{V_1, V_2, V_3, V_4, V_5\}$，这里的$V_1$，$V_2$，$V_3$，$V_4$，$V_5$分别表示低脆弱性（Ⅰ级），较低脆弱性（Ⅱ级），中等脆弱性（Ⅲ级），较高脆弱性（Ⅳ级）和高脆弱性（Ⅴ级）。图10.3示出用高斯云模型表达的海岸侵蚀脆弱性评价的等级分布状况。图中横坐标的任一个定量值x是指海岸侵蚀脆弱性等级分布中的一次随机实现；其无量纲单位CVI（Coastal Vulnerability Index）反映评价单元相对于图10.1中因子层整体10个因子指标侵蚀影响所造成的海岸侵蚀脆弱性的指数大小；图中由CVI所给出的V_1，V_2，V_3，V_4，V_5的5个评估等级的评语集，它们包括的定量值x分别处在0～1，1～2，2～3，3～4和4～5的5个区段，即均存在具最小边界（C_{min}）和最大边界（C_{max}）的双边约束[C_{min}，C_{max}]，故各评语等级的云模型3个数字特征按各区段x定量的中值分别确定为其期望Ex值，熵En值则按$3 \cdot E_n$规则计算，而超熵He可取$<En/3$的某一常数K设定，也就是按以下公式计算评语集各脆弱性等级之云模型的3个数字特征值：

$$\begin{cases} Ex = (C_{min} + C_{max}) / 2 \\ En = (C_{min} - C_{max}) / 6 \\ He = 常数k \end{cases} \tag{10.1}$$

式中，K的给定可根据评语本身的模糊性程度进行调整，本评价研究令其值约为$E_n/10$。

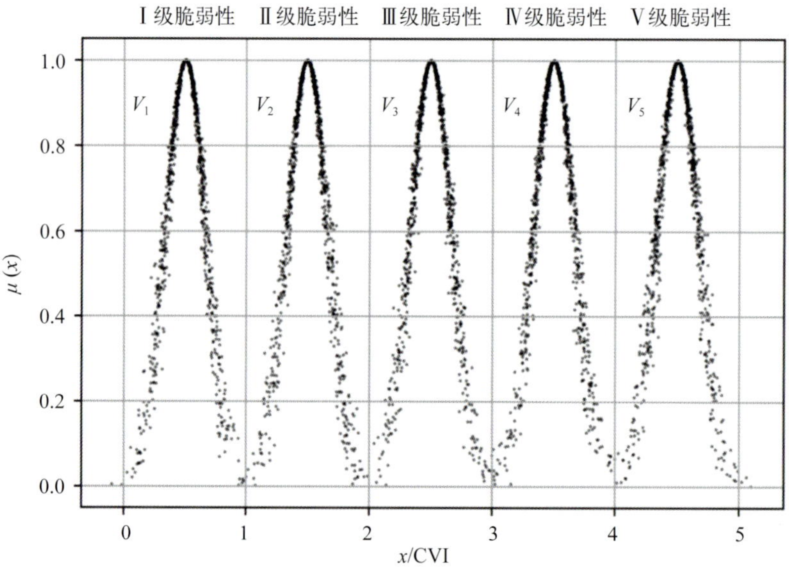

图10.3 用云模型表示的海岸侵蚀脆弱性等级分布的评语集图

按上述x值的5个区段，依照公式（10.1）计算公式，将本项目综合评价设定的海岸侵蚀脆弱性评语集各个等级的云模型3个数字特征如表10.1。

表10.1　本项目海岸侵蚀脆弱性评价评语集V的云模型3个数字特征

等级	评语集云模型		
	期望值Ex	熵En	超熵He
Ⅰ级脆弱性	0.500 0	0.166 7	0.020 0
Ⅱ级脆弱性	1.500 0	0.166 7	0.020 0
Ⅲ级脆弱性	2.500 0	0.166 7	0.020 0
Ⅳ级脆弱性	3.500 0	0.166 7	0.020 0
Ⅴ级脆弱性	4.500 0	0.166 7	0.020 0

10.2　评价单元的划分

10.2.1　划分方法与基本原则

沿海地区开展自然灾害脆弱性综合评估，通常是以特定的地理地域作为评价对象，并按一定方式划分出其所属的各有特征的海岸段——评价单元进行评估。在本项评估研究工作中，我们基于“地壳深部控制浅部、区域约束局部”这一现代地球动力学研究思路，根据8.1“新构造期地壳升降活动对海岸侵蚀作用的影响”所述内容，采取按照我国大陆沿岸于中全新世中期末次冰后期海侵后所形成的各个特色的海岸地质地貌海岸段，考虑以沿岸第四纪堆积物分布的主要特点作为划分评价单元的基本原则。其中，首先分开是处于中新生代以来形成的地质构造隆起带，还是处于沉降带海岸；进而，对于隆起带海岸，特别对于分布广袤数千里的华南隆起带海岸，乃依据在新构造运动时期的地壳升降变形特征分区（见图5.1）的基础上，分别再按它们各自于末次冰后期海侵后所形成的不同特色海岸地质地貌海岸区段进行划分，共计将我国大陆沿岸划分出由36个评价单元组成的评价地域体系（见8.2所述）。

10.2.2　划分的地质构造背景意义

本书第5章和第8章阐明了我国大陆沿岸地区自中新生代以来地壳块断由于受到了以NNE—NE走向为特征的新华夏构造体系的影响，由北往南形成了燕山隆起带（Ⅰ）、华北—渤海沉降带（Ⅱ）、胶辽隆起带（Ⅲ）、江苏—南黄海沉降带（Ⅳ）

和华南隆起带（Ⅴ）等大体呈NE方向相间平行分布的巨型构造地质地貌条带格局，其中在各隆起带沿岸构成了以山丘或台地溺谷型岬湾砂质海岸为侵蚀特征的区域，而在各沉降带沿岸则构成了以第四纪沉积平原粉砂淤泥质海岸为侵蚀特征的区域。同时，还阐述了我国大陆沿海地区，尤其是华南隆起带区域，由于在新构造运动时期受制于菲律宾海板块呈NW305°运动的构造应力作用，使台湾地区发生剧烈的弧–陆斜交碰撞造山过程，以及受南海洋壳被动大陆边缘时空演化的相关影响，加上，受到我国大陆西部青藏高原急速隆升，迫使我国东部海岸带壳幔之向东蠕动相对碰撞应力的作用，从而导致了沿岸地壳块断发生差异升降变形的显著特点。因此，在第四纪历史冰期、间冰期期间气候变化与海平面大范围升降效应中，直接造成了在不同的地质构造单元中的第四纪地质分布的基本状态及其海岸地形地貌形态有着较大的差别（蔡锋等，2005；蔡锋等，2008；雷刚等，2014）。以上所述的这些因素决定了现代中国沿海地区的侵蚀–剥蚀作用的特征，以及近岸海洋自然环境条件（涵括近岸动力条件和泥沙供给条件）都具有明显的区域性的自然区别。综合上述，现代我国大陆沿岸在孕育海岸侵蚀脆弱性高低的基础海岸海洋环境条件方面存在着固有特征上的区域性分区，这是划分评价单元的重要依据。

10.2.3　划分的评价单元 E_j 列述

在本项目评估研究工作中，我们将依据第8章“沿岸海岸侵蚀固有特征分区”中所述的按照末次冰后期海侵以来，对我国大陆沿岸形成的36个不同特色的海岸地质地貌环境海岸段分别作为评价单元E_j开展评估。各个评价单元E_1，E_2，…，E_{36}的界线位置见图8.2，兹将它们自北往南简列如下：

E_1 辽西—冀东沿海溺谷型基岩岬湾海岸区段（Up 1）[①]：

是燕山隆起带（Ⅰ）上的唯一现代海岸带，北起辽宁锦州市锦州湾北侧，往南到河北滦河口的滦河基底断裂。

E_2 辽东湾北岸冲–海积大平原海岸区段（Set 1）[②]：

是华北—渤海沉降带（Ⅱ）的东北部（Ⅱ-1）第四纪沉积平原海岸，西界起自锦州湾北侧，东至盖州市盖平角。

E_3 渤海湾北岸和西岸海积平原海岸区段（Set 2）：

位在华北—渤海沉降带（Ⅱ）西南部（Ⅱ-2）第四纪沉积大平原的北侧，为由三种类型海积平原组成。北界起自滦河基底断裂，往南经曹妃甸、天津新港区，直至冀

① （Up 1）指属于中新生代地质构造隆起带海岸区段的第一区段，以下编号类推。
② （Set 1）指属于中新生代地质构造沉降带海岸区段的第一区段，以下编号类推。

鲁交界的埕口为止。

E_4 现代黄河三角洲沿岸海岸区段（Set 3）：

位居华北—渤海沉降带（Ⅱ）西南部（Ⅱ-2）第四纪沉积大平原的中部，海岸为向NE方向呈扇形凸入渤海展布。西界从埕口往东，缓转向南直达山东东营市的小清河河口。

E_5 莱州湾南岸冲海积和海积平原海岸区段（Set 4）：

海岸处在华北—渤海沉降带（Ⅱ）西南部（Ⅱ-2）第四纪沉积大平原的南侧，西界自小清河河口往东，直至莱州市虎头崖与胶辽隆起带（Ⅲ）接壤。

E_6 辽东半岛南岸东部河口–港湾平原海岸区段（Up 2）：

位在胶辽隆起带（Ⅲ）辽东半岛海岸（Ⅲ-1）南岸的东部，东起自鸭绿江口，往西至庄河河口。

E_7 辽东半岛南岸西部海蚀基岩岬湾海岸区段（Up 3）：

处在胶辽隆起带（Ⅲ）辽东半岛海岸（Ⅲ-1）南岸的西部。东起庄河河口，往西直到大连—旅顺一带的老铁山岬的西端。

E_8 辽东半岛西岸南部大型复合基岩岬湾海积海岸区段（Up 4）：

位于胶辽隆起带（Ⅲ）辽东半岛海岸（Ⅲ-1）西岸的南部，其近岸海区处在华北—渤海沉降带（Ⅱ）与胶辽隆起带（Ⅲ）的构造边界地带。本区段南界起自老铁山岬北侧，沿丘陵山地海岸往北，经几个小内湾，直到复州湾北面的丘陵岬角北侧。

E_9 辽东半岛西岸北部第四系堆积阶地平原海岸区段（Up 5）：

是胶辽隆起带（Ⅲ）辽东半岛海岸（Ⅲ-1）西岸的北部，近岸海区沉积与华北—渤海沉降带（Ⅱ）交互渗透。南界起自复州湾北面丘陵岬角北侧，往北延伸直至与华北—渤海沉降带的东北部（Ⅱ-1）接壤处的盖州角。

E_{10} 山东半岛西岸第四系堆积阶地平原海岸区段（Up 6）：

位在胶辽隆起带（Ⅲ）山东半岛海岸（Ⅲ-2）的西北岸。南界为与华北—渤海沉降带西南部（Ⅱ-2）毗连的莱州市虎头崖，往东北直到黄水河河口区东侧的侵蚀–剥蚀丘陵地带。

E_{11} 山东半岛北岸基岩岬角与河口–港湾平原相间海岸区段（Up 7）：

处于胶辽隆起带（Ⅲ）山东半岛海岸（Ⅲ-2）的北岸，在中生代的地壳运动中是属胶北凸起。西界起自黄水河河口区东侧的丘陵地带，往东直到威海基岩岬为止。

E_{12} 山东半岛东端巨型山丘基岩岬海岸区段（Up 8）：

位于胶辽隆起带（Ⅲ）山东半岛海岸（Ⅲ-2）的东岸，在中生代的地壳运动中是属胶北凸起。西界为威海基岩岬角，往东经成山角，转向南直到靖海卫。

E_{13} 山东半岛南岸北部基岩岬角与港湾平原海岸区段（Up 9）：

处在胶辽隆起带（Ⅲ）山东半岛海岸（Ⅲ-2）南岸的北部区段，于中生代地壳运动中是属胶莱凹陷的东段。北界为靖海卫，往西南直到胶州湾。

E_{14} 山东半岛南岸南部基岩岬湾和沙坝–潟湖海岸区段（Up 10）：

位在胶辽隆起带（Ⅲ）山东半岛海岸（Ⅲ-2）南岸的南部区段，于中生代地壳运动中是属胶南凸起。北界起自胶州湾南侧，往南直到苏北海州湾南侧东西连岛一带，并以海州—泗阳深断裂带与江苏—南黄海沉降带（Ⅳ）接壤。

E_{15} 苏北废黄河三角洲海岸区段（Set 5）：

是江苏—南黄海沉降带（Ⅳ）的北部区段。北起自海州湾东西连岛，往南经灌河口、废黄河口、射阳河口，直到新阳港口。

E_{16} 江苏中—南部海积平原海岸区段（Set 6）：

位在江苏—南黄海沉降带（Ⅳ）中部区段。北起新阳港口，往南经琼港，转向东南直到吕四。

E_{17} 现代长江三角洲平原海岸区段（Set 7）：

是江苏—南黄海沉降带（Ⅳ）的南部区段。北起吕四港，往南经长江口、杭州湾北段，直到钱塘江口附近以江山—绍兴深断裂带的北延部分与华南隆起带（Ⅴ）相对接。

E_{18} 舟山群岛—三门湾低山丘陵基岩港湾海岸区段（Up 11）：

位在华南隆起带（Ⅴ）的东北端，于新构造期的地壳升降变形活动中为处于华夏褶皱带（Ⅴ-1）的浙江—闽北下沉带海岸（Ⅴ-1-1）之北部区段。西侧起自绍兴—慈溪一带，往东、东北方向经舟山群岛，转向南再经穿山半岛、象山半岛直到三门湾南岸。

E_{19} 台州湾—沙埕港低山丘陵河口堆积平原海岸区段（Up 12）：

处在浙江—闽北下沉带海岸（Ⅴ-1-1）的中部区段。北界为三门湾南岸，往南直到浙闽交界的沙埕港北岸。

E_{20} 闽北中—低山丘陵深邃溺谷港湾海岸区段（Up 13）：

是浙江—闽北下沉带海岸（Ⅴ-1-1）的南部区段。北起沙埕港北岸，往南直到福州断陷沉积盆地的南缘，以福州—长乐东部平原南缘的WNW方向的深断裂带（新构造断裂）与闽中—闽南—粤东上升带海岸（Ⅴ-1-2）接壤。

E_{21} 闽中丘陵台地岬湾红土台地海蚀海岸区段（Up 14）：

位于华南隆起带（Ⅴ）的华夏褶皱带（Ⅴ-1）内，自新构造运动以来其地壳升降变形为处在与台湾造山带运动正好相对作用的区域构造环境中；由此，而属所形成的闽中—闽南—粤东上升带海岸（Ⅴ-1-2）之北部的区段（见图8.2）。北界为以于新构造期形成的WNW向深断裂带——福州—长乐平原南缘断裂（F1）与浙江—闽北下沉带（Ⅴ-1-1）毗邻，往南直到九龙江河口湾北缘为止。

E_{22} 闽南低山丘陵岬湾风成沙地遍布堆积海岸区段（Up 15）：

位居闽中—闽南—粤东上升带海岸（Ⅴ-1-2）的中部岸段。北界为九龙江河口湾北缘，往南西直到粤东韩江三角洲平原的北缘。

E_{23} 粤东丘陵台地岬湾与河口湾平原相间分布海岸区段（Up 16）：

是闽中—闽南—粤东上升带海岸（Ⅴ-1-2）的西南部岸段。东起韩江三角洲平原北缘，往西直到红海湾鲘门，其西界以莲花山断裂带（F2）与华南隆起带（Ⅴ）的另一次级构造单元——南华隆起带（Ⅴ-2）毗邻。

E_{24} 粤中东部海岸山基岩半岛–港湾海岸区段（Up 17）：

处于华南隆起带（Ⅴ）西南部的另一具不同前第四纪构造地质基础的次级构造单元——南华隆起带（Ⅴ-2）的东侧。粤中沿海地壳断块在新构造期的升降变形中，由于受到东面闽中—闽南—粤东上升带（Ⅴ-1-2）沿WNW方向拱撞力的影响，表现出具典型断块活动性。本区段位在粤中断块活动带（Ⅴ-2-1）的东部海岸。东界为莲花山断裂带（F2），往西直到伶仃洋东岸。

E_{25} 珠江口多岛屿，湾头三角洲沉积海岸区段（Up 18）：

位居粤中断块活动带海岸（Ⅴ-2-1）的中部区段。东起自伶仃洋东岸，往西直到黄茅海西岸。

E_{26} 粤中西部山丘、谷地相间海蚀–海积海岸区段（Up 19）：

位在粤中断块活动带海岸（Ⅴ-2-1）的西部区段。东界为黄茅海西岸，往西直到闸坡港东岸，即以苍城—海陵大断裂带（F3）为西界与粤西—桂东—琼北下沉转上升区（Ⅴ-2-2）接壤。

E_{27} 粤西东部山丘、台地基岩岬角和沙坝–潟湖海岸区段（Up 20）：

地处南华隆起带（Ⅴ-2）中的另一次级新构造运动变形区——粤西—桂东—琼北下沉转上升区海岸（Ⅴ-2-2），即"云开槽隆区"东侧的海岸段，乃该区域内一系列纬向断裂带中，位在遂溪断裂带之北侧地区的东部地带。东界为苍城—海陵大断裂带（F3），往西直到吴川市东侧王村港。

E_{28} 雷州半岛东北部海成阶地、三角洲平原海岸区段（Up 21）：

位于遂溪纬向断裂带的南面，粤西—桂东—琼北典型下沉转上升区海岸（Ⅴ-2-2）的东北部区段。东起自吴川市王村港，往西南经湛江港到雷州湾南岸。

E_{29} 雷州半岛南部熔岩台地侵蚀–堆积海岸区段（Up 22）：

位居粤西—桂东—琼北下沉转上升区海岸（Ⅴ-2-2）雷州半岛的南部沿岸。东北起自雷州湾南岸，往南经徐闻排尾角，转向西经灯楼角，再往北直到雷州市企水港湾顶。

E_{30} 雷州半岛西北、桂东南海成阶地、溺谷港湾海岸区段（Up 23）：

处于粤西—桂东—琼北典型下沉转上升区海岸（Ⅴ-2-2）的西北部区段。岸线起自雷州市企水港湾顶往北，经粤、桂交界安铺港，转向西直到北海市大风江口一带的浦北深断裂带（F4）与钦州—防城上升带（Ⅴ-2-4）接壤。

E_{31} 琼东北部沙堤与风成沙地侵蚀–堆积海岸区段（Up 24）：

是粤西—桂东—琼北典型下沉转上升区海岸（Ⅴ-2-2）的东南部区段。西界起自琼北海口市铺前湾东岸，往东经海南角、抱虎角，转向南到铜鼓咀（文教）。

E_{32} 琼北熔岩台地侵蚀–堆积海岸区段（Up 25）：

位于粤西—桂东—琼北典型下沉转上升区海岸（Ⅴ-2-2）的南部区段。海岸向北濒临琼州海峡，东起自海口市铺前湾东岸，往西经天尾角、临高角、兵马角，直到洋浦港南岸王五。

E_{33} 琼东沙堤–潟湖–潮汐通道地貌体系和港湾海岸区段（Up 26）：

位于南华隆起带（Ⅴ-2）西南区域，是其另一个次级新构造运动升降变形区——琼中—南拱断上升区海岸（Ⅴ-2-3）的东部区段。北界以王五—文教纬向断裂带与粤西—桂东—琼北典型下沉转上升区海岸（Ⅴ-2-2）接壤。海岸北起自铜鼓角，往西南直到陵水河口，即九所—陵水纬向断裂带东侧。

E_{34} 琼南山丘溺谷型基岩岬角与港湾相间分布海岸区段（Up 27）：

位居琼中—南拱断上升区海岸（Ⅴ-2-3）的南部区段。东起自九所—陵水纬向断裂带东侧的陵水河口，往西南经陵水湾，转向西经亚龙湾、榆林港、三亚港、崖州湾直到东罗湾的望楼港。

E_{35} 琼西以沙岬、风成沙丘地貌为特征的海岸区段（Up 28）：

处于琼中—南拱断上升区海岸（Ⅴ-2-3）的西部区段。南起九所望楼港，往西北经莺歌海转向北，再经感恩角、四更沙洲，转向东北，直到洋浦港南岸（王五），以王五—文教纬向断裂带与粤西—桂东—琼北下沉转上升区（Ⅴ-2-2）接壤。

E_{36} 钦州—防城曲折溺谷型基岩岬角–港湾堆积海岸区段（Up 29）：

位于我国大陆沿海西南端，系南华隆起带（Ⅴ-2）西端的一个次级新构造期升降变形区段——钦州—防城上升带（Ⅴ-2-4）的海岸段。东界以浦北深断裂带（F4）与粤西—桂东—琼北下沉转上升区（Ⅴ-2-2）毗邻，往西南延伸到越南境内。

10.3　评估指标体系及因子指标样本数据矩阵的构建

10.3.1　建立评价指标体系的原则及分层特点

1）本项目综合评价研究构建评价指标体系的主要原则

在图10.1中我们已经针对本项目综合评价研究提出分准则层、要素层和因子层的3层次框架图。该框架图的拟定主要是依据下述3个基本原则：

（1）选取项目评价指标体系按照7个准则。这是根据IPCC（2007）所提出的对海岸侵蚀脆弱性评估指标的选择应遵循的环境条件，即

① 对侵蚀作用具有重要影响的因素；

② 侵蚀的影响因素具有一定的时间性；

③ 侵蚀影响可呈持续性或可呈回行性；

④ 可能发生的不确定性侵蚀影响和脆弱性；

⑤ 蕴含海岸侵蚀适应性的潜力；

⑥ 有侵蚀影响和脆弱性的分布；

⑦ 受侵蚀海岸系统之资源环境或财产的重要性。

（2）构建评估指标体系时，根据具体评价条件之许可，尽量做到满足系统性、客观性、可操作性和主导性的原则。

（3）有关评估指标选取包含3个重要环节：

① 对自然系统环境条件的影响层面，选用诱发海岸侵蚀灾害的主要自然海岸类型的内在因素及其成因的外在主要自然影响因素。

② 对社会经济和人为活动的影响层面，着重根据当前国家出台的有关《海岸线保护与利用管理办法》等政策法规性文件的要求，即坚持生态文明优先、节约优先、保护优先、自然恢复为主的方略，并针对目前我国海岸带治理和发展还存在的一些问题，尤其围填海历史遗留问题和自然岸线保有率问题列为必选的指标。

③ 在选用的评价因子指标的可应用性方面，注意到其对各个评价单元的侵蚀脆弱性影响程度（样本数据）都是具有可操作性的，并且所取数据的具体观测技术方法或资料来源也具有适用性和可靠性。

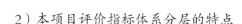

2）本项目评价指标体系分层的特点

在图10.1中，我们在准则层下面划分了具有从属关系的“要素层（含U_1，U_2，U_3，U_4，U_5）”和“因子层（含u_1，u_2，…，u_{10}）”2个分层。要素层（上层）指含多项诱发海岸侵蚀脆弱性因素影响的组合，它不是样本数值型变量，而是属概括性因素范畴，即本项目评价研究对要素层所含的5个要素指标（U_i），其中，每一个要素指标都包括其从属的因子层（下层）中的2个因子指标（u_i）；若要对要素层的各个指标要素进行权重分配，可利用主观赋权法，如常用的AHP法作出模糊数学决策量化。但因子层（下层）中的每一个因子指标（含u_1，u_2，…，u_{10}）均属单项样本数值型变量的侵蚀脆弱性影响的因子，它对于任一个评价单元海岸之脆弱性的影响都可以作出具体的客观数值（定量观测值）评估，换言之，是综合评价层次框架中最基础性的元素；根据每一个因子指标对各个评价单元进行侵蚀脆弱性影响程度观测提取的样本测度值，可利用客观赋权法，如熵权法通过计算其信息熵（概率熵）来确定每一个要素指标所包含的2个因子指标集合的权重分配（计算法后述）；同时联合已求算的要素层的各个指标要素的权重分配，即可计算得出综合评价过程中所有因子指标（u_i）对海岸侵蚀脆弱性影响的整体权重分配（方法后述），这是本项目综合评价研究中的一个特点，也是迄今这方面研究工作的一个新尝试。

10.3.2 因子指标样本观测数据的提取

1）提取的资料来源与技术方法

下面按图10.1因子层列出的10个因子指标依次分别叙述如下。

（1）陆域第四系堆积地层占总岸线长比例（$u_{1,}$ %）的提取。

第四系堆积地层岸线通常指出露在陆上及滨海地带于第四纪时期形成的各种堆积成因类型，其中包括基岩风化壳层的残积、坡积成因，或泥沙“从源到汇”的洪-冲积、湖积、风积、海积等沉积成因，或是火山堆积、人工堆积等成因分布地层所构成的海岸线。这里应该指出，我们对火山堆积成因地层的海岸线，只将其中出现一定厚度的风化壳残坡积者，即在地貌上定为“熔岩红土台地”类型的海岸线才视为第四系地层岸线。换言之，本项目评估所指的“第四系堆积地层”意味着由于成岩胶结作用不紧密，而表现为结构疏松状态或处于松散状态，容易遭受海岸侵蚀外在动力作用影响的地层，这与基岩海岸线受侵蚀影响的程度迥然有别。

基于上述，我们对u_1因子指标样本数据的提取，主要利用国家海洋局、国家测绘局于1989年出版的《中国海岸带和海涂资源综合调查图集》各分幅分册中的地质图（1:20万）资料，分别量取每一个评价单元E_j（j=1，2，…，36）海岸区段的海岸线总长度，以及其第四系堆积地层——包括全新统堆积物地层（Q_h）和更新统堆积物地层（Q_p）的海岸线长度。后者，Q_p地层中涵括了基岩在第四纪时期形成的“红土台地”残坡积堆积层Q^{el-dl}；但对于第四纪玄武岩广泛分布的粤西—桂东—琼北下沉转上升区域，由于在地质图上并无标示其“熔岩红土台地”的分布，故对该区域是利用地貌图（1:20万）量取“熔岩红土台地”的海岸线长度，将它添加于地质图上量取的总数值中。

总之，建立与提取u_1因子指标样本数据的目的是为评估各评价单元海岸区段海岸线向陆发生侵蚀后退作用特征的内在侵蚀脆弱性问题，即u_1的样本数据愈大，意味着该评价单元的海岸侵蚀脆弱性也愈为较高。

（2）砂质海滩与淤泥质潮滩岸线长度比率（u_2，数值）的提取。

u_2岸线长度比率指标反映潮间沉积滩涂自末次海侵以来主要是处于下蚀状态，还是处于淤积状态。众所周知，不管是自然岸线，还是人工岸线，在许多地势较缓的潮间带沉积物分布区的滩涂上，存在有一个“砂–泥分界线”指标，即砂–泥混合型滩涂很常见。尤其是港湾型海岸，如蔡锋等（2002）所述的厦门岛海滩剖面均属砂–泥混合型海滩，其较低潮位滩地都见到宽度不一的泥质沉积带。鉴于砂–泥分界线的高程分布主要受制于当地向岸波浪破碎线高程分布的影响（波高愈大，砂–泥分界线高程愈低；反之，波高愈小，则分界线高程愈高），其次，也与当地的岸滩平面形态及细颗粒泥沙供给条件有关；因此，在本项目评价研究中所指的砂质海滩为：除了包括整个潮间带滩涂均为砂质沉积物的典型砂质岸滩者外，也涵括了部分砂–泥混合型滩涂。但对于混合型滩涂的海岸线，如何界定砂质岸线和泥质岸线迄今尚无统一认识，对此我们仅以上部砂质沉积物的分布宽度为大于50 m宽度者（含已经人工修复的沙滩）作为选取砂质海滩岸线的准则；而当上部砂质沉积物宽度小于50 m时，则视为粉砂淤泥质潮滩岸线。

然而，海岸线下的潮间带滩地除了沉积物类型滩涂外，也有主要由基岩岩滩组成的潮间滩地，该种滩地的岸坡通常呈陡峭状态。据此，我们按基岩、砂（砾）质和淤泥质三种类型岸线的分类法，首先利用Google Earth/Google Maps在线遥感信息分别提取砂质海滩的长度以及基岩岩滩岸线和粉砂淤泥质潮滩岸线的长度。继而在量取过程中同时参照了国家海洋局、国家测绘局于1989年出版的《中国海岸带和海涂资源综合调查图集》各分幅分册中的地形图和地貌图（1:20万），根据图上标示的理论最低潮位线的分布位置情况，判别出测评海岸的基岩陡崖岸线（即潮间滩涂沉积很窄者的岩滩岸线），并量测出其岸线长度，将它排除在上述量取的包括岩滩和淤泥质潮滩之岸线长度之外。最后，将分别提取的当今我国沿岸每一个评价单元E_j的砂质海滩岸线长与其粉砂淤泥质潮滩岸线长的实际比值组成了u_2样本数据集。由本书第8章对海岸侵蚀成因主要特点的阐述可知，建立u_2因子指标样本数据的目的，在于评估各评价单元海岸区段滩涂资源之发生下蚀作用特征的内在侵蚀脆弱性问题。

（3）近10年入海泥沙减少量（u_3，10^4 t）的提取。

我国各河流入海输沙量的年际变化非常明显，它是沿岸滩涂沉积物运动是否失去平衡状态的重要象征。大量实际资料表明，由于全球气候变化和人类开发利用自然活动不断加强，我国沿岸近年入海泥沙量处于不断锐减状态，尤其是在构造沉降带沿岸入海的大河流更加严重，这将导致对沿海海岸侵蚀脆弱性的近期评估造成重要影响，使之增高脆弱性程度。我们对u_3因子指标样本数据的提取，是利用由中华人民共和国水利部编，中国水利水电出版社（北京）出版的《中国河流泥沙公报（2008—2017）》，对近10年中公布的资料数值采用线性回归分析方法，获得了全国沿岸每一个评价单元在2008年与2017年之间的入海泥沙相对减少量（10^4 t）的不同程度

（4）近10年0 m等深线平均变化速率（u_4，m/a）的提取。

近10年0 m等深线向陆缩退或向海推进，通常表达了该段海岸滩涂沉积物面积的增大或减少，它是衡量海岸侵蚀脆弱性高低的现实因子指标。为此，我们根据0米等深线是个动态的、连续的变化过程及其是反映自然、经济和社会等因素的综合作用，对u_4因子指标在每一个评价单元海岸区段的样本数据变化提取，是基于利用由中国海图出版社（天津）出版的2008年和2017年1:20万比例尺的海图进行量测，并将向陆缩退的数值（m/a）以正值表示，反映是增高侵蚀脆弱性；反之，将向海推进者以负值表示，反映为降低脆弱性。

（5）近岸海区平均波高（u_5，$H_{1/10}$，m）的提取。

波浪是海洋表面周期为0～30秒的一种波动，它包括风浪、涌浪和近岸波。波浪在从深水区向滨海浅水区传播的过程中，受到海底地形的影响发生变浅、折射、绕射，直到波面破碎称为近岸波；当波浪破碎时，其能量即刻聚集形成激浪而具有巨大的冲击力，它对海岸、滩涂沉积物或建筑物造成严重的侵蚀灾害。而且，浅水波浪运动产生的水流亦与潮流、径流等单向水流动力不同，是属双向水流运动，故它又是塑造潮间带沉积物类型的一种基本动力因素。鉴于近岸海区的波浪运动变化无常，我们对u_5因子指标提取的资料来源，乃是根据在深水区由波浪观测站实测的统计数据资料，从中获取其年平均波高数值——由于我国测波站均是采用$H_{1/10}$大波波高（m）数据表示，我们在样本数据表使用的

单位也是$H_{1/10}$波高。

（6）近10年风暴潮最大增水值（u_6，m）的提取。

风暴潮主要是由于热带风暴或温带气旋等风暴过程过境所伴随的强风和气压骤变，引起的海面非周期性异常升高或降低的现象。其中，特别是当风暴潮、浪发生的突变性快速增水的过程时，倘若当时沿岸水位遇到天文大潮、高潮阶段叠加，常可高出正常情况下2～5 m，此外，再加上由于高能强浪和潮流的边界迅速向陆地扩展与冲击，从而极大地改变了原来海岸地形地貌和沉积物的堆积状态，使海岸顿时遭受强烈的向陆侵蚀蚀退（戚洪帅等，2009）。这对于地势低洼的软质海岸段的侵蚀影响尤其显著，甚至可反映在风暴潮灾过后的自然生态功能的大面积退化上，或产生不可逆转的海岸自然资源环境之永久丧失。鉴于风暴潮增水值大小取决于当地、当时海岸地形、风力、水文等各种各样环境条件的影响，其变幻莫测，我们基于简单、主导性原则，对这一因子指标样本数据的提取方法为利用《中国海洋灾害公报（2008—2017年）》资料，根据2008年到2017年在每一个评价单元海岸区段的观测结果，不计风暴潮发生的次数，只提取其中的最大增水值（m）。显然，增水值愈大，愈为增强该海岸区段的侵蚀脆弱性。

（7）现今每千米岸线平均人口数量（u_7，万人）的提取。

当发生海岸侵蚀灾害时，人们最关心的是生命财产的安全问题，表明在社会经济与人为活动的影响层面上，岸线人口密度因子指标对于确定侵蚀脆弱性影响程度高低具有重要的意义。对u_7指标样本数据的提取，我们主要利用中国沿海各省、市《人口统计年鉴》，按2017年每个地级市（海南省按照县级市）人口总数除以每个城市的海岸线长度（若某个沿海城市分布在不同的评价单元，则按照岸线占比等比例划分），再合并到每个评价单元，得到每一个评价单元海岸区段中的现今每千米岸线平均人口数量值（单位：万人）。

（8）现今每千米岸线平均生产总值（u_8，亿元）的提取。

考虑到海岸侵蚀灾害发生时造成的经济损失情况，系与当地海岸区段的经济发展水平，海岸经济在区域经济中的地位及其海域使用类型有密切关联。这就是说，岸线的生产总值在社会经济与人为活动的影响层面上，对于评估每一个评价单元海岸区段的侵蚀脆弱性程度也有重要影响。关于u_8因子指标样本数据的提取，我们依据中国沿海各省、市统计年鉴（GDP），按2017年每个地级市（海南省按照县级市）GDP总数除以每个城市的海岸线长度（若某个沿海城市分布在不同的评价单元，则按照其岸线占比等比例划分），再合并到每个评价单元，获得了每一个评价单元中现今每千米岸线的平均生产总值（单位：亿元人民币）。

（9）现今人工岸线占总岸线长比例（u_9，%）的提取。

人工岸线指永久性的人工海岸构筑物所包络的足够多陆域面积的海岸线，即由人工改造后形成的事实海陆分界线，其提取方法多以人工堤坝围割的向海一侧为原则。人工岸线可以根据围填海的土地利用类型情况再划分次一级类型，其中，包括岸防围堤以及各种围填海造地的围堤。然而，随着我国近期人工海岸的急剧增加，自然岸线保有率迅速下降，不仅造成近岸海洋生态环境功能、海岸资源价值急速下降，而且也导致近岸海洋自然环境条件发生变化，从而增强了海岸侵蚀隐患等的严重形势。对u_9因子指标样本数据的提取主要利用Google Earth的遥感影像资料（2017年），以人工识别为主、现场验证和已出版的成果资料验证为辅，在ArcGIS软件中统计人工岸线长度，按每个评价单元中的人工岸线长度除以总岸线长度，获得每一个评价单元的现今人工岸线长度占总岸线长度的比例（%）。

（10）近10年每千米岸线平均围填海造地面积（u_{10}，km^2）的提取。

本因子指标专指人工岸线中的次一级类型——各种围填海造地类型围割所占近10年来近岸海区的面积，其占10年前总岸线中每一千米岸线范围内的平均海区面积的额数。它对海岸侵蚀脆弱性高低高程度的影响具有与u_9因子指标同样的作用，其提取的资料来源和方法与u_9因子指标有所区别，即主要利用Google Earth的遥感影像资料（2008—2017年），以人工识别为主、现场验证和已出版的成果资料验证为辅，在ArcGIS软件中统计近十年来围填海造地总面积，按每个评价单元中的围填海造地总面积（km^2）除以原总岸线长度（km），获得每一个评价单元近10年来原每千米岸线平均围填海造地面积（km^2）。

2）各个因子指标样本数据提取结果汇表

由上面所述各个因子指标样本数据提取的资料来源及其提取的技术方法，所得的各个评价单元海岸区段的数据汇总于表10.2中。

表10.2　本项目综合评价中10个因子指标在36个评价单元海岸区段的样本数据提取结果汇表*

因子指标u_i的样本数据单位	评价单元海岸区段的样本数据																	
	E_1	E_2	E_3	E_4	E_5	E_6	E_7	E_8	E_9	E_{10}	E_{11}	E_{12}	E_{13}	E_{14}	E_{15}	E_{16}	E_{17}	E_{18}
u_1（%）	50.39	100.00	100.00	100.00	100.00	94.05	9.73	13.40	38.52	98.60	67.80	31.45	37.14	62.99	99.34	100.00	98.02	39.87
u_2（数值）	0.96	0.00	0.10	0.00	0.00	0.05	0.08	0.02	0.03	7.15	8.62	13.74	1.13	2.78	0.00	0.00	0.00	0.05
u_3（10^4t）	21.20	53.00	90.80	4211.30	1585.65	8.00	6.40	5.30	21.20	1048.55	521.60	520.00	520.00	520.00	571.00	550.60	2829.60	1143.70
u_4（m/a）	5.32	12.86	−40.21	17.56	−2.44	−1.32	−0.98	−0.92	−10.22	1.81	−0.62	−0.38	−0.79	0.35	26.78	40.46	67.12	13.95
u_5（$H_{1/10}$, m）	0.54	0.40	0.60	1.20	1.00	0.35	0.35	0.35	0.40	1.26	1.26	0.53	0.48	0.40	0.40	0.40	0.39	0.68
u_6（m）	0.66	1.77	1.09	1.39	1.26	0.62	0.71	0.68	0.78	0.56	0.77	0.53	1.47	1.63	1.78	1.59	1.93	1.57
u_7（万人）	3.46	3.02	11.89	11.10	6.45	2.05	0.20	0.17	1.93	0.40	0.40	0.28	1.04	3.82	2.00	3.10	21.69	3.47
u_8（亿元）	10.95	16.41	96.35	51.49	25.30	7.85	2.25	1.78	10.04	2.80	2.80	2.14	7.74	16.24	6.72	16.09	167.10	27.50
u_9（%）	74.39	96.92	97.45	90.16	93.14	95.72	83.08	84.59	51.31	82.06	65.30	84.96	77.65	69.23	99.02	73.11	95.78	81.16
u_{10}（km^2）	0.17	0.87	2.09	0.28	0.94	0.18	0.13	0.13	1.03	0.11	0.11	0.08	0.20	0.35	1.02	1.43	0.97	0.38

因子指标u_i的样本数据单位	评价单元海岸区段的样本数据																	
	E_{19}	E_{20}	E_{21}	E_{22}	E_{23}	E_{24}	E_{25}	E_{26}	E_{27}	E_{28}	E_{29}	E_{30}	E_{31}	E_{32}	E_{33}	E_{34}	E_{35}	E_{36}
u_1（%）	54.44	24.00	71.23	76.81	84.61	58.55	69.97	49.67	82.13	91.76	89.32	93.66	98.67	69.12	93.90	57.99	99.13	28.90
u_2（数值）	0.03	0.09	0.59	0.86	12.06	0.23	0.01	0.95	8.33	0.72	3.73	0.71	300.21	43.46	232.78	136.89	267.33	0.11
u_3（10^4t）	707.10	500.30	47.60	195.10	88.90	200.70	345.20	172.60	86.30	43.20	69.10	43.20	7.40	20.90	3.70	5.45	11.55	25.89
u_4（m/a）	−2.33	4.81	−5.67	7.33	−1.84	−3.85	−11.17	0.96	0.31	0.32	−1.90	−0.74	0.04	0.39	0.22	−0.10	−0.01	−13.07
u_5（$H_{1/10}$, m）	0.52	0.78	0.86	0.62	1.10	0.60	0.20	0.55	0.65	0.70	0.62	0.41	0.80	0.75	0.40	0.50	0.80	0.45
u_6（m）	1.65	1.56	1.34	1.04	1.49	1.86	2.43	1.61	1.83	2.86	3.02	1.52	2.70	2.15	2.00	1.15	0.55	1.63
u_7（万人）	2.72	1.05	4.41	8.60	5.69	1.40	9.62	0.89	2.40	0.97	0.28	0.44	0.15	2.21	1.39	0.70	1.47	0.75
u_8（亿元）	11.83	4.95	23.83	19.58	15.60	12.24	50.83	3.29	7.65	2.76	0.69	1.33	0.34	7.42	3.24	1.85	3.27	1.95
u_9（%）	70.76	46.23	85.00	79.81	36.78	51.22	84.54	66.05	23.12	26.66	42.12	39.22	0.00	48.34	11.67	19.09	8.23	77.67
u_{10}（km^2）	0.36	0.08	0.14	0.04	0.04	0.22	0.13	0.01	0.01	0.01	0.01	0.02	0.01	0.06	0.01	0.02	0.06	0.05

*　①10个指标因子u_i的名称分别见图10.1所示；②36个评价单元海岸区段E_j的名称和位置分别见10.2.3列述和图8.2所示。

10.3.3 构建原始样本数据矩阵 $S=(s_{ij})_{10\times 36}$

根据表10.2所列本项目综合评价的10个因子指标在36个评价单元海岸区段获得的样本数据提取结果汇表（表中每一行数值均为愈大愈增高海岸侵蚀脆弱性），先将u_4行正、负值数据相对转换成都是正数后，即变成了综合评价原始样本数据矩阵$S=(s_{ij})_{10\times 36}$，元素$s_{ij}\in>0$。在S矩阵中，各个i行从上向下为表示u_1，u_2，…，u_{10}因子指标相对于j列从E_1，E_2，…，E_{36}的各个评价单元海岸区段提取的海岸侵蚀脆弱性影响程度的原始样本数据值。该矩阵记为

$S=$

50.39	100.00	100.00	100.00	100.00	94.05	9.73	13.40	38.52	98.60	67.80	31.45
0.96	0.00	0.10	0.00	0.00	0.05	0.08	0.02	0.03	7.15	8.62	13.74
21.20	53.00	90.80	4211.30	1585.65	8.00	6.40	5.30	21.20	1048.55	521.60	520.00
45.53	53.07	0.00	57.77	37.77	38.89	39.23	39.29	29.99	42.02	39.59	39.83
0.54	0.40	0.60	1.20	1.00	0.35	0.35	0.35	0.40	1.26	1.26	0.53
0.66	1.77	1.09	1.39	1.26	0.62	0.71	0.68	0.78	0.56	0.77	0.53
3.46	3.02	11.89	11.10	6.45	2.05	0.20	0.17	1.93	0.40	0.40	0.28
10.95	16.41	96.35	51.49	25.30	7.85	2.25	1.78	10.04	2.80	2.80	2.14
74.39	96.92	97.45	90.16	93.14	95.72	83.08	84.59	51.31	82.06	65.30	84.96
0.17	0.87	2.09	0.28	0.94	0.18	0.13	0.13	1.03	0.11	0.11	0.08

37.14	62.99	99.34	100.00	98.02	39.87	54.44	24.00	71.23	76.81	84.61	58.55
1.13	2.78	0.00	0.00	0.00	0.05	0.03	0.09	0.59	0.86	12.06	0.23
520.00	520.00	571.00	550.60	2829.60	1143.70	707.10	500.30	47.60	195.10	88.90	200.70
39.42	40.56	66.99	80.67	107.33	54.16	37.88	45.02	34.54	47.54	38.37	36.36
0.48	0.40	0.40	0.40	0.39	0.68	0.52	0.78	0.86	0.62	1.10	0.60
1.47	1.63	1.78	1.59	1.93	1.57	1.65	1.56	1.34	1.04	1.49	1.86
1.04	3.82	2.00	3.10	21.69	3.47	2.72	1.05	4.41	8.60	5.69	1.40
7.74	16.24	6.72	16.09	167.10	27.50	11.83	4.95	23.83	19.58	15.60	12.24
77.65	69.23	99.02	73.11	95.78	81.16	70.76	46.23	85.00	79.81	36.78	51.22
0.20	0.35	1.02	1.43	0.97	0.38	0.36	0.08	0.14	0.04	0.04	0.22

69.97	49.67	82.13	91.76	89.32	93.66	98.67	69.12	93.90	57.99	99.13	28.90
0.01	0.95	8.33	0.72	3.73	0.71	300.21	43.46	232.78	136.89	267.33	0.11
345.20	172.60	86.30	43.20	69.10	43.20	7.40	20.90	3.70	5.45	11.55	25.89
29.04	41.17	40.52	40.53	38.31	39.47	40.25	40.60	40.43	40.11	40.20	27.14
0.20	0.55	0.65	0.70	0.62	0.41	0.80	0.75	0.40	0.50	0.80	0.45
2.43	1.61	1.83	2.86	3.02	1.52	2.70	2.15	2.00	1.15	0.55	1.63
9.62	0.89	2.40	0.97	0.28	0.44	0.15	2.21	1.39	0.70	1.47	0.75
50.83	3.29	7.65	2.76	0.69	1.33	0.34	7.42	3.24	1.85	3.27	1.95
84.54	66.05	23.12	26.66	42.12	39.22	0.00	48.34	11.67	19.09	8.23	77.67
0.13	0.01	0.01	0.01	0.01	0.02	0.01	0.06	0.01	0.02	0.06	0.05

10×36

10.3.4　计算规范化评价矩阵 $R=(r_{ij})_{10\times36}$

10.3.4.1　计算方法

在上述建立原始样本数据矩阵$S=(s_{ij})_{10\times36}$的基础上，为实际应用综合评价的目的，必须使矩阵中元素数值能够与图10.3所示的评语集V云模型的定量值 χ 变化范围具有相关性，尚需将S矩阵中的每一行元素的最小值$\min\{s_{ij}\}$规范化为χ=0.5，而将最大值$\max\{s_{ij}\}$规范化为4.5。此外，还由于不同因子指标的样本数据单位及其数值大小对海岸侵蚀脆弱性影响程度的取向各不相同，因此，为使各因子指标之间的样本数据具有综合评估目标的可比性，也要将S矩阵中的任一i行（i=1，2，…，10）元素数据分别采用各自一定的算式，转变为构成实际有海岸侵蚀脆弱性影响程度效率的规范化矩阵$R=(r_{ij})_{10\times36}$，并且R矩阵中的元素$r_{ij}\in[0.5, 4.5]$。

基于以上所述，提出了下面由S矩阵中某一行各元素s_{ij}转换成相应元素r_{ij}的3种不同规范化的计算式：

（1）若因子指标的样本数据对海岸侵蚀脆弱性影响程度是属愈大愈为增进类型时，为采用以下公式计算

$$r_{ij}=\left[\frac{s_{ij}-\min\limits_{j}\{s_{ij}\}}{\max\limits_{j}\{s_{ij}\}-\min\limits_{j}\{s_{ij}\}}\right]\times4+0.5 \tag{10.2}$$

（2）若因子指标样本数据的侵蚀影响属愈大愈为减轻类型时，则采用

$$r_{ij}=4.5-\left[\frac{\max\limits_{j}\{s_{ij}\}-s_{ij}}{\max\limits_{j}\{s_{ij}\}-\min\limits_{j}\{s_{ij}\}}\right]\times4 \tag{10.3}$$

（3）当因子指标样本数据的侵蚀影响属愈中愈为增进类型时，采用

$$r_{ij}=\begin{cases} r_{ij}=\left[\dfrac{s_{ij}-\min\limits_{j}\{s_{ij}\}}{\operatorname{mid}\limits_{j}\{s_{ij}\}-\min\limits_{j}\{s_{ij}\}}\right]\times4+0.5, \text{当}\min\limits_{j}\{s_{ij}\}\leqslant s_{ij}<\operatorname{mid}\limits_{j}\{s_{ij}\}\text{时} \\ r_{ij}=4.5-\left[\dfrac{\max\limits_{j}\{s_{ij}\}-s_{ij}}{\max\limits_{j}\{s_{ij}\}-\operatorname{mid}\limits_{j}\{s_{ij}\}}\right]\times4, \text{当}\operatorname{mid}\limits_{j}\{s_{ij}\}\leqslant s_{ij}<\max\limits_{j}\{s_{ij}\}\text{时} \end{cases} \tag{10.4}$$

以上各计算公式中，$\min\limits_{j}\{S_{ij}\}$、$\operatorname{mid}\limits_{j}\{S_{ij}\}$和$\max\limits_{j}\{S_{ij}\}$分别是原始样本矩阵$S=(s_{ij})_{10\times36}$中i行因子指标，对应于该行各个$s_{ij}$元素所表示的j列各评价单元侵蚀影响程度之样本数据

的最小、居中和最大值。

10.3.4.2 规范化矩阵的$R=(r_{ij})_{10\times36}$的计算结果

根据10.3.3列出的本项目综合评价研究构建的10因子指标对沿岸36个评价单元海岸区段分别提取得到的原始样本数据矩阵$S=(s_{ij})_{10\times36}$，利用公式（10.2）、公式（10.3）及公式（10.4）中相应公式求算得出的规范化矩阵$R=(r_{ij})_{10\times36}$为

$R=$

2.302	4.500	4.500	4.500	4.500	4.236	0.500	0.663	1.776	4.438	3.073	1.462
0.513	0.500	0.501	0.500	0.500	0.501	0.501	0.500	0.500	0.595	0.615	0.683
0.517	0.547	0.583	4.500	2.004	0.504	0.503	0.502	0.517	1.493	0.992	0.991
2.197	2.478	0.500	2.653	1.908	1.949	1.962	1.964	1.618	2.066	1.975	1.984
1.783	1.255	2.009	4.274	3.519	1.066	1.066	1.066	1.255	4.500	4.500	1.745
0.709	2.492	1.400	1.882	1.673	0.645	0.789	0.741	0.902	0.548	0.886	0.500
1.115	1.033	2.680	2.533	1.670	0.853	0.509	0.504	0.831	0.546	0.546	0.524
0.754	0.885	2.803	1.727	1.099	0.680	0.546	0.535	0.733	0.559	0.559	0.543
3.505	4.415	4.436	4.142	4.263	4.367	3.856	3.917	2.573	3.815	3.138	3.932
0.810	2.148	4.500	1.028	2.281	0.822	0.729	0.727	2.468	0.687	0.687	0.642

1.715	2.860	4.471	4.500	4.412	1.836	2.481	1.132	3.225	3.472	3.818	2.663
0.515	0.537	0.500	0.500	0.500	0.501	0.500	0.501	0.508	0.511	0.661	0.503
0.991	0.991	1.039	1.020	3.186	1.584	1.169	0.972	0.542	0.682	0.581	0.687
1.969	2.012	2.997	3.506	4.500	2.518	1.912	2.178	1.787	2.272	1.930	1.855
1.557	1.255	1.255	1.255	1.217	2.311	1.708	2.689	2.991	2.085	3.896	2.009
2.010	2.267	2.508	2.203	2.749	2.171	2.299	2.155	1.801	1.319	2.042	2.637
0.665	1.182	0.844	1.048	4.500	1.117	0.977	0.667	1.291	2.069	1.529	0.732
0.678	0.881	0.653	0.878	4.500	1.151	0.776	0.611	1.063	0.962	0.866	0.785
3.637	3.297	4.500	3.453	4.369	3.779	3.358	2.368	3.934	3.724	1.986	2.569
0.875	1.151	2.446	3.225	2.345	1.212	1.178	0.635	0.757	0.558	0.560	0.895

3.169	2.270	3.708	4.135	4.027	4.219	4.441	3.132	4.230	2.638	4.461	1.349
0.500	0.513	0.611	0.510	0.550	0.509	4.500	1.079	3.602	2.324	4.062	0.501
0.825	0.661	0.579	0.538	0.562	0.538	0.504	0.516	0.500	0.502	0.507	0.521
1.582	2.034	2.010	2.010	1.928	1.971	2.000	2.013	2.007	1.995	1.998	1.511
0.500	1.821	2.198	2.387	2.085	1.292	2.764	2.575	1.255	1.632	2.764	1.443
3.552	2.235	2.588	4.243	4.500	2.090	3.986	3.102	2.861	1.496	0.532	2.267
2.259	0.637	0.918	0.652	0.524	0.554	0.500	0.883	0.730	0.602	0.745	0.611
1.711	0.571	0.675	0.558	0.508	0.524	0.500	0.670	0.570	0.536	0.570	0.539
3.915	3.168	1.434	1.577	2.201	2.084	0.500	2.453	0.971	1.271	0.832	3.638
0.732	0.510	0.502	0.504	0.505	0.525	0.503	0.589	0.500	0.514	0.599	0.571

10×36

10.4 基础评价程序计算

10.4.1 基础评价云模型子程序计算

10.4.1.1 因子层10个u_i指标侵蚀影响程度评价云集合C_i计算

1）采用无确定度的逆向云算法公式求算

根据高斯云模型的云滴分布是一个期望值为Ex，方差为En^2+He^2的随机变量，欲取得反映任意一个因子指标对各个评价单元海岸侵蚀脆弱性影响程度的定性概念Ex，En，He 3个数字特征，而且又能反映其样本点s_j（j=1，2，…，36）为处在评语集V云模型x值变化的区间范围，可依据上述规范化矩阵$R=(r_{ij})_{10\times 36}$中该行j列元素的数据，利用逆向云算法分别求算每一i行36个元素数据（样本点s_j）的评价云集合C_i（Ex_i，En_i，He_i）=$\{C_1，C_2，…，C_{10}\}$，所得期望Ex值$\in[0.5, 4.5]$。

鉴于R矩阵每i行中的样本数据均不带确定度信息，这里的逆向云算法只能根据高斯云分布的数学性质来计算其云模型3个数字特征（李德毅等，2014）。为此，我们采用了刘常昱等（2004）提出的根据样本一阶绝对中心矩和样本方差的计算，可以得到基于云X信息的一维逆向云新算法。该新算法为依据由N个云滴$x_i=(x_{i1}，x_{i2}，…，x_{i36})$（等同于$R$矩阵$i$行某一因子指标的36个样本点$s_j$）组成的云的统计特征，不需要云滴的确定度，只要简单地根据云滴x_i的样本定量数值就能够还原出云的3个数字特征Ex，En，He，其计算方法的误差还比旧算法小。这一逆向云算法可分为两个计算步骤：

（1）先是，根据R矩阵每一第i行因子指标的x_i（i=1，2，…，10）的j列样本点s_j的数据（j=1，2，…，36）计算出以下3个相关的参数：

①设以随机变量X表示某一因子指标云（Ex，En，He）产生的云滴x_i（下面公式中以s_j表示），则该i行的36个样本点s_j的均值（数学期望$\hat{Ex}$）可作为该因子指标侵蚀脆弱性影响Ex的估计值，即：

$$\bar{X}=\frac{1}{36}\sum_{j=1}^{36}s_j=Ex,\quad（j=1，2，…，36）\tag{10.5}$$

②随机变量X的一阶（样本）绝对中心矩，

$$E\{|X-Ex|\}=\frac{1}{36}\sum_{j=1}^{36}|s_j-\bar{X}|,\quad（j=1，2，…，36）\tag{10.6}$$

③样本方差

$$S^2 = \frac{1}{36-1}\sum_{j=1}^{36}\left(s_j - \overline{X}\right)^2, \quad (j=1, 2, \cdots, 36) \tag{10.7}$$

（2）依据以上参数直接计算取得每一行因子指标侵蚀影响程度的评价云3个数字特征。

①因为每一因子指标的随机变量X的数学期望$\hat{E}x$可以用各自因子指标的样本点s_j分布的均值来作为其期望Ex值，故由公式（10.5）求算的均值$\overline{X}$就是该因子指标的Ex_i值，即

$$Ex_i = \overline{X} = \frac{1}{36}\sum_{j=1}^{36} s_i, \ (i=1, 2, \cdots, 10; \ j=1, 2, \cdots, 36) \tag{10.8}$$

②根据高斯云数学性质二（见李德毅等，2014），当$0 < He < \frac{En}{3}$时，高斯云分布的一阶绝对中心矩$E\{|X - Ex|\} = \sqrt{\frac{2}{\pi}}En$，由此，依据公式（10.6）按$R$矩阵中某$i$行因子指标的$s_j$数据求得的随机变量$X$的一阶绝对中心矩，可求算其$En_i$值，即

$$En_i = \sqrt{\frac{\pi}{2}} \times \frac{1}{36}\sum_{j=1}^{36}\left|s_j - \overline{X}\right|, \ (i=1, 2, \cdots, 10; \ j=1, 2, \cdots, 36) \tag{10.9}$$

③用公式（10.7）求出的样本方差$S^2 = \frac{1}{36-1}\sum_{j=1}^{36}(s_j - \overline{X})^2$代替高斯云的方差$D(X)=En^2+He^2$（见高斯云数学性质三），$D(X)$也就是样本二阶中心矩（李德毅等，2014）；这样便可算得该i行因子指标He^2的值，即

$$He_i = \sqrt{S^2 - En_i^2} = \sqrt{\frac{1}{36-1}\sum_{j=1}^{36}(s_j - \overline{X})^2 - En_i^2}, \ (i=1, 2, \cdots, 10; \ j=1, 2, \cdots, 36) \tag{10.10}$$

2）因子层10个u_i指标评价云集合C_i的计算结果

兹将根据公式（10.5）~公式（10.10），利用R矩阵数据计算得到的本项目综合评价研究拟定的各个因子指标u_i状态下海岸侵蚀脆弱性影响程度评价云集合$C_i(Ex_i, En_i, He_i)=\{C_1(Ex_1, En_1, He_1), C_2(Ex_2, En_2, He_2), \cdots, C_{10}(Ex_{10}, En_{10}, He_{10})\}$如表10.3所示。

表10.3　本项目研究各个因子指标海岸侵蚀脆弱性影响程度之评价云集合数字特征C_i的计算结果*

10个因子指标	对应的云模型	相应定性概念3个数字特征		
u_i	C_i	Ex_i	En_i	He_i
u_1	$C_1(Ex_1, En_1, He_1)$	3.189	1.337	0.460
u_2	$C_2(Ex_2, En_2, He_2)$	0.886	0.775	0.669
u_3	$C_3(Ex_3, En_3, He_3)$	0.940	0.606	0.540
u_4	$C_4(Ex_4, En_4, He_4)$	2.104	0.443	0.422
u_5	$C_5(Ex_5, En_5, He_5)$	2.083	0.995	0.244
u_6	$C_6(Ex_6, En_6, He_6)$	2.022	1.011	0.282
u_7	$C_7(Ex_7, En_7, He_7)$	1.099	0.686	0.450
u_8	$C_8(Ex_8, En_8, He_8)$	0.921	0.532	0.543
u_9	$C_9(Ex_9, En_9, He_9)$	3.094	1.212	0.384
u_{10}	$C_{10}(Ex_{10}, En_{10}, He_{10})$	1.109	0.826	0.403

* Ex_i值$\in[0.5, 4.5]$。

10.4.1.2　36个评价单元E_j受u_i侵蚀影响确定的评价云集合D_j计算

1）采用矩阵$R=(r_{ij})_{10\times 36}$ j列矢量数据均值的求算法

为求算每一评价单元E_j (j=1，2，…，36)在所有10个因子指标u_i影响下确定的侵蚀脆弱性评价云集合3个数字特征$D_j=\{D_1, D_2, \cdots, D_{36}\}$，可以方便地利用$R$矩阵（见10.3.4.2所述）中每一列元素$r_j=(r_{1j}, r_{2j}, \cdots, r_{10j})^T$构成的列矢量数据的均值，分别作为该评价单元$E_j$在受到所有10个因子指标$u_i$影响下确定的脆弱性评价云的期望值$Ex_j$ (j=1，2，…，36)。显然，任一评价单元E_j确定的评价云集合的Ex_j值一旦确定，其熵En_j、超熵He_j的数值，依据公式（10.1）示出的计算云模型定性概念3个数字特征（Ex，En，He）的3En规则，可以求算出本项目综合评价研究中36个评价单元E_j海岸区段在受到所有10个因子指标u_i影响下的确定的脆弱性程度评价云集合数字特征：

$D_j(Ex_j, En_j, He_j)=\{D_1(Ex_1, En_1, He_1), D_2(Ex_2, En_2, He_2), \cdots, D_{36}(Ex_{36}, En_{36}, He_{36})\}$。

2）D_j的计算结果表

依据上面所述的计算方法，由R矩阵元素(r_{ij})数据求算得到的评价云集合D_j的数字特征如表10.4所示。

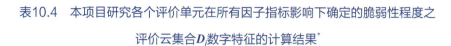

表10.4　本项目研究各个评价单元在所有因子指标影响下确定的脆弱性程度之评价云集合D_j数字特征的计算结果*

36个评价单元	对应侵蚀脆弱性云模型	相应定性概念3个数字特征		
E_j	D_j	Ex_j	En_j	He_j
E_1	$D_1(Ex_1, En_1, He_1)$	1.420	0.1667	0.020
E_2	$D_2(Ex_2, En_2, He_2)$	2.025	0.1667	0.020
E_3	$D_3(Ex_3, En_3, He_3)$	2.391	0.1667	0.020
E_4	$D_4(Ex_4, En_4, He_4)$	2.774	0.1667	0.020
E_5	$D_5(Ex_5, En_5, He_5)$	2.342	0.1667	0.020
E_6	$D_6(Ex_6, En_6, He_6)$	1.562	0.1667	0.020
E_7	$D_7(Ex_7, En_7, He_7)$	1.096	0.1667	0.020
E_8	$D_8(Ex_8, En_8, He_8)$	1.112	0.1667	0.020
E_9	$D_9(Ex_9, En_9, He_9)$	1.317	0.1667	0.020
E_{10}	$D_{10}(Ex_{10}, En_{10}, He_{10})$	1.925	0.1667	0.020
E_{11}	$D_{11}(Ex_{11}, En_{11}, He_{11})$	1.697	0.1667	0.020
E_{12}	$D_{12}(Ex_{12}, En_{12}, He_{12})$	1.301	0.1667	0.020
E_{13}	$D_{13}(Ex_{13}, En_{13}, He_{13})$	1.461	0.1667	0.020
E_{14}	$D_{14}(Ex_{14}, En_{14}, He_{14})$	1.643	0.1667	0.020
E_{15}	$D_{15}(Ex_{15}, En_{15}, He_{15})$	2.121	0.1667	0.020
E_{16}	$D_{16}(Ex_{16}, En_{16}, He_{16})$	2.159	0.1667	0.020
E_{17}	$D_{17}(Ex_{17}, En_{17}, He_{17})$	3.228	0.1667	0.020
E_{18}	$D_{18}(Ex_{18}, En_{18}, He_{18})$	1.818	0.1667	0.020
E_{19}	$D_{19}(Ex_{19}, En_{19}, He_{19})$	1.636	0.1667	0.020
E_{20}	$D_{20}(Ex_{20}, En_{20}, He_{20})$	1.391	0.1667	0.020
E_{21}	$D_{21}(Ex_{21}, En_{21}, He_{21})$	1.790	0.1667	0.020
E_{22}	$D_{22}(Ex_{22}, En_{22}, He_{22})$	1.765	0.1667	0.020
E_{23}	$D_{23}(Ex_{23}, En_{23}, He_{23})$	1.787	0.1667	0.020
E_{24}	$D_{24}(Ex_{24}, En_{24}, He_{24})$	1.534	0.1667	0.020
E_{25}	$D_{25}(Ex_{25}, En_{25}, He_{25})$	1.875	0.1667	0.020
E_{26}	$D_{26}(Ex_{26}, En_{26}, He_{26})$	1.442	0.1667	0.020
E_{27}	$D_{27}(Ex_{27}, En_{27}, He_{27})$	1.522	0.1667	0.020
E_{28}	$D_{28}(Ex_{28}, En_{28}, He_{28})$	1.711	0.1667	0.020
E_{29}	$D_{29}(Ex_{29}, En_{29}, He_{29})$	1.739	0.1667	0.020
E_{30}	$D_{30}(Ex_{30}, En_{30}, He_{30})$	1.431	0.1667	0.020

续表

36个评价单元	对应侵蚀脆弱性云模型	相应定性概念3个数字特征		
E_{31}	$D_{31}(Ex_{31}，En_{31}，He_{31})$	2.020	0.1667	0.020
E_{32}	$D_{32}(Ex_{32}，En_{32}，He_{32})$	1.701	0.1667	0.020
E_{33}	$D_{33}(Ex_{33}，En_{33}，He_{33})$	1.723	0.1667	0.020
E_{34}	$D_{34}(Ex_{34}，En_{34}，He_{34})$	1.351	0.1667	0.020
E_{35}	$D_{35}(Ex_{35}，En_{35}，He_{35})$	1.707	0.1667	0.020
E_{36}	$D_{36}(Ex_{36}，En_{36}，He_{36})$	1.295	0.1667	0.020

* Ex_i值$\in[0.5, 4.5]$。

10.4.2　指标体系权重分配及 C_i 集合加权聚集云 W 子程序计算

众所周知，在进行模糊综合评价的过程中，确定各个影响因素的权重是至关重要的，它反映了指标体系中各个指标在评价过程中所占地位或所起的作用，这直接影响到综合评价的结果。现有模糊综合评价（FCE，Fuzzy Comprehensive Evaluation）方法中，有关评价指标体系因素权重的确定方法可参见谢季坚等（2016）著《模糊数学方法及其应用》一书。目前在综合评价中，评价指标体系因素权重的确定，通常采用指标常权计算法$\omega_i=(\omega_1, \omega_2, \cdots, \omega_m)$，其中，$\omega_i\in[0, 1]$（$i$=1，2，…，$m$）且满足$\sum_{i=1}^{m}\omega_i=1$。对于确定指标常权的权重向量方法，一般按赋权形式的不同大体可分主观权重法和客观权重法。主观赋权法指计算权重向量的原始依据为主要由评估者或业内专家组根据经验主观判断得到；而客观赋权法则指计算权重向量的原始数据为由各测评指标因素在测评过程中的实际数据而得到。根据王靖等（2001）对综合评价中确定权重向量的几种方法的适用范围、优缺点和应用效果进行分析比较认为，如果指标体系具有较完整的样本数据（如表10.2列出的对10个因子指标提取的360个样本数据），最好采用客观赋权法中的信息熵（概率熵）的熵权法（Entropy method）；如果缺乏样本数据，特别是含有大量定性指标（如图10.1所示要素层的5个要素指标），最好采用主观赋权法中的层次分析法（AHP, Analytic Hierarchy Process），按这一认识，本项目评价研究采用了基于AHP法和熵权法的联合赋权方法，下面分别叙述之。

10.4.2.1　采用AHP法计算要素层5个U_i指标的$\bar{a}_i$权重分配

AHP法（层次分析法）是美国运筹学家T. L. Saaty等人于20世纪70年代提出的，可以对在社会、经济、生物、心理、组织管理等领域只能定性描述的因素、事物或概念，所出现复杂问题做出定量决策的一种简明有效方法。它把定性分析与定量分析结合起来，在一定程度上满足了科学技术发展的需要（谢季坚等，2016）。

1）AHP法的计算特点及方法、步骤

下面以本项目综合评价对要素层5个U_i指标的权重分配计算为例概要阐述。

（1）通过业内专家和评估者所掌握的实际资料与经验分析，建立各个要素指标之间关系的相对重要性，使之构成系统的层次结构。换言之，将要素层5个U_i指标之间所占地位的复杂而模糊问题形成条理化，并作出具有一定客观现实的初始主观判断结构。这种判断结构通常简便地依照表10.5所列的按1～9的9个等级比例标度对各个要素指标进行两两相对重要性的比较。

表10.5　由5个要素指标间两两重要性相比较建立判断方阵*A*结构时，通常采用的标度值*

U_i比U_j	同样重要	稍微重要	明显重要	强烈重要	极端重要	稍微不重要	明显不重要	强烈不重要	极端不重要
a_{ij}	1	3	5	7	9	1/3	1/5	1/7	1/9

* 图10.1所示的5个要素指标U_1，U_2，U_3，U_4，U_5在判断方阵$A=(a_{ij})_{5\times5}$中的排列位置，分别为自上到下，自左到右（参见下述表10.8、表10.9和表10.10）；表中列出它们两两之间对海岸侵蚀脆弱性影响程度的相对重要性（权重）进行主观判断重要性的标度；a_{ij}元素表示评价要素指标间U_i和U_j相对重要性的比例标度。表中所列的“同样重要”到“极端重要”的每两个等级之间可依次用2、4、6、8作出量化。方阵A中元素a_{ij}的数据，根据个人的分析判断可取1，2，…，9或它们的倒数之中的某一数值；方阵A乃是所谓正互反方阵，其中满足$a_{ii}=1$，$a_{ij}=1/a_{ji}$，i，$j=1$，2，…，5。

（2）方阵A各行排成的5维矢量特征值λ所对应的特征向量$a=(a_1,\ a_2,\ a_3,\ a_4,\ a_5)^T$，它反映了5个要素指标$U_1$，$U_2$，$U_3$，$U_4$，$U_5$分别对于要素层评价的相对重要性的权重分配。其中，由于$Aa=\lambda a$，故称λ为方阵A的特征值。至于矢量$a_i=(a_1,\ a_2,\ a_3,\ a_4,\ a_5)^T$的近似计算方法，一般采用和法或根法（参见谢季坚等，2016）。同时，利用以下公式求取该判断方阵A的最大特征值的近似值：

$$\lambda_{\max}=\frac{1}{n}\sum_{i=1}^{n}\frac{(Aa)_i}{a_i}=\frac{1}{n}\sum_{i=1}^{n}\frac{\sum_{i=1}^{n}a_{ij}a_i}{a_i},\ i,\ j=1,\ 2,\ \cdots,\ 5(n) \qquad (10.11)$$

式中，$(Aa)_1$表示方阵A的第i个分量；为求算得出方阵A的$\lambda_{\max}$近似值，首先要按上式中的$\sum_{i=1}^{n}a_{ij}a_i$项分别计算该方阵中的每一i行之第一列元素(a_{i1})乘a_1，第2列元素(a_{i2})乘a_2，…，第n列元素(a_{in})乘a_n的总和，然后才能进行该方阵$\lambda_{\max}$值的计算。

（3）应用求得的判断方阵A的最大特征值$\lambda_{\max}$对该方阵各个元素a_{ij}的判断数据进行一致性检验。一致性检验过程的必要性是由于专家个人在构造判断方阵A进行两两对比判断时，因为诱发海岸侵蚀的环境条件之复杂性，而造成我们在认识上可能带有主观性和片面性，例如对于3个因素x_i，x_j，x_k进行两两比较时候，由x_i与x_j相比得到a_{ij}，由x_j与x_k相比得到x_{jk}，再由x_i与x_k相比得到a_{ik}，有可能会出现$a_{ij}a_{jk} \neq a_{ik}$之不一致性的情况。因此，根据某一专家个人构造的判断方阵A（尤其对于大于等于三阶判断方阵）通常会出现不一致性的现象，这使得由该判断方阵A求算的特征矢量$a_i=(a_1, a_2, \cdots, a_n)$是不正确的。那么，如何衡量判断方阵的不一致程度？其检验方法与步骤如下。

① 首先，按下式计算n阶方阵的一致性指标CI（Consistency index）

$$CI = \frac{\lambda_{\max} - n}{n - 1} \tag{10.12}$$

当CI=0时，判断方阵是一致的；CI的值越大，判断方阵不一致程度越严重，那么判断方阵不一致程度在什么范围内，AHP法仍然可以使用。为此，下面引入随机一致性指标。

② AHP法中引入了随机一致性指标RI（Random index）

$$RI = \frac{\overline{\lambda}_{\max} - n}{n - 1} \tag{10.13}$$

式中，$\overline{\lambda}_{\max}$为多个n阶随机正互反方阵最大特征值的平均值；关于随机一致性指标RI值，T. L. Saaty等用了大小500个子样，对不同n阶判断方阵提出了如表10.6所列的结果。

表10.6　不同阶数判断方阵的平均随机一致性指标RI数值*

方阵阶数n	3	4	5	6	7	8	9	10	11
RI数值	0.58	0.90	1.12	1.24	1.32	1.41	1.45	1.49	1.51

* 本表所列数值转引自谢季坚等（2016）；任意的一阶、二阶判断方阵是完全一致的。

③ 按随机一致性比例CR的大小来衡量该判断方阵A对的不一致程度，即

$$CR = \frac{CI}{RI} \tag{10.14}$$

当CR<0.1时，判断方阵A对AHP法是可以接受的；若CR>0.1，则该判断方阵必须重新调整后，才能再用于AHP法确定权重分配，直到CR<0.1。这个0.1是T. L. Saaty等根据经验得到的。

（4）当由k个专家（本项目评价共有9位专家）对本项目评价要素层5个U_i指标U_1，U_2，U_3，U_4，U_5，各自独立给出了9个不同的权重判断方阵$A=(a_{ij})_{5\times5}$时，经分别计算后，所得出的k个要素层的权重分配集合$a_{ij}=(a_{1j}, a_{2j}, \cdots, a_{5j})^T$，其中$j$表示$k$个专家之每一排列序号（$j$=1，2，…，9），他们全部通过一致性检验，可按照下式和表10.7所列格式，求算出他们的权重评估结果的平均值：

$$\overline{a}_{ik}=\left(\frac{1}{k}\sum_{j=1}^{k}a_{1k},\frac{1}{k}\sum_{j=1}^{k}a_{2k},\frac{1}{k}\sum_{j=1}^{k}a_{3k},\frac{1}{k}\sum_{j=1}^{k}a_{4k},\frac{1}{k}\sum_{j=1}^{k}a_{5k}\right)^T \tag{10.15}$$

表10.7　9个专家对5个U_i指标权重评估结果的平均值的计算格式

专家	要素指标					Σ
	U_1	U_2	U_3	U_4	U_5	
专家1	a_{11}	a_{21}	a_{31}	a_{41}	a_{51}	1
专家2	a_{12}	a_{22}	a_{32}	a_{42}	a_{52}	1
专家3	a_{13}	a_{23}	a_{33}	a_{43}	a_{53}	1
专家4	a_{14}	a_{24}	a_{34}	a_{44}	a_{54}	1
专家5	a_{15}	a_{25}	a_{35}	a_{45}	a_{55}	1
专家6	a_{16}	a_{26}	a_{36}	a_{46}	a_{56}	1
专家7	a_{17}	a_{27}	a_{37}	a_{47}	a_{57}	1
专家8	a_{18}	a_{28}	a_{38}	a_{48}	a_{58}	1
专家9	a_{19}	a_{29}	a_{39}	a_{49}	a_{59}	1
权重a_i的平均值（i=1，2，…，5）	$\frac{1}{9}\sum_{j=1}^{9}a_{1j}$	$\frac{1}{9}\sum_{j=1}^{9}a_{2j}$	$\frac{1}{9}\sum_{j=1}^{9}a_{3j}$	$\frac{1}{9}\sum_{j=1}^{9}a_{4j}$	$\frac{1}{9}\sum_{j=1}^{9}a_{5j}$	1

注：i为要素指标U_i的个数，i=1，2，3，4，5；j为9个专家的排列序号，j=1，2，…，9。

2）依据9位专家独立赋权结果之平均权重分配$\overline{a}_i$的计算

（1）9位专家分别构建9个权重判断方阵及其各自i行特征矢量$\overline{a}_i$的计算。

基于上面所述AHP法的计算特点及方法步骤，在本项目评价中有9位业内专家对5个要素指标U_1，U_2，U_3，U_4，U_5依照表10.5中的标度值进行了两两重要性的比较，他们各自独立构建的判断表分别列如表10.8～表10.16。这9个判断表分别可以转换成如下面9个权重判断方阵：$A_1=(a_{ij})_{5\times5}$～$A_9=(a_{ij})_{5\times5}$。

表10.8　专家1对5个要素指标两两相对重要性的比较表

	U_1	U_2	U_3	U_4	U_5
U_1	1	2	3	7	4
U_2	1/2	1	2	6	3
U_3	1/3	1/2	1	5	2
U_4	1/7	1/6	1/5	1	1/4
U_5	1/4	1/3	1/2	4	1

表10.9　专家2对5个要素指标两两相对重要性的比较表

	U_1	U_2	U_3	U_4	U_5
U_1	1	3	3	8	4
U_2	1/3	1	1	6	2
U_3	1/3	1	1	6	2
U_4	1/8	1/6	1/6	1	1/5
U_5	1/4	1/2	1/2	5	1

表10.10　专家3对5个要素指标两两相对重要性的比较表

	U_1	U_2	U_3	U_4	U_5
U_1	1	3	2	7	3
U_2	1/3	1	1/2	5	1
U_3	1/2	2	1	6	2
U_4	1/7	1/5	1/6	1	1/5
U_5	1/3	1	1/2	5	1

表10.11　专家4对5个要素指标两两相对重要性的比较表

	U_1	U_2	U_3	U_4	U_5
U_1	1	3	3	7	5
U_2	1/3	1	1	3	2
U_3	1/3	1	1	3	2
U_4	1/7	1/3	1/3	1	1/2
U_5	1/5	1/2	1/2	2	1

表10.12 专家5对5个要素指标两两相对重要性的比较表

	U_1	U_2	U_3	U_4	U_5
U_1	1	3	5	7	6
U_2	1/3	1	2	3	2
U_3	1/5	1/2	1	2	1
U_4	1/7	1/3	1/2	1	1/2
U_5	1/6	1/2	1	2	1

表10.13 专家6对5个要素指标两两相对重要性的比较表

	U_1	U_2	U_3	U_4	U_5
U_1	1	6	5	9	3
U_2	1/6	1	1	2	1/2
U_3	1/5	1	1	2	1/2
U_4	1/9	1/2	1/2	1	1/3
U_5	1/3	2	2	3	1

表10.14 专家7对5个要素指标两两相对重要性的比较表

	U_1	U_2	U_3	U_4	U_5
U_1	1	4	3	9	6
U_2	1/4	1	1	3	2
U_3	1/3	1	1	3	2
U_4	1/9	1/3	1/3	1	1/2
U_5	1/6	1/2	1/2	2	1

表10.15 专家8对5个要素指标两两相对重要性的比较表

	U_1	U_2	U_3	U_4	U_5
U_1	1	2	2	6	3
U_2	1/2	1	1	3	2
U_3	1/2	1	1	3	2
U_4	1/6	1/3	1/3	1	1/2
U_5	1/3	1/2	1/2	2	1

表10.16　专家9对5个要素指标两两相对重要性的比较表

	U_1	U_2	U_3	U_4	U_5
U_1	1	3	4	8	6
U_2	1/3	1	1	3	2
U_3	1/4	1	1	2	1
U_4	1/8	1/3	1/2	1	1/2
U_5	1/6	1/2	1	2	1

$$A_1 = \begin{bmatrix} 1 & 2 & 3 & 7 & 4 \\ 1/2 & 1 & 2 & 6 & 3 \\ 1/3 & 1/2 & 1 & 5 & 2 \\ 1/7 & 1/6 & 1/5 & 1 & 1/4 \\ 1/4 & 1/3 & 1/2 & 4 & 1 \end{bmatrix}$$

$$A_2 = \begin{bmatrix} 1 & 3 & 3 & 8 & 4 \\ 1/3 & 1 & 1 & 6 & 2 \\ 1/3 & 1 & 1 & 6 & 2 \\ 1/8 & 1/6 & 1/6 & 1 & 1/5 \\ 1/4 & 1/2 & 1/2 & 5 & 1 \end{bmatrix}$$

$$A_3 = \begin{bmatrix} 1 & 3 & 2 & 7 & 3 \\ 1/3 & 1 & 1/2 & 5 & 1 \\ 1/2 & 2 & 1 & 6 & 2 \\ 1/7 & 1/5 & 1/6 & 1 & 1/5 \\ 1/3 & 1 & 1/2 & 5 & 1 \end{bmatrix}$$

$$A_4 = \begin{bmatrix} 1 & 3 & 3 & 7 & 5 \\ 1/3 & 1 & 1 & 3 & 2 \\ 1/3 & 1 & 1 & 3 & 2 \\ 1/7 & 1/3 & 1/3 & 1 & 1/2 \\ 1/5 & 1/2 & 1/2 & 2 & 1 \end{bmatrix}$$

$$A_5=\begin{bmatrix}1 & 3 & 5 & 7 & 6\\ 1/3 & 1 & 2 & 3 & 2\\ 1/5 & 1/2 & 1 & 2 & 1\\ 1/7 & 1/3 & 1/2 & 1 & 1/2\\ 1/6 & 1/2 & 1 & 2 & 1\end{bmatrix}$$

$$A_6=\begin{bmatrix}1 & 6 & 5 & 9 & 3\\ 1/6 & 1 & 1 & 2 & 1/2\\ 1/5 & 1 & 1 & 2 & 1/2\\ 1/9 & 1/2 & 1/2 & 1 & 1/3\\ 1/3 & 2 & 2 & 3 & 1\end{bmatrix}$$

$$A_7=\begin{bmatrix}1 & 4 & 3 & 9 & 6\\ 1/4 & 1 & 1 & 3 & 2\\ 1/3 & 1 & 1 & 3 & 2\\ 1/9 & 1/3 & 1/3 & 1 & 1/2\\ 1/6 & 1/2 & 1/2 & 2 & 1\end{bmatrix}$$

$$A_8=\begin{bmatrix}1 & 2 & 2 & 6 & 3\\ 1/2 & 1 & 1 & 3 & 2\\ 1/2 & 1 & 1 & 3 & 2\\ 1/6 & 1/3 & 1/3 & 1 & 1/2\\ 1/3 & 1/2 & 1/2 & 2 & 1\end{bmatrix}$$

$$A_9=\begin{bmatrix}1 & 3 & 4 & 8 & 6\\ 1/3 & 1 & 1 & 3 & 2\\ 1/4 & 1 & 1 & 2 & 2\\ 1/8 & 1/3 & 1/2 & 1 & 1/2\\ 1/6 & 1/2 & 1 & 2 & 1\end{bmatrix}$$

根据A_1，A_2和A_3的权重判断方阵，我们运用AHP法中常用的方法，分别计算了每一个方阵各行排列构成的5维列矢量特征值λ所对应的特征向量$a_i=(a_1,\ a_2,\ a_3,\ a_4,\ a_5)^T$，即分别进行了权重分配计算，其计算过程以判断方阵$A_1$为例阐述如下。

$$\text{方阵}A_1 \xrightarrow{\text{每一列归一化}} \begin{bmatrix} 84/187 & 1/2 & 30/67 & 7/23 & 16/41 \\ 42/187 & 1/4 & 20/67 & 6/23 & 12/41 \\ 28/187 & 1/8 & 10/67 & 5/23 & 8/41 \\ 12/187 & 1/24 & 2/67 & 1/23 & 1/41 \\ 21/187 & 1/12 & 5/67 & 4/23 & 4/41 \end{bmatrix} \xrightarrow{\text{计算行和}} \begin{bmatrix} 2.092 \\ 1.327 \\ 0.836 \\ 0.204 \\ 0.542 \end{bmatrix} \xrightarrow{\text{归一化得矢量}a_i} \begin{bmatrix} 0.418 \\ 0.265 \\ 0.167 \\ 0.041 \\ 0.109 \end{bmatrix}$$

即方阵A_1各行排成的$a_{i1}=(a_1, a_2, a_3, a_4, a_5)^T=(0.418, 0.265, 0.167, 0.041, 0.109)^T$为专家1对本项目评价研究要素层5个要素指标$U_1$，$U_2$，$U_3$，$U_4$，$U_5$得出的权重分配近似值。同样，按照以上和法的近似计算，可算出其余8个方阵权重分配分别是：

$a_{i2}=(0.458，0.193，0.193，0.036，0.120)^T$；

$a_{i3}=(0.408，0.150，0.252，0.040，0.150)^T$；

$a_{i4}=(0.488\,5，0.177\,6，0.177\,6，0.058\,8，0.097\,5)^T$；

$a_{i5}=(0.525\,0，0.194\,5，0.108\,6，0.060\,8，0.103\,0)^T$；

$a_{i6}=(0.549\,0，0.100\,5，0.104\,3，0.056\,4，0.189\,8)^T$；

$a_{i7}=(0.532\,6，0.158\,2，0.167\,6，0.052\,7，0.088\,8)^T$；

$a_{i8}=(0.396\,4，0.209\,9，0.209\,9，0.066\,1，0.117\,8)^T$；

$a_{i9}=(0.533\,3，0.171\,8，0.130\,2，0.060\,0，0.104\,5)^T$；

（2）对前3位专家分别得出的判断方阵分别做一致性程度检验。

①对专家1提出的权重判断方阵A_1元素a_{ij}数据的一致性检验。

根据前面所述的AHP法的计算特点及方法、步骤，为检验方阵A_1元素a_{ij}数据的一致性，我们需要先计算该方阵的最大特征值λ_{max}。为此，根据公式（10.11）首先求算了方阵A_1各个i行的$(A_\alpha)_i$分量，得其分别为$(A_{1\alpha})_1=2.172$，$(A_{1\alpha})_2=1.381$，$(A_{1\alpha})_3=0.862$，$(A_{1\alpha})_4=0.206$，$(A_{1\alpha})_5=0.549$。按照以上由和法求得的方阵A_1的5维j列矢量特征值λ所对应的i行特征向量$a_{i1}=(0.418, 0.265, 0.167, 0.041, 0.109)^T$之近似值，即可根据公式（10.11）计算出方阵$A_1$的近似最大特征值为

$$\lambda_{max}=\frac{1}{5}\times\left(\frac{2.172}{0.418}+\frac{1.381}{0.265}+\frac{0.862}{0.167}+\frac{0.206}{0.041}+\frac{0.549}{0.109}\right)=5.126$$

从而由公式（10.12）可算出方阵A_1的一致性指标：

$$CI=\frac{\lambda_{\max}-n}{n-1}=\frac{5.126-5}{5-1}=0.031\,5$$

基于方阵A_1为五阶判断方阵，从表10.6查出其平均随机一致性指标RI的数值为1.12，再应用公式（10.14）可以求得方阵A_1的随机一致性比例：

$$CR=\frac{CI}{RI}=\frac{0.031\,5}{1.12}=0.028\,1$$

可见，$CR<0.1$。所以，采用判断方阵A_1计算其j列矢量特征值λ所对应的i行特征矢量a_i（见上面以和法的近似计算过程），对于AHP法求算本项目评价研究5个要素指标U_1，U_2，U_3，U_4，U_5得出的权重分配a_{i1}=(0.418，0.265，0.167，0.041，0.109)^{T}是可以接受的。

②对专家2提出权重判断方阵A_2元素a_{ij}数据的一致性检验。

与判断方阵A_1的一致性检验一样，根据方阵A_2元素的(a_{ij})数据及其5个i行要素指标的权重分配a_{i2}=(0.458，0.193，0.193，0.036，0.120)^T，算出该方阵各个i行的$(A_\alpha)_i$分量分别为$(A_{2\alpha})_1$=2.384，$(A_{2\alpha})_2$=0.995，$(A_{2\alpha})_3$=0.995，$(A_{2\alpha})_4$=0.182，$(A_{2\alpha})_5$=0.608。进而，按上述由和法求得的方阵A_2的5维列矢量特征值λ所对应的i行特征向量a_{i2}=(0.458，0.193，0.193，0.036，0.120)^{T}的近似值，根据公式（10.11）算出方阵A_2的近似最大特征值为

$$\lambda_{\max}=\frac{1}{5}\times\left(\frac{2.384}{0.458}+\frac{0.995}{0.193}+\frac{0.995}{0.193}+\frac{0.182}{0.036}+\frac{0.608}{0.120}\right)=5.128$$

这样，由公式（10.12）可以计算出方阵A_2的一致性指标：

$$CI=\frac{\lambda_{\max}-n}{n-1}=\frac{5.128-5}{5-1}=0.032\,0$$

由于方阵A_2为五阶判断方阵，从表10.6查出其平均随机一致性指标RI的数值为1.12. 由此，应用公式（10.14）求得方阵A_2的随机一致性比例：

$$CR=\frac{CI}{RI}=\frac{0.032\,0}{1.12}=0.028\,6$$

鉴于$CR<0.1$，故采用判断方阵A_2计算5个要素指标的权重分配a_{i2}=(0.458，0.193，0.193，0.036，0.120)^{T}的结果，也说明了该方阵的不一致性程度的数值对于AHP法是可以接受的。

③对专家3提出权重判断方阵A_3元素a_{ij}数据的一致性检验。

与上述判断方阵A_1和A_2的一致性检验相同，按照由判断方阵A_3计算得出的5个要素指标的权重分配a_{i3}=(0.408，0.150，0.252，0.040，0.150)^T，可以计算出该方阵各个i行的$(A_{3\alpha})_1$=2.092，$(A_{3\alpha})_2$=0.762，$(A_{3\alpha})_3$=1.296，$(A_{3\alpha})_4$=0.200，$(A_{3\alpha})_5$=0.762。由此，根据公

式（10.11）可进一步算出方阵A_3的近似最大特征值为

$$\lambda_{\max}=\frac{1}{5}\times\left(\frac{2.092}{0.408}+\frac{0.762}{0.150}+\frac{1.296}{0.252}+\frac{0.200}{0.040}+\frac{0.762}{0.150}\right)=5.086$$

依据公式（10.12）可以计算出方阵A_3的一致性指标：

$$CI=\frac{\lambda_{\max}-n}{n-1}=\frac{5.086-5}{5-1}=0.021\ 5$$

因方阵A_3为五阶判断方阵，从表10.6查出其平均随机一致性指标RI值为1.12，故据公式（10.14）算出方阵A_3的随机一致性比例：

$$CR=\frac{CI}{RI}=\frac{0.021\ 5}{1.12}=0.019\ 2$$

可见，方阵A_3的$CR<0.1$，即采用判断方阵A_3计算5个要素指标的权重分配a_{i3}=(0.408，0.150，0.252，0.040，0.150)^{T}的结果，也说明了方阵A_3的不一致性程度数量对于AHP法求算其i行矢量特征值λ是可以接受的。

（3）计算9位专家独立赋权给出的要素层权重分配的平均值$\overline{a_i}$。

在本项目评价研究中，对于要素层5个要素指标（U_1，U_2，U_3，U_4，U_5）的权重分配，上述基于AHP法已经由9位专家分别独立构造了判断方阵$A_1\sim A_9$，并且给出了9种各有所不同的权重评估结果（见表10.17），也分别对他们各自构造的方阵的不一致性程度进行了检验，说明由各个方阵计算的i行矢量特征值λ所获得的权重分配结果对于AHP法权重确定都是可以接受的。

表10.17　9位专家对要素层5个要素指标的权重评估结果

专家	要素指标					合计
	U_1	U_2	U_3	U_4	U_5	
专家1	0.419 9	0.268 6	0.166 9	0.039 2	0.105 3	1
专家2	0.458 5	0.194 9	0.194 9	0.034 5	0.117 1	1
专家3	0.407 8	0.149 5	0.254 8	0.038 6	0.149 5	1
专家4	0.488 5	0.177 6	0.177 6	0.058 8	0.097 5	1
专家5	0.535 0	0.194 5	0.106 8	0.060 8	0.103 0	1
专家6	0.549 0	0.100 5	0.104 3	0.056 4	0.189 8	1
专家7	0.532 6	0.158 2	0.167 6	0.052 7	0.088 8	1
专家8	0.396 4	0.209 9	0.209 9	0.066 1	0.117 8	1
专家9	0.533 3	0.171 8	0.130 2	0.060 0	0.104 5	1

下面根据表10.7的计算格式，并以公式（10.15）计算9位专家之权重评估结果的平均值：

$$\overline{a_{ik}}=\left(\frac{1}{9}\sum_{k=1}^{9}a_{1k},\ \frac{1}{9}\sum_{k=1}^{9}a_{2k},\frac{1}{9}\sum_{k=1}^{9}a_{3k},\ \frac{1}{9}\sum_{k=1}^{9}a_{4k},\ \frac{1}{9}\sum_{k=1}^{9}a_{5k}\right)^{T}$$

$$=\begin{pmatrix}\dfrac{0.419\,9+0.458\,5+0.407\,8+0.488\,5+0.535\,0+0.549\,0+0.532\,6+0.396\,4+0.533\,3}{9}\\ \dfrac{0.268\,6+0.194\,9+0.149\,5+0.177\,6+0.194\,8+0.100\,5+0.158\,2+0.209\,9+0.171\,8}{9}\\ \dfrac{0.166\,9+0.194\,9+0.254\,8+0.177\,6+0.108\,6+0.104\,3+0.167\,6+0.209\,9+0.130\,2}{9}\\ \dfrac{0.039\,2+0.034\,5+0.038\,6+0.058\,8+0.060\,8+0.056\,4+0.050\,7+0.066\,1+0.060\,0}{9}\\ \dfrac{0.105\,3+0.117\,1+0.149\,5+0.097\,5+0.103\,0+0.189\,8+0.088\,8+0.117\,8+0.104\,5}{9}\end{pmatrix}^{T}$$

$$=(0.4801,\ 0.1806,\ 0.1681,\ 0.0519,\ 0.1193)^{T}$$

10.4.2.2 采用熵权法计算因子层10个u_i指标的a_i权重分配

1）信息熵值法赋权重的计算基础及方法

（1）信息系统熵的定义及熵值函数。

熵（Entropy）原是统计物理学和热力学中的一个物理概念。热力学中的熵是系统无序程度的一个度量。在信息领域，熵是系统状态不确定的度量，即把熵的概念广义化了。迄今，熵的概念更为泛化，出现了许许多多熵的定义，其中包括云模型的熵和超熵的定义等等。信息熵，即概率熵的定义首先于1948年由Claude E. Shannon引入（Shannon C E，1948）。据李德毅等（2014），设一个系统X由n个事件$\{X_i\}$（i=1，2，…，n）组成，事件X_i的概率为$\mathrm{p}(X_i)$，那么信息熵（概率熵）定义为

$$H(X)=-\sum_{i=1}^{n}\mathrm{p}(X_i)\ \log\mathrm{p}(X_i)$$

信息熵表示事件出现的平均不确定性。熵越大，不确定性越大。信息熵的计算公式中，对数如果以2、10或者自然数e为底，熵的单位分别被称为比特、哈特和奈特。当X中事件出现的概率相等时，信息熵达到最大值。

（2）关于因子指标信息熵的确定方法。

对于综合评价而言，设在m个因子指标状态下分别对n个评价单元进行了观测，

并将所取得的样本数据构建成原始样本测度值数据矩阵$S=(s_{ij})_{m\times n}$，而且又将S矩阵规范化变成矩阵$R=(r_{ij})_{m\times n}$；进而，再将R矩阵各行进行归一化处理，变成矩阵$F=(f_{ij})_{m\times n}$（其中，$f_{ij}=r_{ij}/\sum_{j=1}^{n} r_{ij}$，即$0\leqslant f_{ij}\leqslant 1$）。根据王靖等（2001）和Zou Z H et al.（2006）的报告，可应用F矩阵由以下公式计算各i行因子指标，u_i（i=1，2，…，m）的信息熵（概率熵）：

$$H_i=-k\cdot\sum_{j=1}^{n} f_{ij}\ln f_{ij}\text{，其中}i=1,\ 2,\ \cdots,\ m;\ j=1,\ 2,\ \cdots,\ n \tag{10.16}$$

上式中，常数k的取值与F矩阵j列(j=1，2，…，n)之样本观测值的总个数n有关，即应取$k=1/\ln n=(\ln n)^{-1}$；并且，假设元素$f_{ij}=0$，$\ln f_{ij}=0$。该式的计算基础，一方面是由于F矩阵每i行各元素f_{ij}的总和都等于1；另一方面是基于每一行之因子指标u_i的信息熵数值必须为$0\leqslant H_i\leqslant 1$。$H_i$表示该行$f_{ij}$数据集合 出现的平均不确定性。假设，$F$矩阵中某一$i$行因子指标的信息熵（概率熵）为最大值（$H$=1），那么，该行之$n$个元素$f_{ij}$($j$=1，2，…，$n$)的数据都将是以概率（也称或然率、几率）$1/n$（从而$\sum_{j=1}^{n}\frac{1}{n}=1$）呈现出完全不确定性的无序分布状态；这样，当利用$F$矩阵中这一行$n$个元素$f_{ij}$数据，依据公式（10.16）求算其概率熵时，必然可得到，

$$H_i=-k\sum_{j=1}^{n}\frac{1}{n}\ln\frac{1}{n}=k\sum_{j=1}^{n}\frac{1}{n}\ln n=k\ln n=1$$

从上述可见，对于本项目综合评价研究而言，由于矩阵F中任一i行之j列元素f_{ij}的总个数n=36，故需将其常数k取为1/ln36。

（3）根据因子指标的信息熵H_i求算它们的权重分配方法。

如上面所述，当某一个因子指标的所有样本观测数据的信息系统是完全无序时，其信息熵$H\approx1$，这表示该因子指标在各个评价单元之样本观测数据分布的概率不确定性为最大，它反映了这个因子指标对综合评价的效用值为零；反之，$H\approx0$时，数据的分布最集中，确定性程度最高，效用值最大。可见，因子指标u_i（i=1，2，…，m）的信息效用是取决于该因子指标的信息熵H_i数值与1之间的差值h_i（可称为偏差程度系数，或称价值系数）：

$$h_i=1-H_i \tag{10.17}$$

由此，依据信息熵H_i来估算因子指标u_i的权重分配，其本质是利用它们的信息价值系数进行计算的。价值系数越高，对评价的重要性就越大（或称对评价的贡献越大），于是各个因子指标u_i的权重分配a_i（a_1，a_2，…，a_m）^{T}，可按以下公式求算，即

$$a_i=\frac{h_i}{m-\sum_{i=1}^{m}H_i}\text{，}i=1,\ 2,\ \cdots,\ m \tag{10.18}$$

式中，$0 \leqslant a_i \leqslant 1$，$\sum_{i=1}^{m} a_i = 1$。

2）针对项目评价，因子层10个u_i指标熵权法赋权的权重分配a_i计算

（1）u_i信息熵H_i的计算。

基于10.3.4.2求算得到的10个因子指标u_i的规范化矩阵$R=(r_{ij})_{10\times 36}$之各个元素数据，将其每一i行各个元素数值分别进行归一化，使R矩阵转化成F矩阵，即

$F=$

0.020 0	0.039 2	0.039 2	0.039 2	0.039 2	0.036 9	0.004 4	0.005 8	0.015 5	0.038 7	0.026 8	0.012 7
0.016 1	0.015 7	0.015 7	0.015 7	0.015 7	0.015 7	0.015 7	0.015 7	0.015 7	0.018 7	0.019 3	0.021 4
0.015 3	0.016 2	0.017 2	0.133 0	0.059 2	0.014 9	0.014 8	0.014 8	0.015 3	0.044 1	0.029 3	0.029 3
0.029 0	0.032 7	0.006 6	0.035 0	0.025 2	0.025 7	0.025 9	0.025 9	0.021 4	0.027 3	0.026 1	0.026 2
0.023 8	0.016 7	0.026 8	0.057 0	0.046 9	0.014 2	0.014 2	0.014 2	0.016 7	0.060 0	0.060 0	0.023 3
0.009 7	0.034 2	0.019 2	0.025 9	0.023 0	0.008 9	0.010 8	0.010 2	0.012 4	0.007 5	0.012 2	0.006 9
0.028 2	0.026 1	0.067 7	0.064 0	0.042 2	0.021 5	0.012 9	0.012 7	0.021 0	0.013 8	0.013 8	0.013 2
0.022 8	0.026 7	0.084 5	0.052 1	0.033 1	0.020 5	0.016 5	0.016 1	0.022 1	0.016 9	0.016 9	0.016 4
0.031 5	0.039 6	0.039 8	0.037 2	0.038 3	0.039 2	0.034 6	0.035 2	0.023 1	0.034 3	0.028 2	0.035 3
0.020 3	0.053 8	0.112 7	0.025 8	0.057 1	0.020 6	0.018 3	0.018 2	0.061 8	0.017 2	0.017 2	0.016 1

0.014 9	0.024 9	0.038 9	0.039 2	0.038 4	0.016 0	0.021 6	0.009 9	0.028 1	0.030 2	0.033 3	0.023 2
0.016 1	0.016 8	0.015 7	0.015 7	0.015 7	0.015 7	0.015 7	0.015 7	0.015 9	0.016 0	0.020 7	0.015 8
0.029 3	0.029 3	0.030 7	0.030 1	0.094 1	0.046 8	0.034 5	0.028 7	0.016 0	0.020 1	0.017 2	0.020 3
0.026 0	0.026 6	0.039 6	0.046 3	0.059 4	0.033 2	0.025 2	0.028 7	0.023 6	0.030 0	0.025 5	0.024 5
0.020 8	0.016 7	0.016 7	0.016 7	0.016 2	0.030 8	0.022 8	0.035 9	0.039 9	0.027 8	0.052 0	0.026 8
0.027 6	0.031 1	0.034 5	0.030 3	0.037 8	0.029 8	0.031 6	0.029 6	0.024 7	0.018 1	0.028 1	0.036 2
0.016 8	0.029 9	0.021 3	0.026 5	0.113 7	0.028 2	0.024 7	0.016 9	0.032 6	0.052 3	0.038 6	0.018 5
0.020 4	0.026 6	0.019 7	0.026 5	0.135 7	0.034 7	0.023 4	0.018 4	0.032 1	0.029 0	0.026 1	0.023 7
0.032 7	0.029 6	0.040 4	0.031 0	0.039 2	0.033 9	0.030 2	0.021 3	0.035 3	0.033 4	0.017 8	0.023 1
0.021 9	0.028 8	0.061 3	0.080 8	0.058 7	0.030 4	0.029 5	0.015 9	0.019 0	0.014 0	0.014 0	0.022 4

0.027 6	0.019 8	0.032 3	0.036 0	0.035 1	0.036 7	0.038 7	0.027 3	0.036 8	0.023 0	0.038 9	0.011 8
0.015 7	0.016 1	0.019 1	0.016 0	0.017 2	0.016 0	0.141 0	0.033 8	0.112 9	0.072 8	0.127 3	0.015 7
0.024 4	0.019 5	0.017 1	0.015 9	0.016 6	0.015 9	0.014 9	0.015 3	0.014 8	0.014 8	0.015 0	0.015 4
0.020 9	0.026 9	0.026 5	0.026 5	0.025 4	0.026 0	0.026 4	0.026 6	0.026 5	0.026 3	0.026 4	0.020 0
0.006 7	0.024 3	0.029 3	0.031 8	0.027 8	0.017 2	0.036 9	0.034 3	0.016 7	0.021 8	0.036 9	0.019 3
0.048 8	0.030 7	0.035 6	0.058 3	0.061 8	0.028 7	0.054 8	0.042 6	0.039 3	0.020 6	0.007 3	0.031 1
0.057 1	0.016 1	0.023 2	0.016 5	0.013 2	0.014 0	0.012 6	0.022 3	0.018 5	0.015 2	0.018 8	0.015 4
0.051 6	0.017 2	0.020 4	0.016 8	0.015 3	0.015 8	0.015 1	0.020 2	0.017 2	0.016 2	0.017 2	0.016 2
0.035 2	0.028 4	0.012 9	0.014 2	0.019 8	0.018 7	0.004 5	0.022 0	0.008 7	0.011 4	0.007 5	0.032 7
0.018 3	0.012 8	0.012 6	0.012 6	0.012 7	0.013 1	0.012 6	0.014 8	0.012 5	0.012 9	0.015 0	0.014 3

10×36

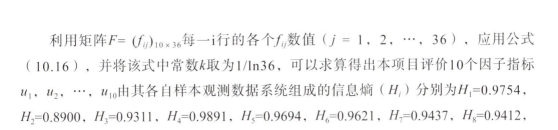

利用矩阵$F=(f_{ij})_{10\times36}$每一i行的各个f_{ij}数值（$j=1, 2, \cdots, 36$），应用公式（10.16），并将该式中常数k取为1/ln36，可以求算得出本项目评价10个因子指标u_1，u_2，…，u_{10}由其各自样本观测数据系统组成的信息熵（H_i）分别为H_1=0.9754，H_2=0.8900，H_3=0.9311，H_4=0.9891，H_5=0.9694，H_6=0.9621，H_7=0.9437，H_8=0.9412，H_9=0.9779，H_{10}=0.9294。

（2）u_i信息熵权重分配a_i的计算。

根据以上求算得到的H_i，先应用式（10.17）可以分别求算出10个因子指标u_i的信息价值系数h_i=（0.0246，0.1100，0.0669，0.0109，0.0306，0.0379，0.0563，0.0588，0.0221，0.0706）^{T}。再由h_i的系列数值，应用公式（10.18），即可计算得出10个因子指标u_i的熵权法的权重分配a_i=（0.0502，0.2251，0.1369，0.0223，0.0626，0.0776，0.1152，0.1203，0.0453，0.1444）^{T}。

10.4.2.3　因子层10个u_i指标基于AHP法和熵权法联合赋权权重分配ω_i的计算

1）关于要素指标和因子指标的权重关系简述

如图10.1所示，要素层5个要素指标U_i都包含着2个因子指标u_i。众所周知，对因子指标赋权是综合评价过程中的基础性研究部分，其中每一个因子指标对于任一评价单元的海岸侵蚀脆弱性影响程度均可以给出具体的客观数值评估。也就是说，在进行海岸侵蚀脆弱性评价时，首先必须对每一个因子指标针对每一个评价单元的脆弱性影响作出客观地观测，得出一定的系列定量测度值；由于这是属于样本观测数值型变量，故可直接被利用于进行熵权法权重分配计算。

鉴于本项目综合评价的每个要素指标U_i都分别有两个从属的u_i因子指标（图10.1），我们可以将10.4.2.1采用AHP法求算得出的由9位专家独立对要素层5个U_i指标分别给出的权重分配的平均值$\overline{a}_i$=(0.4801，0.1806，0.1681，0.0519，0.1193)^T（$\sum_{j=1}^{5}\overline{a}_i=1$），亦把因子层10个$u_i$因子指标中之$u_1$与$u_2$，$u_3$与$u_4$，$u_5$与$u_6$，$u_7$与$u_8$，$u_9$与$u_{10}$的各对指标权重之和也分别确定为0.4801，0.1806，0.1681，0.0519，0.1193。在这一基础之上，同时利用10.4.2.2采用熵权法对因子层10个u_i指标求算得出的权重分配a_i=(0.0502，0.2251，0.1369，0.0223，0.0626，0.0776，0.1152，0.1203，0.0453，0.1444)^T（$\sum_{i=1}^{10}a_i=1$），即可以将它们按所从属要素指标U_i的权重关系下，再计算出10个u_i因子指标之间新的权重分配ω_i=(ω_1，ω_2，…，ω_{10})^T（$\sum_{i=1}^{10}\omega_i=1$）。

2）将$\overline{a}_i$和a_i权重分配综合换算成AHP法和熵权法联合赋权的ω_i权重分配计算

基于上述要素指标与因子指标的权重关系，以及依据对要素层5个U_i指标采用

AHP法赋权和对因子层10个u_i指标采用熵权法赋权得到的$\overline{a}_i$和a_i权重分配综合再进行计算，获得了本项目综合评价因子层10个u_i指标的新权重分配$\omega_i=(\omega_1,\ \omega_2,\ \cdots,\ \omega_{10})^T$（$\sum_{i=1}^{10}\omega_i=1$）的计算结果，兹将其列出如表10.18中第3列所示。

表10.18　本项目综合评价指标体系权重分配的计算结果汇总*

要素层AHP法赋权结果		因子层熵权法赋权结果		因子层基于AHP法和熵权法联合赋权的结果	
5个要素指标 U_i	$\overline{a}_i$	10个因子指标 u_i	a_i	10个因子指标 u_i	ω_i
U_1	$\overline{a}_i$=0.4801	u_1	0.0502	u_1	$\omega_1=\frac{0.4801\times0.0502}{0.0502+0.2251}=0.087\ 6$
		u_2	0.2251	u_2	$\omega_2=\frac{0.4801\times0.2251}{0.0502+0.2251}=0.392\ 5$
U_2	$\overline{a}_i$=0.1806	u_3	0.1369	u_3	$\omega_3=\frac{0.1806\times0.1369}{0.1369+0.0223}=0.155\ 3$
		u_4	0.0223	u_4	$\omega_4=\frac{0.1806\times0.0223}{0.1369+0.2251}=0.023\ 5$
U_3	$\overline{a}_i$=0.1681	u_5	0.0626	u_5	$\omega_5=\frac{0.1681\times0.0626}{0.0626+0.0776}=0.075\ 1$
		u_6	0.0776	u_6	$\omega_6=\frac{0.1681\times0.0776}{0.0626+0.0776}=0.093\ 0$
U_4	$\overline{a}_i$=0.0519	u_7	0.1152	u_7	$\omega_7=\frac{0.0519\times0.1152}{0.1152+0.1203}=0.025\ 4$
		u_8	0.1203	u_8	$\omega_8=\frac{0.0519\times0.1203}{0.1152+0.1203}=0.026\ 5$
U_5	$\overline{a}_i$=0.1193	u_9	0.0453	u_9	$\omega_9=\frac{0.1193\times0.0453}{0.0453+0.1444}=0.028\ 5$
		u_{10}	0.1444	u_{10}	$\omega_{10}=\frac{0.1193\times0.1444}{0.0453+0.1444}=0.090\ 8$
$\sum_{i=1}^{5}\overline{a}_i=1$		$\sum_{i=1}^{10}a_i=1$		$\sum_{i=1}^{10}\omega_i=1$	

* 要素指标和因子指标的具体名称参见图10.1；

$\overline{a}_i$为由9位业内专家分别独立构建判断方阵，所给出的要素层5个U_i指标AHP法赋权的平均值，其9个判断方阵均通过AHP法确定权重分配的一致性检验；

a_i为利用规范化矩阵$R=(r_{ij})_{10\times36}$元素数据（列于10.3.4.2），对因子层10个u_i指标采用熵权法计算出的权重分配；

ω_i为对因子层10个u_i指标分别按其所从属要素指标的权重下，依据$\overline{a}_i$和a_i权重分配综合再计算，而获得的AHP法和熵权法联合赋权的权重分配结果。

10.4.2.4　评价云集合C_i的加权算术平均聚集云W数字特征的计算

1）聚集云$W(Ex, En, He)$的计算基础及其求算公式中CWAA的说明

根据表10.3所示的本项目综合评价中因子层10个u_i指标侵蚀影响程度评价云集合$C_i(Ex, En, He)$数字特征的计算结果，以及在表10.18所列的u_i指标基于AHP法和熵权法联合赋权之对应的权重分配$\omega_i=(\omega_1, \omega_2, \cdots, \omega_{10})^T$矢量数列，我们即可利用第9章公式（9.7）及式中的CWAA（the cloud-weighted arithmetic averaging，即云的加权算术平均）算子对云集合$C_i=\{C_1, C_2, \cdots, C_{10}\}^T$依据其对应的权重分配$\omega_i=(\omega_1, \omega_2, \cdots, \omega_{10})^T$予以求算，使云集合$C_i$构成云集结，变为形成一朵聚集云$W(Ex, En, He)$——3个数字特征的结果（WANG J Q et al，2014）。

2）聚集云$W(Ex, En, He)$3个数字特征的求算及计算结果

根据表10.3对因子层10个u_i指标评价云集合C_i 3个数字特征及表10.18 u_i对应的权重分配$\omega_i=(\omega_1, \omega_2, \cdots, \omega_{10})^T$的计算结果，应用公式（9.7）求算$C_i$云集合的加权算术平均聚集云的数字特征，得结果如下：

$$W(Ex,En,He)=\left(\sum_{i=1}^{10}\omega_i Ex_i,\sqrt{\sum_{i=1}^{10}\omega_i En_i^2},\sqrt{\sum_{i=1}^{10}\omega_i He_i^2}\right)=\{(\omega_1 Ex_1+\omega_2 Ex_2+\cdots+\omega_{10}Ex_{10}),$$

$$\sqrt{\omega_1 En_1^2+\omega_2 En_2^2+\cdots+\omega_{10}En_{10}^2},\sqrt{\omega_1 He_1^2+\omega_2 He_2^2+\cdots+\omega_{10}He_{10}^2}\}=(1.412\,2,0.747\,2,0.287\,7)$$

由于$0\leqslant\omega_1\leqslant1$，$\sum_{i=1}^{10}\omega_i=1$，我们可以将以上给出的聚云集W 3个数字特征中的$Ex$值与表10.3（见10.4.11）列出的10个$C_i$的$Ex$值的平均数$=\frac{1}{10}\sum_{i=1}^{10}Ex_i=1.744\ 7$进行对比，它们都是处在0.5～4.5之间范围，但二者数值有所差别，这是应用云模型理论综合评价的一个重要特点。它说明了我们对图10.2拟定的基础评价子程序的计算是可以信赖的。以下进一步表述对图10.2本项目综合评价研究流程的应用优点。

近几年来，云模型理论综合评价方法的进展非常快，本项目综合评价乃是首次尝试采用评价云集合C_i的加权算术平均聚集云W作为一个重要计算环节的方法进行评估研究的。采用这样的综合评价方法与近年来徐征捷等（2014）及沈进昌等（2012）提出的评价方法相比较，体现出的主要优点在于下面10.5对综合评价程序进行求算时，避免了烦琐冗长的计算过程，而且，对于理解整个综合评价流程的计算原理也较为清晰明了、合理。

10.5 项目综合评价程序计算及其结果分析

10.5.1 各个评价单元综合评价云集合 E_j 数字特征计算

根据10.4.2.4对因子层10个u_i指标求算给出的评价云集合C_i的加权算术平均聚集云W数字特征的结果（Ex_w=1.412 2，En_w=0.747 2，He_w=0.287 7）以及表10.4所列的各个评价单元对所有10个u_i指标影响下确定的海岸侵蚀脆弱性程度之评价云集合D_i数字特征的计算结果，应用公式（9.9）可以算出每一个评价单元综合评价云集合E_j=（Ex_j，En_j，He_j），j=1，2，…，36，兹将计算结果列如下表10.19。

表10.19 项目综合评价程序对沿岸36个评价单元E_j海岸侵蚀脆弱性云模型的评价结果汇集*

36个评价单元	对应海岸侵蚀脆弱性云模型	相应定性概念数字特征的计算结果		
E_j	(Ex_j，En_j，He_j)	Ex_j	En_j	He_j
E_1	(Ex_1，En_1，He_1)	2.006	0.165 0	0.017
E_2	(Ex_2，En_2，He_2)	2.860	0.165 4	0.017
E_3	(Ex_3，En_3，He_3)	3.377	0.165 8	0.017
E_4	(Ex_4，En_4，He_4)	3.917	0.166 2	0.017
E_5	(Ex_5，En_5，He_5)	3.307	0.165 7	0.017
E_6	(Ex_6，En_6，He_6)	2.206	0.165 1	0.017
E_7	(Ex_7，En_7，He_7)	1.548	0.164 9	0.016
E_8	(Ex_8，En_8，He_8)	1.570	0.164 9	0.016
E_9	(Ex_9，En_9，He_9)	1.860	0.165 0	0.016
E_{10}	(Ex_{10}，En_{10}，He_{10})	2.718	0.165 4	0.017
E_{11}	(Ex_{11}，En_{11}，He_{11})	2.397	0.165 2	0.017
E_{12}	(Ex_{12}，En_{12}，He_{12})	1.837	0.165 0	0.016
E_{13}	(Ex_{13}，En_{13}，He_{13})	2.063	0.165 1	0.017
E_{14}	(Ex_{14}，En_{14}，He_{14})	2.321	0.165 2	0.017
E_{15}	(Ex_{15}，En_{15}，He_{15})	2.996	0.165 5	0.017
E_{16}	(Ex_{16}，En_{16}，He_{16})	3.049	0.165 6	0.017
E_{17}	(Ex_{17}，En_{17}，He_{17})	4.558	0.166 7	0.017
E_{18}	(Ex_{18}，En_{18}，He_{18})	2.567	0.165 3	0.017
E_{19}	(Ex_{19}，En_{19}，He_{19})	2.310	0.165 2	0.017

续表

36个评价单元	对应海岸侵蚀脆弱性云模型	相应定性概念数字特征的计算结果		
E_{20}	$(Ex_{20}, En_{20}, He_{20})$	1.964	0.165 0	0.017
E_{21}	$(Ex_{21}, En_{21}, He_{21})$	2.528	0.165 3	0.017
E_{22}	$(Ex_{22}, En_{22}, He_{22})$	2.493	0.165 2	0.017
E_{23}	$(Ex_{23}, En_{23}, He_{23})$	2.523	0.165 3	0.017
E_{24}	$(Ex_{24}, En_{24}, He_{24})$	2.166	0.165 1	0.017
E_{25}	$(Ex_{25}, En_{25}, He_{25})$	2.647	0.165 3	0.017
E_{26}	$(Ex_{26}, En_{26}, He_{26})$	2.036	0.165 0	0.017
E_{27}	$(Ex_{27}, En_{27}, He_{27})$	2.150	0.165 1	0.017
E_{28}	$(Ex_{28}, En_{28}, He_{28})$	2.417	0.165 2	0.017
E_{29}	$(Ex_{29}, En_{29}, He_{29})$	2.456	0.165 2	0.017
E_{30}	$(Ex_{30}, En_{30}, He_{30})$	2.020	0.165 0	0.017
E_{31}	$(Ex_{31}, En_{31}, He_{31})$	2.852	0.165 4	0.017
E_{32}	$(Ex_{32}, En_{32}, He_{32})$	2.402	0.165 2	0.017
E_{33}	$(Ex_{33}, En_{33}, He_{33})$	2.433	0.165 2	0.017
E_{34}	$(Ex_{34}, En_{34}, He_{34})$	1.908	0.165 0	0.016
E_{35}	$(Ex_{35}, En_{35}, He_{35})$	2.411	0.165 2	0.017
E_{36}	$(Ex_{36}, En_{36}, He_{36})$	1.829	0.165 0	0.016

* Ex_j值$\in$[0.5, 4.5]。

10.5.2　利用正向云算法生成云集合 E_j 对应的评价云图

根据表10.19所列的对36个评价单元E_j海岸侵蚀脆弱性云模型的评价结果汇集，通过正向云算法，应用Matlab软件编程生成各个评价单元综合评价结果的云图，兹将它们的分布示如图10.4。在图10.4中，各个评价单元E_j（j=1，2，…，36）的云图乃是参照评语集图（见图10.3）横坐标相应的x/CVI分布点位置，将E_j各自的云图，按其Ex_j值大小的顺序排列，以表示每一个E_j云图所处的海岸侵蚀脆弱性等级类别的分布情况（下述10.5.3我们将对36个云图进行聚类分析，从中划分出A，B，C，D和E之5个聚集类型）。每一云图尖峰上的数值为E_j编号，即是10.2.3所列述的评价单元海岸区段的编号。

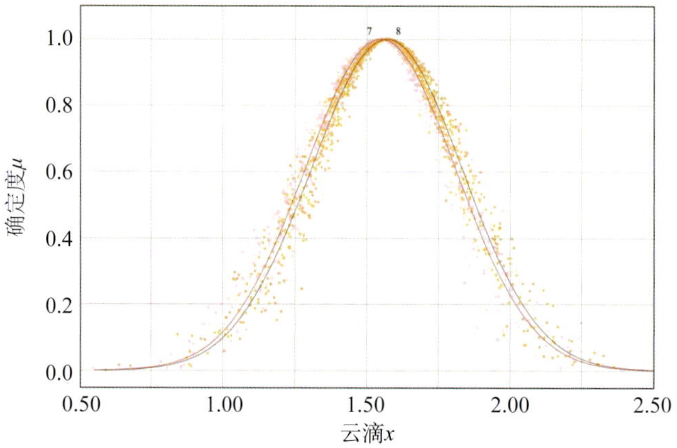

（a）较低脆弱性（A等级）云图——2个海岸区段均位在构造隆起带区域

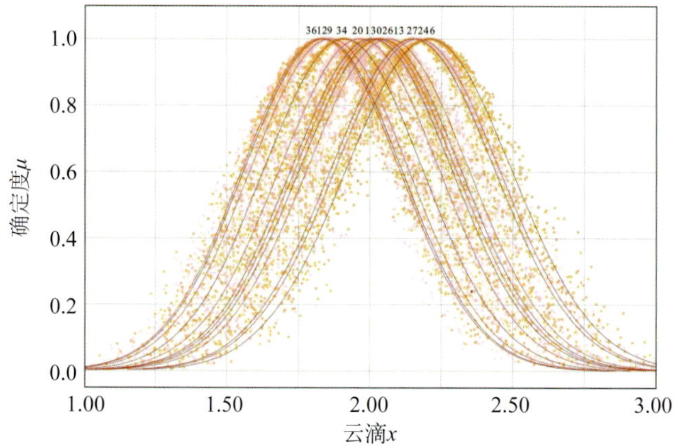

（b）中等偏低脆弱性（B等级）云图——12个海岸区段均位在构造隆起带区域

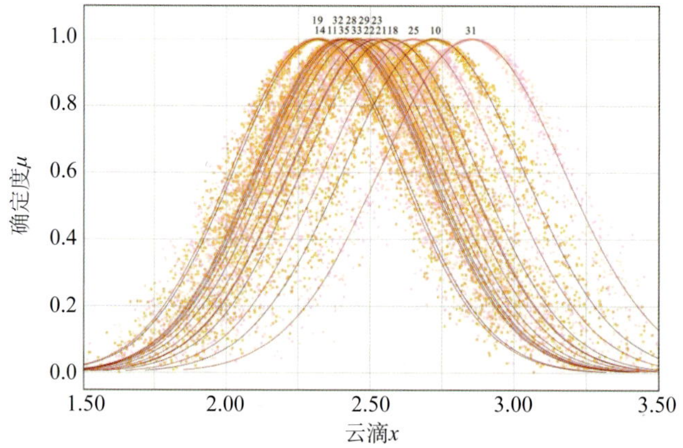

（c）中等脆弱性（C等级）云图——15个海岸区段均位在构造隆起带区域

图 10.4　我国大陆沿岸36个评价单元海岸侵蚀脆弱性综合评价结果的等级云图分布

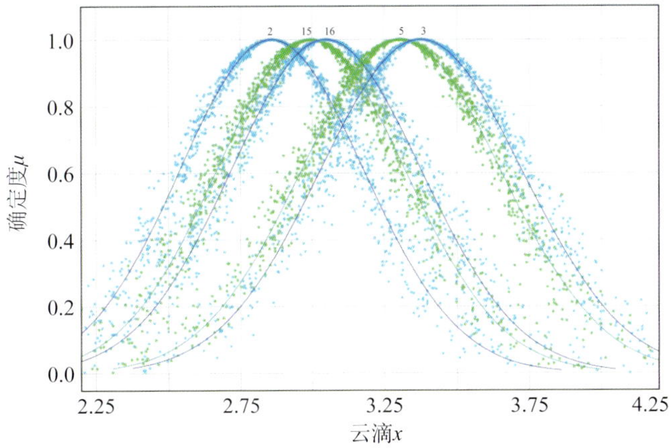

（d）较高脆弱性（D等级）云图——5个海岸区段均位在构造沉降带区域

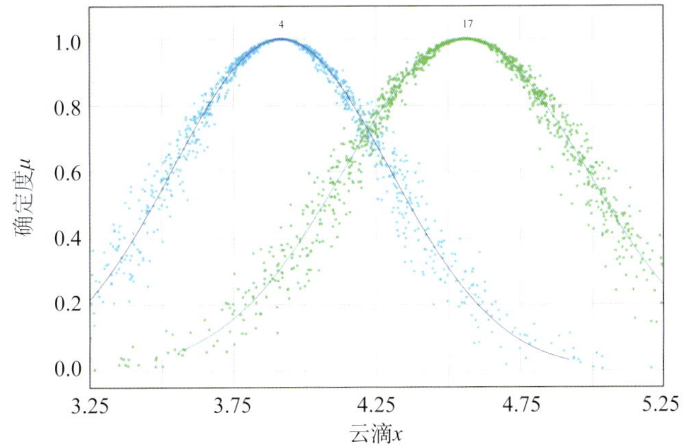

（e）高脆弱性（E等级）云图——2个海岸区段均位在构造沉降带区域

图 10.4　我国大陆沿岸36个评价单元海岸侵蚀脆弱性综合评价结果的等级云图分布（续）

云图尖峰的号码为E_j海岸区段的编号（参见图8.2）；每朵云中的曲线为期望曲线

10.5.3　项目综合评价结果分析

1）基本背景

项目综合评价结果仅是反映近期我国大陆沿岸海岸侵蚀脆弱性等级的宏观分布状态;所划分的36个评价单元均是区域性大范围，且每一个评价单元海岸段也并非全部由基岩组成，故都具侵蚀风险。从另一方面看，一切事物都具不确定性，海岸侵蚀脆弱性的等级度量也不例外，不是一成不变的，甚至在每一海岸区段中的侵蚀现象都不是永久持续发生的。这从本书图2.6海岸侵蚀脆弱性评估框架可明显看出。由于本项目综合评价研究工作所选取的10个导致发生海岸侵蚀灾害发生、发展的因子指标——包括承灾体自身和致灾的环境因素，基本上都是近10年来的客观实际情况，反映的海岸侵蚀脆弱性评价结果必然是在近期全球气候变化和人类开发自然活动加强之背景下的征象。因此，依据表10.1本项目海岸侵蚀评价评语集划分的5个评估等级，在表10.13所示的云模型综合评价结果中的36个Ex_j数值，虽然都是对等于图10.3评语集5个等级中x的某一次随机实现，但是与应用传统的经典模糊综合评价不同，它们可能不一定会在评语集全部5个等级中皆有分布。这是应该给予说明的。

2）对项目综合评价结果中Ex_j−En_j二维分布点数据场的聚类特性分析

我们根据表10.19列出的对我国大陆沿岸36个评价单元所取得的近期海岸侵蚀脆弱性云模型3个数字特征值汇集，将其中36个Ex_j与En_j的数据对（点）组成了二维分布点，构造成如图10.5所示的由36个个体的数据场。同时，对该图的36个个体对象所形成的抱团特性，划分出了5个聚集类数，它们的等级名称系参照其Ex_j值对等于在图10.3评语集中的x(CVI)变量，所处侵蚀脆弱性等级名称命名。这5个聚类从低等级到高等级分别称之为A——较低侵蚀脆弱性，B——中等偏低侵蚀脆弱性，C——中等侵蚀脆弱性，D——较高侵蚀脆弱性和E—高侵蚀脆弱性。从图10.5可明显看出以下几点。

（1）5个聚类的抱团特性，从低等级到高等级的侵蚀脆弱性基本上是沿着对角线分布，而且它们的云模型中的En_j值——定性概念的不确定性度量也表现出从低等级到高等级的侵蚀脆弱性为逐步增大的趋势。

（2）隶属于中新生代地质构造隆起带评价单元的海岸区段，其海岸侵蚀的脆弱性均处在等级较低的A、B和C聚类中，而属于中新生代地质构造沉降带评价单元的海岸区段则为处在等级较高的D和E聚类内。

（3）在本项目综合评价结果中，将A聚类的Ex_j值范围定在1.548 ~ 1.570，En_j值定为0.1649；B聚类Ex_j值范围定在1.829 ~ 2.206，En_j值定为0.165 0 ~ 0.165 1；C聚类Ex_j值定在2.310 ~ 2.852，En_j值定为0.165 2 ~ 0.165 4；D聚类Ex_j值为2.860 ~ 3.377，En_j值为0.165 4 ~ 0.165 8；E聚类Ex_j值为3.917 ~ 4.558，En_j值定为0.166 2 ~ 0.166 7。

3）我国大陆沿岸海岸侵蚀脆弱性近期等级区划

根据图10.5针对我国大陆沿岸36个评价单元之云模型综合评价结果（表10.19），基于数据场的聚类，得出的A、B、C、D和E 5个不同等级的海岸侵蚀脆弱性，按照图8.2所示各个评价单元分布的相应海岸区段位置编绘了如图10.6所示我国大陆沿岸海岸侵蚀脆弱性等级区划。

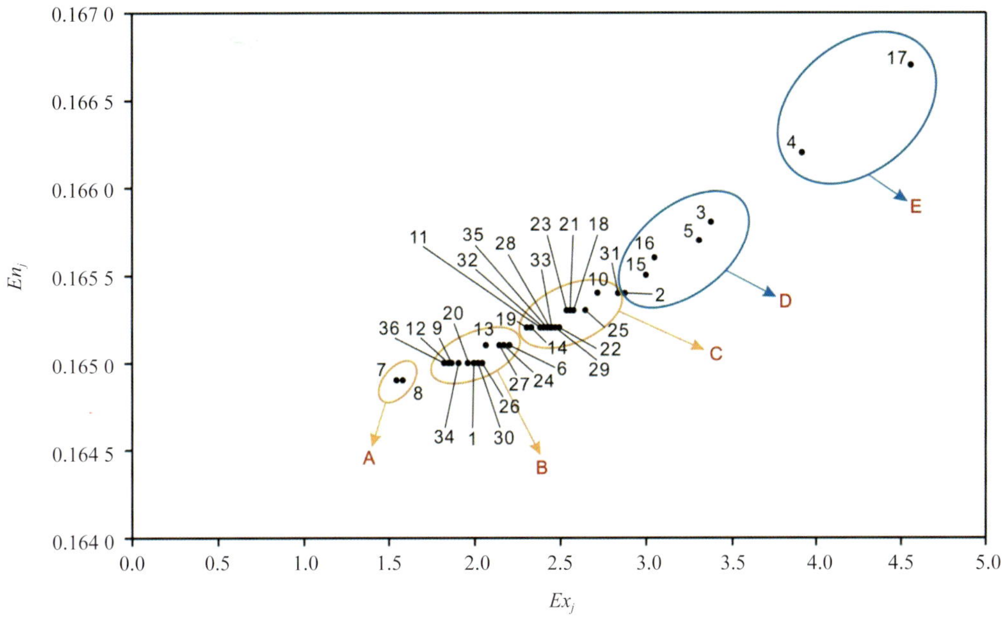

图10.5 根据表10.13综合评价结果中的Ex_j–En_j数值组成的36个二维分布点，由它们构建的数据场所作出的聚类特性图

① 数字1，2，…，36分别代表图8.2所示各个评价单元E1，E2，…，E36海岸区段的号码；

② A，B，C，D和E分别代表海岸侵蚀脆弱性等级为较低脆弱性，中等偏低脆弱性，中等脆弱性，较高脆弱性和高脆弱性；

③ A，B和C之 3个橘黄色个体抱团（聚类）特性均属中新生代地质构造隆起带评价单元的海岸区段；

④ D和E 之2个淡蓝色个体抱团（聚类）特性则属中新生代地质构造沉降带评价单元的海岸区段

由图10.6示出的36个参评评价单元中，属于较低海岸侵蚀脆弱性等级（A聚类）只有其中的第7和第8二个海岸区段，所占比例仅为5.56%；属中等偏低海岸侵蚀脆弱性等级（B聚类）有第1、6、9、12、13、20、24、26、27、30、34和36共12个海岸区段，占比例为33.33%；中等海岸侵蚀脆弱性等级（C聚类）有第10、11、14、18、19、21、22、23、25、28、29、31、32、33和35共15个海岸区段，占比例为41.67%；较高海岸侵蚀脆弱性等级（D聚类）有第2、3、5、15和16共5个海岸区段，占比例为13.89%；属高海岸侵蚀脆弱性等级（E聚类）只有第4和第17两个海岸区段，占比例为5.56%。兹将以上所述A、B、C、D和E聚类的比例采用直方图示出于图10.7。

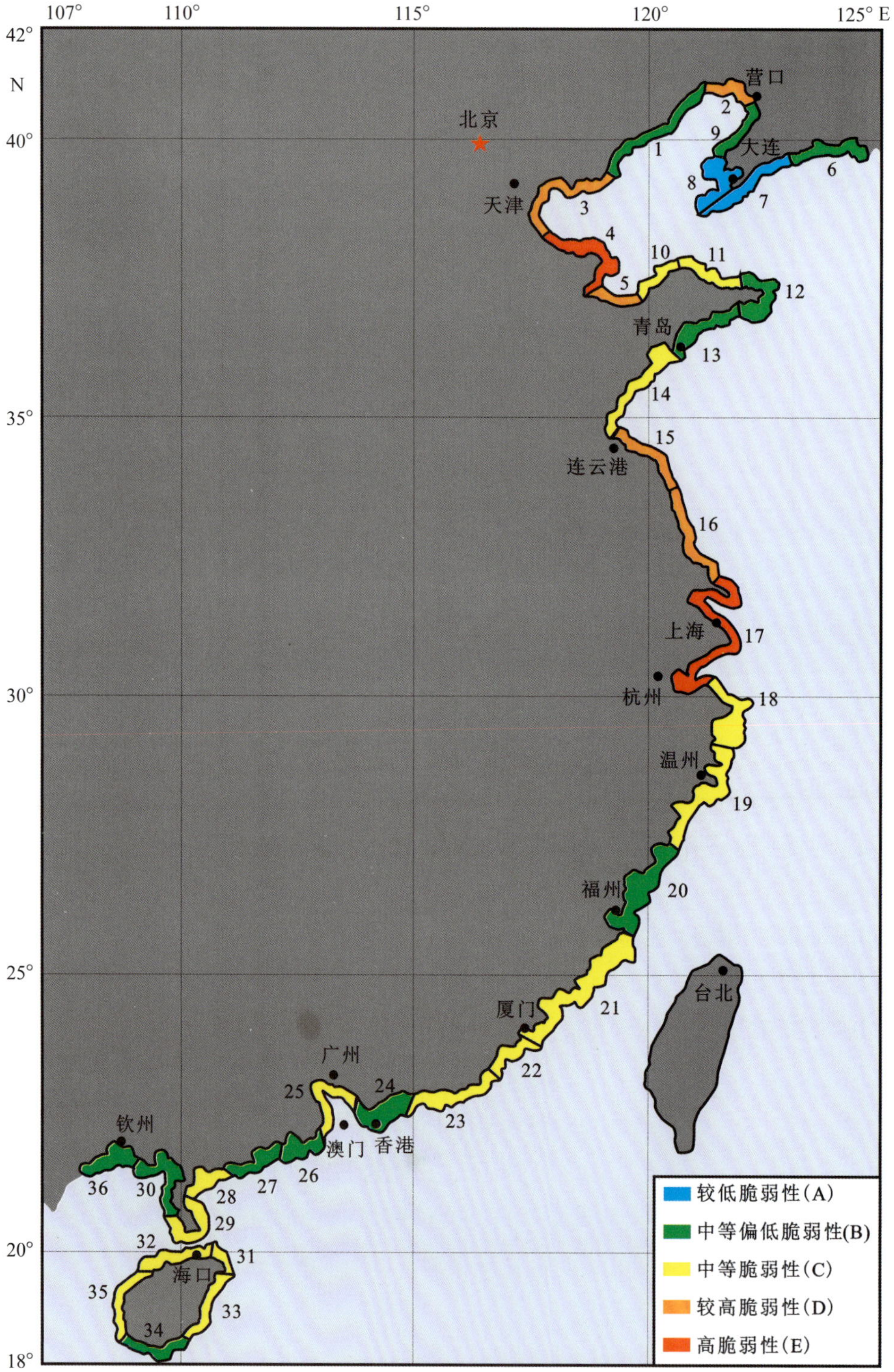

图10.6　我国大陆沿岸近期海岸侵蚀脆弱性等级区划

评价单元编号与图8.2一致

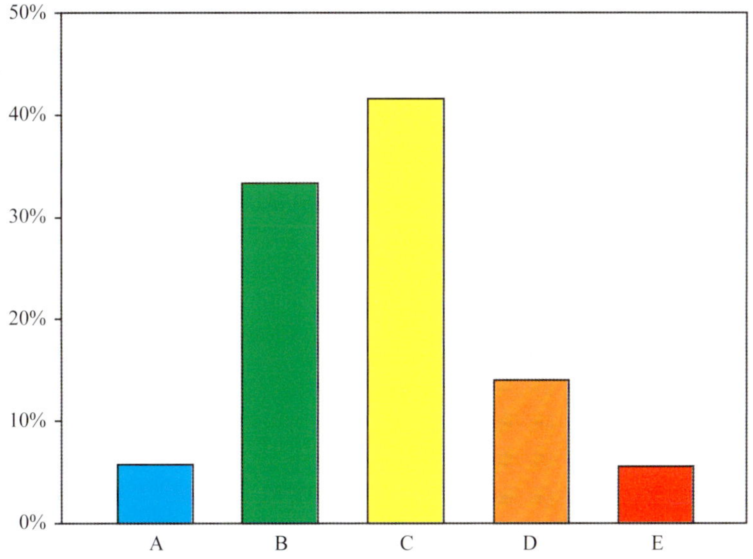

A——较低侵蚀脆弱性　B——中等偏低侵蚀脆弱性　C——中等侵蚀脆弱性
D——较高侵蚀脆弱性　E——高侵蚀脆弱性

图10.7　我国大陆沿岸近期海岸侵蚀脆弱性综合评价比例

4）项目综合评价结果与每单一因子指标样本数据相关性的回归分析

图10.8示出本项目综合评价研究36个评价单元评价结果Ex_j值（见表10.19）分别与10个因子指标中每单一因子指标u_i线性回归的相关性。其中，说明了综合评价结果Ex_j值分别与u_1，u_2，…，u_{10}各个因子指标的相关性程度，它们乃是通过做出（a）（b）…（j）共10张二维分布点图给出表达的。由于我国大陆沿岸自中新生代以来受到地质构造运动的深刻影响，在构造隆起带区域沿海与构造沉降带区域沿海的海岸侵蚀作用过程和表现状态具有迥然不同的特点，而且，在社会经济、人为活动层面也有着不同的影响条件（参见第8章）。据此，我们在各张分布点图中，都按照图8.2示出的是属构造隆起带背景下的29个评价单元海岸区段（以橘黄色点表示），还是属于构造沉降带背景下的7个海岸区段（以淡蓝色点表示）分开两种颜色的分布点。这两种颜色分布点均采用最小二乘法分别确定各自线性回归方程的系数a和b值，即每张二维分布点图都有属隆起带海岸区段和属沉降带海岸区段两种地质构造背景下的两种不同的线性回归方程，前者以y_1表示，后都以y_2表示。

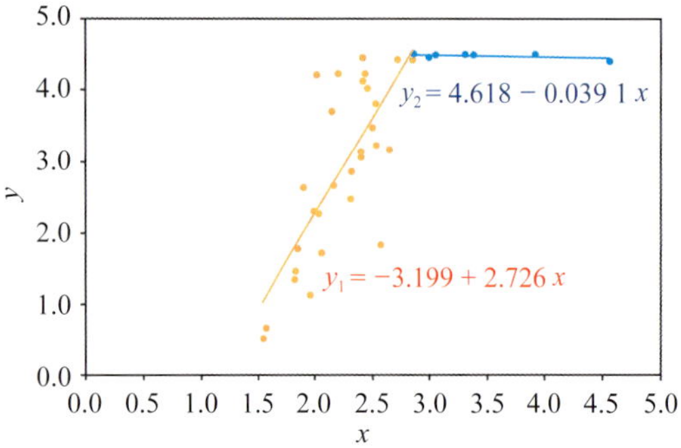

（a）Ex_j值与u_1因子指标的相关性

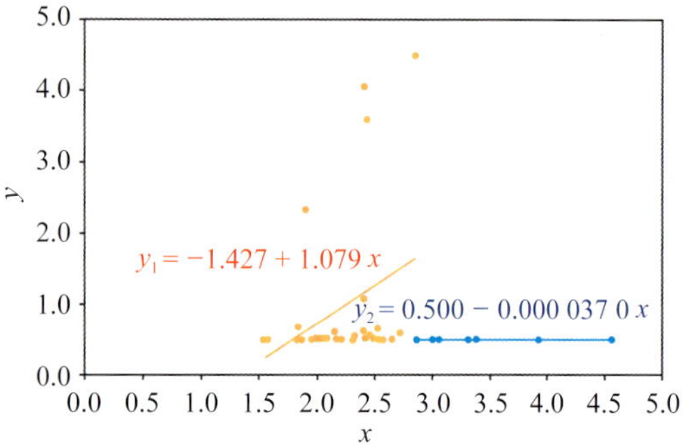

（b）Ex_j值与u_2因子指标的相关性

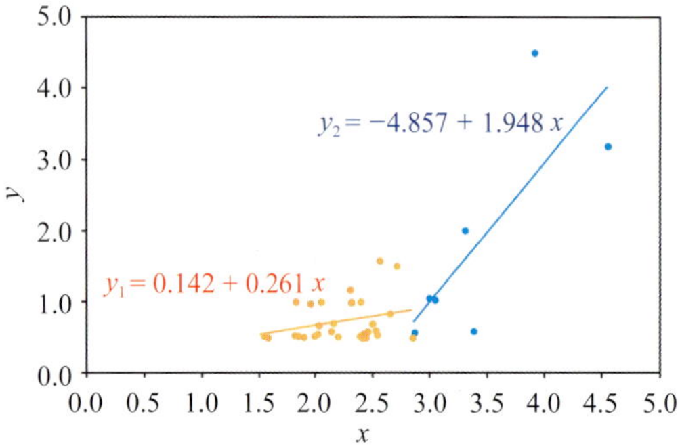

（c）Ex_j值与u_3因子指标的相关性

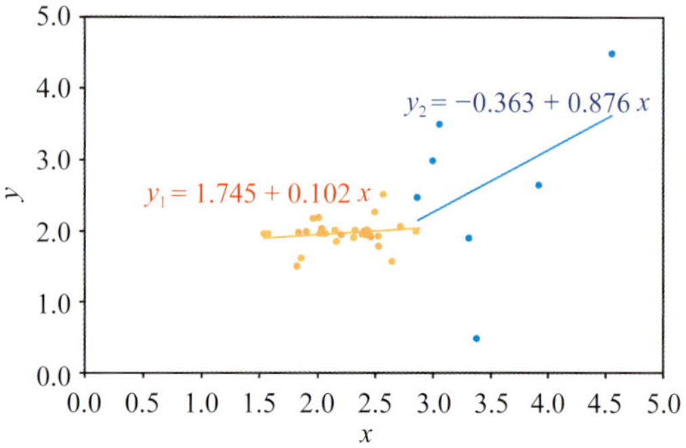

（d）Ex_j值与u_4因子指标的相关性

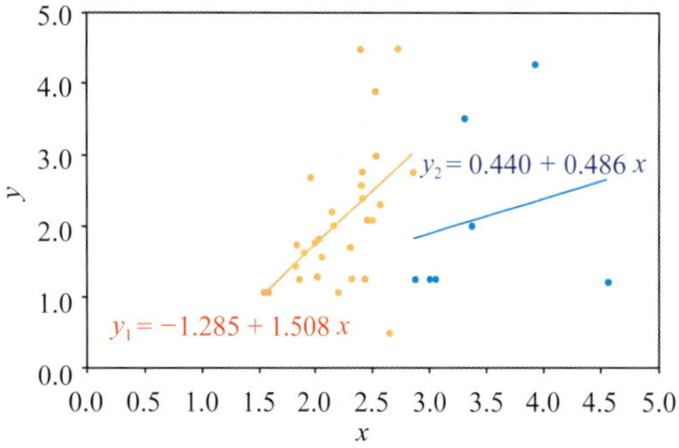

（e）Ex_j值与u_5因子指标的相关性

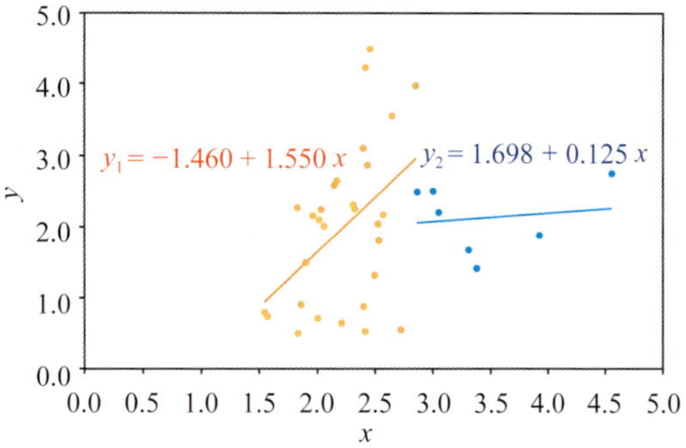

（f）Ex_j值与u_6因子指标的相关性

图10.8　综合评价结果的Ex_j值分别与单一因子指标u_i线性回归的相关性图解

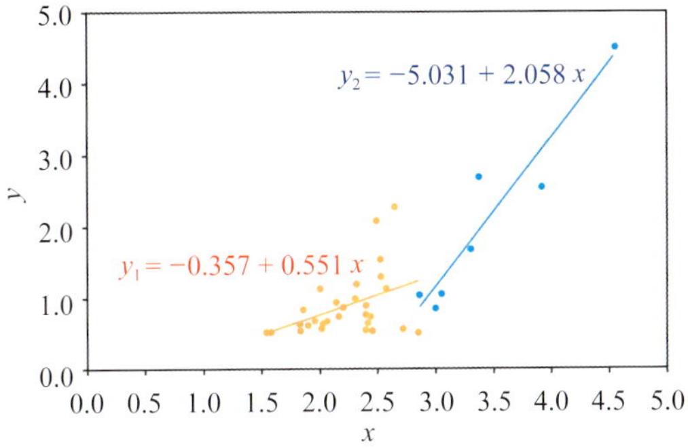

（g）Ex_j值与u_7因子指标的相关性

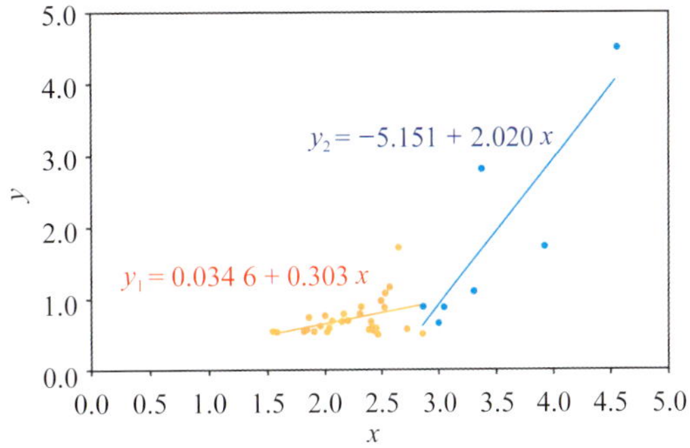

（h）Ex_j值与u_8因子指标的相关性

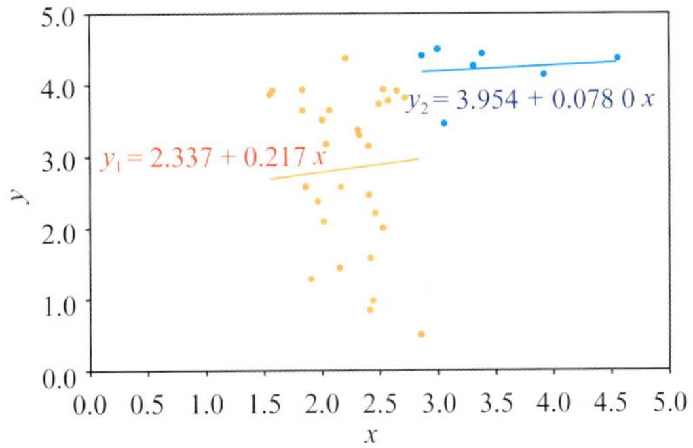

（i）Ex_j值与u_9因子指标的相关性

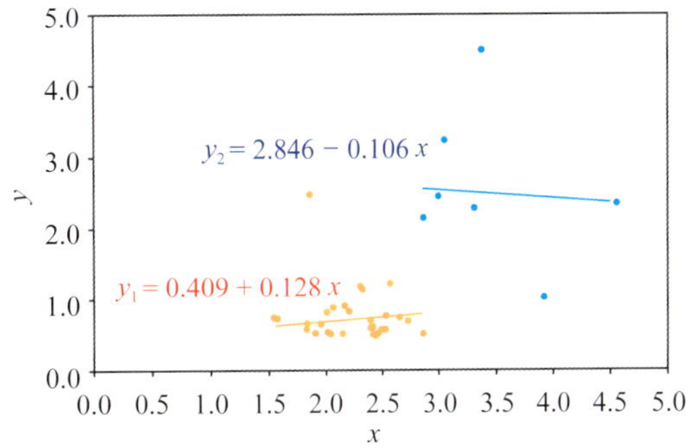

（j）Ex_j值与u_{10}因子指标的相关性

图10.8　综合评价结果的Ex_j值分别与单一因子指标u_i线性回归的相关性图解（续）

① 以a、b为回归方程的回归系数，图中y=a+bx示出x（综合评价结果Ex_j值）与y（u_i因子指标在R矩阵中相对应的r_{ij}元素值）的最佳线性关系模型；

② 橘黄色数据分布点及其线性关系均属中新生代地质构造隆起带评价单元的海岸区段，其中y以y_1表示；

③ 淡蓝色数据分布点及其线性关系则属中新生代地质构造沉降带评价单元的海岸区段，其中y以y_2表示；

④ u_1，u_2，…，u_{10}各因子指标名称见图10.1

从图10.8的10张二维分布点数据场中，共示出的20条线性回归方程$y=a+bx$的b（斜率）系数值大小可以得出以下几点认识。

（1）各个评价单元的海岸侵蚀脆弱性Ex_j值（即图上横坐标的x数值）高低基本上都是与各个u_i因子指标在R矩阵中相对应的r_{ji}元素值（即图上纵坐标的y数值）呈正相关关系，除(a) (b) (i)和(j)图中的y_2线由于分布点模糊性很大者外。表明，每一评价单元的海岸侵蚀脆弱性与10个因子指标任一u_i指标都存在着一定的正相关关系。

（2）根据由构造隆起带29个评价单元分布点拟合出的10条$y_1=a+bx$回归方程的直线斜率（b系数）可以得出：

①海岸侵蚀脆弱性Ex_j值与陆域第四系堆积地层岸线占总岸线长度比例（u_1因子指标）的相关性为最大，即b系数达到+2.726是10条y_1直线中斜率最大者；

②Ex_j与近10年风暴潮最大值（u_6因子指标）的相关程度位居第二，其系数b=+1.550，斜率大小仅次于u_1；

③Ex_j与近岸海区平均波高（u_5因子指标）的相关性程度处于第三，其b=+1.508；

④Ex_j与砂质海滩对粉砂淤泥质潮滩岸线长度比率（u_2因子指标）的相关性居第四位，b=+1.079；

⑤Ex_j与其他因子指标的相关性程度，因为x与y所确定的数据对（点）的分布状态具较大模糊，这就不拟一一阐述了。

（3）依据构造沉降带7个评价单元分布点拟合出的另10条$y_2=a+bx$回归方程直线的斜率（b系数）则得出：

①Ex_j与现今每千米岸线平均人口数量（u_7因子指标）的相关性为最大，即b系数达到+2.058；

②Ex_j与现今每千米岸线平均生产总值（u_8因子指标）的相关性程度位居第二，b系数=+2.020；

③Ex_j与近10年入海泥沙减少量（u_3因子指标）的相关性程度处于第三位，b=+1.948；

④Ex_j与近10年0米等深线平均变化速率（u_4因子指标）的相关性程度居第四位，b=+0.876；

⑤Ex_j与其他因子指标的相关程度，因为x与y所确定的数据对（点）的分布状态具较大模糊性，故不再进一步探讨。

（4）上述是本项目综合评价研究结果得出的海岸侵蚀脆弱性Ex_j与所构建的因子层各个因子指标的相关性分析。其中，提出的分析探讨数学模型是将地质现象和各个控制因子参数数学化，用数学关系式精确地表达出它们之间的客观相关性，因而判断结果具有较强的可信度。我们认为，上面相关性分析得出的结果，虽然在一定程度上取决于之前我们对因子指标体系的权重分配计算得到的$\omega_i=(\omega_1, \omega_2, \cdots, \omega_{10})^T$矢量数据，但也表现出有较大的差别。这是因为项目评价研究是基于云模型理论综合评价最终得出的Ex_j确定度（参见图10.2），它除了取决于ω_i权重分配外，还取决于根据R矩阵中相应的r_{ji}元素数值通过相关程序计算而得到的每一u_i因子指标影响程度的云模型集合

$C_i=\{C_1, C_2, \cdots, C_{10}\}$，以及取决于每一$E_j$评价单元遭受整体$u_i$指标影响下确定的云模型集合$D_j=\{D_1, D_2, \cdots, D_{36}\}$的评价结果。也就是说，通过上述回归分析一方面得出：隶属于中新生代以来处于地质构造隆起带背景下的山丘或台地溺谷型基岩港湾海岸区段，其综合评价结果的Ex_j值最主要与图10.1列出10个因子指标中的u_1相关，其次依次为与u_6、u_5和u_2相关；而隶属于地质构造沉降带背景下的大型第四纪沉积平原海岸区段，则最主要与u_7相关，其次依次为与u_8、u_3和u_4相关。另一方面，从这一相关性分析基于R矩阵每一i行元素数据自然而然地区分出不同的结果揭示了：应用云模型理论进行综合评价时，由于样本观测数据的模糊性与其随机性具有内在关联性的特点，它与采用以前传统的经典模糊综合评价模型进行评价不同，所得到的结果Ex_j，即图10.3评语集中横坐标上的x（CVI）值，并非完全取决于经由因子指标体系的权重分配计算结果而确定。因此，可以认定：当应用云模型进行综合评价时，上述我们采用Ex_j值与每单一u_i指标相关性的线性回归分析方法获得的结果与ω_i权重分配计算结果不一致的情况，显然是较为切合客观实际的判断手段。这正是应用云模型理论综合评价的优势所在。

5）各个等级侵蚀脆弱性分布区的海岸特征分述

从图10.6我国大陆沿岸近期海岸侵蚀脆弱性等级区划图可以看出，在参评的36个评价单元海岸区段中，按图10.5聚类特性所划分出的5个等级侵蚀脆弱性，属于较低脆弱性（A等级）者只有两个区段；属中等偏低脆弱性（B等级）有12个区段；中等脆弱性（C等级）有15个区段，为最多；较高脆弱性（D等级）有5个区段；高脆弱性（E等级）也只有两个区段。兹根据本书第8章8.2分别对36个评价单元海岸区段自中全新世中期末次冰后期海侵以来的地质地貌及其海岸侵蚀成因特点的叙述，以及根据图10.8综合评价结果的Ex_j值分别与单一因子指标线性回归的相关性之图解结果，对属于各个等级海岸侵蚀脆弱性的整体评价单元的海岸特征分别叙述如下。

（1）较低脆弱性（A等级）区段。

由图10.6看出，属较低脆弱性等级的只有第7个评价单元（辽东半岛南岸西部海蚀基岩岬湾海岸区段）和第8个评价单元（辽东半岛西岸南部大型复合基岩岬湾海积海岸区段），前者东起庄河口直到老铁山岬的西端；后者南起自老铁山岬北侧，往北直到复州湾北面丘陵岬角北侧。这两个区段的海岸特征主要体现出：①均属地质构造隆起带海岸区段；②海岸线基本上是由坚硬的古老变质岩系和少量花岗岩组成的基岩岬角岸线，只在少数岬湾内分布有第四系堆积地层，后者岸线长仅分别占总岸线长的9.73%和13.40%，系36个海岸区段中最低比例者；③近岸海区风暴潮最大增水值和平均波高较小，而且，砂质海滩与泥质潮滩的岸线长度比值也都偏低；④近期发生海岸侵蚀灾害的现象均不明显；⑤从这两个海岸区段的综合评价结果Ex_j值（分别为1.548和1.570）与相关性较大的u_1，u_6，u_5和u_2因子指标在R矩阵中各自i行相对应的j列r_{ij}元素数值来看，均基本是处于最低值。连同以上所述海岸的特征，将它们一起合并构成A聚类，称之为“较低侵蚀脆弱性等级”。

（2）中等偏低脆弱性（B等级）区段。

属中等偏低脆弱性等级的评价单元有下列12个海岸区段：

①辽东半岛南岸东部河口–海湾海岸区段（第6个评价单元），位于鸭绿江口往西到庄河河口；

②辽东半岛西岸北部第四系堆积阶地平原海岸区段（第9个评价单元），南自复州湾北面丘陵山地岬角北侧，往北直到盖平角；

③辽西—冀东沿海溺谷型基岩岬湾海岸区段（第1个评价单元），北起自辽宁锦州湾，往南直到河北滦河口的滦河基底断裂；

④山东半岛东端巨型山丘基岩岬海岸区段（第12个评价单元），西起威海岬角，往东经成山角，转南直到靖海卫；

⑤山东半岛南岸北部基岩岬角与港湾平原相间分布海岸区段（第13个评价单元），北起靖海卫，往南直到胶州湾；

⑥闽北中、低山丘陵深邃溺谷港湾海岸区段（第20个评价单元），北起沙埕港，往南直到福州断陷沉积盆地南缘的新构造断裂带；

⑦粤中东部海岸山基岩半岛–港湾海蚀海岸区段（第24个评价单元），东起红海湾鲘门一带的莲花山断裂带，往西直达伶仃洋东岸；

⑧粤中西部山丘、谷地相间海蚀–海积海岸区段（第26个评价单元），东起黄茅海西岸，往西直到闸坡港东岸，即苍城—海陵大断裂带；

⑨粤西东部山丘、台地基岩岬湾沙坝–潟湖堆积海岸区段（第27个评价单元），东起苍城—海陵大断裂带上的闸波港西岸，往西直到吴川市东侧王村港；

⑩雷州半岛西北、桂东南海成阶地与溺谷湾相间分布海岸区段（第30个评价单元），南起自雷州市企水港湾顶，北经粤、桂交界的安铺港，转向西直到北海市大风江口一带的浦北深断裂带；

⑪琼南山丘溺谷型基岩岬角与港湾相间分布海岸区段（第34个评价单元），东起陵水河口（九所—陵水断裂东侧），往西南经陵水湾、亚龙湾，转西直到九所望楼港；

⑫钦州—防城曲折溺谷型基岩岬角–港湾堆积海岸区段（第36个评价单元），东起

大风江口（浦北深断裂带），往西直到我国大陆沿海西南端东兴镇。

以上各个海岸区段均为在中新生代以来受到新华夏构造体系的影响，以及在新近纪末期以来受新构造运动影响，而构成的地质构造隆起带的基础上，自从末次冰后期海侵以后，所形成的各有特色的海岸地质地貌状态。但它们在拟定的10个因子指标的不同影响下，通过本项目云模型理论综合评价系统流程图（图10.2）计算，获得了较为等同的海岸侵蚀脆弱性，其与A聚集的Ex_j值对比，均为较大。

从上述12个海岸区段的综合评价结果Ex_j值得到，其最大值2.206，最小值1.829，平均为2.004（系该聚类Ex_j分布的中心位置），故将它们构成的B聚类等级总体称之为“中等偏低侵蚀脆弱性”聚类是合适的。但从另一方面看，聚类B与聚类A等级相比，表现出其云模型的不确定性度量相对较大。也就是说，如果以En_j值从A聚类的0.1649转换成B聚类的0.165 0～0.165 1看，则反映了B聚类的云图中云滴的离散程度，即定性概念的随机性的度量相对高于A聚类的云图。

（3）中等脆弱性（C等级）区段。

属中等脆弱性等级的评价单元有下列15个海岸区段：

①山东半岛西岸第四系堆积阶地平原海岸区段（第10个评价单元），南起莱州市虎头崖，往东北直到蓬莱登州海岬的黄水河河口；

②山东半岛北岸基岩岬角与河口–港湾平原相间分布海岸区段（第11个评价单元），西起登州海岬西侧，往东直到威海岬角为止；

③山东半岛南岸南部海蚀岬湾–沙坝潟湖海岸区段（第14个评价单元），北起胶州湾南侧，往南直到苏北海州湾南侧东西连岛一带；

④舟山群岛—三门湾低山丘陵港湾、群岛海岸区段（第18个评价单元），西起杭州湾南岸绍兴、慈溪一带的江山—绍兴深断裂带，往东经舟山群岛，再往南直到三门湾南岸；

⑤台州湾—沙埕港低山丘陵与河口堆积平原海岸区段（第19个评价单元），北起三门湾南岸，往南直到浙闽交界的沙埕港；

⑥闽中丘陵台地岬湾红土台地遍布堆积海岸区段（第21个评价单元），北起福州—长乐东部平原南缘的WNW向新构造断裂带，往南直到九龙江河口湾北缘；

⑦闽南低山丘陵风成沙地遍布堆积海岸区段（第22个评价单元），北起九龙江河口湾北缘，往南直到粤东韩江三角洲平原的北缘；

⑧粤东丘陵台地岬湾与河口湾平原相间堆积海岸区段（第23个评价单元），北起韩江三角洲平原北缘，往西南直到红海湾鲘门一带的莲花山断裂带；

⑨珠江口多岛屿、湾头三角洲沉积海岸区段（第25个评价单元），东起伶仃洋东岸，往西直到黄茅海西岸；

⑩雷州半岛东北部海成阶地、三角洲平原海岸区段（第28个评价单元），东起吴川市王村港，往西南直到雷州湾南岸；

⑪雷州半岛南岸熔岩台地侵蚀–堆积海岸区段（第29个评价单元），三面临海，东北起自雷州湾南岸，沿半岛，直到西岸的企水港湾顶；

⑫琼东北部沙堤与风成沙地侵蚀–堆积海岸区段（第31个评价单元），西起海口市铺前湾东岸，往东经海南角、抱虎角，转向南到铜鼓咀一带的王五—文教E—W向断裂带；

⑬琼北熔岩台地侵蚀–堆积海岸区段（第32个评价单元），东起海口市铺前湾东岸，往西直到儋州市王五镇一带的王五—文教E—W向断裂带；

⑭琼东沙堤–潟湖–潮汐通道地貌和港湾海岸区段（第33个评价单元），北起铜鼓嘴，往西南直到陵水河口（九所—陵水E—W向断裂带）；

⑮琼西以沙岬、风成沙丘地貌为特征的海岸区段（第35个评价单元），南起九所望楼港，往西北经莺歌海，转向北、北东直到王五镇一带的王五—文教断裂带。

上述15个评价单元均属在中新生代以来构成的地质构造隆起带背景下的海岸区段，它们的综合评价结果Ex_j值具有较等同的海岸侵蚀脆弱性，而且都较高于聚类B等级数值。这15个海岸区段综合评价结果的Ex_j值，其最大值2.852，最小值2.310，平均值为2.498（平均值反映了C聚类等级中Ex_j分布的中心位置）。显然，将C聚类等级的名称称之为“中等侵蚀脆弱性”是很正确的。从另一个角度看，聚类C与聚类B等级相比，其云模型的不确定性度量为处在B聚集比A聚集相对较大的基础上，进一步增高了云模型的不确定性度量，即其En_j值从B聚集的0.165 0 ~ 0.165 1，转换成为C聚集的0.165 2 ~ 0.165 4。显示出C聚类的云图中云滴的离散程度——定性概念的随机性的度量比B聚类的云图还进一步增高。

（4）较高脆弱性（D等级）区段。

属较高脆弱性等级的评价单元有下列5个海岸区段：

①辽东湾北岸冲海积大平原海岸区段（第2个评价单元），东起辽宁盖州市盖平角，往西北直到锦州市锦州湾北侧的小凌河口；

②渤海湾北岸和西岸海积平原海岸区段（第3个评价单元），东北侧起自滦河口一带的滦河基底断裂带，往西南经曹妃甸，转南直到冀鲁交界的埕口；

③莱州湾南岸冲海积和海积平原海岸区段（第5个评价单元），西起小清河河口，

往东直到莱州市虎头崖；

④苏北废黄河三角洲海岸区段（第15个评价单元），北起连云港东西连岛一带的海州—泗阳深断裂带，往南经灌河口、废黄河口、射阳河口，直到新洋港口；

⑤江苏中—南部海积平原海岸区段（第16个评价单元），北起新洋港口，往南经弶港，转向东南直到吕四。

以上5个评价单元均属中新生代以来造成的构造沉降带背景下，自新近纪到第四纪在坳陷沉积盆地的基础上，所形成的大平原海岸区段。它们的综合评价结果Ex_j值较为等同，而且都高于前述A、B、C聚类等级。根据前述由图10.8综合评价结果的Ex_j值分别与每单一因子指标u_i线性回归的相关性图解，所得出的对于构造沉降带海岸区段而言，其Ex_j值的大小主要为与10个因子指标中的现今每千米岸线平均人口数量（u_7）、现今每千米岸线平均生产总值（u_8）、近10年入海泥沙减少量（u_3）和近10年0米等深线平均变化速率（u_4）的相关性较高。显示出构造沉降带的海岸区段，其Ex_j值与10个因子指标的相关性与自中新生代以来的构造隆起带的海岸区段迥然有别。这5个评价单元的Ex值中，最小2.860，最大3.377，它们的平均值=3.118，这是对应于该5个评价单元的侵蚀脆弱性构成D聚类等级的中心点位置的Ex数值，由此，按照图10.3所示评语集等级分布的定量值x划分，认为上述5个评价单元海岸区段总体划归为一个聚集，即“较高侵蚀脆弱性（D等级）”也是可以接受的。但D聚类的评价云模型之云滴分布状态的不确定性程度（En值）与C聚类云模型相比，还更进一步扩大，即达到了从0.165 4 ~ 0.165 8。

（5）高脆弱性（E等级）区段。

在参评的36个评单元中只有现代长江三角洲平原海岸区段（第17个评价单元）和现代黄河三角洲平原海岸区段（第4个评价单元）是属于高侵蚀脆弱性等级的海岸，前者北起江苏吕四港，往南经长江口、杭州湾北岸，直到钱塘江口附近以江山—绍兴深断裂带北延部分与华南隆起带对接；后者位在渤海湾与莱州湾之间，西起自埕口，往东缓转向南直达东营市小清河河口。这两个区段的海岸主要特征：①均属中新生代以来地质构造沉降带的海岸区段；②它们是我国大陆沿岸第一、二大的现代三角洲平原海岸；③海岸侵蚀成因特点最主要是由于宏观自然环境的改变——流域水、沙条件变化，尤其是近期入海泥沙量剧减以及人类活动（如大规模土地圈围和港口码头等沿岸工程建设）所引起的大范围或局部区域水、沙条件失衡；④对于近10年入海泥沙减少量（u_3因子指标）而言，在参评的36个评价单元中，黄河三角洲平原海岸为最大者，长江三角洲平原海岸次之；对于近10年0米等深线平均变化速率（u_4因子指标）、现今每千米岸线平均人口数量（u_7因子指标）和现今每千米岸线平均生产总值（u_8因子指标）而言，在36个评价单元中，长江三角洲平原海岸均为最大者（见表10.2所列）；⑤从这两个评价单元海岸的综合评价结果的Ex_j值与其相关性较大的u_7、u_8、u_3和u_4因子指标在R矩阵中各自i行相对应的j列r_{ij}元素数值来看，它们都基本上是处于最高值；因此，造成了二者评价单元一起归属于高侵蚀脆弱性（E等级）的原因。⑥然而，由于该两个评价单元在其j列的各个r_{ij}元素数据的变化状态具较高的不确定性（参见表10.13所列的En_j值分别为0.1667和0.1662，是所有参评海岸区段中最高者），所以综合评价结果的侵蚀脆弱性亦表现出为最大的随机性和模糊性，即云图中的云滴离散程度最大。

6）项目综合评价结果分析的主要结论与体会、建议

（1）本项目综合评价研究是对海岸侵蚀进行评价工作以来，首次采用云模型理论综合评价方法的尝试，由于应用云模型理论处理不确定性的认知手段是建立在随机性和模糊性内在关联性的基础上，其所获得的评价结果比较切合自然环境条件及人为活动条件的客观实际影响，它显现具有较高的综合评价应用优势。

（2）上述对综合评价结果的分析总体表明：我国大陆海岸带新构造运动时期以来，在杭州湾以北的华北—渤海—下辽河地区及在苏北—南黄海地区，由于地壳大范围沉降，所形成的两大第四纪沉积平原海岸，是近期较高侵蚀脆弱性固有特征的分布区域；而其余沿海地带地壳由于自中新生代以来的地质构造运动基本上处于抬升状态，导致在末次冰后期海侵后形成了山丘或台地溺谷型基岩港湾海岸，则是整体表现为侵蚀脆弱性较低状况（见图10.6所示海岸侵蚀脆弱性区划）。

（3）在图10.5所示分布点数据场的聚集特性分析中，我们根据图10.3评语集中x变量的准则，依照我国大陆沿岸36个评价单元的Ex_j–En_j数据对（点）构成的抱团特性聚集，得出有5个等级侵蚀脆弱性的聚类——可以将他们分别称之为较低脆弱性（A等级）、中等偏低脆弱性（B等级）、中等脆弱性（C等级）、较高脆弱性（D等级）和高脆弱性（E等级）。其中，从低等到高等，在评价云模型中的不确定性度量（En_j值）显示逐步增大趋势（如图10.4所示的36个云图中，随着Ex_j的增大、云滴的离散程度亦逐渐增大），这反映评价单元E_j的综合评价结果Ex_j值愈大，其在R矩阵相应的j列中的r_{ij}元素数据集合的随机性和模糊性亦愈大（见表10.19），说明应用云模型的评价结果比较符合客观现实。

（4）根据图10.8所示海岸侵蚀脆弱性的高、低值与每单一因子指标样本数据相关性的回归分析得出：对于构造沉降带两个大型第四纪沉积平原的海岸区段而言，主要是与u_7、u_8、u_3和u_4因子指标有着较大的相关关系；而对于构造隆起带山丘或台地溺

谷型基岩港湾的海岸区段，则主要是与u_1、u_6、u_5和u_2因子指标有着较大的相关关系。这一分析探讨的结果，揭示出基于云模型理论综合评价得到的各个评价单元E_j的3个数字特征，虽然在一定程度上与表10.18列出的由AHP法和熵权法联合赋权的ω_i=(ω_1，ω_2，…，ω_{10})的权重分配有所关联，但更主要的是取决于在R矩阵中与各个u_i因子指标相对应的每i行r_{ij}元素数据集合所确定的平均数值及其分布具随机性和模糊性状态的特点。云模型这一特点还将各个E_j海岸区段的3个数字特征依据其隶属的不同地质地貌类型及诱发海岸侵蚀灾害的总体组合环境条件自然而然地分别聚集（这从图10.5中的聚类特性和图10.8中的相关性图解均显示出按构造隆起带与沉降带背景下之各自明晰分开不同海岸区段的不同特性可看出），反映出每一个评价单元以其具原本特定的模糊综合评价结果给出了聚类。由此进一步地表明，应用云模型理论综合评价方法的优越性。

（5）图10.6示出的我国大陆沿岸36个评价单元海岸区段侵蚀脆弱性综合评价等级区划，是针对近10年来我国沿岸实际观测的样本数据而取得的。尽管今后还需要加大调查观测及评价研究工作力度加以充实，但是可为近几十年我国沿岸海岸侵蚀风险提供宏观区域性岸线（图10.6中每一评价单元海岸区段岸线长约500 km左右）的评估状况；而且也可为今后沿海地区全面深入地开展相关地质灾害调查研究工作奠定一定的基础；同时，还可为涉及构建科学合理的海岸线保护与利用格局，实现陆海资源环境可持续利用和社会经济健康协调发展等的区域规划及安全防护提供一定的科学依据。然而，这样大范围的评价研究工作显得比较粗略，今后很有必要进一步从地区性局部范围进行深入地评价研究。

10.5.4 新时代我国海岸侵蚀灾害预测及预防措施

1）做好海岸海洋环境保护和防灾减灾工作是建设海洋强国的必由之路

我国不同时期领导集体的治国理政方针和战略思想根据国内外形势发展变化而不断调整。从新中国成立之初的重视海防、建设强大海军，到后来忽视环境保护的开发利用海洋、发展海洋经济，再到2012年党的十八大报告提出“建设海洋强国”，以及2017年党的十九大进一步作出的“坚持陆海统筹、推进生态文明建设和加快建设海洋强国”的战略部署——明确制定出必须尊重自然，坚持节约优先、保护优先、自然恢复为主等一系列以实现陆海资源环境可持续利用和社会经济健康协调发展为目标的政策法规，这是新时代建设海洋强国的强音。显然，掌握新时代海洋发展的法规制度，认真做好我国沿海地区海岸侵蚀灾害发生的预测和预防工作，实现从注重灾后救助向注重灾前预防，以及从减少灾害损失向减轻灾害风险的转变是扎实推进海洋强国建设之一重要路径选择（蔡锋等，2008）。

2）海岸侵蚀灾害的预测必须遵循自然规律和新时代法规制度

海岸侵蚀脆弱性即是造成侵蚀灾害的风险性，对其进行预测研究工作是件十分复杂的课题。下面拟以图10.6示出的我国沿岸36个海岸区段综合评价等级区划的评估预测为例，结合当前我国建设海洋强国的相关法规制度，对其宏观预测的可能效果进行评述如下。

（1）关于具有普遍意义的预测依据。

本书第8章“沿岸海岸侵蚀固有特征分区”对我国大陆沿海地区，以新构造运动时期地壳升降变形特征划分出的10个海岸带作为基础构造单元（见图5.1），从区域构造地质基础、第四纪地质与海岸地貌基本轮廓、近岸海洋动力条件和海岸侵蚀成因的主要特点与分区四个方面进行了叙述。其中，有关海岸侵蚀成因主要特点的阐述虽然是过去各该区域海岸侵蚀脆弱性的体现，但仍然是具有普遍意义的重要评估预测对比的依据。

（2）提出我国海岸侵蚀特点控制因素的不同提纲总绳来划分评价单元。

我们基于“深部控制浅部、区域约束局部”这一现代地球动力学研究思路，建立起地壳表层的地质地貌过程与深部构造过程的内在联系，从而由表及里，由浅部到深部，分层次阐明了我国沿海不同区域构造单元的海岸淤蚀状态及其主要控制因素（参见本书第8章内容及1.1.2所述）。这是预测我国海岸侵蚀脆弱性发展趋势的关键内容，它充分地体现在项目综合评价中对沿岸从自然环境的角度划分出的36个不同评价单元的阐述。

（3）构建评价指标体系以新时代海岸线保护利用管控法规为主导原则。

充分考虑当前海岸带保护、利用的主要矛盾是本项目对海岸侵蚀脆弱性影响程度评价研究的基本思路。海岸带是实现海洋高质量发展战略要地的关键地区。近几十年来高强度的人类活动、高密度的人口已经给海岸地区形成了增强侵蚀脆弱性的巨大压力。据郑苗壮（2019）报道，目前随着沿海地区工业化和城镇化进程的不断推进，海岸带地区发展与保护的矛盾冲突表现非常明显。其中，特别是近些年来由于海岸线开发利用方式粗放，围海养殖、防潮堤坝、填海造地工程等消耗了大量自然岸线（现今各地区人工海岸线的比例平均已经突破70%），加上行业之间岸线利用矛盾凸显，使推进海洋强国建设的空间保障形势十分严峻。鉴于这一态势，国家在《海岸线保护与利用管理办法》中甚至已经硬性地确立了以自然岸线保有率目标为核心的倒逼机制，并形成了之一重要的严格管控的法规制度（详见本书7.1.3所述）。对此，我们亦将自然岸线变化状况及与其相关的近岸泥沙供给特征也作为造成海岸侵蚀脆弱性的主要外在要素指标，给出较大权重（见表10.18）进行评估等级研究，这是合理的。

（4）采用云模型理论综合评价方法，预测结果具较强应用优势。

海岸侵蚀的发生与发展趋势受制于众多因素错综复杂的影响，令人对海岸侵蚀脆弱性的预测无法捉摸。采用云模型理论进行综合评价的方法，其评估预测结果不是将指标体系的侵蚀影响程度笼统地指定在3～5个级别中的某一个级别内，而是通过利用期望、熵和超熵3个数字特征来深刻地描述某一个不确定性概念，加之还能较好地实现定性概念和定量数据相互之间的双向认知转换；它揭示了客观对象的模糊性和随机性及其内在关联性，因而评估预测的结果有着较强的现实意义。

3）预防和减轻海岸侵蚀灾害发生趋势的对策措施

（1）践行新时代我国海洋发展理念，高效利用海岸资源的以下两项法定管控目标，对于深入贯彻防范、遏制海岸侵蚀发生具有十分重要的意义：

①强化自然岸线保有率的控制制度。

海岸线具有重要资源价值和生态功能，我国《海岸线保护与利用管理办法》（以下简称《办法》）提出确保到2020年全国大陆自然岸线保有率不低于35%（不包括海岛岸线）。本书第7章“自然岸线保有率锐减的侵蚀影响及对策”充分阐明了海岸开发利用必须遵循“建造结合自然”的原则。然则，鉴于目前围填海造地、人工岸线剧速增长的乱象态势，造成了海岸自然环境条件改变，带来海岸侵蚀隐患和海岸资源减少等一系列问题。由此，为基于和谐开发利用海岸资源、保障海洋经济得到可持续发展目的，现时针对我国人工海岸线进行综合防护整治，使之适应海洋自然规律而提出（见7.3.2所述）的二点重要对策建议——强化围填海适应性用海的科学技术支撑研究；以及牢固树立“开源节流”之高效利用海域资源的策略具有重要意义。这对于预防和减轻海岸侵蚀灾害发生趋势也是不可或缺的重要措施。

②强化科学合理的海岸线保护与利用的法规制度。

国家海洋局局长王宏（2017）针对《办法》出台后关于深入管理工作，提出了5项“坚持”的要求：坚持保护优先，严格保护自然岸线；坚持节约利用，优化岸线资源配置；坚持陆海统筹，实行岸线规划管理；坚持科学整治，建设美丽海岸和坚持绿色共享，拓展亲水空间。这与上述尊重自然法规一脉相承，也是助力预防和减轻海岸侵蚀灾害发生趋势的重要管理工作要领。

（2）防御海岸侵蚀灾害发展趋势的几点措施。

基于上述，同时参照本书图2.10提出的海岸侵蚀适应性管理策略，目前强化围填海适应性用海的科学技术支撑研究是对预防未来侵蚀灾害隐患寻找解决措施的当务之急，以下几项措施是防御侵蚀灾害发生和管理工作迫在眉睫的任务：

①深化围填海海岸线综合防护、整治修复具体措施的研究，以及制定出相关技术标准、规范和验收技术方法。下面略述之。

对于围填海开发活动造成近岸海洋生态功能丧失、资源价值降低和海岸侵蚀脆弱性增强等严峻态势问题，在《办法》中明确规定“海岸线整治修复项目重点安排沙滩修复养护、近岸构筑物清理与清淤疏浚整治、滨海湿地植被种植与恢复、海岸生态廊道建设等工程”。其中，关于沙滩修复养护工程尽管截至2018年12月底，我国已完成或正在进行的工程共有73项，分布于全国28个城市，并已经取得了沿海地区相关管理部门和公众的广泛认可（据自然资源部第三海洋研究所资料），但仍需在以往取得实践经验的基础上，进一步根据不同工程区具体的海岸环境条件，有针对性地深入开展相关的技术标准（或验收技术方法）研究，使之为通过整治修复后具有自然海岸形态和生态功能的海岸线纳入自然岸线管理目标的管理提供科学准则。这是《办法》总则中提出的核心要旨。

②深化海岸带资源环境基础理论研究及实地调查，科学划定严格保护岸线、限制开发岸线和优化利用岸线，为强化制度约束，海岸线资源可持续利用提供保障。

③充分发挥海洋主管部门的统筹协调作用，完善管理机制，以形成深入贯彻落实中央关于坚持严格管控围填海、生态优先、节约集约的原则，切实遏制违背自然规律的“向海索地” 等一系列决策部署，以及形成陆海统筹防御海岸侵蚀脆弱性增强的工作格局。

④全面掌控海岸线动态变化，定期开展海岸线专项执法检查、督查，推进岸线整治修复、维护海岸线开发利用秩序，确保各项制度措施落到实处。

⑤加大宣传力度，营造海岸线保护和节约利用的良好氛围，切实提高依法依规节约利用海岸线和防范海岸侵蚀灾害发生的意识。

参考文献

白夏, 汪艳芳, 武心嘉. 2018. 基于正态云模型及熵权法的区域水资源承载力评估[J]. 赤峰学院学报(自然科学版), 34(9): 86−89.

蔡锋, 苏贤泽, 杨顺良,等. 2002. 厦门岛海滩剖面对9914号台风浪波动力的快速响应[J]. 海洋工程, 20(2): 85-90.

蔡锋, 苏贤泽, 曹惠美, 等. 2005, 华南砂质海滩的动力地貌分析[J]. 海洋学报, 27(2): 106−114.

蔡锋, 苏贤泽, 刘建辉, 等. 2008. 全球气候变化背景下我国海岸侵蚀问题及防范对策[J].自然科学进展, 18(10): 1093−1103.

蔡锋, 等. 2010. 海岸侵蚀现状评价与防治技术研究总报告（“908专项”研究报告）[R]. 1−193.

陈沅江, 吴婷婷. 2017. 基于熵权正态云模型的软岩等级评价[J]. 煤田地质与勘探, 45(5): 121−126, 134.

方成杰, 钱德玲, 徐士杉, 等. 2017. 基于云模型的泥石流易发性评价[J]. 合肥工业大学学报(自然科学版), 40(12): 1659−1665, 1618.

国家海洋局“908专项”办公室. 2006. 海洋灾害调查技术规程[S]. 北京: 海洋出版社.

何亚辉, 赵明阶, 汪魁, 等. 2018. 基于云模型的土石坝渗流安全风险模糊综合评价[J]. 水电能量科学, 36(3): 83−86.

黄小梅, 温明浩. 2018. 基于熵权法与正态云模型的大坝安全综合评价[J]. 水利技术监督, (5): 41−43, 107.

雷刚, 蔡锋, 苏贤泽, 等. 2014. 中国砂质海滩区域差异分布的构造成因及其堆积地貌研究[J]. 应用海洋学学报, 33(1):1−10.

李德毅, 杜鹢. 2014. 不确定性人工智能: 第二版[M]. 北京: 国防工业出版社.

李德毅, 孟海军, 史雪梅. 1995. 隶属云和隶属云发生器[J]. 计算机研究与发展, 32(6): 15−20.

刘常昱, 冯芒, 戴晓军, 等. 2004. 基于X信息的逆向云新算法[J]. 系统仿真学报, 16(11): 2417−2420.

刘登峰, 王栋, 丁昊, 等. 2014. 水体富营养化评价的熵–云耦合模型[J]. 水利学报, 45(10): 1214−1222.

刘宏伟, 孙晓明, 文冬光, 等. 2013. 基于脆弱指数法的曹妃甸海岸带脆弱性评价[J]. 水文地质工程地质, 40(3): 105−109.

刘曦, 沈芳. 2010. 长江三角洲海岸侵蚀脆弱性模糊综合评价[J]. 长江流域资源与环境, 19(21): 196−200.

刘小喜, 陈沈良, 蒋超, 等. 2014. 苏北废黄河三角洲海岸侵蚀脆弱性评估[J]. 地理学报, 69(5): 607−618.

戚洪帅, 蔡锋, 苏贤泽, 等. 2009. 热带风暴作用下海滩地貌过程模式初探[J]. 海洋学报, 31(1):168−176.

沈进昌, 杜树新, 罗祎, 等. 2012. 基于云模型的模糊综合评价方法及应用[J]. 模糊系统与数学, 26(6): 115−123.

苏阳悦, 纪昌明, 张验科, 等. 2017. 基于云模型的水资源管理综合评价方法—以惠州市为例[J]. 中国农村水利水电, (12): 53−58.

田文凯. 2018. 正态云模型在洪水灾害风险评估中的应用[J]. 水利规划与设计, (3): 33−35, 132, 135.

万昔超, 殷伟量, 孙鹏, 等. 2017. 基于云模型的暴雨洪涝灾害风险分区评价[J]. 自然灾害学报, 26(04): 77−83.

王宏. 2017. 加强海岸线保护与利用管理, 构筑国家海洋生态安全屏障［N］. 中国海洋报, 2017-4−11(1、2).

王靖, 张金锁. 2001. 综合评价中确定权重向量的几种方法比较[J]. 河北工业大学学报, 30(2): 52−57.

王文海, 吴桑云, 陈雪英. 1999. 海岸侵蚀灾害评估方法探讨[J]. 自然灾害学报, 8(1): 71−77.

谢季坚, 刘承平. 2016. 模糊数学方法及其应用: 第四版[M]. 武汉: 华中科技大学出版社.

徐选华, 王佩, 蔡晨光. 2017. 基于云相似度的语言偏好信息多属性大群体决策方法[J]. 控制与决策, 32(3): 459−466.

徐征捷, 张友鹏, 苏宏升. 2014. 基于云模型的模糊综合评判法在风险评估中的应用[J]. 安全与环境学报, 14(2): 69−72.

杨建宇, 欧聪, 李琪, 等. 2018. 基于云模型的耕地土壤养分模糊综合评价[J]. 农业机械学报, 49(1): 251−257.

叶达, 吴克宁, 刘霈珈. 2016. 基于正态云模型与熵权法的景泰县耕地后备资源开发潜力评价[J]. 中国农业资源与区划, 37(6): 22−28.

张春山, 吴满路, 张亚成. 2003. 地质灾害风险评价方法及展望[J]. 自然灾害学报, 12(1): 96−102.

郑苗壮. 2019. 认识海岸带保护利用的矛盾冲突[N]. 中国海洋报, 2019−2−26(2).

张秋文, 章永志, 钟鸣. 2014. 基于云模型的水库诱发地震风险多级模糊综合评价[J]. 水利学报, 45(1): 87−95.

Gornitz V. 1991. Global coastal hazards from future sea level rise[J]. Palaeogeography, Palaeoclimatology, Palaeoecology (Global and Planetary Change Section), 89(4): 379−397.

Gornitz V, Daniels R C, White T W, et al. 1994. The development of a coastal risk assessment database: Vulnerability to sea-level rise in the US Southeast[J]. Journal of Coastal Research, SI 12: 327−338.

IPCC. 2001. Climate change 2001: Impacts, adaptation and vulnerability[R]. Cambridge: Cambridge University Press, 2001.

IPCC. 2007. Climate change 2007: Impacts, adaptation and vulnerability[R]. Cambridge: Cambridge University Press, 2007.

Li D Y, Du Y. 2005. Artificial intelligence with uncertainty[M]. Beijing: National Defense Industry Press.

Shannon C E. 1948. A mathematical theory of communications[J]. Bell Systems Technical Journal, 27(3): 379−423.

Wang J Q, Peng L, Zhang H Y, et al. 2014. Method of muti-criteria group decision-making based on cloud aggregation operators with linguistic information[J]. Information Sciences. 274: 177−191.

Zou Z H,Yun Y, Sun J N. 2006. Entropy method for determination of weight of evaluating indicators in fuzzy synthesis evaluation for water quality assessment[J]. Journal of Environmental Sciences, 18(5): 1020−1023.